Berufsfachschule

Dezimalbrüche – Prozentzahlen

1 Schreiben Sie als Dezimalbruch.
Beispiel: $\frac{3}{10} = 0,3$ oder $\frac{17}{100} = 0,17$
a) $\frac{7}{10}$ b) $\frac{11}{10}$ c) $\frac{57}{100}$ d) $\frac{125}{100}$ e) $\frac{6}{1000}$ f) $\frac{120}{1000}$ g) $\frac{8}{1000}$

2 Erweitern Sie oder kürzen Sie auf Zehntel, Hundertstel oder Tausendstel und schreiben Sie als Dezimalbruch.
Beispiel: $\frac{7}{20} = \frac{35}{100} = 0,35$ oder $\frac{28}{400} = \frac{7}{100} = 0,07$
a) $\frac{3}{50}$ c) $\frac{21}{40}$ e) $\frac{18}{200}$ g) $\frac{21}{300}$ i) $\frac{3}{15}$
b) $\frac{2}{13}$ d) $\frac{4}{5}$ f) $\frac{3}{4}$ h) $\frac{5}{8}$ j) $\frac{64}{800}$

3 Schreiben Sie als Bruch.
Beispiel: $0,4 = \frac{4}{10}$ oder $3,012 = 3\frac{12}{1000}$
a) 0,8   c) 0,03   e) 0,106   g) 2,034
b) 0,15 d) 1,75   f) 0,005   h) 3,23

4 Ordnen Sie der Größe nach.
a) 0,7; 0,77; 0,701; 0,771; 0,007; 0,071
b) 1,4; 1,004; 1,44; 1,404; 1,441; 1,0404

5 Bilden Sie aus den drei Zahlzeichen *fünf*, *null* und *eins* 10 mögliche Dezimalbrüche. Ordnen Sie diese der Größe nach.

6 Schreiben Sie als Dezimalbruch.
Beispiel: 3 m 27 cm = 3,27 m
a) 2 m 88 cm   c) 13 m 16 cm   e) 5 m 7 cm
b) 0 m 50 cm   d) 15 m 1 cm   f) 1 m 2 cm

7 Bilden Sie einen Dezimalbruch.
Beispiel: 2 Euro 25 Cent = 2,25 Euro (€)
a) 3 Euro 15 Cent   c) 7 Euro 8 Cent
b) 9 Euro 9 Cent   d) 1 Euro 1 Cent

10 Schreiben Sie als Dezimalbruch.
Beispiel: $\frac{3}{5} \in = \frac{60}{100} \in = 0,60 \in$
a) $\frac{4}{5} \in$ c) $\frac{3}{100} \in$ e) $2\frac{1}{4} \in$
b) $\frac{11}{20} \in$ d) $\frac{5}{100} \in$ f) $\frac{17}{25} \in$

11 Schreiben Sie die Längen als Dezimalbruch.
a) $\frac{1}{2}$ m b) $\frac{7}{100}$ m c) $\frac{7}{8}$ km d) $\frac{7}{125}$ km

12 Wandeln Sie die Brüche in Prozentzahlen um.
Beispiel: $\frac{3}{5} = \frac{60}{100} = 60\%$
a) $\frac{7}{10}$ b) $\frac{15}{100}$ c) $\frac{3}{4}$ d) $\frac{3}{5}$ e) $\frac{17}{50}$ f) $\frac{9}{20}$ g) $\frac{13}{25}$

13 Wandeln Sie die Brüche in Prozentzahlen um. Runden Sie auf ganze Zahlen.
Beispiel: $\frac{5}{6} = 5 : 6 = 0,8333... \approx 83\%$
a) $\frac{2}{3}$ b) $\frac{1}{6}$ c) $\frac{5}{9}$ d) $\frac{7}{12}$ e) $\frac{4}{13}$ f) $\frac{7}{8}$ g) $\frac{1}{9}$ h) $\frac{7}{11}$

14 In dieser Tabelle sind einige Zahlen vertauscht. Die Zahlen jeder Aufgabe sollen den gleichen Wert haben. Finden Sie die Fehler. Legen Sie eine neue Tabelle an.

a)	$\frac{3}{5}$	0,7	$\frac{6}{10}$	60%	$\frac{25}{100}$
b)	$\frac{7}{10}$	70%	$\frac{1}{4}$	0,70	$\frac{80}{100}$
c)	0,25		$\frac{30}{50}$	$\frac{14}{20}$	0,6	25%
d)	0,8	80%	0,250	$\frac{16}{20}$	$\frac{8}{32}$

15 Ergänzen Sie die Tabelle im Heft.

Bruch	Division	Dezimalbruch	Hundertstelbruch	Prozentzahl
$\frac{3}{4}$	3 : 4	0,75	$\frac{75}{100}$	75%

Grüne Seiten zur Wiederholung

Zum gutem Schluss Trainingsseiten (gelb unterlegt) zur eigenen Überprüfung. Lösungen finden Sie ab Seite 352

Quadratische Funktionen   347

Trainingsseite Quadratische Funktionen

1 Der Bremsweg y eines Autos mit guten Bremsen kann nach der Faustformel $y = a \cdot x^2$ berechnet werden. Der Bremsweg ist hier eine Strecke in Metern. Der Faktor a hängt vom Straßenzustand ab. Die Geschwindigkeit x, bei der das Auto gebremst wird, ist hier die Geschwindigkeit in $\frac{km}{h}$.

a) Im Diagramm ist der zugehörige Graph für eine schneebedeckte Straße dargestellt. Bestimmen Sie anhand geeigneter Punkte des Graphen den Faktor a und berechnen Sie die Länge des Bremswegs, wenn das Auto mit 90 $\frac{km}{h}$ gefahren ist.
b) Bei trockenen Straßen wird der Faktor mit $a = 0,005$ angegeben. Stellen Sie eine Wertetabelle auf und zeichnen sie den Graphen in Ihr Heft.
c) Bestimmen Sie mithilfe der Angaben und Ergebnisse der Aufgabe a) und b) das Verhältnis der entsprechenden Bremswege von schneebedeckter zu trockener Straße. Füllen Sie dazu zunächst die nebenstehende Tabelle in Ihrem Heft aus.
d) Erkundigen Sie sich nach dem Unterschied von Bremsweg und Anhalteweg.

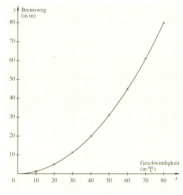

x	20 $\frac{km}{h}$	40 $\frac{km}{h}$	60 $\frac{km}{h}$	80 $\frac{km}{h}$
schneebedeckt	$y = \square \cdot x^2$	☐ m	☐ m	☐ m	☐ m
trocken	$y = 0,005 \cdot x^2$	☐ m	☐ m	☐ m	☐ m

2 Eine Parabel, deren Achse die y-Achse ist, geht durch die Punkte (1|−1) und (2|5).
a) Wie heißt die Gleichung der Parabel?
b) Zeichnen Sie die Parabel nach einer Wertetabelle.

3 Ein Satz Winterreifen kostet komplett mit Reifenwechsel, Auswuchten und Montage im Angebot 199,90 €.
a) Der Wertverlust wird nach einem Winter bei einer Kilometerleistung von 15 000 km mit 40% kalkuliert. Welchen Preis kann man für den Reifensatz nach dem Winter bei Verkauf vielleicht noch erzielen?
b) Herr Meier verkaufte die Winterreifen mit einem Wertverlust von 36%. Welchen Preis erzielte er?

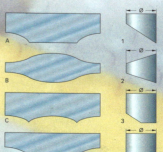

Einzelteile von vier Schlössern, von denen jeweils zwei gleich sind. Die beiden roten Teile gehören z.B. zum gleichen Schloss.

Aus den Blechen wurden runde Rohrstücke gebogen. Welches Blech gehört zu welchem Rohr?

Aus wie vielen Würfeln besteht diese Figur?

Offene Aufgaben
• Probleme sehen
• Probleme darstellen
• Probleme lösen

Berufsfachschule
gewerblich-technische Richtung

Mathematik

Herausgegeben von
Prof. Dr. Manfred Leppig

unter Mitarbeit von
Bernd Kupferschmid
Dr. Kornelia Neuhaus
Dr. Helmut Richter
Horst Rümmele

und der Verlagsredaktion

Berater:
Wolfgang Bill
Rainer Gestigkeit
Dr. Hellmut Scheuermann

MATHEMATIK
BERUFSFACHSCHULE gewerblich-technische Richtung

Erarbeitet von
Kurt Kalvelage
Bernd Kupferschmid
Manfred Leppig
Kornelia Neuhaus
Helmut Richter
Horst Rümmele
Helmut Spiering
Herbert Vergoßen
Alfred Warthorst

Grafiken: Wolfgang Mattern, Bochum;
Umschlaggestaltung: Wolfgang Lorenz, Berlin
Satz: Stürtz GmbH, Würzburg

www.cornelsen.de

1. Auflage, 5. Druck 2009

© 2005 Cornelsen Verlag, Berlin

Das Werk und seine Teile sind urheberrechtlich geschützt.
Jede Nutzung in anderen als den gesetzlich zugelassenen Fällen bedarf
der vorherigen schriftlichen Einwilligung des Verlages.
Hinweis zu den §§ 46, 52 a UrhG: Weder das Werk noch seine Teile dürfen ohne eine
solche Einwilligung eingescannt und in ein Netzwerk eingestellt oder sonst öffentlich
zugänglich gemacht werden.
Dies gilt auch für Intranets von Schulen und sonstigen Bildungseinrichtungen.

Druck: CS-Druck CornelsenStürtz, Berlin

ISBN 978-3-464-41104-9

 Inhalt gedruckt auf säurefreiem Papier aus nachhaltiger Forstwirtschaft.

INHALT

Wiederholungen
Messen und Rechnen

Messen	7
Bruchteile	8
Erweitern und Kürzen	9
Dezimalbrüche-Prozentzahlen	10
Addition und Subtraktion von Brüchen	11
Multiplikation und Division von Brüchen	12

Zuordnungen

Darstellung von Zuordnungen	13
Proportionale Zuordnungen	16
Das Rechnen mit dem Dreisatz bei Proportionalität	18
Antiproportionale Zuordnungen . . .	20
Das Rechnen mit dem Dreisatz bei Antiproportionalität	22
Vermischte Aufgaben	24

Rechnen mit dem Taschenrechner

Der Taschenrechner	25
Die Grundfunktionen am Taschenrechner	26
Rechengesetze	28

Zahlbereiche.
Die rationalen Zahlen
Die rationalen Zahlen

Verschiedene Zahlbereiche	29
Einführung der rationalen Zahlen . . .	30
Addition und Subtraktion rationaler Zahlen	32
Multiplikation rationaler Zahlen . . .	34
Division rationaler Zahlen	36
Verbundene Rechenoperationen. . . .	38
Vermischte Aufgaben	39
Der Potenzbegriff	40
Zehnerpotenzen	42
Zehnerpotenzen mit negativem Exponenten	44
INFO: Das grenzenlose Universum .	46

Rechnen mit allgemeinen Rechentermen

Variable und Terme	48
Vereinfachen von Termen	49
Terme mit Klammern	51

Prozent- und Zinsrechnung
Prozentrechnung

Anteile und Prozente	53
Die drei Grundbegriffe der Prozentrechnung	55
Der Prozentsatz	56
Der Prozentwert	58
Der Grundwert	60
Vermehrter und verminderter Grundwert	62
Diagramme	64
Sachaufgabe	67
Einkommen, Steuern und Sozialversicherung.	70
Promille	72
INFO: Die Erde	74

Zinsrechnung

Grundbegriffe	76
Zinsen	77
Zinssatz	79
Kapital.	81
Monatszinsen und Tageszinsen	83
Die Zinsformel für Tages- und Monatszinsen	85
Zinseszinsen	87
Training: Prozent- und Zinsrechnung	337

Tabellenkalkulation mit dem PC

Aufbau von Tabellen	89
Geschäftsleben	91
Exponentielles Wachstum.	93
Energiesparen	94

Geometrie I
Flächeninhalt und Umfang

Rechteck und Quadrat.	95
Parallelogramm	96

Dreieck 97
Trapez 98
Rechnen mit Umfangs- und
  Flächenformeln 99
Vermischte Übungen 101
INFO: Ein Pflasterbelag
  für die Wohnstraße 102
Der Flächeninhalt regelmäßiger
  Vielecke 104
Training: Flächeninhalte 338

Kreis, Umfang und Flächeninhalt
Die Kreisformeln 105
Kreisausschnitte 107
Kreisringe 109
Anwendungen 111
Training: Kreisumfang und -inhalt . . 339

Technische Kommunikation und Grundkonstruktionen
Grundlagen des technischen
  Zeichnens 112
Technisches Zeichnen in der
  Bautechnik 114
Vermischte Übungen 115
Grundkonstruktionen der Geometrie . 116

Winkel und Dreiecke
Scheitelwinkel und Nebenwinkel . . . 119
Stufenwinkel und Wechselwinkel . . . 120
Vermischte Übungen 122
Dreiecke 123
Die Winkelsumme im Dreieck 125
Rechnen mit Winkelmaßen 127
Konstruktion von Dreiecken aus
  drei gegebenen Seiten (sss) 128
Konstruktion von Dreiecken aus zwei
  Seiten und dem eingeschlossenen
  Winkel (sws) 130
Konstruktion von Dreiecken aus
  einer Seite und den anliegenden
  Winkeln (wsw) 132
Training: Dreieckskonstruktionen . . 340

Spezielle Linien im Dreieck
Die Mittelsenkrechten im Dreieck . . 134
Die Winkelhalbierenden im Dreieck . 135
Die Seitenhalbierenden im Dreieck . . 136
Die Höhen im Dreieck 137
INFO: Menschen fliegen zum Mond . 138

Vierecke und ihre Konstruktion
Vierecke 140
Parallelogramme 141
Rauten 143
Rechtecke 144
Quadrate 145
Trapeze 146
Drachen 147
Allgemeine Vierecke 148

Lehrsatz des Pythagoras
Rechtwinklige Dreiecke 150
Der Lehrsatz des Pythagoras 151
Ein Beweis für den Satz
  des Pythagoras 153
Anwendungen 154
Training: Satz des Pythagoras 341

Abbildungen
Abbildungen und Symmetrie 157
Achsenspiegelung und
  Achsensymmetrie 158
Drehung und Drehsymmetrie 160
Punktspiegelung und Punktsymmetrie 162
Vielecke und ihre Symmetrien 164
INFO: Schräge Bilder 166

Ähnlichkeit
Die zentrische Streckung 168
Eigenschaften der zentrischen
  Streckung 170
Ähnliche Figuren und ihre
  Eigenschaften 172
Ähnliche Dreiecke 174
Der Maßstab 176
Der erste Strahlensatz 178
Der zweite Strahlensatz 180
INFO: Perspektivisch zeichnen . . . 182

Lineare Gleichungen und Ungleichungen

Lineare Gleichungen

Gleichungen und ihre
  Lösungsmengen 184
Lösen von Gleichungen durch
  Probieren. 185
Lösen von Gleichungen durch
  Umformen 187
Zusammenfassen und Klammern
  auflösen 190
Textaufgaben 193
Bruchgleichungen. 198
Einsetzen in Formeln 203
Training: Lineare Gleichungen. . . . 342
Training: Lineare Gleichungen. . . . 343

Umstellen von Formeln. Binomische Formeln

Umstellen von Formeln 205
Multiplikation von Summen 207
Die binomischen Formeln. 208
Erweiterung des Taschenrechners
  durch binomische Formeln. 210

Ungleichungen

Das Rechnen mit den Ungleichheits-
  zeichen „<" und „>" 211
Rechnen mit Ungleichungen 212
Gleichungen und Ungleichungen
  mit Brüchen 214
Bruchungleichungen 215

Lineare Funktionen
Grundbegriffe

Zuordnungen und ihre Darstellung . . 216
Funktionen 218
Bezeichnungen und Schreibweisen . . 219
Sachaufgaben 220

Lineare Funktionen und Geraden

Darstellung von linearen Funktionen
  durch Geraden 221
Die Steigung einer Geraden 223
Geraden mit negativer Steigung . . . 225
Schnittpunkt mit der y-Achse 226
Zeichnen nach der Geradengleichung . 228

Aufstellen von Geradengleichungen . 230
Vermischte Aufgaben 231
Anwendungen. 232
Training: Lineare Funktionen 344
Training: Lineare Funktionen 345

Lineare Gleichungssysteme

Grundbegriffe 233
Lösen mit der graphischen
  Methode 234
Lösen mit der
  Gleichsetzungsmethode 237
Lösen mit der Einsetzungsmethode . . 239
Lösen mit der Additionsmethode . . . 241
Anwendungen. 243
INFO: Unser Körper 246

Quadratische Funktionen, Gleichungen und Exponentialfunktion
Quadratische Funktionen

Quadratische Funktionen und
  Parabeln 248
Die Normalparabel 249
Die Parabel für $y = ax^2$ 250
Die Verschiebung der Normalparabel . 252
Die allgemeine Form der
  Parabelgleichung. 254
Schnittpunkte von Parabeln und
  Geraden 256

Wurzeln

Die Quadratwurzel 257
Rechnen mit Quadratwurzeln 259
Höhere Wurzeln 261
Die reellen Zahlen. 263

Quadratische Gleichungen

Einfache quadratische Gleichungen. . 265
Reinquadratische Gleichungen 267
Gemischt-quadratische
  Gleichungen 268
Bruchgleichungen, die auf
  quadratische Gleichungen führen . . 269
Zeichnerisches Lösen gemischt-
  quadratischer Gleichungen. 270
Herleitung der Lösungsformel 271

Anwendungen 272
Der Satz von Vieta 275
Training: Quadratische Funktionen . 346
Training: Quadratische Funktionen . 347

Logarithmus und Exponentialfunktion
Der Logarithmus –
   der Exponent wird gesucht 277
Exponentialfunktion
   (exponentielles Wachstum) 279
INFO: Wachstumsprozesse 286

Geometrie II
Volumen (Rauminhalt)
Das Volumen von Säulen (Prismen) . . 288
Das Volumen von Zylindern 290
Das Volumen von Pyramiden 292
Das Volumen von Kegeln 294
Vermischte Übungen 295
Training: Volumina 348

Schrägbilder und Projektionen
Schrägbilder 296
Senkrechte Eintafelprojektion 298
Mehrtafelprojektion 300

Stümpfe und Kugeln
Pyramidenstumpf und Kegelstumpf . 301
Der Rauminhalt der Kugel 306
Kugelabschnitt 308
Kugelausschnitt 309
Vermischte Übungen 310
Training: Volumina 349

Beweisen in der Geometrie
Beweise 311
Die Winkelsumme im Dreieck 312
Der Satz des Thales 313
Der Kathetensatz des Euklid 314

Sekanten und Tangenten
Linien am Kreis 316
Konstruktion von Tangenten 317

Trigonometrie
Grundbegriffe 318
Der Sinus eines Winkels 319
Der Kosinus eines Winkels 321
Der Tangens eines Winkels 323
Vermischte Aufgaben 325
Anwendungen 326
Die Sinus- und Kosinusfunktion
   für Winkel über 90° 329
Der Sinussatz 331
Der Kosinussatz 333
Beweis des Kosinussatzes 334
Flächeninhalt von Dreiecken aus
   Seiten und Winkeln 335
Vermischte Übungen 336
Training: Trigonometrie 350
Training: Trigonometrie 351

Training
Prozent- und Zinssatz 337
Flächeninhalte 338
Kreisumfang und -inhalt 339
Dreieckskonstruktionen 340
Satz des Phythagoras 341
Lineare Gleichungen 342
Lineare Funktionen 344
Quadratische Funktionen 346
Volumina 348
Trigonometrie 350

Lösungen zu den Trainingsseiten . . . 352

Stichwortverzeichnis 356

Bildquellenverzeichnis 360

Wiederholung

Messen und Rechnen

Messen

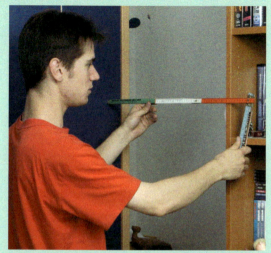

Dominik baut in der Hobby-Werkstatt seines Vaters ein Regal für sein Zimmer. Um zu wissen, welche Bretter er dafür einkaufen muss, misst er sein Zimmer mit dem Maßband aus.
Um einen Gegenstand – ein Möbelstück, ein technisches Bauteil – herstellen zu können, müssen dessen Maße bekannt sein. Zumeist werden die Maße in eine Skizze oder in eine technische Zeichnung eingetragen.
Die Maße werden – je nach Größe und der nötigen Genauigkeit – mithilfe von Prüfmitteln aufgenommen, wie beispielsweise vom Maßband, Gliedermaßstab, Messschieber, Winkelmesser, Wasserwaage. Gleichzeitig dienen diese Prüfmittel während und nach der Fertigung zur Überprüfung der Werkstücke.

Übungen

1 Welche Prüfmittel kennen Sie aus
- dem Haushalt
- der Schule?

Stellen Sie diese in einer Liste einander gegenüber, vergleichen Sie.

2 Bestimmen Sie mithilfe des Lineals alle Abmessungen der gezeichneten Werkstücke in mm. Messen Sie auch die Winkel mit dem Winkelmesser.

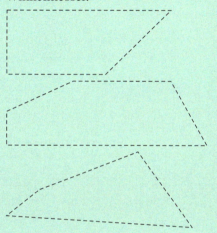

3 Jessica will in ihrem Zimmer drei Möbelstücke nebeneinander stellen. Sie misst die Möbel mit einem Maßband aus. Ihr Bett ist 2,2 m lang, ihr Schreibtisch ist 120 cm breit und ihr Bücherregal misst 75 cm Breite.
Wie lang muss die Wand sein, damit diese Möbel nebeneinander passen?

4 Muhammed stellt neue Lautsprecherboxen auf. Er misst in seinem Zimmer aus, wie viele Meter Anschlusskabel er einkaufen muss. Er misst 1,6 m + 45 cm + 70 cm + 2,3 m + 0,9 m.
Wie viel Kabel muss er mindestens einkaufen?

5 Addieren Sie die verschiedenen Maßangaben. Beachten Sie dabei die verschiedenen Einheiten!
a) 12 dm + 34 cm + 1,2 mm + 45 dm = ☐ cm
b) 2,4 mm + 5,2 cm + 7,3 dm + 1,5 mm = ☐ mm
c) 15 dm − 47 cm + 5,8 mm − 16,2 cm = ☐ mm
d) 18 m − 45 cm − 2,5 dm − 65 mm = ☐ m

Bruchteile

1 Welcher Bruchteil ist (stärker) markiert?

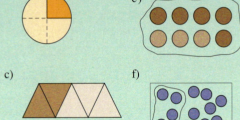

a) b) c) d) e) f)

2 Zeichnen Sie Rechtecke mit der Länge 6 Kästchen und der Breite 4 Kästchen. Stellen Sie die folgenden Bruchteile dar.

a) $\frac{1}{4}$ b) $\frac{1}{6}$ c) $\frac{1}{8}$ d) $\frac{3}{4}$ e) $\frac{5}{8}$ f) $\frac{7}{12}$ g) $\frac{11}{24}$

3 Welche der folgenden Darstellungen zeigen den Bruchteil $\frac{1}{5}$? Begründen Sie.

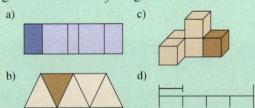

a) b) c) d)

4 Rechnen Sie wie im Beispiel.
$\frac{1}{2}$ m = $\frac{1}{2}$ von 100 cm = 100 cm : 2 = 50 cm

a) $\frac{1}{10}$ m b) $\frac{1}{5}$ m c) $\frac{1}{4}$ m d) $\frac{1}{20}$ m e) $\frac{1}{25}$ m

5 Rechnen Sie wie im Beispiel. (1 kg = 1000 g)
$\frac{3}{5}$ kg = $\frac{3}{5}$ von 1000 g = $\frac{3 \cdot 1000}{5}$ g = 600 g

a) $\frac{1}{4}$ kg c) $\frac{5}{8}$ kg e) $\frac{1}{50}$ kg g) $\frac{37}{100}$ kg
b) $\frac{3}{4}$ kg d) $\frac{1}{10}$ kg f) $\frac{17}{50}$ kg h) $\frac{1}{20}$ kg

6 Rechnen Sie in Meter um.

Beispiel: $\frac{1}{4}$ von 2 km = $\frac{1}{4}$ von 2000 m = 500 m

a) $\frac{2}{5}$ von 5 km   c) $\frac{13}{20}$ von 60 km
b) $\frac{3}{4}$ von 12 km   d) $\frac{4}{5}$ von 3 km

7 Rechnen Sie wie in den Beispielen.

Beispiele: $\frac{2}{5}$ h = $\frac{2}{5}$ von 60 min = 24 min;
$\frac{4}{5}$ von 12 h = $\frac{4}{5}$ von 720 min = 576 min

a) $\frac{3}{4}$ h   d) $\frac{11}{12}$ h   g) $\frac{3}{4}$ von 16 h   j) $\frac{3}{5}$ von 15 h
b) $\frac{5}{6}$ h   e) $\frac{2}{5}$ h   h) $\frac{7}{10}$ von 20 h   k) $\frac{5}{6}$ von 12 h
c) $\frac{1}{2}$ h   f) $\frac{3}{4}$ h   i) $\frac{7}{10}$ von 5 h   l) $\frac{5}{6}$ von 3 h

8 Welcher Bruch ist dargestellt? Schreiben Sie ihn zuerst als *unechten* Bruch, dann als *gemischte* Zahl.

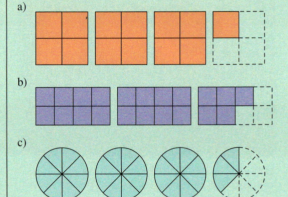

a) b) c)

9 Zeichnen Sie folgende Brüche und schreiben Sie diese als gemischte Zahl.

a) $\frac{3}{2}$ b) $\frac{7}{2}$ c) $\frac{11}{8}$ d) $\frac{9}{4}$ e) $\frac{17}{12}$ f) $\frac{23}{6}$ g) $\frac{19}{5}$

10 Wandeln Sie die gemischten Zahlen in unechte Brüche um.

Beispiel: $3\frac{2}{5} = 3 + \frac{2}{5} = \frac{15}{5} + \frac{2}{5} = \frac{17}{5}$

a) $2\frac{3}{4}$ d) $9\frac{5}{8}$ g) $5\frac{2}{3}$
b) $4\frac{7}{10}$ e) $21\frac{5}{6}$ h) $5\frac{7}{12}$
c) $7\frac{3}{5}$ f) $12\frac{5}{9}$ i) $5\frac{3}{18}$

11 Wandeln Sie die unechten Brüche in gemischte Zahlen um.

Beispiel: $\frac{17}{4} = 17 : 4 = 4 + \frac{1}{4} = 4\frac{1}{4}$

a) $\frac{17}{2}$ d) $\frac{49}{12}$ g) $\frac{56}{3}$ j) $\frac{41}{18}$ m) $\frac{49}{7}$
b) $\frac{19}{3}$ e) $\frac{30}{5}$ h) $\frac{75}{20}$ k) $\frac{36}{18}$ n) $\frac{111}{11}$
c) $\frac{57}{10}$ f) $\frac{17}{5}$ i) $\frac{27}{16}$ l) $\frac{22}{7}$ o) $\frac{77}{7}$

Messen und Rechnen

Erweitern und Kürzen

1 Welche Bruchteile sind hier eingefärbt? Was fällt auf?

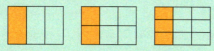

2 Nennen Sie Brüche, die den gleichen Wert wie $\frac{2}{3}$ haben?

Beispiel:

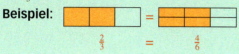

$\frac{2}{3} = \frac{4}{6}$

3 Welche der Brüche haben den Wert $\frac{1}{5}$?
a) $\frac{3}{5}$ b) $\frac{3}{15}$ c) $\frac{1}{15}$ d) $\frac{5}{25}$ e) $\frac{7}{35}$ f) $\frac{10}{500}$ g) $\frac{2}{10}$

4 Schreiben Sie zu jedem Bruch drei weitere Brüche mit demselben Wert.
Beispiel: $\frac{2}{3} = \frac{4}{6} = \frac{20}{30} = \frac{28}{42}$
a) $\frac{1}{8}$ c) $\frac{3}{10}$ e) $\frac{3}{4}$ g) $\frac{2}{15}$ i) $\frac{3}{5}$
b) $\frac{1}{5}$ d) $\frac{5}{12}$ f) $\frac{2}{7}$ h) $\frac{5}{6}$ j) $\frac{7}{8}$

5 Überprüfen Sie, ob richtig erweitert worden ist und ergänzen Sie wie im Beispiel.

	Richtig (r) falsch (f)	Es wurde erweitert mit:
$\frac{3}{5} = \frac{24}{40}$	r	8
$\frac{5}{6} = \frac{25}{36}$	f	5/6
$\frac{7}{10} = \frac{35}{10}$	f	5/1
$\frac{4}{9} = \frac{16}{36}$	f	4
$\frac{13}{15} = \frac{52}{60}$	f	4
$\frac{7}{20} = \frac{56}{180}$	f	8
$\frac{3}{4} = \frac{75}{100}$	f	25
$\frac{7}{9} = \frac{81}{56}$	f	
$\frac{2}{3} = \frac{82}{123}$	f	41

6 Welcher Bruch wurde hier gekürzt? Durch welche Zahl wurde gekürzt? Wie lautet das Ergebnis?

a)    b)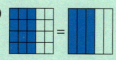

7 Kürzen Sie jeden Bruch durch 2 (3; 6).
a) $\frac{18}{24}$ b) $\frac{24}{42}$ c) $\frac{12}{30}$ d) $\frac{48}{60}$ e) $\frac{36}{72}$ f) $\frac{66}{78}$ g) $\frac{72}{108}$

8 Suchen Sie immer drei Brüche, die den gleichen Wert haben.

9 Schreiben Sie die Tabelle ins Heft und ergänzen Sie wie im Beispiel.

	erweitert mit:	gekürzt durch:
$\frac{5}{8} = \frac{25}{40}$	5	–
$\frac{3}{10} = \frac{30}{100}$	10	
$\frac{24}{36} = \frac{\Box}{3}$		12
$\frac{45}{60} = \frac{3}{\Box}$		15
$\frac{5}{9} = \frac{55}{\Box}$	11	
$\frac{42}{56} = \frac{\Box}{8}$		7
$\frac{7}{9} = \frac{35}{45}$	5	

10 Kürzen Sie oder erweitern Sie die Brüche so, dass sie den Nenner 100 erhalten.
Beispiel: $\frac{12}{16} = \frac{3}{4} = \frac{75}{100}$
a) $\frac{1}{20}$ c) $\frac{8}{400}$ e) $\frac{3}{5}$ g) $\frac{24}{40}$ i) $\frac{3}{2}$
b) $\frac{12}{200}$ d) $\frac{9}{10}$ f) $\frac{12}{30}$ h) $\frac{3}{4}$ j) $\frac{21}{28}$

11 Schreiben Sie als Bruchteil von 1 m. Kürzen Sie.
Beispiel: $40 \text{ cm} = \frac{40}{100} \text{ m} = \frac{4}{10} \text{ m} = \frac{2}{5} \text{ m}$
a) 30 cm   d) 20 cm   g) 16 cm   j) 56 cm
b) 50 cm   e) 25 cm   h) 66 cm   k) 43 cm
c) 75 cm   f) 80 cm   i) 72 cm   l) 88 cm

12 Schreiben Sie als Bruchteil von 1 h. Kürzen Sie.
Beispiel: $36 \text{ min} = \frac{36}{60} \text{ h} = \frac{6}{10} \text{ h} = \frac{3}{5} \text{ h}$
a) 10 min   c) 12 min   e) 33 min
b) 20 min   d) 45 min   f) 56 min

Dezimalbrüche – Prozentzahlen

1 Schreiben Sie als Dezimalbruch.

Beispiel: $\frac{3}{10} = 0{,}3$ oder $\frac{17}{100} = 0{,}17$

a) $\frac{7}{10}$ b) $\frac{11}{10}$ c) $\frac{57}{100}$ d) $\frac{18}{100}$ e) $\frac{6}{100}$ f) $\frac{120}{1000}$ g) $\frac{8}{1000}$

2 Erweitern Sie oder kürzen Sie auf Zehntel, Hundertstel oder Tausendstel und schreiben Sie als Dezimalbruch.

Beispiel: $\frac{7}{20} = \frac{35}{100} = 0{,}35$ oder $\frac{28}{400} = \frac{7}{100} = 0{,}07$

a) $\frac{3}{50}$ c) $\frac{9}{40}$ e) $\frac{18}{200}$ g) $\frac{21}{30}$ i) $\frac{3}{15}$

b) $\frac{3}{25}$ d) $\frac{4}{5}$ f) $\frac{3}{4}$ h) $\frac{5}{8}$ j) $\frac{64}{800}$

3 Schreiben Sie als Bruch.

Beispiel: $0{,}4 = \frac{4}{10}$ oder $3{,}012 = 3\frac{12}{1000}$

a) 0,8   c) 0,03   e) 0,106   g) 2,034

b) 0,15   d) 1,75   f) 0,005   h) 3,23

4 Ordnen Sie der Größe nach.

a) 0,7; 0,77; 0,701; 0,771; 0,007; 0,071

b) 1,4; 1,004; 1,44; 1,404; 1,441; 1,0404

5 Bilden Sie aus den drei Zahlzeichen *fünf*, *null* und *eins* 10 mögliche Dezimalbrüche. Ordnen Sie diese der Größe nach.

6 Schreiben Sie als Dezimalbruch.

Beispiel: $3\,\text{m}\,27\,\text{cm} = 3{,}27\,\text{m}$

a) 2 m 88 cm   c) 13 m 16 cm   e) 5 m 7 cm

b) 0 m 50 cm   d) 15 m 1 cm   f) 1 m 2 cm

7 Bilden Sie einen Dezimalbruch.

Beispiel: 2 Euro 25 Cent = 2,25 Euro (€)

a) 3 Euro 15 Cent   c) 7 Euro 8 Cent

b) 9 Euro 9 Cent   d) 1 Euro 1 Cent

8 Wandeln Sie in einen Dezimalbruch um.

Beispiel: 1 kg 44 g = 1,044 kg

a) 3 kg 375 g   c) 15 kg 27 g   e) 6 kg 5 g

b) 4 kg 277 g   d) 0 kg 99 g   f) 10 kg 1 g

9 Schreiben Sie in Minuten.

Beispiel: $0{,}1\,\text{h} = \frac{1}{10}$ von 60 Minuten = 6 min

a) 0,5 h   c) 0,4 h   e) 0,05 h   g) 0,35 h

b) 0,2 h   d) 0,8 h   f) 0,15 h   h) 0,55 h

10 Schreiben Sie als Dezimalbruch.

Beispiel: $\frac{3}{5}$ € $= \frac{60}{100}$ € $= 0{,}60$ €

a) $\frac{4}{5}$ €   c) $\frac{3}{100}$ €   e) $2\frac{1}{4}$ €

b) $\frac{11}{20}$ €   d) $1\frac{5}{100}$ €   f) $\frac{17}{25}$ €

11 Schreiben Sie die Längen als Dezimalbruch.

a) $\frac{1}{2}$ m   b) $\frac{7}{100}$ m   c) $\frac{7}{8}$ km   d) $\frac{7}{125}$ km

12 Wandeln Sie die Brüche in Prozentzahlen um.

Beispiel: $\frac{3}{5} = \frac{60}{100} = 60\,\%$

a) $\frac{4}{10}$ b) $\frac{19}{100}$ c) $\frac{3}{4}$ d) $\frac{4}{5}$ e) $\frac{17}{50}$ f) $\frac{9}{20}$ g) $\frac{13}{25}$

13 Wandeln Sie die Brüche in Prozentzahlen um. Runden Sie auf ganze Zahlen.

Beispiel: $\frac{5}{6} = 5 : 6 = 0{,}8333\ldots \approx 83\,\%$

a) $\frac{2}{3}$ b) $\frac{1}{6}$ c) $\frac{5}{9}$ d) $\frac{7}{12}$ e) $\frac{4}{15}$ f) $\frac{7}{8}$ g) $\frac{1}{7}$ h) $\frac{7}{11}$

14 In dieser Tabelle sind einige Zahlen vertauscht. Die Zahlen jeder Aufgabe sollen den gleichen Wert haben. Finden Sie die Fehler. Legen Sie eine neue Tabelle an.

a)	$\frac{3}{5}$	0,7	$\frac{6}{10}$	60 %	$\frac{25}{100}$
b)	$\frac{7}{10}$	70 %	$\frac{4}{5}$	0,70	$\frac{80}{100}$
c)	0,25	$\frac{30}{50}$	$\frac{14}{20}$	0,6	25 %
d)	0,8	80 %	0,250	$\frac{16}{20}$	$\frac{8}{32}$

15 Ergänzen Sie die Tabelle im Heft.

Bruch	Division	Dezimal-bruch	Hunderts-telbruch	Prozent-zahl
$\frac{3}{4}$	3 : 4	0,75	$\frac{75}{100}$	75 %
$\frac{2}{5}$				
$\frac{9}{10}$				
$\frac{1}{2}$				
$\frac{11}{20}$				
$\frac{13}{25}$				
$\frac{5}{6}$				
$\frac{5}{8}$				

Messen und Rechnen

Addition und Subtraktion von Brüchen

1 Addieren Sie und kürzen Sie, wenn möglich.
a) $\frac{1}{4}+\frac{1}{4}$ b) $\frac{1}{8}+\frac{3}{8}$ c) $\frac{2}{7}+\frac{4}{7}$ d) $\frac{7}{15}+\frac{4}{15}$ e) $\frac{1}{5}+\frac{4}{5}$

2 Ergänzen Sie den Bruch zu einem Ganzen.
Beispiel: $\frac{5}{12}$ Rechne: $\frac{5}{12}+\frac{7}{12}=\frac{12}{12}=1$
a) $\frac{3}{4}$ c) $\frac{3}{10}$ e) $\frac{4}{15}$ g) $\frac{19}{50}$ i) $\frac{19}{45}$
b) $\frac{2}{7}$ d) $\frac{5}{8}$ f) $\frac{9}{20}$ h) $\frac{23}{100}$ j) $\frac{49}{60}$

3 Schreiben Sie das Ergebnis als gemischte Zahl. Kürzen Sie, wenn möglich.
a) $\frac{4}{5}+\frac{3}{5}$ d) $\frac{3}{8}+\frac{7}{8}$ g) $\frac{4}{9}+\frac{3}{9}+\frac{5}{9}$
b) $\frac{9}{10}+\frac{3}{10}$ e) $\frac{1}{6}+\frac{5}{6}+\frac{1}{6}$ h) $\frac{7}{11}+\frac{19}{11}+\frac{13}{11}$
c) $\frac{11}{12}+\frac{5}{12}$ f) $\frac{2}{4}+\frac{3}{4}+\frac{7}{4}$ i) $\frac{27}{100}+\frac{41}{100}+\frac{31}{100}$

4 Subtrahieren Sie und kürzen Sie, wenn möglich.
a) $\frac{2}{3}-\frac{1}{3}$ d) $\frac{11}{12}-\frac{7}{12}$ g) $\frac{7}{8}-\frac{5}{8}$
b) $\frac{4}{5}-\frac{2}{5}$ e) $\frac{3}{7}-\frac{3}{7}$ h) $\frac{9}{10}-\frac{2}{10}-\frac{3}{10}$
c) $\frac{11}{9}-\frac{4}{9}$ f) $\frac{17}{20}-\frac{3}{20}-\frac{1}{20}$ i) $\frac{99}{100}-\frac{13}{100}-\frac{51}{100}$

5 Wandeln Sie *vor* dem Subtrahieren die gemischten Zahlen in unechte Brüche um.
Beispiel: $2\frac{2}{5}-\frac{4}{5}=\frac{12}{5}-\frac{4}{5}=\frac{8}{5}=1\frac{3}{5}$
a) $1\frac{1}{3}-\frac{2}{3}$ c) $2\frac{5}{12}-\frac{11}{12}$ e) $3\frac{3}{8}-2\frac{5}{8}$
b) $1\frac{7}{10}-\frac{9}{10}$ d) $6\frac{1}{7}-5\frac{6}{7}$ f) $4\frac{1}{6}-1\frac{5}{6}$

6 Entscheiden Sie bei den folgenden Aufgaben, ob man *vor* dem Subtrahieren in einen unechten Bruch umwandeln muss.
a) $5\frac{4}{7}-\frac{6}{7}$ d) $2\frac{1}{4}-1\frac{3}{4}$ g) $3\frac{1}{6}-2\frac{5}{6}$
b) $3\frac{5}{8}-\frac{3}{8}$ e) $5\frac{1}{3}-2\frac{2}{3}$ h) $4\frac{11}{12}-3\frac{7}{12}$
c) $2\frac{3}{4}-1\frac{3}{4}$ f) $6\frac{3}{10}-4\frac{7}{10}$ i) $4\frac{7}{15}-4\frac{7}{15}$

7 Bilden Sie aus den Brüchen Additions- und Subtraktionsaufgaben mit gleichen Nennern.
Beispiel: $\frac{7}{8}+\frac{15}{8}=\frac{22}{8}=2\frac{6}{8}=2\frac{3}{4}$
$\frac{7}{8}$ $\frac{5}{6}$ $\frac{3}{4}$ $2\frac{5}{8}$ $1\frac{1}{6}$ $4\frac{1}{4}$ $\frac{11}{6}$ $\frac{15}{8}$ $\frac{25}{4}$

8 Zum Backen eines Kuchens werden für den Teig $\frac{1}{8}$ l Milch, für die Füllung $\frac{5}{8}$ l Milch benötigt. Wie viel Milch wird benötigt?

9 Lösen Sie zeichnerisch.
Beispiel: $\frac{2}{5}+\frac{1}{2}$

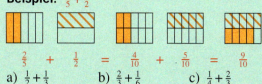

$\frac{2}{5}\ +\ \frac{1}{2}\ =\ \frac{4}{10}\ +\ \frac{5}{10}\ =\ \frac{9}{10}$

a) $\frac{1}{2}+\frac{1}{3}$ b) $\frac{2}{3}+\frac{1}{6}$ c) $\frac{1}{4}+\frac{2}{3}$

10 Erweitern Sie die Nenner auf 24 und addieren Sie.
a) $\frac{2}{3}+\frac{1}{8}$ b) $\frac{5}{8}+\frac{1}{6}$ c) $\frac{5}{12}+\frac{5}{6}$ d) $\frac{1}{3}+\frac{1}{4}+\frac{1}{8}$

11 Berechnen Sie.
Beispiel: $\frac{3}{5}+\frac{7}{10}=\frac{6}{10}+\frac{7}{10}=\frac{13}{10}=1\frac{3}{10}$
a) $\frac{1}{2}+\frac{3}{4}$ c) $\frac{1}{4}+\frac{5}{8}$ e) $\frac{1}{2}+\frac{7}{8}$ g) $\frac{1}{3}+\frac{5}{6}$ i) $\frac{3}{4}+\frac{5}{6}$
b) $\frac{3}{4}-\frac{1}{2}$ d) $\frac{7}{8}-\frac{3}{4}$ f) $\frac{5}{5}-\frac{1}{2}$ h) $\frac{5}{6}-\frac{2}{3}$ j) $\frac{11}{12}-\frac{3}{4}$

12 Bilden Sie aus den Brüchen Additions- und Subtraktionsaufgaben. Verwenden Sie alle Zahlen.
Machen Sie zu jeder Aufgabe die Probe.

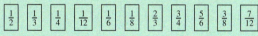

13 Berechnen Sie.
Beispiel: $2\frac{3}{4}+1\frac{2}{3}=2\frac{9}{12}+1\frac{8}{12}=3\frac{17}{12}=4\frac{5}{12}$
(mit 3 erweitern!) (mit 4 erweitern!)
a) $1\frac{1}{2}+1\frac{3}{4}$ c) $5\frac{3}{4}+3\frac{5}{6}$ e) $3\frac{3}{4}-1\frac{1}{2}$ g) $2\frac{5}{6}-1\frac{2}{3}$
b) $2\frac{3}{8}+1\frac{1}{2}$ d) $3\frac{2}{3}+4\frac{2}{3}$ f) $5\frac{7}{8}-3\frac{3}{4}$ h) $7\frac{5}{6}-2\frac{3}{5}$

14 Addieren Sie jede Zahl im Kreis zu jeder *Randzahl* des Sterns.

Multiplikation von Brüchen

1 Man berechne als Additions- und als Multiplikationsaufgabe.
Beispiel: $3 \cdot \frac{7}{10} = \frac{7}{10} + \frac{7}{10} + \frac{7}{10} = \frac{21}{10} = 2\frac{1}{10}$
$3 \cdot \frac{7}{10} = \frac{3 \cdot 7}{10} = \frac{21}{10} = 2\frac{1}{10}$

a) $2 \cdot \frac{1}{4}$ c) $4 \cdot \frac{2}{5}$ e) $\frac{3}{4} \cdot 5$ g) $7 \cdot \frac{5}{6}$ i) $\frac{5}{12} \cdot 5$
b) $6 \cdot \frac{1}{5}$ d) $5 \cdot \frac{3}{8}$ f) $\frac{2}{3} \cdot 7$ h) $10 \cdot \frac{5}{9}$ j) $\frac{4}{11} \cdot 9$

2 Multiplizieren Sie. Kürzen Sie, wenn möglich.

a) $5 \cdot \frac{3}{10}$ d) $3 \cdot \frac{5}{6}$ g) $\frac{7}{9} \cdot 8$
b) $2 \cdot \frac{2}{3}$ e) $\frac{7}{12} \cdot 6$ h) $\frac{11}{12} \cdot 11$
c) $7 \cdot \frac{3}{4}$ f) $\frac{11}{15} \cdot 10$ i) $4 \cdot \frac{9}{10}$

3 Diese Aufgaben kann man auf zwei Arten berechnen.

Gemischte Zahl in unechten Bruch umwandeln!

Beispiel: $3\frac{1}{4} \cdot 5 = \frac{13}{4} \cdot 5 = \frac{13 \cdot 5}{4} = \frac{65}{4} = 16\frac{1}{4}$
oder: $3\frac{1}{4} \cdot 5 = 3 \cdot 5 + \frac{1}{4} \cdot 5 = 15 + \frac{5}{4} = 16\frac{1}{4}$

Gemischte Zahl in Ganze und Bruch zerlegen!

a) $2 \cdot 1\frac{1}{2}$ c) $3 \cdot 2\frac{1}{4}$ e) $2\frac{3}{8} \cdot 2$ g) $3\frac{5}{6} \cdot 4$
b) $4 \cdot 2\frac{1}{3}$ d) $2 \cdot 2\frac{3}{5}$ f) $4\frac{1}{10} \cdot 5$ h) $6\frac{5}{9} \cdot 6$

4 Berechnen Sie die fehlenden Werte.

·	$\frac{5}{6}$	$\frac{7}{12}$	$3\frac{3}{4}$	$5\frac{3}{8}$
3				
6				
8				
12				

5 Eine Flasche Mineralwasser enthält $\frac{7}{10}$ l. Wie viel Liter enthalten 12; 24; 60 Flaschen?

6 Für einen Kuchen braucht man $\frac{3}{8}$ kg Mehl. Wie viel Mehl braucht man für 4 Kuchen?

7 In einem Karton sind 3 Eisenkugeln. Jede dieser Kugeln wiegt $6\frac{3}{8}$ kg. In einem anderen Karton sind 28 Holzkugeln. Jede Holzkugel wiegt $\frac{3}{4}$ kg. Vergleichen Sie das Gewicht beider Kartons.

Division von Brüchen

1 Dividieren Sie. Kürzen Sie, wenn möglich.
Beispiel: $\frac{3}{4} : 5 = \frac{3}{4} \cdot \frac{1}{5} = \frac{3}{4 \cdot 5} = \frac{3}{20}$
kürzer: $\frac{3}{4} : 5 = \frac{3}{4 \cdot 5} = \frac{3}{20}$

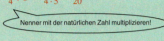
Nenner mit der natürlichen Zahl multiplizieren!

a) $\frac{7}{10} : 2$ c) $\frac{2}{3} : 4$ e) $\frac{3}{10} : 5$ g) $\frac{1}{12} : 7$
b) $\frac{1}{2} : 5$ d) $\frac{3}{5} : 2$ f) $\frac{3}{8} : 4$ h) $\frac{5}{6} : 6$

2 Dividieren Sie.
Beispiel: $\frac{12}{13} : 6 = \frac{12 : 6}{13} = \frac{2}{13}$

a) $\frac{3}{4} : 3$ c) $\frac{8}{9} : 4$ e) $\frac{24}{25} : 6$ g) $\frac{18}{19} : 6$
b) $\frac{5}{6} : 5$ d) $\frac{10}{11} : 5$ f) $\frac{15}{16} : 3$ h) $\frac{100}{169} : 25$

3 Dividieren Sie und entscheiden Sie sich für das günstigste Verfahren.

a) $\frac{1}{4} : 2$ c) $\frac{2}{5} : 4$ e) $\frac{3}{5} : 6$ g) $\frac{12}{17} : 4$
b) $\frac{3}{4} : 3$ d) $\frac{5}{7} : 5$ f) $\frac{3}{8} : 12$ h) $\frac{7}{10} : 8$

4 Wandeln Sie vor dem Dividieren die gemischten Zahlen in unechte Brüche um.
Beispiel: $7\frac{1}{2} : 6 = \frac{15}{2} : 6 = \frac{15}{2 \cdot 6} = \frac{5}{2 \cdot 2} = \frac{5}{4} = 1\frac{1}{4}$

a) $3\frac{1}{2} : 7$ c) $1\frac{3}{5} : 5$ e) $7\frac{1}{2} : 5$ g) $1\frac{7}{8} : 5$
b) $5\frac{1}{3} : 4$ d) $1\frac{4}{5} : 12$ f) $4\frac{2}{3} : 4$ h) $2\frac{5}{6} : 2$

5 Berechnen Sie
a) die Hälfte von $\frac{3}{5}$ m   c) die Hälfte von $\frac{5}{6}$ l
b) ein Drittel von $\frac{4}{5}$ kg   d) ein Viertel von $\frac{3}{4}$ h

6 Berechnen Sie die fehlenden Werte in ihrem Heft.

:	2	3	5	6	8	9	12	15
$\frac{3}{4}$								
$\frac{5}{7}$								
$1\frac{3}{5}$								
$2\frac{1}{7}$								

7 Ein Krug mit einem Fassungsvermögen von $3\frac{3}{4}$ l soll bis zum Rand gefüllt werden. Dafür wird ein Messbecher fünfmal gefüllt und in den Krug entleert. Welchen Inhalt hat der Messbecher?

Zuordnungen

Darstellung von Zuordnungen

Zuordnungen kommen in vielen Sachbereichen vor. Zwei Möglichkeiten werden hier genannt.

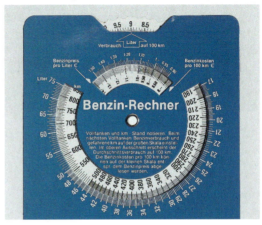

1. Zuordnung *Masse → Preis*

Bei einem festgelegten Grundpreis von 16 € pro kg wird jeder anderen Masse sein Preis zugeordnet.

2. Zuordnung *Strecke → Benzinverbrauch*

Bei einem gleichbleibenden Verbrauch von 9 l auf 100 km wird jeder gefahrenen Strecke der Benzinverbrauch zugeordnet.

Zuordnungen lassen sich auf verschiedene Arten darstellen. Die einfachste Form ist die **Zuordnungstabelle**, die senkrecht oder waagerecht angeordnet werden kann.

Eine andere Form ist das **Pfeilbild**. Dabei werden die einander zugeordneten Größen durch Pfeile miteinander verbunden.

Beispiel

Notieren Sie für die oben abgebildete Zuordnung *Strecke → Benzinverbrauch* eine Zuordnungstabelle und zeichnen Sie dazu ein Pfeilbild.

Zuordnungstabelle

Strecke	Benzinverbrauch
100 km	9 l
200 km	18 l
250 km	22,5 l
300 km	27 l
350 km	31,5 l
400 km	36 l
420 km	37,8 l
500 km	45 l
680 km	61,2 l

Pfeilbild

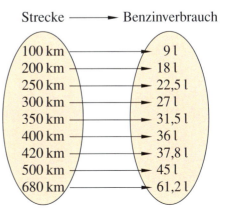

Wiederholung

Beispiel 2

Frau Stickel kauft auf dem Markt 1,5 kg Paprikaschoten für 4,50 €. Frau Hofer nimmt 2,5 kg mit. Wie viel Euro muss Frau Hofer zahlen?

Vorüberlegung:
Die doppelte Menge kostet das Doppelte, die dreifache Menge das Dreifache, …
Eine solche Zuordnung heißt proportional.

Wir tragen die Wertepaare als Punkte in ein Koordinatensystem ein. Wir können dann stets eine **Gerade** zeichnen, auf der alle Wertepaare liegen.

Hauptüberlegung

Zeichnerische Lösung: 2,5 kg ↦ ? €
Wir kennen diese Wertepaare:

Masse in kg	Kosten in €
0	0
1,5	4,50

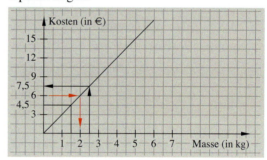

Dann können wir die Lösung ablesen: Frau Hofer zahlt für 2,5 kg Paprikaschoten 7,50 €.
Wir lesen weitere Werte ab: 3 kg kosten 9 €, 6,5 kg kosten 19,50 €, für 6 € erhält man 2 kg.

Übungen

1 Betrachten Sie die Abbildung.

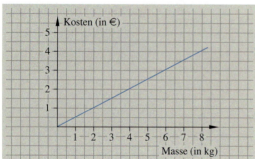

a) Lesen Sie ab, wie teuer ein und zwei Kilogramm Kartoffeln sind!
b) Stellen Sie eine Zuordnungstabelle mit fünf Wertepaaren auf.

2 Welche Zuordnungen sind proportional? Begründen Sie die Antwort (siehe Beispiel 2).

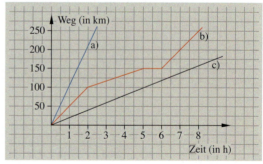

3 Ein Testfahrzeug fährt eine Strecke von 400 km mit einer gleich bleibenden Geschwindigkeit von 80 $\frac{km}{h}$. Stellen Sie die Zuordnung *Zeit → Weg* zeichnerisch dar.

Zuordnung _____ 15

4 Ulrich und Heinz haben eine 50 km lange Fahrradtour von Bielefeld nach Bad Iburg gemacht. Um genau über den Ablauf ihrer Tour berichten zu können, haben sie bei jedem Halt die Uhrzeit und die zurückgelegte Strecke notiert. Sie vergaßen auch den Zeitpunkt jeder Abfahrt nicht. Nach dem Muster eines „Bildfahrplans" ist später diese Darstellung entstanden.

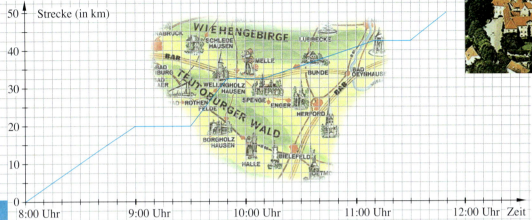

a) Was wurde auf der senkrechten, was auf der waagerechten Achse des Koordinatensystems eingezeichnet?
b) Welche Zeitspanne liegt zwischen 2 Teilstrichen auf der waagerechten Achse?
c) Welche Entfernung liegt zwischen 2 Teilstrichen auf der senkrechten Achse?
d) Ulrich und Heinz berichteten von einer halbstündigen Pause in einer Gaststätte. Um wie viel Uhr betraten sie die Gaststätte? Wie weit war das von Bielefeld bzw. von Bad Iburg entfernt?
e) Heinz hatte nach 32,5 km einen platten Vorderreifen. Wie lange dauerte das Flicken des Reifens?
f) Im Schatten eines Waldstücks schöpften Ulrich und Heinz noch einmal 20 Minuten Kraft. Wie viel Kilometer waren sie bis dahin gefahren?
g) Im ersten Abschnitt wollten die Freunde mit durchschnittlich 20 $\frac{km}{h}$ fahren. Ist das geschafft worden?
h) In welchem Zeitabschnitt sind die Radler am schnellsten gefahren?
i) Auf einer langen Steigung kamen sie am langsamsten voran. Wie viel Kilometer nach ihrem Start begann diese Steigung?
j) Schreiben Sie für die graphische Zuordnung *Zeit → gefahrene Strecke* einen „Zeitplan" in Tabellenform (vgl. Aufgabe 5).

5 Der Zeitplan einer Urlaubsreise ist in der Tabelle festgehalten.

	Uhrzeit	Kilometerstand
Abfahrt	8:15 Uhr	0
Autobahnauffahrt	8:45 Uhr	28
Rastbeginn	10:30 Uhr	217
Weiterfahrt	10:45 Uhr	217
Tanken (Beginn)	12:00 Uhr	352
Weiterfahrt	12:15 Uhr	352
Mittagessen (Beginn)	13:00 Uhr	413
Weiterfahrt	14:15 Uhr	413
Autobahnabfahrt	15:45 Uhr	585
Ankunft	16:30 Uhr	636

a) Zeichnen Sie auf ein DIN-A4-Blatt ein Koordinatensystem. Die Einteilung der Achsen soll dabei so vorgenommen werden:
    100 km entsprechen 2 cm,
    1 h entspricht 2 cm.
Veranschaulichen Sie dadurch die Tabelle.
b) Auf welcher Strecke wurde am schnellsten gefahren? Auf welcher Strecke wurde am langsamsten gefahren? Wie erkennt man das im Koordinatensystem?
c) Auf welchem Streckenabschnitt könnte eine Autobahn-Baustelle mit Geschwindigkeitsbeschränkung gewesen sein?

Proportionale Zuordnungen

Bei Preisangaben fehlen oft die Angaben pro Kilogramm.

So ist zum Beispiel der Preis 3,20 € für 500 g Tomaten angegeben worden. Wir stellen eine Preistabelle auf, aus der neben dem Preis für 1 kg Tomaten auch andere Zahlenpaare der Zuordnung *Masse → Preis* entnommen werden können.

Masse in kg	0,5	1	1,5	2	3
Preis in €	3,20	6,40	9,60	12,80	19,20

Wir sehen: 1 kg ist doppelt so schwer wie 500 g, aber auch doppelt so teuer. 3 kg sind das Dreifache von 1 kg und auch dreimal so teuer.

Eine solche Zuordnung heißt **proportionale Zuordnung**.

Eine Zuordnung heißt **proportional**, wenn gilt:

zum Doppelten der einen Größe gehört das Doppelte der anderen Größe,
zum Dreifachen der einen Größe gehört das Dreifache der anderen Größe *usw.*,
zur Hälfte der einen Größe gehört die Hälfte der anderen Größe,
zum Viertel der einen Größe gehört ein Viertel der anderen Größe *usw.*

Beispiele

1. Zwei Schulklassen fahren gemeinsam ins Schullandheim. Pro Tag werden je Person 19 € berechnet. Die Klasse U 1 bleibt 5 Tage, die Klasse U 2 nur 4 Tage. Welche Kosten entstehen für die Teilnehmer? Zeichnen Sie eine Zuordnungstabelle, aus der man auch Aufenthaltskosten bis zu einer Woche ablesen kann.

Anzahl der Tage	1	4	5	6	7
Kosten in €	19	76	95	114	133

Man sieht: In der Klasse U 2 entstehen pro Person 76 € Aufenthaltskosten. In der Klasse U 1 betragen diese Kosten 95 €.

2. Nach den Preisangaben der abgebildeten Preisliste kosten 5 Kilogramm Boskop-Äpfel 4 €. Für 1 kg verlangt der Händler 1 €.
Handelt es sich hierbei um eine proportionale Zuordnung?
Zeichnen Sie eine Zuordnungstabelle.

Masse in kg	5	1	2,5	3	4
Preis in €	4,00	1,00	2,50	3,00	4,00

Das ist keine proportionale Zuordnung, weil der fünfte Teil von 5 kg nicht den fünften Teil des Preises ausmacht. Die Zuordnung ist nur für weniger als 5 kg proportional.

Zuordnungen 17

Übungen

1

Masse in kg	Preis in €
0,2	0,70
0,5	
0,8	
1	3,50
1,5	
2	7,00
2,5	
3	

a) Vervollständigen Sie die proportionale Zuordnungstabelle im Heft.
b) Zeigen Sie an der ausgefüllten Tabelle:
Zur doppelten Masse gehört der doppelte Preis, zur 2,5fachen Masse gehört der 2,5fache Preis.
c) Zeigen Sie an der ausgefüllten Tabelle:
Zu einem Fünftel der Masse gehört der fünfte Teil des Preises, zur Hälfte der Masse gehört der halbe Preis.

2 Die Mineralquelle eines Kurortes schüttet täglich etwa 124 800 Liter Heilwasser aus. Wie viel Liter Heilwasser spendet die Quelle in 1 Stunde, in 4 Stunden, in 8 Stunden und in einer Woche?

3 Herr Vollmer kauft Frühkartoffeln.
a) Lesen Sie aus der Darstellung im Diagramm ab, wie viel Euro für 1 kg, 2 kg, 3 kg, 4 kg, 5 kg zu zahlen sind.

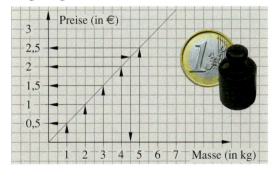

b) Frau Bräuer will für 2,25 € Kartoffeln kaufen. Wie viel Kilogramm Kartoffeln erhält sie? Beschreiben Sie, wie man die Lösung im Koordinatensystem findet.

4 Stellen Sie eine Zuordnungstabelle mit je fünf Wertepaaren auf.
a) 5 kg Hundefutter kosten 5,45 €
b) 100 g Schinken kosten 1,94 €
c) 0,25 l Leinöl kosten 2,20 €
d) 3 Schachteln Kekse wiegen 720 g
e) 5 l Farbe reichen für 30 m² Fläche

5 In einem Kino beträgt der Eintrittspreis 5 €. Ein Film läuft dort in 6 Vorstellungen. Die Einnahmen betrugen 235 €, 180 €, 275 €, 315 €, 195 € und 240 €. Wie viele Personen sahen jeweils in diesem Kino den Film?

6 Prüfen Sie, ob folgende Zuordnungen proportional sein können. Begründen Sie jeweils.
a) Ein Ei kostet 17 Cent. Zehn Eier werden für 1,65 € verkauft.
b) Ein Autofahrer fährt in einer Stunde 84 km. In einer halben Stunde ist er 42 km gefahren.
c) Aus 8 kg Beeren kann man 6 l Saft gewinnen. Aus 2 kg Beeren gewinnt man 1,5 l Saft.
d) Für eine Fahrt mit der Bergbahn bezahlt man 1,25 €, für 5 Fahrten 6,25 € und für 10 Fahrten 10 €.

7 Bei einem Gewitter sieht man den Blitz, kurz darauf donnert es.

Der Schall legt pro Sekunde 333 m zurück. Wie weit ist ein Gewitter entfernt, wenn man das Donnern 4 (2, 6, 9, 14) Sekunden nach dem Aufleuchten des Blitzes hört?

8 Das Licht, das man beim Blitz sieht, verbreitet sich mit einer wesentlich höheren Geschwindigkeit. Es legt dabei in einer Sekunde ungefähr 300 000 km zurück. Wie viel km legt das Licht in 4 (2, 6, 9, 14) Sekunden zurück? Vergleichen Sie mit dem Schall.

Das Rechnen mit dem Dreisatz bei Proportionalität

Aufgaben mit proportionalen Zuordnungen können wir übersichtlich als Dreisatz schreiben und damit lösen.
Ein Mähdrescher erntet ein 2 Hektar großes Getreidefeld in 3 Stunden ab.
Wie viele Stunden werden benötigt, wenn ein 5 Hektar großes Feld abgeerntet werden soll?

Die Zuordnung

Fläche in ha → Zeit in h

ist proportional, denn für die doppelte Fläche braucht der Mähdrescher die doppelte Zeit …

So gehen wir vor:

1. Ansatz:

2 Hektar in 3 Stunden
5 Hektar in ? Stunden

2. Dreisatz:

Für 2 ha braucht man 3 Stunden
Für 1 ha braucht man 3 h : 2 = 1,5 h
Für 5 ha braucht man 1,5 h · 5 = 7,5 h

Kurztabelle:

ha	h
2	3
5	?
2	3
1	$\frac{3}{2} = 1,5$
5	$\frac{3 \cdot 5}{2} = 7,5$

(:2, ·5 links; :2, ·5 rechts)

3. Antwort:

Für 5 Hektar braucht der Mähdrescher $7\frac{1}{2}$ Stunden.

Beispiel

Ölwechsel in der Werkstatt. 3 Liter Öl kosten 18 €. Wie viel kosten 4,5 Liter?

1. Ansatz:

3 l kosten 18 €
4,5 l kosten ? €

2. Dreisatz:

3 l kosten 18 €
1 l kostet 18 € : 3 = 6 €
4,5 l kosten 6 € · 4,5 = 27 €

Kurztabelle:

l	€
3	18
4,5	?
3	18
1	$\frac{18}{3} = 6$
4,5	$\frac{\overset{6}{\cancel{18}} \cdot 4,5}{\cancel{3}_1} = 27$

(:3, ·4,5)

3. Antwort:

4,5 l Öl kosten 27 €.

Wiederholung _____ **19**

Übungen

1 Übertragen Sie die Tabellen ins Heft und vervollständigen Sie diese. Die Zuordnungen sind proportional.

a)
Masse in kg	Preis in €
1	3,50
3	

b)
Anzahl	Preis in €
28	6,44
1	

c)
Länge in m	Preis in €
3	24
1	
5	

d)
Fahrtstrecke in km	Verbrauch in l
100	8
1	
750	

e)
Anzahl	Masse in kg
8	120
1	
5	

2 a) Ein Heft kostet 0,56 €.
Wie viel kosten 8 Hefte?
b) Drei Tuben Klebstoff kosten 4,59 €.
Wie viel kostet eine Tube?
c) Zwei Packungen Tintenpatronen kosten 1,20 €.
Wie viel kosten vier Packungen?
d) Fünf Packungen Bleistifte kosten 12,65 €.
Wie viel kosten zwei Packungen?

3 Übertragen Sie den Ansatz der Kurztabelle in das Heft. Rechnen Sie mit dem Dreisatz.

a)
Stück	€
7	3,50
9	?
1	?
7	

b)
km	l
450	36
100	?
1	?
450	

c)
h	l
3	180
5	?
1	?
3	

d)
€	km
5	4
13	?
1	?
3	5

Schreiben Sie zu jeder Aufgabe einen kurzen Text mit einer Fragestellung.

4 Beim Abbremsen eines Autos ist der Reaktionsweg (der Weg, den der Wagen zurücklegt vom Erkennen einer Gefahr bis zu dem Zeitpunkt des Auf-die-Bremse-Tretens) proportional der *vor* der Bremsung gefahrenen Geschwindigkeit.
a) Erklären Sie dieses mit eigenen Worten.
b) Für eine Geschwindigkeit von 30 km/h beträgt der Reaktionsweg 9 m. Wie viel beträgt er bei 60 km/h, 90 km/h, 15 km/h, 10 km/h, 20 km/h?

5 Simone hat während der Ferien in einem Supermarkt als Aushilfe gearbeitet. In drei Wochen verdiente sie 450 €. Ihre Freundin Anna arbeitete nur zwei Wochen. Wie viel verdient ihre Freundin?

6 Für 20 m³ Wasser verlangt die Stadtverwaltung von Münster ohne Nebenkosten 26,20 €.
a) Herr Meier verbraucht 22 m³ Wasser.
b) Herr Huy zahlt 41,92 €.

7 In einer Maßstabszeichnung ist eine Strecke 64 mm lang. In Wirklichkeit beträgt die Strecke 320 m. Eine andere Strecke ist in der Zeichnung 175 mm lang. Wie viel Meter misst sie in Wirklichkeit?

8 $3\frac{1}{2}$ m Gardinenstoff kosten 157,50 €.
Herr Müller kauft 4,5 m von diesem Stoff. Wie viel Euro muss er zahlen? Wählen Sie weitere Längen und stellen Sie eine Tabelle auf.

9 Für 800 g geräucherten Schinken hat Ilona 12 € bezahlt. Nach drei Tagen soll sie 500 g geräucherten Schinken kaufen.

10 Messing besteht aus Kupfer und Zink. Zur Herstellung von 100 kg Messing braucht man 60 kg Kupfer. Wie viel Kupfer und wie viel Zink braucht man für die Herstellung von 66,5 kg Messing?

Antiproportionale Zuordnungen

Für einen Druckauftrag benötigen 3 Maschinen 8 Stunden. Es sollen aber 4 Maschinen eingesetzt werden. Wie lange brauchen diese?

Je *mehr* Maschinen in Betrieb sind, desto *kürzer* ist die Arbeitszeit. Je *weniger* Maschinen eingesetzt werden, desto *länger* ist die Arbeitszeit. Das ist *keine* Proportionalität.

Zum Doppelten der einen Größe gehört die Hälfte der anderen Größe. Eine solche Zuordnung heißt **antiproportionale Zuordnung**.

> Eine Zuordnung heißt **antiproportional**, wenn gilt:
> zum Doppelten der einen Größe gehört die Hälfte der anderen Größe,
> zum Dreifachen der einen Größe gehört ein Drittel der anderen Größe *usw.*,
> zur Hälfte der einen Größe gehört das Doppelte der anderen Größe,
> zum Drittel der einen Größe gehört das Dreifache der anderen Größe *usw.*

Zuordnungstabelle

Anzahl der Maschinen	3	1	4	8	2	6
Zeit (in h)	8	24	6	3	12	4

4 Maschinen benötigen für den Druckauftrag 6 Stunden.

Wir zeichnen die Anzahl der Maschinen und die Arbeitsdauer in einem Schaubild.

Jedes Wertepaar der Zuordnung hat dasselbe Produkt:

(3 | 8)   3 · 8 = 24
(4 | 6)   4 · 6 = 24
(1 | 24)   1 · 24 = 24
(2 | 12)   2 · 12 = 24

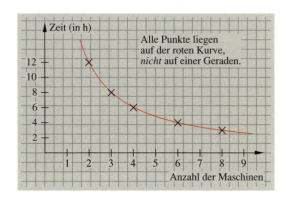

Alle Punkte liegen auf der roten Kurve, *nicht* auf einer Geraden.

Zuordnungen 21

> Wir erkennen **antiproportionale Zuordnungen** daran, dass einander zugeordnete Größen immer dasselbe Produkt ergeben.
> Wir sagen: Zusammengehörige Größen sind **produktgleich**. In der graphischen Darstellung entsteht bei einer antiproportionalen Zuordnung eine **Kurve**.

Beispiel

Im Jahre 1492 segelte Christoph Kolumbus in 72 Tagen von Spanien nach Amerika. Pro Tag legte er dabei durchschnittlich 100 km zurück. Heute können Schiffe 600 km an einem Tag zurücklegen.

Wenn ein Schiff jeden Tag eine doppelt so lange Strecke wie ein anderes zurücklegt, dann benötigt es insgesamt nur die halbe Fahrzeit. Die Zuordnung *Tagesstrecke → Fahrzeit* ist antiproportional.

Probe:
Wir bilden aus zusammengehörigen Größen das Produkt, zum Beispiel:

100 · 72 = 7200   200 · 36 = 7200
150 · 48 = 7200   225 · 32 = 7200

Die Gesamtstrecke beträgt 7200 km.

zurückgelegte Tagesstrecke	Fahrzeit bis Amerika
100 km	72 Tage
150 km	48 Tage
200 km	36 Tage
225 km	32 Tage
300 km	24 Tage
400 km	18 Tage
450 km	16 Tage
600 km	12 Tage

Übungen

1 Für ein Büfett arbeiten 6 Köche 18 Stunden. Wie ändert sich die Fertigstellungszeit mit der Anzahl der Köche? Übertragen Sie die Tabelle ins Heft.

Zahl der Köche	3	6	2	1	7	10
Fertigstellungszeit in h		18				

2 Um einen Erdaushub abzutransportieren, brauchen 6 Lkw 18 Stunden. Übertragen Sie die Tabelle ins Heft und ergänzen Sie diese.

Zahl der Lkw	6	12		9		4
Dauer des Auftrags in h	18		6		36	

3 Schreiben Sie im Heft.
a) 4 Maschinen sind für einen Auftrag 6 Stunden in Betrieb, 2 Maschinen brauchen dazu ▆▆▆, 6 Maschinen brauchen ▆▆▆.
b) Für einen Erdtransport setzt eine Firma 8 Lkw ein, die insgesamt 12 Stunden unterwegs sind. 4 Lkw wären ▆ Stunden, 12 Lkw wären ▆ Stunden unterwegs.

4 Aus einer Teigmenge kann man 240 Kleinbrote zu 200 g formen.
Wie viele Kleinbrote zu 150 g? Wie viele zu 250 g? Wie viele zu 75 g?

Das Rechnen mit dem Dreisatz bei Antiproportionalität

Auch Sachaufgaben mit antiproportionalen Zuordnungen können wir übersichtlich als Dreisatz schreiben und damit lösen.

Prüfen Sie bei Sachaufgaben immer zuerst, ob eine antiproportionale Zuordnung vorliegt. Wenden Sie dann den Dreisatz an.

Der Keller eines Wohnblocks steht unter Wasser. 2 Fahrzeuge der Feuerwehr benötigen für das Leerpumpen 12 Stunden. Wie viel Stunden benötigen 3 Fahrzeuge dafür?
Prüfen Sie auf Antiproportionalität!

So gehen wir vor. Wir überlegen:
Je mehr Pumpfahrzeuge eingesetzt werden, desto kürzer ist die Arbeitszeit je Fahrzeug. Doppelt so viele Pumpen, halbe Arbeitsdauer, die Zuordnung ist **antiproportional** (umgekehrt proportional).

Kurztabelle:

Anzahl	h
2	12
3	?

1. Ansatz:

2 Fahrzeuge benötigen 12 Stunden.
3 Fahrzeuge benötigen ? Stunden.

2. Dreisatz:

2 Fahrzeuge benötigen 12 Stunden.
1 Fahrzeug benötigt 2 · 12 h = 24 h.
3 Fahrzeuge benötigen 24 h : 3 = 8 h.

	Anzahl	h	
:2	2	12	·2
·3	1	24	:3
	3	8	

3. Antwort:

3 Pumpfahrzeuge benötigen für das Leerpumpen 8 Stunden.

Mehr Fahrzeuge brauchen weniger Zeit zum Leerpumpen.

Beispiel

Ein Futtervorrat reicht für 3 Pferde 80 Tage. Wie viele Tage reicht dieser Vorrat für 8 Pferde?
Lösung mit der Kurztabelle:

Anzahl der Pferde	Futtervorrat in Tagen
3	80
8	?

	Anzahl der Pferde	Futtervorrat in Tagen	
:3	3	80	·3
·8	1	240	:8
	8	30	

Zuordnungen _____ **23**

Übungen

1 Vervollständigen Sie die Tabelle. In einer Großküche wird gekocht und aufgeräumt. 5 Angestellte brauchen dafür 18 Stunden. Wie lange arbeiten die Angestellten, wenn ihre Anzahl geändert wird?

Angestellte (Anz.)	5	10	6	1	9
Koch- und Aufräumzeit (Std.)	18				

Die Arbeit soll in 9 Stunden erledigt sein. Wie viele Angestellte sind dazu nötig?
Wie viele Angestellte, wenn die Arbeit in 4,5 Stunden geschafft sein soll?

2 Vervollständigen Sie die Tabelle. Rechnen Sie mit dem Dreisatz weiter.
a) Gleich starke Pumpen sollen ein Wasserbecken füllen.

Anzahl der Pumpen	Füllzeit in h
1	12
4	?

b) Berechnen Sie, wie lange der Ölvorrat reicht.

Verbrauch pro Tag in l	Vorrat in Tagen
10	200
20	?

c) Berechnen Sie die Arbeitszeit.

Anzahl der Arbeiter	Arbeitszeit in Tagen
15	12
5	?

d) Zwei Rechtecke haben denselben Flächeninhalt. Berechnen Sie die fehlende Seitenlänge b.

Seite a	Seite b
12	18
9	?

Seite a	Seite b
15	20
12	?

e) Wie viele Stühle müssen in jede Reihe, damit die Gesamtzahl der Stühle erhalten bleibt?

Anzahl der Reihen	Stühle pro Reihe
21	8
24	?

3 Rechnen Sie mit dem Dreisatz. 3 Arbeiter erledigen einen Auftrag in 4 Stunden.
a) Wie lange braucht 1 Arbeiter?
b) Wie lange brauchen 4 Arbeiter?
c) Der Auftrag soll in 2 Stunden ausgeführt sein. Wie viele Arbeiter müssen eingesetzt werden?

4 Zum Fliesen einer Terrasse sind 88 Platten von der Größe 0,16 m² nötig.
Wie viele Platten der Größe 0,20 m² sind mindestens nötig?

5 Eine Busfahrt kostet bei 28 teilnehmenden Schülern für jeden 14,00 €. Drei Schüler werden krank und können nicht mitfahren.
Wie viel muss jetzt jeder zahlen?

6 Für eine Gasleitung braucht man 800 Rohre von jeweils 6 m Länge.
Wie viele Rohre von 9,60 m (7,50 m, 6,40 m) Länge würde man für die Leitung benötigen?

7 Für den Aushub bei einem U-Bahn-Bau müssen 45 Lkws täglich 16 Fahrten durchführen.
a) Wie oft müssten 40 Lkws täglich fahren?
b) Wie viele Lkws sind nötig, wenn täglich 20 Fahrten durchgeführt werden?

8 Kevin macht eine 4-tägige Radtour.
Er hat für jeden Tag 12 € Taschengeld dabei.
a) Wie viel könnte er jeden Tag ausgeben, wenn die Tour nur 3 Tage dauern würde?
b) Welchen Betrag hat er pro Tag zur Verfügung, wenn die Fahrt 5 Tage dauert?

9 Eine Baumaßnahme wird von 4 Baggern in 9 Tagen erledigt.
a) Wie lange brauchen 3 Bagger?
b) Die Arbeit soll schon in 6 Tagen fertig sein. Wie viele Bagger sind nötig?

10 Ein Radfahrer braucht 2 h für eine Strecke, wenn er durchschnittlich 18 $\frac{km}{h}$ fährt.
a) Wie lange braucht er, wenn er durchschnittlich 12 $\frac{km}{h}$ fährt?
b) Er will die Strecke in 1,5 h schaffen. Wie schnell muss er durchschnittlich fahren?

Vermischte Aufgaben

1 Uwe kauft 40 Briefmarken zu je 0,60 €. Wie viele Briefmarken zu je 0,80 € kann er zum selben Gesamtpreis erhalten?

2 Eine Spielgemeinschaft von vier Personen hat im Lotto 8460 € gewonnen.
a) Wie viel Euro bekommt jeder?
b) Wie hoch wäre der Gewinn pro Person, wenn die Gemeinschaft aus 3, 5, 6, 8 Personen bestehen würde?

3 In der Tabelle sind die Längen und Breiten verschiedener Rechtecke angegeben.

Breite (in cm)	30	20	15	10
Länge (in cm)	40	60	80	120

a) Prüfen Sie auf Produktgleichheit. Ist die Zuordnung *Breite → Länge* antiproportional?
b) Bilden Sie fünf weitere produktgleiche Wertepaare. Stellen Sie die Zuordnung in einem Koordinatensystem dar.
c) Welche Eigenschaft haben diese Rechtecke gemeinsam?

4 Welche Zuordnung ist *nicht* antiproportional? Überprüfen Sie auf Produktgleichheit.
a) 50 → 4
   100 → 2
b) 18 → 3
   12 → 2
c) 4 → 5
   36 → 2
d) 12 → 42
   18 → 28

5 Welche Wertepaare sind produktgleich? Prüfen Sie nach und geben Sie drei weitere produktgleiche Wertepaare an.
(3|6)   (12|1,5)   (36|1)   ($\frac{3}{4}$|24)
(4|4,5) ($\frac{1}{2}$|36)   (2|9)   (12|3)

6 Ein Winzer liefert 240 Liter Wein, die er zu gleichen Teilen an seine 40 Stammkunden verkauft. Wie viel Liter bekommt jeder? Wie viel Liter bekommt jeder, wenn der Wein auf 20 (60, 80) Kunden aufgeteilt wird?

7 In einer Schulaula werden für eine Theatervorstellung 180 Stühle aufgestellt. Der Hausmeister überlegt, wie viele Reihen er stellen soll.
Er entscheidet sich für 15 Reihen.
a) Wie viele Stühle muss er dann pro Reihe aufstellen?
b) Wie ändert sich die Zahl der Reihen, wenn in einer Reihe 15, 10, 18, 9 Stühle stehen?
c) Ist es sinnvoll, auch nur 3 Stühle pro Reihe aufzustellen? Begründen Sie.

8 Zeichnen Sie 24 cm² große Rechtecke
a) mit der Breite 6 cm,
b) mit der Breite 4 cm,
c) mit der Breite 3 cm.
Wie lang werden die Rechtecke?
Begründen Sie, dass die Zuordnung *Breite → Länge* bei Rechtecken mit gleichem Flächeninhalt antiproportional ist.

9 Stellen Sie die Zuordnung *Breite → Länge* bei Rechtecken mit 24 cm² Flächeninhalt in einer Tabelle dar.

Breite (in cm)	1	2	3	4	6	8	12	24
Länge (in cm)								

10 Hier wurden die Werte aus der Zuordnungstabelle (Aufgabe 9) in ein Koordinatensystem eingetragen.

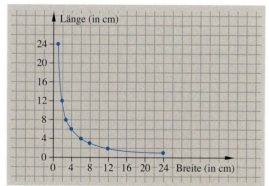

Fertigen Sie für die Zuordnung *Breite → Länge* von Rechtecken mit 18 cm² Flächeninhalt eine Tabelle an und stellen Sie die Zuordnung in einem Koordinatensystem dar.

Rechnen mit dem Taschenrechner

Der Taschenrechner

Der Taschenrechner gehört heute zur Grundausstattung, wenn man mit umfangreichen Rechnungen zu tun hat. Man sollte ihn aber erst verwenden, wenn man die einfachen Grundrechenarten auch *ohne* seine Hilfe beherrscht.

Taschenrechner werden im Wesentlichen in zwei Arten angeboten. Es gibt *„einfache"* Taschenrechner und *„wissenschaftliche"* Taschenrechner. Wir werden einen wissenschaftlichen Taschenrechner verwenden.

Die wissenschaftlichen Rechner erkennen Sie u. a. daran, dass sie die Tasten $\boxed{\sin}$, $\boxed{\cos}$, $\boxed{\tan}$ enthalten. Sie enthalten dann auch alle anderen wichtigen Funktionen. Die „Sinustaste" wird später z. B. für Rechnungen in der Geometrie gebraucht. Grundsätzlich genügt der kleinste Rechner, der die Tasten $\boxed{\sin}$, $\boxed{e^x}$, $\boxed{\ln x}$ enthält. Außerdem sollten Sie darauf achten, dass der Rechner eine „Bruchrechentaste" $\boxed{a^b/_c}$ enthält. Günstig, aber nicht notwendig, ist ein Rechner mit „doppeltem Display", bei dem im Sichtfenster über dem Ergebnis der Rechnung auch noch die Aufgabe abzulesen ist.

Da bei verschiedenen Rechnern manche Funktionstasten verschieden zu bedienen sind, müssen Sie die zum Rechner gehörende Arbeitsanleitung lesen.

Zu empfehlen sind Solartaschenrechner. Zu ihrem Betrieb reicht schon einfaches Tageslicht aus.

Das Wort Taschenrechner kürzen wir ab mit TR. Aufgaben mit dem Symbol $\boxed{\text{ON/CE}}$ sind für den TR-Einsatz gedacht.

Die Grundfunktionen am Taschenrechner

Wir rechnen zunächst mit den vier Grundrechenarten und mit Klammern. Der wissenschaftliche TR beachtet automatisch die Regel „Punkt- vor Strichrechnung".

Wir können den TR **testen**, wenn wir eine Aufgabe zunächst *mit* und danach *ohne* TR lösen und das Ergebnis vergleichen. Sind die Ergebnisse gleich, dann wurde die **Tastenfolge** mit großer Gewissheit richtig eingegeben.

Vor Beginn jeder neuen Rechnung löschen wir alle Zahlen im Rechner durch Clear (oder AC oder AC/ON).

Beispiele

Wir testen:
a) 5 · (8 – 6)   Kopfrechnen: 5 · (8 – 6) = 10

Tastenfolge: 5 × (8 – 6) =   *10*

b) (20,5 + 40,7) : 7,2   Kopfrechnen und schriftlich: (20,5 + 40,7) : 7,2 = 8,5

Tastenfolge: (2 0 . 5 + 4 0 . 7) ÷ 7 . 2 =   *8.5*

c) 7,8 · (2,4 + 5,9) + 5,4 · (8,2 – 1,9) = 98,76

2.4 + 5.9 = × 7.8 = M+ 8.2 – 1.9 = × 5.4 = M+ MR   *98.76*

Übungen

Das Dezimalkomma wird beim Rechner durch . wiedergegeben und die Multiplikation durch ×.

1 Testen Sie den Rechner mit diesen Aufgaben.
a) 3 + 10
b) 20 – 13
c) 8 + 4 + 6
d) 2 · 4 + 2
e) 2 + 3 · 4
f) (2 + 3) · 4

2 Rechnen Sie mit dem Taschenrechner. Löschen Sie vor jeder neuen Aufgabe alle Daten.
a) 24 732 + 6421
b) 14 615 – 7923
c) 6,427 + 12,130
d) 41,6 – 39,725

3 Rechnen Sie mit dem TR.
a) 29 · 312
b) 38 · 1579
c) 439 992 : 582
d) 439 992 000 : 582 000

4
a) 7,38 · 1,4
b) 0,26 · 3,5
c) 2,46 · 12,1
d) 15,44 : 4
e) 6,33 : 3
f) 1,052 : 5,2
g) 0,37 · 0,37
h) 0,037 · 3,7
i) 2,9584 : 1,72
j) 0,29584 : 0,172
k) 0,08736 : 0,156
l) 87,36 : 156

5
a) (6,2 + 5,8) · 17
b) 21,58 : (4,1 + 4,2)
c) (3,4 – 2,1) : 13
d) (14,52 – 8,71) · 4,6
e) (31,4 + 17,6) : (10,3 – 3,3)

6 Runden Sie das Ergebnis auf 2 Stellen hinter dem Komma.
a) 5,71 · 18,05
b) 0,63 : 2,8
c) 3,24 · 0,17
d) 0,035 · 0,071

Rechnen mit dem Taschenrechner

7 Überschlagen Sie zuerst im Kopf, dann rechnen Sie mit dem Taschenrechner.

Beispiel: $283 \cdot 4{,}2$
Überschlag: $300 \cdot 4 = 1200$
Taschenrechner: $283 \cdot 4{,}2 = 1188{,}6$

a) $174 \cdot 3{,}67$
b) $174 \cdot 36{,}7$
c) $174 \cdot 0{,}367$
d) $1{,}74 \cdot 3{,}67$
e) $17{,}4 \cdot 0{,}367$
f) $0{,}174 \cdot 3{,}67$
g) $0{,}0174 \cdot 36{,}7$
h) $1{,}74 \cdot 0{,}0367$
i) $17{,}4 \cdot 0{,}00367$
j) $0{,}0174 \cdot 0{,}0367$

8 Überschlagen Sie im Kopf, rechnen Sie dann und runden Sie das Ergebnis auf 2 Stellen hinter dem Komma.

a) $129{,}79 + 284{,}36$
b) $0{,}7593 + 4{,}8256$
c) $12{,}245 + 8{,}6$
d) $3{,}04732 - 0{,}3876$
e) $211{,}76 - 178{,}84$
f) $21{,}4780 \cdot 13{,}2$
g) $0{,}72 \cdot 14{,}85$
h) $0{,}72 \cdot 148{,}5$
i) $789{,}75 : 0{,}75$

9 Bestimmen Sie die Flächeninhalte. Runden Sie auf eine Stelle hinter dem Komma. Verwenden Sie die Formeln aus der Formelsammlung.

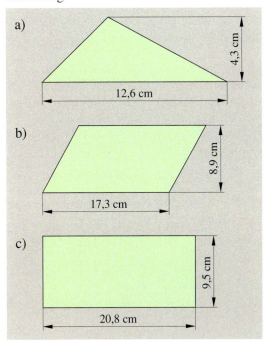

10 Überprüfen Sie, ob der Taschenrechner für die Aufgabe $7 \cdot 3 - 6 \cdot 2$ das richtige Ergebnis anzeigt, wenn man keine Klammern eingibt, also nicht $(7 \cdot 3) - (6 \cdot 2)$.

11 Berechnen Sie.

a) $18 \cdot 6 + 13 \cdot 2$
b) $12{,}7 \cdot 4 + 2{,}6 \cdot 3$
c) $10{,}5 \cdot 9{,}1 - 24{,}5 \cdot 0{,}2$
d) $3{,}14 \cdot 2{,}1 - 5{,}12 \cdot 0{,}73$
e) $3{,}6 \cdot 4{,}5 + 2{,}1 \cdot 5{,}6$
f) $11{,}4 \cdot 1{,}21 - 2{,}7 \cdot 1{,}67$

12 Was hat Aufgabe 11 e) mit diesem Bild zu tun?

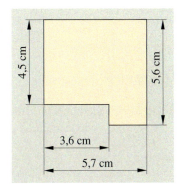

13 Berechnen Sie den Flächeninhalt in der folgenden Skizze.

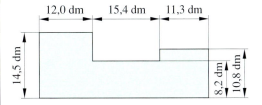

14 Wir rechnen Brüche mit der $\boxed{a^b/_c}$-Taste am Taschenrechner.

Beispiel: $2\frac{1}{2} + \frac{1}{3} - \frac{1}{4}$

Tastenfolge:

$\boxed{2}\ \boxed{a^b/_c}\ \boxed{1}\ \boxed{a^b/_c}\ \boxed{2}\ \boxed{+}\ \boxed{1}\ \boxed{a^b/_c}\ \boxed{3}\ \boxed{-}$
$\boxed{1}\ \boxed{a^b/_c}\ \boxed{4}\ \boxed{=}\ \boxed{2\ \lrcorner\ 7\ \lrcorner\ 12} = 2\frac{7}{12}$

a) $\frac{1}{7} + \frac{1}{5}$
b) $\frac{3}{8} - \frac{1}{5}$
c) $\frac{2}{7} \cdot \frac{21}{4}$
d) $2\frac{1}{3} - 1\frac{1}{2}$
e) $3\frac{4}{5} \cdot \frac{6}{7}$
f) $1\frac{1}{2} : 1\frac{1}{4}$

Rechnen Sie zur Probe schriftlich.

Rechengesetze

Bei der Arbeit mit dem Taschenrechner verwenden wir diese Rechengesetze:

1. Die Vertauschungsgesetze (Kommutativgesetze)	$15 + 3 = 3 + 15$ und $15 \cdot 3 = 3 \cdot 15$
2. Die Verbindungsgesetze (Assoziativgesetze)	$(15 + 3) + 4 = 15 + (3 + 4)$ und $(15 \cdot 3) \cdot 4 = 15 \cdot (3 \cdot 4)$
3. Punkt- vor Strichrechnung	$7 + 3 \cdot 5 = 7 + 15 = 22$
4. Klammern vor Punktrechnung	$(7 + 3) \cdot 5 = 10 \cdot 5 = 50$

Übungen

1 Rechnen Sie zur Kontrolle zweimal, beim 2. Mal mit dem Kommutativgesetz.
a) $17,4 + 3,7$
f) $6,9 \cdot 14$
b) $1,08 + 2,53$
g) $0,2 \cdot 38$
c) $217 + 328$
h) $0,5 \cdot 50$
d) $1762 + 4698$
i) $14,6 \cdot 3,4$
e) $2,08 + 0,064$
j) $512,7 \cdot 2,8$

2 Welche Aufgaben werden mit dieser Tastenfolge berechnet?
a) $\boxed{1}\,\boxed{2}\,\boxed{4}\,\boxed{+}\,\boxed{(}\,\boxed{1}\,\boxed{3}\,\boxed{+}\,\boxed{1}\,\boxed{6}\,\boxed{)}\,\boxed{=}$
b) $\boxed{(}\,\boxed{1}\,\boxed{2}\,\boxed{4}\,\boxed{+}\,\boxed{1}\,\boxed{3}\,\boxed{)}\,\boxed{+}\,\boxed{1}\,\boxed{6}\,\boxed{=}$
Kann man hier die Klammern weglassen?

3 Schreiben Sie die Rechenaufgabe für diese Tastenfolge:
a) $\boxed{1}\,\boxed{5}\,\boxed{-}\,\boxed{(}\,\boxed{2}\,\boxed{\cdot}\,\boxed{6}\,\boxed{+}\,\boxed{8}\,\boxed{\cdot}\,\boxed{4}\,\boxed{)}\,\boxed{=}$
b) $\boxed{5}\,\boxed{\cdot}\,\boxed{2}\,\boxed{-}\,\boxed{(}\,\boxed{3}\,\boxed{\cdot}\,\boxed{4}\,\boxed{-}\,\boxed{1}\,\boxed{\cdot}\,\boxed{2}\,\boxed{)}\,\boxed{=}$
Kann man hier die Klammern weglassen?

4 Berechnen Sie.
a) $17,6 \cdot 4,5 + 7,1$
b) $17,6 \cdot (4,5 + 7,1)$
c) $(17,6 \cdot 4,5) + 7,1$
In einer Aufgabe ist etwas überflüssig. Wo? Begründen Sie!

5 Vergleichen Sie
a) $72 \cdot 13 + 72 \cdot 29$ und
   $72 \cdot (13 + 29)$
b) $84,5 \cdot (4,8 - 3,2)$ und
   $84,5 \cdot 4,8 - 84,5 \cdot 3,2$
c) $7,5 \cdot 9 + 6,3 \cdot 9$ und
   $(7,5 + 6,3) \cdot 9$
d) $259 \cdot 16 - 138 \cdot 16$ und
   $(259 - 138) \cdot 16$

6 Schreiben Sie die oben stehenden Rechengesetze mit allgemeinen Zahlensymbolen a, b, c, …

7 Vergleichen Sie. Wie heißen die Rechenaufgaben?
a) $\boxed{(}\,\boxed{2}\,\boxed{\cdot}\,\boxed{1}\,\boxed{+}\,\boxed{3}\,\boxed{\cdot}\,\boxed{4}\,\boxed{)}\,\boxed{\times}\,\boxed{6}\,\boxed{\cdot}\,\boxed{2}\,\boxed{=}$
b) $\boxed{2}\,\boxed{\cdot}\,\boxed{1}\,\boxed{+}\,\boxed{3}\,\boxed{\cdot}\,\boxed{4}\,\boxed{\times}\,\boxed{6}\,\boxed{\cdot}\,\boxed{2}\,\boxed{=}$
c) $\boxed{2}\,\boxed{\cdot}\,\boxed{1}\,\boxed{\times}\,\boxed{6}\,\boxed{\cdot}\,\boxed{2}\,\boxed{+}\,\boxed{3}\,\boxed{\cdot}\,\boxed{4}\,\boxed{\times}$
   $\boxed{6}\,\boxed{\cdot}\,\boxed{2}\,\boxed{=}$

8 Wie heißt die Rechenaufgabe für diese Tastenfolge?
a) $\boxed{(}\,\boxed{4}\,\boxed{a^{b/c}}\,\boxed{2}\,\boxed{a^{b/c}}\,\boxed{3}\,\boxed{-}\,\boxed{3}\,\boxed{a^{b/c}}\,\boxed{1}\,\boxed{a^{b/c}}$
   $\boxed{2}\,\boxed{)}\,\boxed{\times}\,\boxed{2}\,\boxed{a^{b/c}}\,\boxed{1}\,\boxed{a^{b/c}}\,\boxed{4}\,\boxed{=}$
   $\boxed{2\lrcorner 5\lrcorner 8} = 2\frac{5}{8}$
b) $\boxed{2}\,\boxed{1}\,\boxed{a^{b/c}}\,\boxed{2}\,\boxed{a^{b/c}}\,\boxed{3}\,\boxed{\times}\,\boxed{(}\,\boxed{3}\,\boxed{+}\,\boxed{1}\,\boxed{a^{b/c}}$
   $\boxed{1}\,\boxed{a^{b/c}}\,\boxed{5}\,\boxed{)}\,\boxed{=}\,91$

Die rationalen Zahlen _____ **29**

Zahlbereiche. Die rationalen Zahlen

Die rationalen Zahlen

Verschiedene Zahlbereiche

In der Mathematik arbeitet man mit verschiedenen Zahlbereichen. Mit **natürlichen** Zahlen, mit **ganzen** Zahlen, mit **rationalen** Zahlen und auch noch mit den **reellen** Zahlen. Für wissenschaftliche und schwierige technisch-physikalische Zwecke verwendet man darüber hinaus noch **komplexe** Zahlen.

Die natürlichen Zahlen

Die Menge der **natürlichen Zahlen** sind die Zahlen, mit denen man zählt und die Null; 0, 1, 2, 3, 4, 5, … . Z. B. können in einem Raum 5 Personen anwesend sein oder 1 Person oder keine (also 0). Man kann mit natürlichen Zahlen auch Anordnungen beschreiben: der Erste, der Zweite, der Dritte … . Für die Menge der natürlichen Zahlen schreibt man

$$\mathbb{N} = \{0, 1, 2, 3, \ldots\}.$$

Mit natürlichen Zahlen kann man stets **addieren** und **multiplizieren**. Es kommt immer wieder eine natürliche Zahl heraus: $2 + 7 = 9$, $4 \cdot 18 = 72$.
Dagegen kann man innerhalb der natürlichen Zahlen *nicht immer subtrahieren und dividieren*. $5 - 7$ ist keine natürliche Zahl und $3 : 4 = \frac{3}{4}$ ist auch keine.
Natürliche Zahlen kann man als Punkte auf dem **Zahlenstrahl** darstellen:

$$\mathbb{N}: \quad \underset{0 \quad 1 \quad 2 \quad 3 \quad 4 \quad 5}{\bullet\!\!-\!\!\bullet\!\!-\!\!\bullet\!\!-\!\!\bullet\!\!-\!\!\bullet\!\!-\!\!\bullet\!\!\longrightarrow}$$

Die ganzen Zahlen

Die Menge der **ganzen Zahlen** enthält neben den natürlichen Zahlen auch noch die **negativen** ganzen Zahlen. Wir schreiben für die ganzen Zahlen

$$\mathbb{Z} = \{\ldots -3, -2, -1, 0, 1, 2, 3, 4, \ldots\}.$$

In der Menge $\mathbb{Z}$ der ganzen Zahlen kann man addieren, multiplizieren und auch subtrahieren, stets ist das Ergebnis wieder eine ganze Zahl: $4 - 7 = -3$. Dividieren kann man *nicht* immer. $5 : 4 = 1{,}25$, das ist keine **ganze** Zahl.
Die zeichnerische Darstellung gelingt auf der **Zahlengeraden** wieder durch Punkte:

$$\mathbb{Z}: \quad \underset{-5\ -4\ -3\ -2\ -1\ \ 0\ \ 1\ \ 2\ \ 3\ \ 4\ \ 5}{\longleftarrow\!\!\bullet\!\!-\!\!\bullet\!\!-\!\!\bullet\!\!-\!\!\bullet\!\!-\!\!\bullet\!\!-\!\!\bullet\!\!-\!\!\bullet\!\!-\!\!\bullet\!\!-\!\!\bullet\!\!-\!\!\bullet\!\!-\!\!\bullet\!\!\longrightarrow}$$

Gerechnet wird mit ihnen bezüglich der Vorzeichen wie mit rationalen Zahlen, die wir im Anschluss betrachten. Ganze Zahlen braucht man zum Beispiel zur Beschreibung von positiven und negativen Temperaturen und auf Landkarten für Höhen und Tiefen.

Einführung der rationalen Zahlen

Mit den ganzen Zahlen allein kommt man beim Rechnen nicht immer aus. Aus diesem Grund wurden Zahlen eingeführt, die *zwischen* den ganzen Zahlen liegen, die **Bruchzahlen**.
Schon im 6. Schuljahr rechneten wir mit positiven Bruchzahlen. Vom 7. Schuljahr an lernten wir die **negativen Bruchzahlen** kennen.

> Die positiven und die negativen Bruchzahlen bilden zusammen mit den ganzen Zahlen die **rationalen Zahlen ℚ**. Die ganzen Zahlen sind ein Teil der rationalen Zahlen.

Jede rationale Zahl hat auf der Zahlengerade eine **Gegenzahl**.
Auf der Zahlengeraden liegt jede Zahl spiegelbildlich zu ihrer Gegenzahl. Die Gegenzahl von 2,7 ist $-2,7$, die Gegenzahl von $-11\frac{1}{2}$ ist $11\frac{1}{2}$.

Zu jeder rationalen Zahl kann die **Gegenzahl** angegeben werden, sie unterscheidet sich nur durch das Vorzeichen von der Ausgangszahl.

Die Zahl 0 ist ihre eigene Gegenzahl, da sie auf der Symmetrieachse liegt.

Beispiel

Wir tragen die Zahlen $\frac{1}{2}$; $-1,2$; $2\frac{3}{4}$; $3\frac{2}{5}$ und $-4,25$ auf der Zahlengeraden ein. Durch Spiegeln der Punkte am Nullpunkt erhalten wir die Bildpunkte für die Gegenzahlen $-\frac{1}{2}$; $1,2$; $-2\frac{3}{4}$; $-3\frac{2}{5}$ und $4,25$.

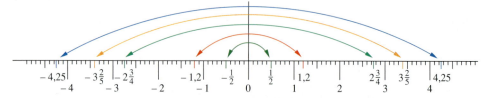

An der Zahlengeraden kann man auch erkennen, welche von zwei Zahlen die größere ist.

> Von zwei rationalen Zahlen ist diejenige die *größere*, die auf der Zahlengeraden weiter *rechts* liegt.

Die rationalen Zahlen

Übungen

1 Schreiben Sie zu jeder Zahl die Gegenzahl.
a) 0,8; −3,2; −1,5; 4,2; 6,9; −2,4
b) $\frac{1}{2}$; $3\frac{1}{4}$; $-2\frac{5}{8}$; $-1\frac{1}{5}$; $-\frac{1}{25}$; $6\frac{1}{12}$
c) 1,25; $-3\frac{2}{3}$; −2,59; $1\frac{1}{10}$; $\frac{25}{3}$; −8

2 Welche Zahlen sind rot markiert?

3 Zeichnen Sie einen Abschnitt der Zahlengeraden. Wählen Sie als Einheit 1 cm. Tragen Sie diese Zahlen ein:
−2,5; −1,5; $-3\frac{1}{3}$; 4; 4,5; $6\frac{1}{4}$;
$6\frac{1}{2}$; $-6\frac{1}{4}$; −7,2; −5,4; $-5\frac{2}{5}$.

4 Ordnen Sie. Beginnen Sie mit der kleinsten Zahl.
a) −0,8; 0,1; −2,5; 1,1; −2,25; 1,01
b) $\frac{1}{2}$; $-\frac{1}{2}$; $\frac{1}{4}$; $\frac{3}{4}$; $\frac{1}{8}$; $-\frac{3}{4}$; $-\frac{1}{5}$
c) $-\frac{3}{4}$; 0; $-\frac{5}{2}$; $1\frac{1}{4}$; $\frac{3}{10}$; $-\frac{7}{10}$

5 Ergänzen Sie die Folge nach links und nach rechts um je 4 Zahlen.
a) …; −2; $-1\frac{1}{2}$; −1; $-\frac{1}{2}$; 0; $\frac{1}{2}$; 1; $1\frac{1}{2}$; 2; …
b) …; $-1\frac{1}{3}$; −1; $-\frac{2}{3}$; $-\frac{1}{3}$; 0; $\frac{1}{3}$; $\frac{2}{3}$; 1; $1\frac{1}{3}$; …

6 Übertragen Sie ins Heft und setzen Sie das Zeichen < oder > ein.
a) 0,25 ▢ 0,5
b) −0,4 ▢ 1,6
c) −1,75 ▢ −2,25
d) −1,8 ▢ −1,75
e) 0,8 ▢ 0,6
f) −0,3 ▢ −0,34

7

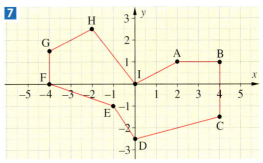

Bestimmen Sie die Koordinaten der Punkte.

8 Zeichnen Sie die Vierecke.
a) $A(2|2), B(2|-2), C(-2|-2), D(-2|2)$
b) $A(0|2), B(2|0), C(0|-4), D(-2|0)$
c) $A(-1,5|1,5), B(2|3), C(2|-2),$ $D(-1,5|-2)$
d) $A(2,5|-1,5), B(-1,5|-1,5), C(-1,5|2),$ $D(2|2)$

9 Welche Zahl liegt auf der Zahlengeraden in der Mitte zwischen folgenden zwei Zahlen?
a) −2; 4
b) −1,5; 4,5
c) $-\frac{1}{2}$; $1\frac{1}{2}$
d) $\frac{1}{2}$; 3,5

11

Deutscher Wetterdienst: Vorhersage für den 14. 11.

Lufttemperaturen in Grad Celsius vom 13.11.

Haparanda	−3	Frankfurt	−1	Nizza	10,5
Helsinki	−7,5	Warschau	−7	Wien	−2
Reykjavik	5	Moskau	−13	Dubrovnik	6,5
Stockholm	−2,2	Paris	3	Bozen	6
London	7	Trier	−1	Madrid	10,8
Kopenhagen	0	Stuttgart	−2	Mallorca	12
Westerland	2	Freiburg	1	Rom	11,6
Hamburg	−1	München	−1	Lissabon	13
Berlin	−2	Oberstdorf	−5	Athen	11
Hannover	−3	Zugspitze	−9	Istanbul	8,5

a) Ordnen Sie die Städte nach ihrer Temperatur am 13. 11. Beginnen Sie mit der kältesten Stadt (Moskau). Fassen Sie Städte mit gleicher Temperatur in einer Klammer zusammen: Moskau, …, {Berlin, Stuttgart, Wien}, …
b) Um wie viel Grad ändert sich die Temperatur für die Städte vom 13. 11. auf den 14. 11.?

Addition und Subtraktion rationaler Zahlen

Rationale Zahlen werden addiert und subtrahiert wie ganze Zahlen.

Am Zahlenstrahl heißt addieren, nach *rechts* gehen. Subtrahieren heißt, nach *links* gehen.

a) $1 + 4{,}5 = 5{,}5$

c) $4{,}3 - 6{,}3 = -2$

b) $-5{,}7 + 3{,}1 = -2{,}6$

d) $-3{,}2 - 2 = -5{,}2$

Etwas unübersichtlich wird es, wenn hinter dem Plus- oder Minuszeichen eine negative Zahl steht. Z. B. $6 - (-3)$ oder $-2 + (-6)$. Dann müssen wir mit der **Gegenzahl** rechnen. Die Gegenzahl von 3 ist -3.
Wir sehen an der Zahlengeraden: $6 - (-3) = 6 + 3 = 9$ oder $-2 + (-6) = -2 - 6 = -8$

Für die Addition und für die Subtraktion negativer Zahlen gilt diese Regel (**Gegenzahlregel**).

Eine negative Zahl wird **addiert**, indem man ihre Gegenzahl *subtrahiert*	Eine negative Zahl wird **subtrahiert**, indem man ihre Gegenzahl *addiert*.

Beispiele

1. $3 + (-6)$ | Gegenzahl ist 6
   $= 3 - 6$
   $= -3$

2. $-4{,}3 + (-1{,}5)$ | Gegenzahl ist 1,5
   $= -4{,}3 - (1{,}5)$
   $= -5{,}8$

3. $3 - (-6)$ | Gegenzahl ist 6
   $= 3 + 6$
   $= 9$

4. $-1{,}6 - (-4)$ | Gegenzahl ist 4
   $= -1{,}6 + 4 = 2{,}4.$

Übungen

1 Bestimmen Sie die Gegenzahlen.
a) $3{,}72$
b) $-0{,}56$
c) $-\frac{3}{4}$
d) $6\frac{1}{2}$
e) $-13{,}01$
f) $15{,}2$
g) $-21{,}5$
h) 0

2 Hier finden Sie alle Kombinationen.

a) $8 + 9 = \square$
b) $8 + (-9) = \square$
c) $-8 + 9 = \square$
d) $-8 + (-9) = \square$
e) $9 + 8 = \square$
f) $9 + (-8) = \square$
g) $-9 + 8 = \square$
h) $-9 + (-8) = \square$

Üben Sie mit den Ziffern 5 und 8 (7 und 4).

Die rationalen Zahlen

3 Berechnen Sie.
a) $4 + (-3) + (-2)$
b) $11 + (-9) + 5$
c) $-6 + 3 + (-4)$
d) $-3 + (-6) + (-2)$
e) $-7 + (-8) + 10$
f) $10 + (-8) + 5$
g) $12 + 5 + (-3)$
h) $12 + (-5) + (-3)$
i) $12 + (-5) + 3$
j) $(-12) + 5 + (-3)$

4
a) $6,7 + (-3,8)$
b) $6,3 + (-8,6)$
c) $4,9 + (-6,1)$
d) $2,7 + (-6,3)$
e) $1,3 + (-2,4)$
f) $-8,6 + 0,5$
g) $-0,3 + 0,8$
h) $-1,2 + 3,9$
i) $-9,05 + 10,09$
j) $-67,4 + 67,4$

5
a) $3,04 + (-2,31)$
b) $9,75 + (-8,25)$
c) $-0,6 + (-0,75)$
d) $-0,75 + (-1,2)$
e) $-12,7 + (-38,9)$
f) $-391,4 + (-127,2)$
g) $-4,85 + (-0,5)$
h) $-5,25 + (-0,75)$

6 Addieren Sie nacheinander in der angegebenen Richtung die äußeren Zahlen zu $2\frac{1}{2}$ hinzu.

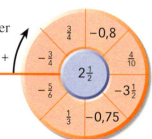

7 Übertragen Sie das Rechennetz und füllen Sie es aus.

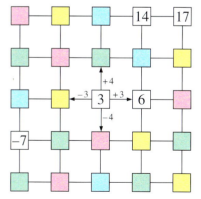

a) Geben Sie, von 3 ausgehend, drei weitere Rechenwege an, um 13 zu erreichen.

Beispiel: $3 + 3 - 4 + 3 + 4 + 4 = 13$

b) Geben Sie, von 3 ausgehend, drei Rechenwege an, um -8 zu erreichen.

c) Wie kommt man von der 6 in vier Schritten zur -2?

■ Mit dem Taschenrechner erhält man die Gegenzahl, indem man nach Eingabe der Zahl die Taste $+/-$ oder C oder $(-)$ drückt (Gegenzahltaste):

a) $\boxed{3}\ \boxed{+/-}\ (\boxed{=})\ \boxed{-3}$ oder
$\boxed{(-)}\ \boxed{3}\ \boxed{=}\ \boxed{-3}$

b) $\boxed{2}\ \boxed{\cdot}\ \boxed{4}\ \boxed{+/-}\ (\boxed{=})\ \boxed{-2.4}$ oder
$\boxed{(-)}\ \boxed{2}\ \boxed{\cdot}\ \boxed{4}\ \boxed{=}\ \boxed{-2.4}$

Welche Tastenfolge gilt für Ihren TR?

8 Rechnen Sie mit dem TR wie im Beispiel:

$8,6 + (-2,3) =$

a) $2,86 + (-3,48)$
b) $-3,77 + (-3,65)$
c) $11,21 + 18,66$
d) $-23,53 + 16,37$
e) $-17,38 + (-19,53)$
f) $63,35 + (-36,36)$
g) $-121,33 + (-133,2)$
h) $0,03 + (-0,003)$

9 Überschlagen Sie vorher das Ergebnis.
a) $14,3 + (-8,5) + (-6,7) + 9,5$
b) $0,5 + 1,75 + (-2,05) + (-0,8)$
c) $3,1 + 4,9 + (-1,2) + 1,1$
d) $15,23 + (-17,4) + (-28,99)$
e) $-38,2 + 17,44 + (-18,94) + 2,3$

10 Welche Aufgabe wurde gerechnet?

a) $\boxed{2}\ \boxed{1}\ \boxed{3}\ \boxed{-}\ \boxed{6}\ \boxed{4}\ \boxed{=}\ \boxed{149}$
b) $\boxed{1}\ \boxed{2}\ \boxed{3}\ \boxed{-}\ \boxed{(-)}\ \boxed{7}\ \boxed{5}\ \boxed{=}\ \boxed{198}$
c) $\boxed{3}\ \boxed{1}\ \boxed{2}\ \boxed{+/-}\ \boxed{-}\ \boxed{4}\ \boxed{2}\ \boxed{=}\ \boxed{-354}$
d) $\boxed{(-)}\ \boxed{3}\ \boxed{2}\ \boxed{1}\ \boxed{-}\ \boxed{(-)}\ \boxed{3}\ \boxed{9}\ \boxed{=}\ \boxed{-282}$
e) $\boxed{1}\ \boxed{3}\ \boxed{2}\ \boxed{+/-}\ \boxed{-}\ \boxed{2}\ \boxed{1}\ \boxed{-}\ \boxed{5}\ \boxed{8}\ \boxed{=}\ \boxed{-211}$

11 Wie heißt die zugehörige Rechenaufgabe?
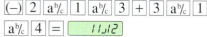
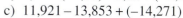

12 Berechnen Sie.
a) $1,34 + (-3,25) - (-6,77) + 3,58$
b) $2,94 - (-1,35) - 3,12 + (-2,77)$
c) $11,921 - 13,853 + (-14,271)$
d) $23,35 + 16,49 - (-3,44) - 43,28$
e) $45,75 - 3,8749 - (-37,39) + (-54,261)$
f) $-176,3 - (-266,978) + (-86,95) - 25,7$

Multiplikation rationaler Zahlen

Was ändert sich bei der Multiplikation mit 3, wenn der erste Faktor immer um 1 kleiner gewählt wird?

Multiplikation mit verschiedenen Vorzeichen

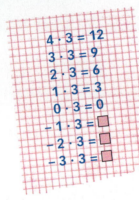

4 · 3 = 12
3 · 3 = 9
2 · 3 = 6
1 · 3 = 3
0 · 3 = 0
−1 · 3 = ☐
−2 · 3 = ☐
−3 · 3 = ☐

Wenn der linke Faktor um 1 kleiner wird, dann wird das Ergebnis immer um 3 kleiner.

Wenn man so weiter rechnet, gilt:
−1 · 3 = −3
−2 · 3 = −6
−3 · 3 = −9

Für die Multiplikation gilt:
Ist ein Faktor positiv und der andere Faktor negativ, dann ist das Produkt negativ.

Beispiele

a) $-5{,}6 \cdot 4{,}2 = -23{,}52$

b) $-\frac{1}{2} \cdot \frac{3}{4} = -\frac{3}{8}$

c) $3{,}9 \cdot (-4{,}1) = -15{,}99$

d) $2\frac{1}{3} \cdot (-\frac{3}{10}) = \frac{7}{3} \cdot (-\frac{3}{10}) = -\frac{7}{10}$

Übungen

1 Führen Sie die Multiplikationen um weitere fünf Schritte fort.

a) 3 · 5 = 15
   2 · 5 = 10
   1 · 5 = 5
   0 · 5 = 0
 −1 · 5 = ☐
 −2 · 5 = ☐

b) 6 · 2 = 12
   6 · 1 = 6
   6 · 0 = 0
   6 · (−1) = ☐
   6 · (−2) = ☐
   6 · (−3) = ☐

c) 9 · 2 = 18
   9 · 1 = 9
   9 · 0 = 0
   9 · (−1) = ☐
   9 · (−2) = ☐
   9 · (−3) = ☐

2 Multiplizieren Sie.

a) −3 · 7
   −6 · 7
   −12 · 7
   −9 · 7

b) 8 · (−1)
   8 · (−9)
   8 · (−11)
   8 · (−2)

c) −2 · 2
   −12 · 2
   −24 · 2
   −48 · 2

3 Multiplizieren Sie.

a) −8 · 9
b) 12 · (−7)
c) −3 · 5
d) −17 · 4
e) 10 · (−5)
f) 9 · (−15)
g) 15 · (−9)
h) 11 · (−11)
i) −8 · 22
j) 6 · (−6)
k) −3 · 39
l) 17 · (−2)
m) 38 · (−1)
n) −1 · 88
o) 21 · (−3)

4 Verwandeln Sie vor dem Rechnen die gemischten Zahlen in Brüche.

Beispiel: $-2\frac{1}{3} \cdot 3\frac{1}{4} = -\frac{7}{3} \cdot \frac{13}{4} = -\frac{91}{12} = -7\frac{7}{12}$

a) $-\frac{2}{3} \cdot \frac{3}{4}$
b) $-\frac{1}{2} \cdot \frac{1}{4}$
c) $-\frac{1}{3} \cdot \frac{1}{3}$
d) $\frac{1}{9} \cdot (-\frac{2}{3})$
e) $\frac{2}{7} \cdot (-\frac{1}{3})$
f) $\frac{3}{2} \cdot (-\frac{2}{3})$
g) $9\frac{1}{8} \cdot (-4\frac{3}{4})$
h) $-9\frac{6}{8} \cdot 3\frac{1}{16}$
i) $-2\frac{1}{2} \cdot (-2\frac{1}{2})$

5 Machen Sie zuerst einen Überschlag. Rechnen Sie dann mit dem Taschenrechner.

a) 2,63 · (−17,8)
b) 0,26 · (−8,15)
c) −3,14 · 6,25
d) −13,5 · 10,4
e) −2,4 · 7
f) −7,6 · 3
g) 1,5 · (−4)
h) −7,1 · 3,9
i) 6,7 · (−11,2)
j) 3,2 · (−9,1)

6 Füllen Sie die Tabelle im Heft aus.

·	0,5	0,8	3,4	1,9	2,2	1,32
−0,5						
−0,8						
−3,4						

Die rationalen Zahlen

Was ändert sich bei der Multiplikation mit –3, wenn der erste Faktor immer um 1 kleiner gewählt wird?

Multiplikation mit gleichen Vorzeichen

$4 \cdot (-3) = -12$
$3 \cdot (-3) = -9$
$2 \cdot (-3) = -6$
$1 \cdot (-3) = -3$
$0 \cdot (-3) = 0$
$-1 \cdot (-3) = \square$
$-2 \cdot (-3) = \square$
$-3 \cdot (-3) = \square$

Wenn der linke Faktor um 1 kleiner wird, dann wird das Ergebnis immer um 3 größer.

Wenn man so weiterrechnet, gilt:
$-1 \cdot (-3) = 3$
$-2 \cdot (-3) = 6$
$-3 \cdot (-3) = 9$

Für die Multiplikation gilt:
Sind beide Faktoren positiv oder beide Faktoren negativ, dann ist das Produkt positiv.

---

und $\quad 3 \cdot 5 = 15$
$\quad -3 \cdot (-5) = 15$

und $\quad -3 \cdot 5 = -15$
$\quad 3 \cdot (-5) = -15$

Beispiele

a) $-5{,}6 \cdot (-4{,}2) = 23{,}52$
b) $-\frac{1}{2} \cdot (-\frac{3}{4}) = \frac{3}{8}$
c) $-3{,}9 \cdot 4{,}1 = -15{,}99$
d) $2\frac{1}{3} \cdot (-\frac{3}{10}) = \frac{7}{3} \cdot (-\frac{3}{10}) = -\frac{7}{10}$

Übungen

1 Multiplizieren Sie.

a) $4 \cdot 11$
b) $-4 \cdot (-11)$
c) $-9 \cdot (-7)$
d) $9 \cdot 7$
e) $0{,}2 \cdot 0{,}2$
f) $-0{,}2 \cdot (-0{,}2)$
g) $3{,}2 \cdot 0{,}5$
h) $-3{,}2 \cdot (-0{,}5)$
i) $-\frac{1}{2} \cdot (-\frac{2}{3})$
j) $\frac{1}{2} \cdot \frac{2}{3}$
k) $\frac{3}{8} \cdot \frac{3}{4}$
l) $-\frac{3}{8} \cdot (-\frac{3}{4})$

2 Berechnen Sie.

a) $9{,}6 \cdot 7{,}9$
b) $13{,}9 \cdot 16{,}2$
c) $-13{,}8 \cdot (-15{,}2)$
d) $-12{,}9 \cdot (-3{,}2)$
e) $-5{,}3 \cdot (-0{,}4)$
f) $-0{,}9 \cdot (-0{,}2)$
g) $4{,}1 \cdot 0{,}3$
h) $-2{,}8 \cdot (-2{,}1)$

 3 Machen Sie zuerst einen Überschlag. Rechnen Sie mit dem Taschenrechner.

a) $-14{,}25 \cdot (-26{,}13)$
b) $-2{,}04 \cdot (-0{,}13)$
c) $4\frac{1}{8} \cdot 2\frac{1}{2}$
d) $-4\frac{1}{8} \cdot (-2\frac{1}{2})$
e) $4\frac{1}{8} \cdot (-2\frac{1}{2})$
f) $-\frac{3}{4} \cdot (-\frac{5}{7})$
g) $-3{,}8 \cdot (-2{,}6) \cdot 5{,}7$
h) $-3{,}8 \cdot (-2{,}6) \cdot (-5{,}7)$

4 Wählen Sie aus den Zahlenfeldern geeignete Zahlen so aus, dass ihr Produkt
a) 32   b) 0,24   c) 1,6   d) 0,36   ergibt.

5 Tragen Sie die Zahlen –2, –3 und –6 als Faktoren der Multiplikationstabelle richtig ein und vervollständigen Sie die fehlenden Zahlen im Heft.

·	–4		–7
–5	20		35
		8	
	24	18	

Division rationaler Zahlen

Die Division ist die Umkehrung der Multiplikation.

Aus der Zeichnung lässt sich für das Beispiel ablesen:

Weil $1{,}5 \cdot 5 = 7{,}5$ ist,
gilt $7{,}5 : 5 = 1{,}5$.

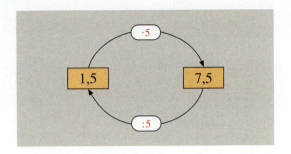

Das übertragen wir auf die Division mit negativen rationalen Zahlen:

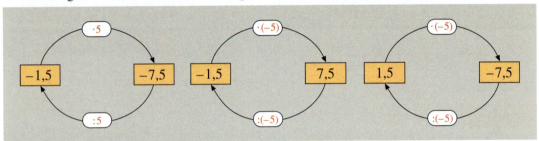

Weil $(-1{,}5) \cdot 5 = -7{,}5$ ist,
gilt $-7{,}5 : 5 = -1{,}5$.

Weil $-1{,}5 \cdot (-5) = 7{,}5$ ist,
gilt $7{,}5 : (-5) = -1{,}5$.

Weil $1{,}5 \cdot (-5) = -7{,}5$ ist,
gilt $-7{,}5 : (-5) = 1{,}5$.

Vorzeichen verschieden — Quotient negativ

Vorzeichen gleich — Quotient positiv

Für die Division gilt:

Sind beide Zahlen positiv oder beide negativ, dann sind die Quotienten positiv.

Ist eine Zahl positiv und die andere negativ, dann ist der Quotient negativ.

Beispiele

a) $4{,}2 : 2{,}1 = 2$

b) $-4{,}9 : (-7) = 0{,}7$

c) $-\frac{3}{5} : \frac{1}{2} = -\frac{3}{5} \cdot \frac{2}{1} = -\frac{6}{5} = -1\frac{1}{5}$

d) $\frac{3}{8} : \left(-\frac{3}{2}\right) = \frac{3}{8} \cdot \left(-\frac{2}{3}\right) = -\frac{1}{4}$

Division mit dem Taschenrechner:

zu b) [(-)] 4.9 [÷] [(-)] 7 [=] 0.7

zu c) [(-)] 3 [a b/c] 5 [÷] 1 [a b/c] 2 [=] $-1\lrcorner 1\lrcorner 5$

zu d) 3 [a b/c] 8 [÷] [(-)] 3 [a b/c] 2 [=] $-1\lrcorner 4$

Die rationalen Zahlen

Übungen

1 Berechnen Sie.
a) $24 : 8$
b) $32 : 4$
c) $96 : 12$
d) $-48 : 12$
e) $-72 : 8$
f) $-117 : 13$
g) $121 : (-11)$
h) $143 : (-13)$
i) $156 : (-12)$
j) $-42 : (-2)$
k) $-12 : (-3)$
l) $-15 : (-5)$
m) $-56 : (-14)$
n) $-176 : (-22)$
o) $-208 : (-26)$
p) $248 : (-62)$
q) $-121 : 11$
r) $196 : (-14)$

2 Berechnen Sie.
Beispiel:
$-\frac{2}{3} : \frac{4}{9} = -\frac{2}{3} \cdot \frac{9}{4} = -\frac{\cancel{2}^1 \cdot \cancel{9}^3}{\cancel{3}_1 \cdot \cancel{4}_2} = -\frac{3}{2} = -1\frac{1}{2}$

a) $\frac{3}{4} : \frac{2}{7}$
b) $\frac{5}{9} : \frac{8}{3}$
c) $\frac{1}{4} : \frac{1}{2}$
d) $-\frac{1}{4} : \frac{1}{8}$
e) $-\frac{3}{8} : \frac{1}{4}$
f) $-\frac{4}{6} : \frac{1}{3}$
g) $\frac{2}{3} : (-\frac{8}{11})$
h) $\frac{1}{2} : (-\frac{2}{3})$
i) $\frac{5}{8} : (-\frac{25}{16})$
j) $-\frac{9}{5} : (-\frac{8}{11})$
k) $-\frac{2}{9} : (-\frac{3}{8})$
l) $-\frac{1}{8} : (-\frac{1}{6})$
m) $-\frac{13}{15} : (-\frac{2}{5})$
n) $\frac{25}{16} : (-\frac{5}{8})$
o) $-\frac{11}{13} : (-\frac{16}{31})$

3 Wählen Sie aus den Zahlenfeldern geeignete Zahlen so aus, dass ihr Quotient
a) $1,2$ b) $-0,5$ c) $-6,2$ ergibt.

−4, 2,5, −1,2, 9, 16, −0,4, 0,4, 8, 0,1, −12, −3,6, −1,8, 40, −3, 0,3, 24,8, −5, 4, 2, −0,9

4 Berechnen Sie.
a) $4,2 : 2,1$
b) $1,5 : 0,5$
c) $7,5 : 2,5$
d) $3,75 : 0,25$
e) $96,9 : (-19)$
f) $127,5 : (-25,5)$
g) $-13,4 : (-10,72)$
h) $-17,1 : (-3,8)$
i) $-12,1 : (-1,1)$
j) $-0,05 : (-0,2)$
k) $-98,4 : 12,3$
l) $-97,28 : (-12,8)$

5 Rechnen Sie mit dem Taschenrechner.
a) $-1,584 : 3,52$
b) $-240,5 : 13$
c) $-50,46 : 5,8$
d) $15,174 : (-1,08)$
e) $2,372 : (-0,04)$
f) $0,8888 : (-5)$
g) $-1,1475 : (-0,45)$
h) $-80,916 : (-1,32)$
i) $-0,2445 : (-0,05)$
j) $15,5031 : (-3,1)$

6 Vervollständigen Sie die Tabelle im Heft.

:	0,8	−2,5	−4	1,5	0,5	−1,2
−3,2						
−4,8						
−10,8						

7 Rechnen Sie die „Startaufgabe" aus. Suchen Sie das Ergebnis in den inneren Feldern, rechnen Sie die nächste Aufgabe außen usw. Welche Folge der Ergebnisse entsteht?

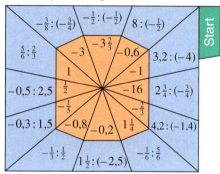

8 Vervollständigen Sie die Tabelle im Heft. Suchen Sie zuerst die fehlenden Zahlen in der obersten Zeile.

:	5		−9		2,5	
−60		−20				
270		90		−135		18
−135						−9

9 Notieren Sie die zugehörigen Divisionsaufgabe und rechnen Sie diese aus.

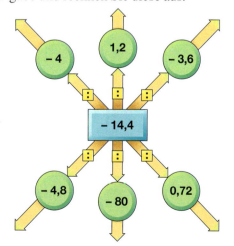

Verbundene Rechenoperationen

Mit rationalen Zahlen können wir addieren, subtrahieren, multiplizieren und dividieren. Nur durch Null darf nicht dividiert werden. Bei Aufgaben mit Klammern und verschiedenen Rechenarten müssen wir nebenstehende Regeln beachten:

- Was in Klammern steht, wird zuerst ausgerechnet.
- Punktrechnen (· und :) geht vor Strichrechnen (+ und −).

Beispiele

a) $(0{,}9 - 4{,}2) \cdot (-1{,}8)$

Überschlag: $(1 - 4) \cdot (-2) = -3 \cdot (-2) = 6$

$(0{,}9 - 4{,}2) \cdot (-1{,}8) = -3{,}3 \cdot (-1{,}8)$
$\qquad\qquad\qquad\qquad\quad = 5{,}94$

b) $4{,}9 : (-0{,}7) - (3{,}5 + 2{,}1) = -7 - 5{,}6$
$\qquad\qquad\qquad\qquad\qquad\qquad = -12{,}6$

Übungen

Rechnen Sie aus. Beachten Sie dabei die Regeln.

1 a) $-34 + (42 - 17)$
b) $86 - (12 - 45) + 72$
c) $-24 + (-91 - 34)$
d) $(62 + 73) + (-61 + 27)$
e) $67 - (-18 - 33) - 110$

2 a) $6{,}5 - (4{,}8 - 5{,}2)$
b) $-8{,}1 + (11{,}3 + 4{,}9) - 8{,}1$
c) $(3{,}6 + 4{,}2) - (-7{,}3 - 11{,}5)$
d) $-9{,}9 - 10{,}2 + (3{,}8 - 4{,}1)$
e) $(-4{,}8 - 3{,}2) - 9{,}8$

3 Ingrid wählt für zwei Zahlen 10 und −9 aus und berechnet das Produkt. Sie verkleinert nacheinander jeweils den ersten Faktor um 1 und vergrößert den zweiten Faktor um 1 und berechnet dann das Produkt.

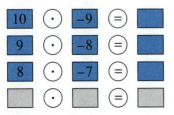

Setzen Sie die Rechnung um weitere 10 Schritte fort. Wie ändert sich der Wert des Produkts?

4 Multiplizieren Sie von links nach rechts.

Das Ergebnis enthält viermal die Ziffer 8. Die erste und die letzte Ziffer sind gleich.

5 Ein magisches Dreieck:

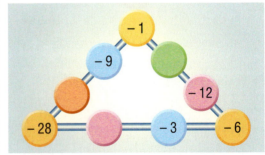

Übertragen Sie die Figur und setzen Sie die negativen Zahlen −2, −4 und −14 so in die freien Felder ein, dass das Produkt der Zahlen auf jeder Seite des Dreiecks 1008 beträgt.

6 Bilden Sie alle möglichen Produkte zweier Zahlen aus dem Zahlenfeld.

Die rationalen Zahlen

Vermischte Aufgaben

1 Geben Sie jeweils drei verschiedene
a) Summen   c) Produkte
b) Differenzen   d) Quotienten
an, die diese Ergebnisse haben:
−12; 25; −1,6

2 Berechnen Sie.
a) −3,5 + (−2,6) und 3,5 + (−2,6)
b) −3,5 − (−2,6) und 3,5 − (−2,6)
c) −3,5 · (−2,6) und 3,5 · (−2,6)
d) −3,5 : (−2,6) und 3,5 : (−2,6)

3 Verwenden Sie die ⁺/₋-Taste bzw. die (−)-Taste.
a) (−8,1 + 16,4) · (−13,2)
b) (−225) · (138 − 64)
c) (234 − 461) · 6,5
d) 18,4 − (−13,5) − 11,3
e) 18,4 + (−13,5) + 11,3

4 Geben Sie die Tastenfolge an.
a) 2,7 · (−7,5)
b) (6,1 − 4,8) · (−1,6)
c) −3,2 · (2,2 + 0,9)

5 Antonios Vater lässt Kontoauszüge ausdrucken. Dort sind die Buchungen wiedergegeben. „H" heißt Haben (Einzahlung), „S" heißt Soll (Auszahlung).

a) Übertragen Sie dieses als Tabelle in ein Heft und füllen Sie die Tabelle aus. Geben Sie den neuen Saldo an.
b) Welches war der niedrigste Kontostand?
c) Welche Buchung würde das Konto auf 3000 € bringen?

6 Senken unterhalb des Meeresspiegels
Totes Meer   −394 m Israel/Jordanien
Kattarasenke   −134 m Ägypten
Death Valley   −85 m   USA (Kalifornien)

Die höchsten Erhebungen:
Zugspitze   2963 m Deutschland
Montblanc   4807 m Europa (Frankr.)
Mount Everest 8848 m Welt (Nepal)

Berechnen Sie jeweils den Höhenunterschied zwischen den Senken und den Erhebungen.

7 Eine Handelskette kauft einen Modeposten von 10 000 Paaren Plateauschuhe zum Preis von 41,20 € ein. 4220 Paare können zu einem Preis von 85 € pro Paar abgesetzt werden. Nachdem der Artikel völlig aus der Mode gekommen ist, wird der Rest zu 10 € pro Paar ausverkauft. Machte die Firma Verlust?

8 In einer Zeitung steht: „Vor 10 Jahren hatte unsere Gemeinde beim Jahresabschluss 600 000 € Schulden, also einen Kontostand von −600 000 €. Heute sind wir $3\frac{1}{2}$-mal so hoch verschuldet."
Welchen Kontostand hat die Gemeinde?

9 In der Nordsee wird nach Öl gebohrt. Das Öl wird in 2240 m Tiefe unter der Meeresoberfläche gefunden, also bei −2240 m. In der Maracaibo-Bay von Venezuela hat man Öl gefunden, das $1\frac{3}{4}$-mal tiefer liegt. Aus welcher Tiefe wird das Öl in der Maracaibo-Bay gefördert?

Der Potenzbegriff

Wie viel Euro bekommt jemand an seinem 20. Geburtstag, wenn er am Tag der Geburt 1 Cent erhält und der Betrag an jedem folgenden Geburtstag verdoppelt wird?

An der Liste sieht man, wie man Produkte mit mehreren gleichen Faktoren als Potenzen schreiben kann: $2^2, 2^3, 2^4, \ldots$
Für 2 schreibt man auch 2^1.

Potenzen sind Produkte mit demselben Faktor.

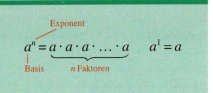

Produkte, in denen ein Faktor *mehrmals* auftritt, schreibt man kürzer als **Potenz**.
Die Zahl, die mehrmals als Faktor auftritt, heißt **Basis** (*Grundzahl*). Die Anzahl der Faktoren heißt **Exponent** (*Hochzahl*).

$$a^n = \underbrace{a \cdot a \cdot a \cdot \ldots \cdot a}_{n \text{ Faktoren}} \qquad a^1 = a$$

Mit dem Taschenrechner erhält man für die Potenzen 2^{10} und 2^{20}:

`2` `x^y` `1` `0` `=` ⟶ *1024*

`2` `x^y` `2` `0` `=` ⟶ *1048576*

Am 10. Geburtstag erhält man 1024 Cent, das sind 10,24 €.

Zum 20. Geburtstag erhält man 1 048 576 Cent, das sind 10 485,76 €.

Beispiele

1. $3^4 = 3 \cdot 3 \cdot 3 \cdot 3 = 81$

2. $0,5^3 = 0,5 \cdot 0,5 \cdot 0,5 = 0,125$

3. $2,5^7$ ergibt mit dem Taschenrechner:

   `2` `.` `5` `x^y` `7` `=` ⟶ *610.3515625*

Übungen

1 Schreiben Sie die Produkte als Potenzen und berechnen Sie diese.
a) $5 \cdot 5 \cdot 5$ c) $2 \cdot 2 \cdot 2 \cdot 2 \cdot 2 \cdot 2 \cdot 2$
b) $\frac{1}{3} \cdot \frac{1}{3} \cdot \frac{1}{3} \cdot \frac{1}{3}$ d) $10 \cdot 10 \cdot 10 \cdot 10 \cdot 10$

2 Schreiben Sie die Potenzen als Produkte und rechnen Sie aus.
a) 3^5 c) 5^3 e) 7^2 g) 9^3 i) $0,1^4$
b) 6^2 d) 4^4 f) 2^5 h) 1^5 j) $(\frac{1}{2})^3$

3 Berechnen Sie.
a) 10^4 c) $0,2^3$ e) 5^4 g) $(\frac{2}{3})^2$
b) 10^2 d) $1,2^3$ f) $0,5^4$ h) $(\frac{1}{4})^4$

4 Beim Potenzieren darf man Basis und Exponent im Allgemeinen **nicht** miteinander vertauschen.

Berechnen Sie die Potenzen und entscheiden Sie, ob „=" oder „≠" einzusetzen ist.
a) $3^4 \square 4^3$ c) $1^5 \square 5^1$ e) $5^3 \square 3^5$
b) $8^2 \square 2^8$ d) $2^4 \square 4^2$ f) $4^5 \square 5^4$

Die rationalen Zahlen _____ 41

5 Setzen Sie das Zeichen (<; >; =) richtig ein.

a) $5^2 \square 25$ e) $6^2 \square 38$
b) $6^2 \square 36$ f) $9^2 \square 72$
c) $8^2 \square 80$ g) $11^2 \square 121$
d) $7^2 \square 56$ h) $13^2 \square 169$

6 Notieren Sie zunächst die Aufgabe. Berechnen Sie dann mit dem Taschenrechner.

a) $\boxed{1}\,\boxed{2}\,\boxed{.}\,\boxed{4}\,\boxed{5}\,\boxed{x^y}\,\boxed{3}\,\boxed{=}$
b) $\boxed{9}\,\boxed{3}\,\boxed{.}\,\boxed{1}\,\boxed{3}\,\boxed{x^y}\,\boxed{4}\,\boxed{=}$
c) $\boxed{6}\,\boxed{.}\,\boxed{5}\,\boxed{2}\,\boxed{x^y}\,\boxed{1}\,\boxed{1}\,\boxed{=}$
d) $\boxed{0}\,\boxed{.}\,\boxed{0}\,\boxed{2}\,\boxed{x^y}\,\boxed{5}\,\boxed{=}$

7 Notieren Sie zu jeder Aufgabe die Tastenfolge für den Taschenrechner.

a) $2{,}25^4$ d) $7{,}55^3$ g) $4{,}2^{10}$
b) $1{,}05^5$ e) $12{,}06^5$ h) $5{,}3^{10}$
c) $2{,}75^3$ f) $0{,}95^4$ i) $2{,}9^{11}$

8 Berechnen Sie mit dem Taschenrechner. Runden Sie das Ergebnis auf vier Stellen nach dem Komma.
Beispiel: $(\frac{2}{3})^3$

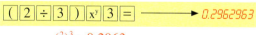

$(\frac{2}{3})^3 \approx 0{,}2963$

a) $(\frac{1}{4})^2$ d) $(\frac{2}{8})^3$ g) $(\frac{3}{4})^2$
b) $(\frac{3}{2})^4$ e) $(\frac{1}{2})^6$ h) $(\frac{7}{5})^3$
c) $(\frac{2}{5})^5$ f) $(\frac{1}{6})^4$ i) $(\frac{2}{6})^4$

9 Treten in einer Rechnung Potenzen auf, so müssen diese immer zuerst berechnet werden. Es gilt die Regel

Potenzrechnung geht vor Punktrechnung.

Beispiel: $3 \cdot 2^3 = 3 \cdot 8 = 24$

a) $15 \cdot 5^4$ d) $6 \cdot 9^2 \cdot 7$
b) $18 \cdot 6^3$ e) $6 \cdot 5^3 \cdot 2$
c) $5^2 \cdot 4$ f) $3 \cdot 7^2 \cdot 3^2$

Potenzgesetze

gleiche Basis $a^m \cdot a^n = a^{m+n}$

$a^m : b^n = \dfrac{a^m}{a^n} = a^{m-n}$

gleicher Exponent $a^n \cdot b^n = (a \cdot b)^n$

$a^n : b^n = \dfrac{a^n}{b^n} = \left(\dfrac{a}{b}\right)^n$

Potenzieren $(a^m)^n = a^{m \cdot n}$

10 Zeigen Sie die Potenzgesetze anhand von Beispielen.

11 Berechnen Sie. ($a^1 = a$)

a) $10^2 \cdot 10^3$ d) $a^5 \cdot a$ g) $(\frac{1}{2})^4 \cdot 2^4$
b) $(10^2)^3$ e) $a^7 : a^5$ h) $(\frac{3}{2})^3 \cdot (\frac{2}{3})^3$
c) $10^3 \cdot 10^2$ f) $a^8 : a^7$ i) $(2^3)^2$

12 Welches Zeichen (<; >; =) ist richtig?
a) $7^2 - 4^2 \square (7-4)^2$ d) $10^3 : 5^3 \square (10:5)^3$
b) $(5+2)^3 \square 5^3 + 2^3$ e) $9^3 - 8^3 \square (9-8)^3$
c) $7^2 \cdot 7^2 \square (7 \cdot 7)^2$ f) $11^2 - 12^2 \square (11-12)^2$

13 Schätzen Sie vor dem Rechnen!
a) $1{,}02^2$ c) $1{,}04^4$
b) $1{,}02^3$ d) $1{,}07^6$

14 Diskutieren Sie den Unterschied der folgenden Aufgaben zu den Aufgaben in 13.
a) $(1 + \frac{5}{100})^2$ d) $(1 + \frac{28}{100})^{10}$
b) $(1 + \frac{7}{100})^3$ e) $(1 + \frac{75}{100})^3$
c) $(1 + \frac{4}{100})^6$ f) $(1 + \frac{13}{100})^7$

15 Testen Sie Ihren Taschenrechner mit der Aufgabe $2 \cdot 3^4 = 162$ und berechnen Sie
a) $7 \cdot 1{,}02^6$ c) $13 \cdot (1+0{,}3)^2$
b) $6 \cdot 1{,}02^7$ d) $2{,}7 \cdot (1+0{,}6)^3$

16 In einem alten orientalischen Märchen wird von einem „Wunderbaum" berichtet: Der Baum hat acht Äste. Jeder dieser Äste hat acht Zweige. An jedem Zweig sind acht Blüten und jede Blüte besteht aus acht Blütenblättern. Wie viele Blütenblätter hat der Wunderbaum?

Zehnerpotenzen

Große Zahlen sind nicht immer leicht und schnell zu lesen, zum Beispiel die Zahlen:

Entfernung Erde–Mond:	384 000 km	Volumen der Erde:	1 080 000 000 000 km^3
Entfernung Erde–Sonne:	149 500 000 km	Durchmesser der Sonne:	1 390 000 km
Oberfläche der Erde:	509 950 000 km^2	Volumen des Monds:	22 000 000 km^3

Aus diesem Grund stellt man große Zahlen oft mithilfe von **Zehnerpotenzen** dar. Zehnerpotenzen sind:

$10 = 10^1$ $1\,000\,000 = 10^6 =$ 1 Million
$100 = 10^2$ $10\,000\,000 = 10^7 =$ 10 Millionen
$1\,000 = 10^3$ $100\,000\,000 = 10^8 =$ 100 Millionen
$10\,000 = 10^4$ $1\,000\,000\,000 = 10^9 =$ 1 Milliarde
$100\,000 = 10^5$ $1\,000\,000\,000\,000 = 10^{12} =$ 1 Billion

Wenn man eine große Zahl z übersichtlich darstellen will, zerlegt man sie in ein Produkt, bei dem der erste Faktor f eine Zahl zwischen 1 und 10 und der zweite Faktor eine Zehnerpotenz ist.

$$z = f \cdot 10^n \qquad 1 \leq f < 10 \qquad n \in \mathbb{N}$$

Beispiele

1. $600\,000 = 6 \cdot 100\,000 = 6 \cdot 10^5$
2. $63\,500 = 6{,}35 \cdot 10\,000 = 6{,}35 \cdot 10^4$
3. $8\,500\,000 = 8{,}5 \cdot 1\,000\,000 = 8{,}5 \cdot 10^6$
4. $730\,000\,000 = 7{,}3 \cdot 100\,000\,000 = 7{,}3 \cdot 10^8$

Übungen

1 Stellen Sie die oben im blauen Kasten angegebenen Größen mit Zehnerpotenzen dar.

2 Stellen Sie mit Zehnerpotenzen dar.
a) 428 000
b) 813 000
c) 17,3 Millionen
d) 18 Millionen
e) 111 Millionen
f) 2,7 Milliarden
g) 4 Milliarden
h) 12 Billionen

3 Drücken Sie die Längen in cm aus. Benutzen Sie dazu Zehnerpotenzen.
a) 135 m
b) 547 km
c) 548,5 m
d) 67,84 dm
e) 200 km
f) 1500 m
g) 113,2 km
h) 67,5 km

4 Schreiben Sie mit Zehnerpotenzen.
a) Lichtgeschwindigkeit: 300 000 km/s
b) Länge der Erdbahn: 939 000 000 km
c) Fläche des Erdteils Amerika: 41 930 000 km^2
d) Oberfläche der Sonne: 6 087 000 000 000 km^2

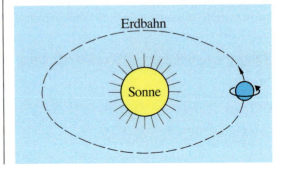

Die rationalen Zahlen

5 Schreiben Sie als natürliche Zahlen ohne Zehnerpotenzen.

Beispiel: $4,23 \cdot 10^4 = 42\,300$

a) $7,408 \cdot 10^6$
b) $0,58 \cdot 10^9$
c) $29,4 \cdot 10^4$
d) $0,05 \cdot 10^7$
e) $9 \cdot 10^9$
f) $13,78 \cdot 10^4$
g) $175,3 \cdot 10^8$
h) $0,003 \cdot 10^6$

6 Europa hat eine Fläche von $1,05 \cdot 10^7$ km²; der Pazifik hat eine Fläche von $1,796 \cdot 10^8$ km². Geben Sie die Flächen ohne Zehnerpotenzen an.

7 Schreiben sie ausführlich (ohne Zehnerpotenzen).

Fläche Afrikas	$3,01 \cdot 10^7$ km²
Masse der Erde	$5,974 \cdot 10^{24}$ kg
Geschwindigkeit der Erde auf ihrer Bahn um die Sonne	$3 \cdot 10^4$ m/s
Geschwindigkeit der Raumsonde Voyager 2	$5,4 \cdot 10^6$ m/h
Lichtgeschwindigkeit	$3 \cdot 10^8$ m/s
ein Lichtjahr (Strecke, die das Licht in einem Jahr zurücklegt)	$9,46 \cdot 10^{12}$ km
eine Astronomische Einheit (1 AE = die mittlere Entfernung Erde–Sonne)	$1,496 \cdot 10^8$ km

8 Der zweitäußerste Planet unseres Sonnensystems – der Neptun – ist etwa 30 Astronomische Einheiten von der Sonne entfernt. Berechnen Sie mit der Angabe in Aufgabe 7 seine Entfernung von der Sonne in Kilometern.

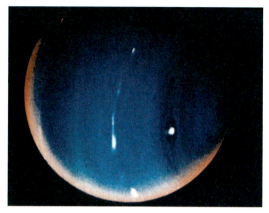

9 a) Der Fixstern, der unserem Planetensystem im Weltall am nächsten ist, heißt Alpha Centauri. Er ist 4,3 Lichtjahre von der Erde entfernt. Berechnen Sie mit den Daten in Aufgabe 7 seine Entfernung von der Erde in Kilometern.

b) Die Andromeda-Galaxie ist ein Sternsystem wie unsere Milchstraße. Die Entfernung zur Erde beträgt rund 17,97 Mio. Lichtjahre. Wie viele Kilometer sind das?

10 Eine Bakterienkultur besteht aus 100 000 000 Bakterien. Ihre Anzahl vervierfacht sich stündlich. Wie viele Bakterien enthält die Bakterienkultur nach drei Stunden? Geben Sie das Ergebnis mit Zehnerpotenzen an (Stunde für Stunde berechnen!).

Zehnerpotenzen mit negativen Exponenten

Wenn man von einer Zehnerpotenz zur *nächstkleineren* Zehnerpotenz übergeht, d. h. den Exponenten um 1 vermindert, so ist das eine Division durch 10:

$$\ldots \boxed{10^6} \xrightarrow{:10} \boxed{10^5} \xrightarrow{:10} \boxed{10^4} \xrightarrow{:10} \boxed{10^3} \xrightarrow{:10} \boxed{10^2} \xrightarrow{:10} \boxed{10^1} \xrightarrow{:10} \boxed{?}$$

Setzt man diese Potenzschreibweise fort, so erhält man:

$$\boxed{10^1} \xrightarrow{:10} \boxed{10^0} \xrightarrow{:10} \boxed{10^{-1}} \xrightarrow{:10} \boxed{10^{-2}} \xrightarrow{:10} \boxed{10^{-3}} \xrightarrow{:10} \boxed{10^{-4}} \ldots$$

Also:

$$10^0 = 1 \qquad\qquad 10^{-3} = \frac{1}{1000} = 0,001$$

$$10^{-1} = \frac{1}{10} = 0,1 \qquad\qquad 10^{-4} = \frac{1}{10\,000} = 0,0001$$

$$10^{-2} = \frac{1}{1000} = 0,01 \qquad\qquad 10^{-5} = \frac{1}{100\,000} = 0,00001 \quad \text{usw.}$$

> Der negative Exponent einer Zehnerpotenz gibt an, an der wievielten Stelle hinter dem Komma die Ziffer 1 steht.

Beispiele

1. $10^{-3} = 0,001$
— 3. Stelle hinter dem Komma

2. $10^{-8} = 0,00000001$
— 8. Stelle hinter dem Komma

Damit man auch sehr kleine Zahlen übersichtlich schreiben kann, werden sie in ein Produkt aus einer Zahl zwischen 1 und 10 und einer Zehnerpotenz mit negativem Exponenten zerlegt.

In der Technik gebräuchliche Bezeichnungen sind:

10^1	Deka	1 Dekagramm	$= 10\,\text{g}$
10^2	Hekto	1 Hektoliter	$= 100\,\text{l}$
10^3	Kilo	1 Kilometer	$= 1000\,\text{m}$
10^6	Mega	1 Megawatt	$= 1\,\text{Mill. Watt}$
10^9	Giga	1 Gigabyte	$= 1\,\text{Mrd Byte}$
10^{-1}	Dezi	1 Dezimeter	$= \frac{1}{10}\,\text{m} = 10\,\text{cm}$
10^{-2}	Centi	1 Zentimeter	$= \frac{1}{100}\,\text{m}$
10^{-3}	Milli	1 Milligramm	$= \frac{1}{1000}\,\text{g}$
10^{-6}	Mikro (µ)	1 Mikrometer	$= 1\,\text{millionstel m}$
10^{-9}	Nano (n)	1 Nanometer	$= 10^{-9}\,\text{m}$
10^{-12}	Pico (p)	1 Picometer	$= 10^{-12}\,\text{m}$

Die rationalen Zahlen

Beispiele

1. $\quad 0{,}0004 = 4 \cdot 0{,}0001$
also: $0{,}0004 = 4 \cdot 10^{-4}$

2. $\quad 0{,}000003 = 3 \cdot 0{,}000001$
also: $0{,}000003 = 3 \cdot 10^{-6}$

3. $\quad 0{,}063 = 6{,}3 \cdot 0{,}01$
also: $0{,}063 = 6{,}3 \cdot 10^{-2}$

4. $\quad 0{,}000017 = 1{,}7 \cdot 0{,}00001$
also: $0{,}000017 = 1{,}7 \cdot 10^{-5}$

5. $\quad 0{,}00245 = 2{,}45 \cdot 0{,}001$
also: $0{,}00245 = 2{,}45 \cdot 10^{-3}$

6. $\quad 0{,}00000049 = 4{,}9 \cdot 0{,}0000001$
also: $0{,}00000049 = 4{,}9 \cdot 10^{-7}$

Übungen

1 Schreiben Sie als Zehnerpotenz.
Beispiel: $0{,}001 = 10^{-3}$
a) 0,1
b) 0,0001
c) 0,01
d) 1
e) 0,000000001
f) 0,0000000001

2 Wie schreibt man als Zehnerpotenz
a) $\frac{1}{10}$
b) $\frac{1}{1000}$
c) $\frac{1}{100\,000}$
d) $\frac{1}{1\,000\,000}$
e) $\frac{1}{100}$
f) $\frac{1}{100\,000\,000}$?

3 Schreiben Sie als Dezimalbruch.
Beispiel: $10^{-4} = 0{,}0001$
a) 10^{-6}
b) 10^{-3}
c) 10^{-7}
d) 10^{0}
e) 10^{-9}
f) 10^{-10}
g) 10^{-4}
h) 10^{-1}
i) 10^{-12}

4 Wie schreibt man mit Zehnerpotenzen?
Beispiel: $0{,}0005 = 5 \cdot 0{,}0001 = 5 \cdot 10^{-4}$
a) 0,003
b) 0,0038
c) 0,0000036
d) 0,0004

5 Schreiben Sie mit Zehnerpotenzen.
Beispiel: $\frac{5}{1000} = 5 \cdot \frac{1}{1000} = 5 \cdot 0{,}001 = 5 \cdot 10^{-3}$
a) $\frac{2}{1000}$
b) $\frac{7}{100\,000}$
c) $\frac{42}{10\,000\,000}$
d) $\frac{26}{10\,000}$

6 Rechnen Sie wie im Beispiel.
Beispiel: $\frac{1}{20} = \frac{5}{100} = 5 \cdot \frac{1}{100} = 5 \cdot 0{,}01 = 5 \cdot 10^{-2}$
a) $\frac{1}{50}$
b) $\frac{4}{25}$
c) $\frac{8}{125}$
d) $\frac{6}{500}$
e) $\frac{4}{25\,000}$
f) $\frac{6}{30\,000}$

7 Wie schreibt man die Längen in m mit Zehnerpotenzen?
a) 1 mm
b) 0,002 mm
c) 0,054 dm
d) 0,0058 m

8 Schreiben Sie als Dezimalbruch.
a) Durchmesser
der roten Blutkörperchen $\quad 0{,}7 \cdot 10^{-3}$ cm
b) Länge der kleinsten
Bakterien $\quad \approx 10^{-4}$ cm
c) Durchmesser
des Wasserstoffatoms $\quad \approx 10^{-8}$ cm
d) Durchmesser des Atom-
kerns von Wasserstoff $\quad \approx 10^{-12}$ cm

9 Eine Brücke ist 450 m lang. Jedes Teilstück von 1 m Länge dehnt sich bei einer Temperaturerhöhung von 1 Grad um $1{,}2 \cdot 10^{-5}$ m aus. Um wie viel cm ist die Brücke im Sommer bei 50° C länger als im Winter bei –20° C?

10 Die Wellenlänge des sichtbaren Lichts liegt zwischen 0,00000039 m und 0,00000075 m, die der Röntgenstrahlen zwischen 0,000000000006 m und 0,00000001 m. Schreiben Sie diese Wellenlängen als Zehnerpotenz und drücken Sie diese in Nanometer und Picometer aus. (Vgl. Seite 44)

INFO
Probleme sehen
Probleme darstellen
Probleme lösen

Das grenzenlose Universum

Unser Planet Erde ist nur ein Staubkorn in der Weite des Universums. Er gehört mit weiteren Planeten, die in unterschiedlichen Abständen um die Sonne kreisen, zum Sonnensystem, das mit vielen anderen Sonnen eine Milchstraße oder Galaxis bildet. Diese wiederum ist Teil eines Galaxienhaufens von vielleicht 100 Milliarden Sternen. Von solchen Galaxienhaufen gibt es im Universum noch eine Menge. Trotzdem ist das Universum „fast leer" und man kann keine genaue Aussage über seine Größe machen.

Sonne **Merkur** **Venus** **Erde** **Mars**

Jupiter

Das Sonnensystem

Zu unserem Sonnensystem gehören neun Planeten von unterschiedlicher Größe, die sich mit verschiedenen Geschwindigkeiten um die Sonne bewegen.

So kannst du dir die Planetenreihenfolge merken:		Durchmesser in km	Masse M_E = Masse der Erde	Volumen V_E = Volumen der Erde	Temperatur in C°	Abstand zur Sonne in km
Mein	**Merkur**	4 878	$0,06 \cdot M_E$	$0,06 \cdot V_E$	450 bis −183	$5,8 \cdot 10^7$
Vater	**Venus**	12 102	$0,82 \cdot M_E$	$0,85 \cdot V_E$	480	$1,08 \cdot 10^8$
Erklärt	**Erde**	12 756	$M_E = 5,974 \cdot 10^{24}$ kg	$V_E = 1,083 \cdot 10^{12}$ km³	17,5	$1,496 \cdot 10^8$
Mir	**Mars**	6 794	$0,11 \cdot M_E$	$0,15 \cdot V_E$	− 55	$2,28 \cdot 10^8$
Jeden	**Jupiter**	142 948	$318 \cdot M_E$	$1319 \cdot V_E$	− 108	$7,78 \cdot 10^8$
Samstag	**Saturn**	120 536	$95 \cdot M_E$	$744 \cdot V_E$	− 139	$1,43 \cdot 10^9$
Unsere	**Uranus**	51 118	$14,5 \cdot M_E$	$67 \cdot V_E$	− 197	$2,88 \cdot 10^9$
Neun	**Neptun**	49 528	$17 \cdot M_E$	$57 \cdot V_E$	− 204	$4,5 \cdot 10^9$
Planeten	**Pluto**	2 302	$0,002 \cdot M_E$	$0,005 \cdot V_E$	− 225	$5,9 \cdot 10^9$
	Sonne	1 392 000	$333\,000 \cdot M_E$	$1\,304\,000 \cdot V_E$	5 500	

Weltraumforschung

Die Astronomen erforschen von der Erde aus den Weltraum mit Fernrohren und Radioteleskopen. Im Weltraum werden Satelliten und Sonden eingesetzt. Bemannte Raumschiffe sind erst bis zum Mond gekommen und werden vielleicht in diesem Jahrhundert bis zum Mars fliegen.

Marslandung 1997

Raumsonden

Flugkörper, die den Anziehungsbereich der Erde verlassen haben, werden Raumsonden genannt. Die dafür erforderliche Geschwindigkeit liegt bei 11 $\frac{km}{s}$, das sind 40 000 $\frac{km}{h}$. Raumsonde Voyager 2 war bis zum Neptun 12 Jahre unterwegs und das Funksignal erreichte nach 4 Stunden und 6 Minuten die Erde bei einer Geschwindigkeit von 300 000 $\frac{km}{h}$. Jede Voyager-Sonde führt eine Bildplatte mit sich, die Sprache, Musik, Geräusche und Bilder der Erde enthält.

Saturn   Uranus   Neptun   Pluto

(Zeichnung nicht maßstabsgetreu)

Satelliten

Satelliten werden von Raketen auf eine Umlaufbahn um die Erde gebracht. Damit sie die Anziehungskraft der Erde ausgleichen können, müssen sie Geschwindigkeiten von 28 000 $\frac{km}{h}$ erreichen. Satelliten kreisen auf verschiedenen Bahnen um die Erde und erfüllen verschiedene Funktionen: Es gibt Wettersatelliten, Fernmeldesatelliten, astronomische Satelliten,… . Die nähere Umgebung der Erde – bis zur Entfernung von rund 36 000 km – ist inzwischen von 2380 Satelliten besetzt. Rund 600 davon gehorchen noch den Steuerbefehlen der Kommandozentralen.

Bemannte Raumfahrt

1961 dringt erstmals ein Mensch in den Weltraum vor: der Russe Juri Gagarin.
1965 verlässt ein Russe als erster Mensch seine Kapsel zu einem Weltraumspaziergang.
1969 landen die Amerikaner Neil Armstrong und Edwin Aldrin auf dem Mond.
1974 bleiben 3 Amerikaner 3 Monate an Bord der Weltraumstation Skylab.
1986 bleiben russische Kosmonauten 1 Jahr in der Weltraumstation Mir.
1993 Russland und die USA beschließen die internationale Weltraumstation „ISS" zu schaffen.
1998 Beginn des Zusammenbaus der „ISS".

Rechnen mit allgemeinen Rechentermen

Variable und Terme

Der Schreiner benötigt zum Berechnen der Tischfläche die *Formeln* für den Umfang (*u*) und den Flächeninhalt (*A*).

$$u = 2 \cdot a + 2 \cdot b \qquad A = a \cdot b$$

In beiden Formeln sind *Rechenausdrücke (Terme)* wie **2 · a + 2 · b** oder **a · b** enthalten. Die Buchstaben *a* und *b* sind *Platzhalter (Variable)*, für die Zahlen eingesetzt werden können.

Der Schreiner setzt die gemessenen Längen $a = 1{,}25$ m und $b = 0{,}65$ m in die Formeln ein.

$u = 2 \cdot a + 2 \cdot b$
$u = 2 \cdot 1{,}25 \text{ m} + 2 \cdot 0{,}65 \text{ m}$
$u = 2{,}50 \text{ m} + 1{,}30 \text{ m} = 3{,}80 \text{ m}$
Der Tisch hat einen Umfang von 3,80 m.

$A = a \cdot b$
$A = 1{,}25 \cdot 0{,}65 \text{ m}^2 = 0{,}8125 \text{ m}^2$
Der Tisch hat einen Flächeninhalt von rund $0{,}81 \text{ m}^2$.

> In **Rechenausdrücken (Termen)** wie $a - b$ oder $4 \cdot x$ oder $\square : 3$ treten **Platzhalter** für Zahlen auf. Die Platzhalter nennen wir auch **Variable**. Für Variable kann man Zahlen einsetzen.

Beispiel Man setze in den *Term* $5 \cdot x + 7$ für die *Variable* x den Wert 9 ein. Man erhält $5 \cdot \mathbf{9} + 7$. Der **Wert des Terms** beträgt 52, denn $5 \cdot 9 + 7 = 52$.

Übungen

1 Setzen Sie in den Term die angegebenen Werte ein. Berechnen Sie den Wert des Terms.

Variable	Term	Wert des Terms
a	$12 \cdot a + 17$	–
3	$12 \cdot \mathbf{3} + 17$	53
5		
15		

3 Setzen Sie in die Formel zur Berechnung des Flächeninhaltes eines Dreiecks für die Variablen g und h die angegebenen Zahlen ein.

Variablen		Formel	Flächeninhalt
g	h	$\frac{g \cdot h}{2}$	–
3 cm	6 cm	$\frac{3 \cdot 6}{2} \text{ cm}^2$	9 cm^2
11 cm	12 cm		
4,8 cm	5,7 cm		
8,9 cm	6,2 cm		

 2 Setzen Sie die für x angegebene Zahl ein und rechnen Sie den Term im Kopf aus. Kontrollieren Sie das Ergebnis mit dem TR.

x	x^2	$-x^2$	$1-x^2$	x^2-1	$3x^2$	$-2x^2$	$-2x^3+1$	$-x^2-x^3$
-2								
-1								
0								
3								

Rechnen mit allgemeinen Rechentermen 49

Vereinfachen von Termen

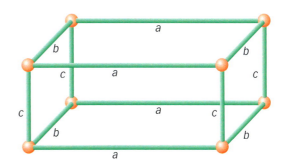

Kantenmodelle für Quader sollen aus Drahtstücken hergestellt werden. Wir bestimmen die gesamte Drahtlänge, die für verschiedene Quader nötig ist.

Der einfachste Weg ist, die Kantenstücke nacheinander **aufzulisten** und zu **addieren**.

Der Term könnte heißen:	$a + c + a + c + b + c + b + a + b + a + b + c$
Besser ist es aber, die Kantenstücke zu **ordnen**. Der Term heißt dann:	$\underbrace{a + a + a + a} + \underbrace{b + b + b + b} + \underbrace{c + c + c + c}$
Werden gleiche Kantenstücke **zusammengefasst**, so heißt der *vereinfachte* Term:	$4 \cdot a \quad + \quad 4 \cdot b \quad + \quad 4 \cdot c$
Bei den Vielfachen von Variablen kann man den **Malpunkt weglassen**. Der Term heißt dann so:	$4a \quad + \quad 4b \quad + \quad 4c$

Mit dem einfachen Term $4a + 4b + 4c$ kann man schnell den Materialverbrauch für Kantenmodelle von Quadern berechnen. Man setzt für die Variablen die Maße von Länge, Breite und Höhe des Quaders ein.

Man beachte beim Vereinfachen von Termen:

- Treten verschiedene Variablen auf, werden sie günstig **alphabetisch geordnet**.
- Vielfache gleicher Variablen werden **zusammengefasst**.
- Bei den Vielfachen der Variablen kann man den **Malpunkt weglassen**. $4 \cdot a = 4a$

Beispiele

a) $15x + 17x + 23x = 55x$

b) $\quad 5x + 2y + 3x - y$
$= 5x + 3x + 2y - y$
$= 8x \quad\quad + y$

   $y = 1y$

c) $\quad 14x + 7y + 4 - 9x - 5y + 11$
$= \underbrace{14x - 9x} + \underbrace{7y - 5y} + \underbrace{4 + 11}$
$= \quad 5x \quad\;\; + \quad 2y \quad + \quad 15$

Übungen

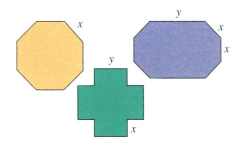

1 a) Schreiben Sie einen Term für den Umfang jeder Fläche.
b) Berechnen Sie die Umfänge. Setzen Sie für x den Wert 5 cm ein und für y den Wert 3 cm.
c) Berechnen Sie die Umfänge. Setzen Sie für x den Wert 3,8 cm ein und für y den Wert 9,7 cm.

2 Berechnen Sie den Umfang mit dem Term.
a) $u = 4a$ c) $u = 2a + c$

b) $u = 2a + 2b$ d) $u = 6a$

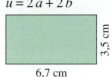

3 Schreiben Sie für jeden Körper einen Term, mit dem die gesamte Kantenlänge berechnet werden kann.

a) 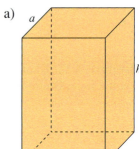   b)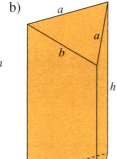

4 Fassen Sie zusammen.
a) $8x - 7x + 3x + 12x + x$
b) $13y + 16y - 20y$
c) $9a + 7a + 28a - 30a$
d) $43m - 32m - 11m$
e) $c + 2c + 3c + 4c - 5c$
f) $7,2a - 4,8a + 3,9a - 1,6a$
g) $\frac{1}{2}g - \frac{1}{4}g + \frac{3}{4}g - \frac{1}{2}g$
h) $\frac{1}{5}y + \frac{2}{3}y + \frac{1}{15}y - \frac{7}{15}y - \frac{2}{5}y$

5 Ordnen Sie und fassen Sie zusammen.
a) $7a + 3b - b + 12a + 12b - 8b$
b) $16m + 12 + 16m - m + 18$
c) $36 + 6h - 12 - 5h + 13h$
d) $31n + 13a - 7n - 5a + 3n$
e) $86p + 15r - 13p - 20p + 17r$
f) $3,05b + 1,07c - 1,28b - 0,98c$
g) $8,25s + 2,15t - 1,95t + 0,75s$
h) $11,25y + 0,89x - 9,43y + 2,71x$

6 Welche Terme sind gleichwertig?

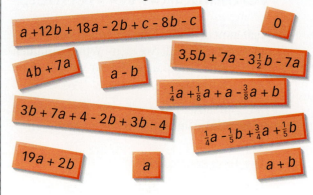

7 Vereinfachen Sie jeden Term.
a) $3x + 2y + 7z - y - 5z + 3x$
b) $13a + 12b - 7a + 5c - 8b + 3c$
c) $24z + 26a - 21x - 20a + 32x - 24z$
d) $17y + 13x - 14y + 5b - 12x + 12b$
e) $0,5e + 3,6f - 0,25e + 2,7g - 1,9f$
f) $1,7x - 3,4y + 7,2z - 0,9x - 2,7z + 5y$
g) $8,1r + 3,9t - 2,4s + 1,2t + 3,3s - 5,7r$
h) $0,05v + 0,1u - 2w + 3,05v - 0,04u + 4,1w$
i) $\frac{1}{2}x + \frac{2}{3}y - \frac{1}{4}x + \frac{3}{5}z - \frac{1}{6}y - \frac{1}{2}z$
j) $\frac{3}{4}f - \frac{1}{8}a - \frac{1}{3}f + \frac{5}{6}c + \frac{1}{2}a + \frac{1}{3}c$
k) $\frac{1}{7}m + \frac{4}{9}o - \frac{1}{5}n - \frac{1}{6}o + \frac{3}{4}m + \frac{4}{7}n$

8 Ein Garten mit Beeten wurde geometrisch angelegt. Als Blickfang stehen zwei Palmen.

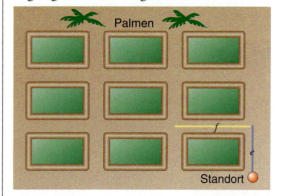

a) Gehen Sie vom Standort zur linken Palme. Schreiben Sie 5 verschiedene Wege auf. Beschreiben Sie die Länge jedes Weges mithilfe von e und f und fassen Sie dann jeden Rechenausdruck zusammen.
b) Welcher Rechenausdruck entspricht dem kürzesten Weg?

Rechnen mit allgemeinen Rechentermen

Terme mit Klammern

Wir haben gesehen, dass für das Kantenmodell eines Quaders 4 Drahtstücke von der Länge a, 4 Drahtstücke von der Länge b und 4 Drahtstücke von der Länge c nötig sind.

Dafür haben wir folgenden Term geschrieben: $\quad 4a + 4b + 4c$

Da man je 4 Drahtstücke der Längen a, b und c benötigt, kann man den Term auch so schreiben: $\quad 4 \cdot (a + b + c)$
Der gemeinsame Faktor 4 wird **ausgeklammert**.

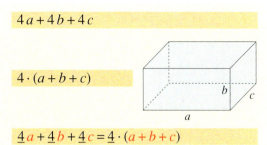

Es gilt also: $\quad \underline{4}a + \underline{4}b + \underline{4}c = \underline{4} \cdot (a + b + c)$

Vertauscht man beide Seiten, so erhalten wir: $\quad \underline{4} \cdot (a + b + c) = \underline{4}a + \underline{4}b + \underline{4}c$
Hier wurde umgekehrt die Klammer **ausmultipliziert**.

Beim **Ausklammern** werden *gemeinsame* Faktoren **vor** die Klammer geschrieben.
Die *verbleibenden* Glieder werden **in** die Klammer gesetzt. $\quad 8a - 2b = 2 \cdot (4a - b)$
Beim **Ausmultiplizieren** wird **jedes** Glied in der Klammer mit dem Faktor vor (oder hinter) der Klammer multipliziert. $\quad \underline{5} \cdot (2x - 4y) = \underline{5} \cdot 2x - \underline{5} \cdot 4y = 10x - 20y$

Beispiele

a) Klammern Sie gemeinsame Faktoren aus.
$4a + 4c = 4 \cdot (a + c)$ $\qquad$ $12s - 6t + 18u = 6 \cdot (2s - t + 3u)$
$10x + 10y - 10z = 10 \cdot (x + y - z)$ $\qquad$ $15a - 12b + 6c = 3 \cdot (5a - 4b + 2c)$

> 6 ist der größtmögliche gemeinsame Faktor.

b) Lösen Sie die Klammern auf.
$2 \cdot (a + b) = 2a + 2b$ $\qquad$ $7 \cdot (2u + v - 3w) = 14u + 7v - 21w$
$(7a - 5) \cdot 9 = 63a - 45$ $\qquad$ $(m - 2n + 6) \cdot \frac{2}{3} = \frac{2}{3}m - 1\frac{1}{3}n + 4$

Übungen

1 Klammern Sie den vorgegebenen Faktor aus. Machen Sie die Probe, indem Sie die Klammer wieder ausmultiplizieren.

	Term	Faktor	Klammer
	$8x - 16y$	8	$8 \cdot (x - 2y)$
a)	$12a - 18b$	6	
b)	$15x - 6y + 12z$	3	
c)	$21u + 14v - 28w$	7	
d)	$10n + 20o - 5p$	5	

2 Suchen Sie den größtmöglichen gemeinsamen Faktor und klammern Sie ihn aus.
a) $16x + 24y - 32z$
b) $10a + 5b + 20c$
c) $14r - 21s + 49t$
d) $36a - 12b + 20c - 24d$
e) $64u + 16v - 48w - 80x + 96y$
f) $26k + 65l + 91m - 117n$
g) $\frac{1}{2}x - \frac{3}{2}y + \frac{7}{2}z$
h) $\frac{3}{8}a + \frac{1}{4}b - \frac{1}{8}c - \frac{7}{8}d$
i) $\frac{5}{7}r - \frac{1}{7}s + \frac{6}{14}t + \frac{6}{21}u$

3 Schreiben Sie für die Gesamtlänge aller Kanten des Körpers einen vereinfachten Term, wenn möglich mit Klammern.

a)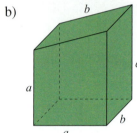

c)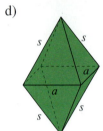

b)

d)

7 Jede Schatzkiste enthält verschiedene Münzen. Wählen Sie aus jeder Kiste eine Münze. Addieren Sie die Terme auf den 3 Münzen. Klammern Sie gemeinsame Faktoren aus.

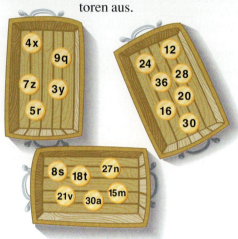

4 Lösen Sie die Klammern auf.
a) $3 \cdot (a + b + c)$ e) $4 \cdot (3x + 5y)$
b) $3 \cdot (a - b - c)$ f) $(3s - 4t) \cdot 7$
c) $7 \cdot (x + 2y)$ g) $(3a - 4b + 5c) \cdot 9$
d) $8 \cdot (4a - 9)$ h) $(8u + v - \frac{1}{3}w) \cdot 6$

5 Ergänzen Sie die fehlenden Zahlen.
a) $4a + 8b = \square \cdot (a + 2b)$
b) $3 \cdot (5x + 8y) = \square x + \square y$
c) $12s + 15t - 9u = \square \cdot (4s + 5t - 3u)$
d) $7 \cdot (2u + 3v + 4w) = \square u + \square v + \square w$
e) $\square \cdot (8x - 2 + 3y) = 56x - 14 + 21y$
f) $9 \cdot (4a + 3b - 7) = \square a + \square b - \square$
g) $\square \cdot (2,5k - 1,4l - 0,5m) = 10k - \square l - \square m$
h) $\square \cdot (1,2x + 0,4y - 1,4z) = \square x + \square y - 7z$

6 Beim Umformen wurden Fehler gemacht. Schreiben Sie die Umformungen ohne Fehler.
a) $8 \cdot (2a + b) = 16a + b$
b) $(3x + y) \cdot 4 = 3x + 4y$
c) $24s + 20t = 4 \cdot (6s + 7t)$
d) $14x + 21y = 7 \cdot (2x + 4y)$
e) $44a - 24b + 20c = 4 \cdot (11a + 4b + 5c)$
f) $5 \cdot (3k - 4l + 5m) = 15k - 20l + 30m$
g) $7 \cdot (2,1x + 0,5y - 1,3z) = 14,1x - 3,5y - 9,1z$
h) $2u - 13v - 32,5w = 5 \cdot (0,5u + 2,6v - 6,4w)$

8 Stefanie und Michael kaufen für eine kleine Party von jeder Sorte 6 Artikel: Apfelsaft zu je 0,78 €, Chips zu je 1,45 €, Fruchtgummi zu je 0,65 € und „Hamburger" zu je 1,25 €.
a) Schreiben Sie zur Berechnung des Gesamtpreises einen Term mit Klammern.
b) Wie viel müssen Stefanie und Michael insgesamt bezahlen?

9 In der Klasse U1 sind 12 Mädchen und 14 Jungen. Bevor die Klasse ihre Tagesfahrt nach Bonn in die Bundeskunsthalle antritt, sammelt die Klassenlehrerin das Geld ein.
Für die Busfahrt werden 18,50 € pro Person gerechnet.
Ein Getränk im Museum kostet 2,40 €.
Für das Mittagessen wird je 5,50 € eingesammelt. Schreiben Sie einen Term mit Klammern, berechnen Sie ihn.

Prozent- und Zinsrechnung

Prozentrechnung

Anteile und Prozente

Von der Unterstufe 1 mit 32 Schülern gehen 8 Schüler in die AG Mathematik. In der Unterstufe 2 sind es 6 Schüler von 30 Schülern. Für die Zahlen 32 und 8 einerseits und 30 und 6 andererseits gibt es den „absoluten" und den „relativen" Vergleich.

Wenn man die *Differenz* berechnet, so ergibt sich $8 - 6 = 2$. In der U1 gehen 2 Schüler mehr in die AG. **Absoluter Vergleich**.

Errechnet man die *Verhältnisse* in den Klassen, so ergibt sich für die U1: $\frac{8}{32} = \frac{1}{4}$ und für die Klasse U2: $\frac{6}{30} = \frac{1}{5}$. **Relativer Vergleich**.

> Beim absoluten Vergleich wird die Differenz bestimmt.
> Beim relativen Vergleich werden Quotienten verglichen.

Die Quotienten beim relativen Vergleich lassen sich als Brüche schreiben. Bringt man die Brüche auf den **gemeinsamen Nenner Hundert**, so spricht man von **„Prozent"** und schreibt:

$\frac{1}{100} = 1\,\%$ (1 Prozent), $\frac{5}{100} = 5\,\%$, und umgekehrt $3\,\% = \frac{3}{100}$

von U1 gehen 8 von 32 Schülern, also $\frac{8}{32}$ in die AG

U1: $\qquad \frac{8}{32} = \frac{1}{4} = \frac{25}{100} = 25\,\% \qquad$ 25 % der Schüler sind in der AG.

U2: $\qquad \frac{6}{30} = \frac{1}{5} = \frac{20}{100} = 20\,\% \qquad$ 20 % der Schüler sind in der AG.

> Prozente sind Anteile bzw. Brüche mit dem Nenner 100.
> Für den Bruch $\frac{5}{100}$ sagt man „5 Prozent". Den Prozentsatz bezeichnen wir mit p ($p = 5\,\%$)

Beispiel 1

Wie viel Prozent der Betriebe sind das?

Nach einer Befragung stellten von 28 Betrieben 21 Betriebe Praktikanten ein.

Vergleichsbruch	kürzen	Hundertstelbruch	Dezimalbruch	Prozent
$\frac{21}{28}$	= $\frac{3}{4}$	= $\frac{75}{100}$	= 0,75	= 75 %

75 % der befragten Betriebe nahmen Praktikanten.

Beispiel 2

Wie viel Prozent der Sportlerinnen sind das?

Beim Landessportfest fielen 4 von 14 Sportlerinnen aus.
$\frac{4}{14}$ lässt sich **nicht** auf Hundertstel erweitern, hier ist es **günstig zu dividieren**.

Division	Dezimalbruch	Runden	Prozent
4 : 14	= 0,285714...	≈ 0,286	= 28,6 %

Beim Landessportfest fielen 28,6 % der Sportlerinnen aus.

Übungen

1 Geben Sie die Anteile in Prozent an.

a) $\frac{7}{100}, \frac{100}{100}, \frac{79}{100}, \frac{8,4}{100}, \frac{0,4}{100}, \frac{105}{100}$

b) **Beispiel:** $\frac{6}{30} = \frac{1}{5} = \frac{20}{100} = 20\%$

$\frac{3}{4}, \frac{9}{25}, \frac{12}{60}, \frac{7}{50}, \frac{12}{40}, \frac{12}{15}, \frac{18}{30}, \frac{7}{35}, \frac{9}{15}$

c) **Beispiel:** $\frac{5}{7} = 5 : 7 \approx 0,714 \approx 71\%$

$\frac{3}{8}, \frac{5}{9}, \frac{6}{7}, \frac{8}{9}, \frac{5}{6}, \frac{4}{7}, \frac{13}{60}, \frac{6}{11}$

2 Welcher Bruchteil ist rot dargestellt? Geben Sie diesen in Prozent an.

a)   c)   e)

b)   d)   f)

3 Schreiben Sie als Prozent.

a) $\frac{1}{4}, \frac{1}{2}, \frac{3}{20}, \frac{19}{20}$ c) $\frac{32}{200}, \frac{60}{500}, \frac{85}{500}$

b) $\frac{7}{50}, \frac{3}{25}, \frac{16}{20}, \frac{23}{25}$ d) $\frac{17}{20}, \frac{17}{25}, \frac{17}{50}$

4 Geben Sie in Prozent an, welcher Anteil der gesamten Fläche lila, rot und beige eingefärbt ist.

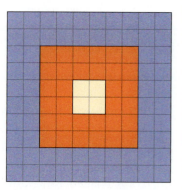

5 Geben Sie den Anteil in Prozent an.

Beispiel: 3 von 5 $3 : 5 = 0,6 = 60\%$

a) 5 von 20   e) 29 € von 50 €
b) 24 von 60   f) 66 € von 100 €
c) 22 von 44   g) 90 kg von 125 kg
d) 7 von 35   h) 165 t von 300 t

6 Die folgenden Dezimalbrüche beschreiben Anteile.
Schreiben Sie in Prozent.

Beispiele: $0,79 = \frac{79}{100} = 79\%$

$0,795 = \frac{79,5}{100} = 79,5\%$

a) 0,43   e) 1,08   i) 0,004
b) 0,5   f) 0,01   j) 0,099
c) 0,1   g) 0,17   k) 0,99
d) 0,04   h) 0,852   l) 0,9

7 Schreiben Sie die Prozentangabe als gekürzten Bruch und als Dezimalbruch.

Beispiel: $40\% = \frac{40}{100} = \frac{2}{5} = 0,4$

a) 60 %   d) 15 %   g) 55 %   j) 65 %
b) 50 %   e) 38 %   h) 28 %   k) 78 %
c) 10 %   f) 4 %   i) 32 %   l) 14 %

8 Zeichnen Sie ein Quadrat, 10 Kästchen hoch, 10 Kästchen breit und färben Sie den Prozentsatz bunt.

a) 10 %   c) 40 %   e) 65 %
b) 25 %   d) 50 %   f) 90 %

9 Vervollständigen Sie die Tabellen im Heft.

	a)	b)	c)
Vergleichsbruch		$\frac{12}{40}$	
Quotient	6 : 24		
Hundertstelbruch			
Dezimalbruch			
Prozentsatz			15 %

Beispiel	d)	e)	f)	g)	h)
1 : 2				3 : 20	
$\frac{1}{2}$	$\frac{3}{4}$				$\frac{3}{8}$
0,5		0,45			
$\frac{50}{100}$			$\frac{68}{100}$		
50 %					

10 Schreiben Sie als Dezimalbruch.

Beispiel: $54,3\% = \frac{54,3}{100} = 0,543$

a) 78 %, 37 %, 97 %, 4 %, 40 %, 56 %, 5 %, 16 %
b) 43,7 %, 39,6 %, 88,3 %, 61,7 %, 8,1 %, 5,7 %
c) 0,5 %, 0,8 %, 1,4 %, 0,2 %, 1,3 %, 0,9 %, 0,4 %
d) 103 %, 105,4 %, 270,6 %, 293,4 %, 310,9 %

Die drei Grundbegriffe der Prozentrechnung

In der Oberstufe haben 15 von 25 Schülerinnen und Schülern einen Praktikumsplatz.

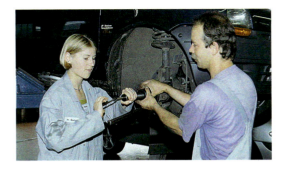

Wir können dieses Verhältnis schreiben als

Vergleichsbruch $\frac{15}{25}$,
Hundertstelbruch $\frac{60}{100}$,
Quotient 15 : 25,
Dezimalbruch 0,60,
Prozentsatz 60 %.

In der Prozentrechnung kommen die drei Grundbegriffe vor:

Prozentwert		Grundwert		Prozentsatz
15 Schüler	von	25 Schülern	sind	60 %.

60 % haben schon eine Praktikumsstelle.

In der Prozentrechnung unterscheidet man zwischen **Grundwert (G), Prozentwert (P) und Prozentsatz (p)**. Grundwert und Prozentwert haben immer die gleiche Benennung.

- Ungleiche Maßeinheiten müssen vor dem Rechnen in gleiche Einheiten umgewandelt werden.
- Hinter dem Wörtchen „von" steht der Grundwert.
- Prozentsatz und Prozentwert werden in Aufgaben mit dem Wörtchen „sind" verbunden.

Übungen

1 In welchen Lebensbereichen kennen Sie den Gebrauch von Prozenten?
Stellen Sie eine Liste auf.

2 Klären Sie in den folgenden Aufgaben die Grundbegriffe.
a) Anna bekommt eine 5 %ige Erhöhung ihres Taschengeldes, das sind 2 €.
b) Frank erhält 5 € mehr Taschengeld. Bisher erhielt er 20 €.
c) Rebecca bekommt 35 € Taschengeld. Sie soll 4 % mehr bekommen.
d) Achmed erhält 100 € Geburtstagsgeld. Im letzten Jahr bekam er 125 €.
e) Ludmilla erhielt 180 € Urlaubsgeld. Nun bekommt sie nur noch 95 %.

3 Was ist der Grundwert, der Prozentsatz und was der Prozentwert in der Abbildung? Erläutern Sie.

Der Prozentsatz

Von 160 Schülerinnen und Schülern haben 36 eine Zusage für einen Ausbildungsplatz bekommen. Wie viel Prozent sind das?

Gegeben: $G = 160$ Schüler; $P = 36$ Schüler

Gesucht: Prozentsatz p

AUSBILDUNGSVERTRAG

zwischen dem Ausbilder und Auszubildenden

Bäckermeister Franke
Scherenstr. 18
51335 Kamm

Esperanza Corte
Punkstr. 69
51328 Bürstenberg

wird nachstehender Vertrag zur Ausbildung als **Bäckerin** nach Maßgabe der Ausbildungsverordnung geschlossen:

A. Die Ausbildungszeit beträgt nach der Ausbildungsverordnung 3 1/2 Jahre. Ausbil...
sind sich ...

Dreisatz:

160 Schüler sind $100\,\%$

1 Schüler ist $\frac{100}{160}\,\%$

36 Schüler sind $\frac{100 \cdot 36}{160}\,\%$

$$\frac{\overset{5}{\cancel{100}} \cdot \overset{9}{\cancel{36}}}{\underset{2}{\cancel{160}}}\,\% = \frac{45}{2}\,\% = 22{,}5\,\%$$

Kurztabelle:

Schüler	Prozent
160	100
1	$\frac{100}{160}$
36	$\frac{100 \cdot 36}{160}$

$: 160$ $\cdot 36$

$$\frac{\overset{5}{\cancel{100}} \cdot \overset{9}{\cancel{36}}}{\underset{2}{\cancel{160}}} = \frac{45}{2} = 22{,}5$$

Antwort: 22,5 % der Schülerinnen und Schüler haben eine Zusage erhalten.

Den Prozentsatz $\dfrac{100 \cdot 36}{160}\,\%$ rechnen wir jetzt nicht aus. Wir ersetzen die Zahlenwerte durch die zugehörigen Buchstaben: $\quad p = \dfrac{P}{G}$

Formel für den Prozentsatz: $\quad p = \dfrac{P}{G}$

Beispiel

Ramona wurde zur Klassensprecherin gewählt. Sie erhielt 16 von 24 abgegebenen Stimmen. Wie viel Prozent der Schüler stimmten für Ramona?

Gegeben: $G = 24$ Stimmen, $P = 16$ Stimmen   *Formel:* $p = \dfrac{P}{G}$

Gesucht: Prozentsatz p *Lösung:* $p = \dfrac{16}{24} = 0{,}667 = 66{,}7\,\%$

Antwort: Ramona wurde mit 66,7 % aller Stimmen gewählt.

Übungen

1 Berechnen Sie den Prozentsatz.

a) 27 € von 36 €   d) 4,8 m von 80 m

b) 131,25 t von 875 t   e) 2,5 l von 125 l

c) 402,5 l von 1750 l   f) 12 cm² von 160 cm²

2 Berechnen Sie den Prozentsatz.
Runden Sie auf eine Stelle nach dem Komma.

a) 212 g von 1048 g   e) 104 kg von 108 kg

b) 69,9 t von 80 t   f) 0,4 m von 0,75 m

c) 0,85 m von 2,4 m   g) 2,5 l von 3,5 l

d) 41,6 t von 640 t   h) 50,4 m von 112 m

Prozentrechnung

3
a) $23\frac{3}{5}$ kg von 59 kg
b) 61,20 € von 1360 €
c) 409,5 m von 1170 m
d) $8\frac{2}{3}$ m von $43\frac{1}{3}$ m
e) 30,24 l von 112 l
f) 43,5 t von 348 t

4 Die Qualitätskontrolle in einer Autoreifenfabrik hat ergeben: 15 von 400 Reifen des Typs A und 24 von 600 Reifen des Typs B sind schadhaft. Berechnen Sie den Ausschuss in Prozent.

5 Letztes Jahr hatte Familie Speckkamp eine Stromrechnung über 258,50 €. Nach Umrüstung aller Lichtquellen mit Energiesparlampen war im folgenden Jahr die Rechnung um 70,25 € niedriger.
a) Wie groß war die prozentuale Einsparung?
b) Kann die niedrige Rechnung nur durch die Sparlampen entstanden sein?

6 Eine Spielgemeinschaft von drei Spielern hat einen Lottogewinn von 730 € aufgeteilt. Bestimmen Sie die Prozentsätze.

Heinz 182,50 €
Gylai 292,00 €
Lisa 255,50 €

7 In Deutschland haben alle Vereine zusammen ca. 80 Millionen Mitglieder. Davon entfallen 24 Mio. auf Sportvereine, 14 Mio. auf Automobilclubs, 12 Mio. auf Seniorenvereinigungen, 8,5 Mio. auf Jugendgruppen, 1,4 Mio. auf Musikvereine und 1,2 Mio. auf die freiwillige Feuerwehr.
Berechnen Sie die prozentualen Anteile.

8 In einem Bildungsgang wurde von den Lehrern eine Analyse über das Arbeitsverhalten der Schülerinnen und Schüler zusammengestellt. Untersucht wurde der Bereich „Hausaufgaben" und „Material dabei haben". Das Ergebnis eines Tages war:

Jahrgang	Schülerzahl	Schüler ohne Hausaufgaben	Prozentsatz
U 1	88	15	
U 2	105	17	
U 3	60	10	
U 4	158	15	
U 5	123	13	
U 6	69	14	
U 7	74	11	

a) Übertragen Sie die Tabelle ins Heft. Werten Sie sie aus. Wer ist „Spitzenreiter"?
b) Wie sieht es in Ihrer Klasse aus, schneiden Sie prozentual besser ab?
c) Herbert addiert die Prozentsätze und kommt zu der Aussage: „105,1 % der Schüler haben keine Hausaufgaben."
Nehmen Sie Stellung.

9 Die Hitliste der Lehrberufe
Bei der Berufswahl in Deutschland ist noch ein großer Unterschied zwischen Frauen und Männern festzustellen. Hier sind die Ergebnisse einer Befragung von Ausbildungsanfängern.

Junge Männer insgesamt	362 946
Kfz-Mechatroniker	23 613
Maler/Lackierer	17 425
Tischler	15 134
Elektroinstallateur	14 529
Einzelhandelskaufmann	12 949

Junge Frauen insgesamt	272 613
Bürokauffrau	23 000
Einzelhandelskauffrau	20 660
Friseurin	17 268
Medizin. Fachangestellte	16 311
Industriekauffrau	13 377

Berechnen Sie die Prozentsätze.

Der Prozentwert

Von 50 Schülerinnen und Schülern waren 8% mit dem Betriebspraktikum unzufrieden. Wie viele Schüler sind das? Wir suchen den *Prozentwert P*.

Gegeben: G = 50 Schülerinnen und Schüler, p = 8%

Gesucht: Prozentwert P

Dreisatz:

100% sind 50 Schüler

1% sind $\frac{50}{100}$ Schüler

8% sind $\frac{50 \cdot 8}{100}$ Schüler

$\frac{\overset{1}{\cancel{50}} \cdot \overset{4}{\cancel{8}}}{\underset{1}{\cancel{100}}} = 4$

Kurztabelle:

Prozent	Schüler
100	50
1	$\frac{50}{100}$
8	$\frac{50 \cdot 8}{100}$

$\frac{\overset{1}{\cancel{50}} \cdot \overset{4}{\cancel{8}}}{\underset{1}{\cancel{100}}} = 4$

(: 100, · 8)

Antwort: Von 50 Schülerinnen und Schülern waren 4 mit dem Praktikum unzufrieden.

Den Prozentwert $50 \cdot \frac{8}{100}$ rechnen wir jetzt nicht aus. Wir ersetzen die Zahlenwerte durch die zugehörigen Buchstaben: $P = G \cdot p$

Formel für den Prozentwert: $P = G \cdot p$

Beispiel Von 30 Schülerinnen haben 20% einen typischen „Männerberuf" als Praktikumsstelle ausgesucht. Wie viele Schülerinnen sind das?

Gegeben: G = 30 Schülerinnen, p% = 20%   *Formel:* $P = G \cdot p$
Gesucht: Prozentwert P   *Lösung:* $P = 30 \cdot 0{,}2 \quad P = 6$
Antwort: 6 Schülerinnen haben einen Praktikumsplatz in einem „Männerberuf".

Übungen

1 Berechnen Sie.
a) 1% von 60; 600; 800; 1200
b) 2% von 70; 900; 2000; 2200
c) 3% von 90; 840; 3600; 7920
d) 5% von 80; 340; 250; 7930
e) 8% von 90; 220; 1300; 9840

2 Berechnen Sie den Prozentwert.
a) 10% von 200 €
b) 30% von 450 €
c) 20% von 60 t
d) 7% von 1245 €
e) 4,8% von 1254 m
f) 9,1% von 480 ml
g) 5% von 380 m²
h) 50% von 840 hl
i) 15% von 156 kg
j) 98% von 98 €
k) 15,7% von 1,75 t
l) 20,4% von 360,6 m³
m) 16% von 2136,20 €
n) 45% von 37 ha

Prozentrechnung_____**59**

3 a) 20 % von 120 m³ i) 30 % von 512 t
b) 25 % von 160 km j) 16½ % von 80 m
c) 21 % von 148 kg k) 17,5 % von 236 kg
d) 19 % von 93,5 hl l) 49,9 % von 245 ha
e) 13,5 % von 962,4 l m) 15 % von 17,7 kg
f) 15,6 % von 22 000 t n) 7 % von 594 €
g) 23 % von 4096 m o) 0,4 % von 3 t
h) 6,7 % von 126,3 m² p) 6 3/5 % von 6,25 m

4 Im Jahr 2002 wurden von den 590 232 Ausbildungsstellenangeboten 96,9 % besetzt. In 2001 blieben von den 638 771 Stellenangeboten 3,5 % unbesetzt.
Berechnen Sie, wie viele Jugendliche in 2001 und in 2002 Ausbildungsverträge abgeschlossen haben.

5 Das Ergebnis von 25 Klassenarbeiten:

Note	1	2	3	4	5	6
%	12	20	36	28	4	0

Wie viele Arbeiten entfallen auf jede Note?

6 In einer Schule wurden 360 Fahrräder kontrolliert. Nur 30 % der Fahrräder waren ohne Mängel, 45 % hatten fehlerhafte Bremsen, bei 35 % funktionierten die Lichter nicht.
a) Berechnen Sie die einzelnen Prozentwerte.
b) Addieren Sie die einzelnen Prozentsätze. Was stellen Sie fest? Begründen Sie.

7 Erwerbstätige Frauen in verschiedenen Berufsgruppen:

Berufsgruppe	Beschäftigte in 1000	davon Frauen in %
Elektroberufe	857	5,4 %
Textilverarbeitung	172	89,1 %
Köche/Köchinnen	454	64,1 %
Verkaufspersonal	1599	82,5 %
Groß- und Einzelhandelskaufleute	1050	45,5 %
Büroberufe, Bürofachkräfte	4553	73,1 %

Berechnen Sie die Anzahl der Frauen und Männer in den Berufsgruppen.

8 Füllen Sie die Tabelle im Heft aus.

	G Grundwert	p % Prozentsatz	P Prozentwert
a)	56 €	3 %	
b)	48 m	6 %	
c)	75 kg	0,8 %	

9 Inhaltsstoffe von Mehl.

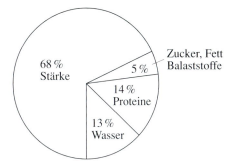

Wie viel Gramm der Inhaltsstoffe sind in 2,5 kg Mehl enthalten?

10 Aus der Statistik einer Fabrik zur Herstellung von Blechdosen:

a) 5 von 540 Dosen sind schadhaft.
b) 7 % von 800 Maxidosen sind defekt.
c) Bei 1 m² Blech hat man 340 cm² Verschnitt.
d) Bei den Maxidosen hat man bei 12 m² 6,2 % Verschnitt.

Berechnen Sie die fehlenden Daten der Prozentrechnung.

11

	G	p	P
a)	16 m²		6 m²
b)	20 €	17 %	
c)	95 kg		19 kg
d)	470 m	3,5 %	
e)	1474 l		583 l
f)	653 m²	4,7 %	
g)	0,75 t	18,5 %	
h)	12 h		2 h
i)	8 h		45 min

Der Grundwert

12 Schülerinnen und Schüler einer Schulklasse wollen ein Handwerk lernen, das sind 40 %. Wie viele Schülerinnen und Schüler sind in der Klasse? Wir suchen den *Grundwert G*.

Gegeben: $P = 12$ Schüler; $p = 40\%$

Gesucht: Grundwert G

Dreisatz:

40 % sind   12 Schüler

1 % ist $\frac{12}{40}$ Schüler

100 % sind $\frac{12 \cdot 100}{40}$ Schüler = 30 Schüler

Kurztabelle:

Prozent	Schüler
40	12
1	$\frac{12}{40}$
100	$\frac{12 \cdot 100}{40} = 30$

Antwort: In der Klasse sind 30 Schülerinnen und Schüler.

Den Grundwert $12 \cdot \frac{100}{40}$ rechnen wir jetzt nicht aus. Wir ersetzen die Zahlenwerte durch die zugehörigen Buchstaben: $G = P \cdot \frac{1}{p} = \frac{P}{p}$

Formel für den Grundwert: $G = \frac{P}{p}$

Beispiel   Ein Sportfachgeschäft verkauft seinem Ortsverein Trikots 30 % billiger. Der Verein spart dadurch 450 €. Welchen Preis hätte der Verein **ohne** den Preisnachlass bezahlen müssen?

Gegeben: $P = 450$ €, $p = 30\%$ Formel: $G = \frac{P}{p}$

Gesucht: Grundwert G Lösung: $G = \frac{450}{0{,}30} = 1500$

Antwort: Ohne Vergünstigung hätte der Verein für die Trikots 1500 € bezahlen müssen.

Übungen

1 Berechnen Sie den Grundwert (G) im Kopf.
a) 1 % sind 15 €
b) 10 % sind 13 €
c) 20 % sind 2 m³
d) 50 % sind 48 m²
e) 100 % sind 4,50 t
f) 200 % sind 60 m³

2 Berechnen Sie den Grundwert G.
a) 16 % sind 124 l
b) 23 % sind 74,75 €
c) 5 % sind 1313 €
d) 11 % sind 4510 kg
e) 0,4 % sind 15 g
f) 0,6 % sind 3 a
g) 4 % sind 15 €
h) 12,5 % sind 7 €
i) 16 % sind 0,32 €
j) 3 % sind 18 g

Prozentrechnung _____ **61**

3 Berechnen Sie jeweils den Grundwert aus dem Prozentsatz und dem Prozentwert.

a) 20 €
b) 30 g
c) 150 m
d) 2 mm
e) 12 km
f) 125 kg
g) 5 cm
h) 22 l
i) 4 €
j) 80 mm
k) 430 cm^2
l) 8,5 m^3

4 Berechnen Sie den Grundwert mit Dreisatz und Formel.
a) 2 % sind 12 €
b) 5 % sind 8 t
c) 3 % sind 48 kg
d) 12 % sind 72,60 g
e) 68 % sind 85 min
f) 20 % sind 24,40 €
g) 25 % sind 18,50 m
h) 50 % sind 42,80 €
i) 8 % sind 129,96 t
j) 95 % sind 304 cm^2

5 Auf dem Schulfest will eine Berufsschulklasse eine Tombola veranstalten. Insgesamt wurden 75 Geschenke für die Gewinne abgegeben, das sind 20 % der Lose.

a) Wie viele Lose müssen für die Tombola vorbereitet werden?
b) Wie viele Nieten werden benötigt?

6 Bestimmen Sie den Grundwert.
a) □ $\xrightarrow{7\%}$ 63 m
b) □ $\xrightarrow{30\%}$ 120 g
c) □ $\xrightarrow{15\%}$ 135 t
d) □ $\xrightarrow{8\%}$ 232 h
e) □ $\xrightarrow{12\%}$ 360 km
f) □ $\xrightarrow{75\%}$ 675 km

7 Von einem Grundstück sind 40 % bebaut. Das sind 304 m^2.
a) Wie groß ist das Grundstück?
b) Wie groß ist der Prozentsatz der nicht bebauten Fläche?

8 An einem Mathematiktest nahmen 322 Schülerinnen und Schüler einer Schule teil, das waren 92 %.
Wie viele Schülerinnen und Schüler besuchen diese Schule?

9 Gegenüber dem Vorjahr wurden beim Schulfest 161 € mehr eingenommen. Das ist eine Steigerung um 23 %.
a) Wie hoch war der Vorjahresumsatz?
b) Wie hoch ist der diesjährige Umsatz?

10 Das günstige Wochenend-Ticket kostet 148,50 €. Das sind 45 % des Normalpreises. Berechnen Sie den Normalpreis.

11 Berechnen Sie den fehlenden Wert.

	Prozentwert	Prozentsatz	Grundwert
a)	114,56	16 %	
b)	50,40	12 %	
c)	45	9 %	
d)	128	25 %	
e)	127,68	42 %	
f)	723,20	64 %	
g)	574,56	76 %	

12 Berechnen Sie den Grundwert.
Runden Sie das Ergebnis sinnvoll.
a) 3 % sind 47,23 €
b) 9,4 % sind 17 435 t
c) 23,7 % sind 59,84 l
d) 78,3 % sind 63 479 $
e) 0,04 % sind 943 hl
f) 107 % sind 350 €
g) 116 % sind 732 €
h) 255 % sind 180 €
i) 24,30 € sind 5 %
j) 173,5 t sind 93 %
k) 203,7 m^2 sind 64,3 %
l) 1479,8 km sind 0,8 %
m) 33,44 $ sind 0,74 %
n) 0,93 € sind 0,5 %

13 Unsere Energiereserven sind begrenzt. Deshalb ist es sinnvoll, möglichst wenig Heizenergie zu verbrauchen. Durch eine bessere Wärmeisolierung wurden in einem Mehrfamilienhaus im letzten Jahr 8 % Heizöl eingespart; das waren 1080 l Heizöl.
Wie viel Liter Heizöl wurden im Jahr zuvor verbraucht?

Vermehrter und verminderter Grundwert

Für eine Wohnung sind monatlich 430 € an Miete zu zahlen. Die Miete wird um 2,5 % erhöht. Wie hoch ist die neue Miete?

> Bei prozentualen Veränderungen ist immer der alte Preis, die alte Miete usw., der Grundwert (100 %).

Die neue Miete ist 100 % + 2,5 % = 102,5 % der alten Miete.

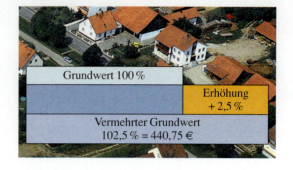

Dreisatz:

100 % sind 430 €

1 % sind $\frac{430}{100}$ €

102,5 % sind $\frac{430 \cdot 102,5}{100}$ € = 440,75 €

Formel:

Gegeben: $G = 430$ €; $p = 102,5\% = 1,025$
Gesucht: P
Formel: $P = G \cdot p$
Lösung: $P = 430 \cdot 1,025 = 440,75$

Antwort: Die neue Miete beträgt 440,75 €. Die neue Miete ist hier der **vermehrte Grundwert**.

Beispiel

Es gibt auch den **verminderten Grundwert**.

Ein Notebook zu 1750 € soll wegen Geschäftsaufgabe 32 % billiger verkauft werden.

Die prozentuale Preisvergünstigung bedeutet, dass der Preis nicht mehr 100 % ist, sondern 100 % − 32 % = 68 % des alten Preises beträgt.

$$68\% \text{ von } 1750\,€$$
$$= 0,68 \cdot 1750\,€ = 1190\,€$$

Der neue Preis beträgt 1190 €. Der neue Preis ist hier der **verminderte Grundwert**.

Übungen

 1 Geben Sie den vermehrten oder den verminderten Grundwert in Prozent an.

Beispiel: Zunahme um 9 %
100 % + 9 % = 109 % vermehrter Grundwert
a) Zunahme um: 12 %; 1,6 %; 16,7 %; 9,3 %
b) Abnahme um: 16 %; 0,7 %; 3,4 %; 18,1 %

2 Herr Wagner erhielt eine Lohnerhöhung von 3,8 %. Er hatte bisher einen Bruttolohn von 1370 €.
Berechnen Sie den neuen Bruttolohn.

3 Übertragen Sie die Tabelle und füllen Sie sie aus.

	Grundwert	Zunahme/Abnahme	Prozentsatz	Prozentwert
a)	780 €	−15 %		
b)	1095 €	+13 %		
c)	2135 €		105 %	
d)	346 €	−7,5 %		
e)	1290 €		74,2 %	
f)	895 €	+5,6 %		
g)	760 €	+3,9 %		

Prozentrechnung

4 In einem Mietshaus wird die monatliche Miete um 3,7 % erhöht.
a) Die bisherige Miete betrug 325 €.
b) Die bisherige Miete betrug 425 €.

5 In einem Haushalt wurden im letzten Jahr 3450 l Heizöl verbraucht. Durch eine verbesserte Wärmeisolierung sollen in diesem Jahr 8,5 % und in den nächsten beiden Jahren jeweils 5,5 % des Heizölverbrauchs eingespart werden. Welcher Ölverbrauch wird in jedem Jahr erwartet?

6 Familie Berger hatte im Jahr 2000 für Heizöl und elektrische Energie umgerechnet 150 € pro Monat zu zahlen. Die Kosten stiegen jedes Jahr um durchschnittlich 6 %. Wie viel Euro musste Familie Berger 2002 pro Monat bei gleichem Verbrauch zahlen?

! **Rabatt und Skonto** sind Preisnachlässe. Beim Kauf von großen Mengen erhält man häufig Mengenrabatt.
Zahlt man eine Rechnung innerhalb von 8 Tagen, so wird oft 2 % oder 3 % Skonto gewährt.

7 Berechnen Sie für den Räumungsverkauf den Rabatt in € und die neuen Preise.

8 Ein Praktikant soll alle Preise in einer Abteilung unter 200 € um 15 % senken und alle Preise über 200 € um 22 %.
Überprüfen Sie seine Liste.

alter Preis in €	530,00	177,80	285,50	89,70	199,00
neuer Preis in €	413,40	115,13	242,68	69,97	169,15

■ Oft muss man vom vermehrten oder verminderten Grundwert auf den ursprünglichen Grundwert schließen.

Nach einer Preiserhöhung von 3,5 % kostet ein Gefrierschrank 807,30 €.
Der neue Preis ist 103,5 %!
Wie hoch war der alte Preis?
103,5 % sind 807,30
1 % sind $\frac{807,30}{103,5}$
100 % sind $\frac{807,30 \cdot 100}{103,5} = 780$
Der Gefrierschrank kostete vorher 780 €.

9 Peter verkauft einen restaurierten Schrank mit 8,5 % Gewinn für 130,20 €. Was hat er selbst für den Schrank bezahlt?

10 Nach einer Preissenkung von 12 % kostet ein Laptop 1276 €. Wie teuer war er vorher?

11 Nach einer Preiserhöhung von 4,5 % kostet ein Drucker 158,84 €.
Wie viel kostete der Drucker vorher?

12 Im Schlussverkauf werden viele Preise herabgesetzt. Berechnen Sie den alten Preis.

	a)	b)	c)	d)
neuer Preis in €	150,50	323	542	627
Rabatt in %	30	15	20	12

13 Berechnen Sie die fehlenden Werte.

	Grundwert 100 %	Zunahme/ Abnahme	vermehrter/ verminderter Grundwert
	82	+14 %	93,48
	62,50	−24 %	47,50
a)		+5 %	2241,75
b)		−25,8 %	927,5
c)	780		663
d)	895		945,12
e)	895	−5,6 %	
f)	103		11,33
g)		+9,3 %	87,44

Diagramme

Bilder und grafische Darstellungen sind oft leichter zu erfassen als eine Tabelle. Die graphische Darstellung von Prozentsätzen erleichtert uns den Überblick.

A Säulendiagramm

Die Ergebnisse einer Klassenarbeit wurden in eine **Tabelle** geschrieben und die Prozentsätze ausgerechnet. Anschließend konnte ein **Säulendiagramm** gezeichnet werden.

Noten	Anzahl	Anteil
sehr gut (1)	2	8 %
gut (2)	4	16 %
befriedigend (3)	8	32 %
ausreichend (4)	7	28 %
mangelhaft (5)	3	12 %
ungenügend (6)	1	4 %
Kontrollsumme	25	100 %

Tabelle

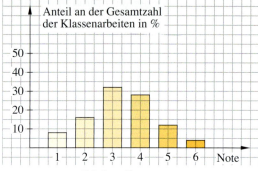

Säulendiagramm

B Blockdiagramm

Für die Darstellung in **Blockdiagrammen** kann man unterschiedlich lange Ausgangsblöcke nehmen.
Wir betrachten wieder das Beispiel Klassenarbeiten. Dazu nehmen wir einen Block von 10 cm Länge. Das sind 100%.
Mit dem Dreisatz können wir die Längen für die einzelnen Noten berechnen.

Die Anteile der einzelnen Noten an der Gesamtzahl werden durch die entsprechenden Bruchteile der gesamten Blocklänge von 10 cm dargestellt.

Dreisatz:	100 %	10 cm
	1 %	$\frac{10}{100}$ cm = 0,1 cm
Note (1)	8 %	0,1 cm · 8 = 0,8 cm
Note (2)	16 %	0,1 cm · 16 = 1,6 cm
Note (3)	32 %	3,2 cm
Note (4)	28 %	2,8 cm
Note (5)	12 %	1,2 cm
Note (6)	4 %	0,4 cm

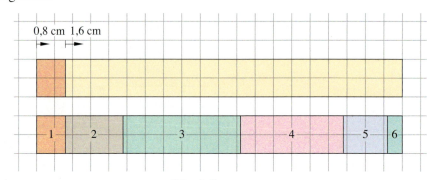

Blockdiagramm

Prozentrechnung _____ 65

C Kreisdiagramm

Prozentuale Anteile können auch in einem **Kreisdiagramm** veranschaulicht werden.
Den Radius des Kreises kann man beliebig wählen.

Wir betrachten wieder das Beispiel Klassenarbeit. Der ganze Kreis ist ein Vollwinkel mit 360°. 100 % entsprechen 360°.

Zu jedem Prozentsatz gehört ein Winkel.

Dreisatz: 100 % | 360°
              1 % | $\frac{360°}{100} = 3{,}6°$
Note (1)   8 % | $3{,}6° \cdot 8 = 28{,}8° \approx 29°$
Note (2)   16 % | $3{,}6° \cdot 16 = 57{,}6° \approx 58°$

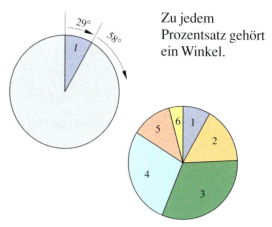

> Bei der Darstellung im Kreisdiagramm gilt: 1 % entspricht 3,6°.

Übungen

1 Stellen Sie die Anteile der Noten im Säulen-, Block- und Kreisdiagramm dar. Berechnen Sie zuerst die Gesamtzahl der Arbeiten.

Noten	1	2	3	4	5	6
Anzahl	3	4	7	6	4	1
Anteil in %						

2 a) Vervollständigen Sie die Tabelle im Heft.

Miete/Heizung	32 %	800 €
Ernährung	30 %	
Kleidung/Hausrat	14 %	
Auto	7 %	
Sparen	9 %	
Sonstiges	8 %	

b) Berechnen Sie nach den Angaben in der Tabelle, wie viel Euro Familie Kanes monatlich zur Verfügung stehen.
c) Stellen Sie die Prozentsätze im Block- und im Kreisdiagramm dar.

3 Stellen Sie die Prozentangaben im Block- und im Kreisdiagramm dar. Wählen Sie für die Blockdiagramme eine Länge von 10 cm.
a) 75 %   c) 45 %   e) 5 %   g) 85 %
b) 20 %   d) 50 %   f) 25 %   h) 100 %

4 Übertragen Sie die Blockdiagramme in Ihr Heft. Messen Sie dazu die Längen aus. Geben Sie den Anteil der blauen, roten, gelben und grünen Flächen in Prozent an.

Beispiel:

Der gesamte Block ist 60 mm lang. Der blaue Teil ist 15 mm lang, das sind ($\frac{15}{60} = 0{,}25 =$) 25 % der gesamten Blocklänge.

a) Berechnen Sie für das Beispiel die noch fehlenden Anteile in Prozent.

b)

c)

5 Als diese Umfrage durchgeführt wurde, hatten von 17,3 Millionen berufstätigen Frauen 11,7 Millionen ihre Berufstätigkeit unterbrochen bzw. aufgegeben.

a) Berechnen Sie nach den Prozentangaben der Übersicht oben, wie viele Frauen aus den angegebenen Gründen ihren Beruf aufgegeben haben.
b) Stellen Sie das Ergebnis der Umfrage in einem Kreisdiagramm dar (1 % entspricht 3,6°).
c) Führen Sie in Ihrem Bekanntenkreis eine ähnliche Umfrage durch.

6 Das Kreisdiagramm beschäftigt sich mit den Schülerunfällen in einem Jahr. Es stellt die Anteile der Veranstaltungen in der Schule dar, bei denen die Unfälle passierten.

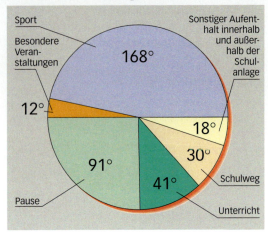

a) Berechnen Sie die Prozente der Anteile über die Winkelangaben.
b) Im Jahr wurden insgesamt 1,47 Millionen Schülerunfälle gemeldet. Wie viele Unfälle entfielen auf die einzelnen Bereiche?
c) Stellen Sie die Anteile der Unfälle in einem Blockdiagramm dar. Wählen Sie die Länge so, dass das Ausrechnen möglichst einfach ist.

7 Frankreich, Großbritannien, Deutschland und Italien sind die größten Stromerzeuger in der EU. Sie produzierten in der Vergangenheit pro Jahr ungefähr 1538 Milliarden kWh Strom. Davon entfielen auf Deutschland 32,4 %, Frankreich 30,7 %, Großbritannien 21,3 %, Italien 15,6 %.

Zeichnen Sie ein Kreisdiagramm
a) für den Anteil der einzelnen Länder an der Stromerzeugung,
b) für den Anteil der Kernenergie an der Stromerzeugung insgesamt.

Prozentrechnung

Sachaufgaben

1 Niederschlagsmessung im Schulgarten

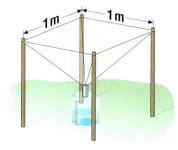

 Die Klasse der Berufsfachschule Technik hat eine Woche lang den Niederschlag gemessen. Niederschlag in dieser Woche insgesamt: 15,7 l/m²

Mo	Di	Mi	Do	Fr	Sa	So
4,4 l	0,3 l	2,3 l	0,5 l	5,7 l	1,6 l	0,9 l

a) Fertigen Sie ein Säulen- und ein Blockdiagramm an. Tragen Sie die dazu berechneten Größen in die Tabelle im Heft ein.
b) Zeichnen Sie ein Kreisdiagramm und tragen Sie die berechneten Winkelgrößen in die Tabelle ein.
 c) Stellen Sie eigene Messungen an und halten Sie die Werte in Tabellen fest.

2 Bei der Schraubenherstellung dürfen Schrauben eines bestimmten Typs eine Längenabweichung von 0,5 mm nicht über- oder unterschreiten.
Dabei ergaben sich bei der Kontrolle in einer Fabrik die folgenden Prozentsätze bei der Tagesproduktion:

Tag	Schrauben	Schrauben mit Längenabweichung	Prozentsatz
Mo.	670		1,79 %
Di.	720		2,36 %
Mi.	760		1,05 %
Do.	840		1,19 %
Fr.	820		2,56 %

a) Füllen Sie die Tabelle in Ihrem Heft aus.
b) Stellen Sie die Situation für jeden Tag in einem Blockdiagramm graphisch dar.

3 Im Politikunterricht der Berufsfachschulklassen wurden zum Thema politische Parteien und Wahlen vier Parteien zusammengestellt, um ein Schülerparlament mit 15 Sitzen zu bilden. Die 386 Schülerinnen und Schüler durften Abgeordnete für das Parlament wählen.

Wahlergebnis für die Parteien

„Schule macht Spaß": 135 Stimmen
„Sonnenblumen": 113 Stimmen
„Mehr Sport": 98 Stimmen
„Ohne-Lehrer-Lernen": 32 Stimmen

a) Listen Sie die Daten in einer Tabelle auf. Beachten Sie auch die Nichtwähler.
b) Stellen Sie das Wahlergebnis im Block- und im Kreisdiagramm dar. Runden Sie.
c) Wie sieht die Sitzverteilung für die vier Parteien aus?
d) Zeichnen Sie die Sitzverteilung in einem Halbkreis.

4 Bei einer Befragung von 664 Schülerinnen und Schülern einer Düsseldorfer Berufsschule zum Thema Freizeitgestaltung ergaben sich die folgenden Daten.

A Hauptsächliche Freizeitgestaltung
41 % Treffen mit Freunden/Quatschen
19 % Diskobesuch
25 % Fernsehen
12 % Computer
? % keine Nennung

B Diese Verbesserungen wünschen sich die Schülerinnen und Schüler
- 285 Nennungen: mehr Jugendtreffs mit attraktivem Programm
- 199: Nachmittagsaktivitäten in der Schule
- 105: jugendgerechtes Mittagessen
- 75: keine Meinung

a) Werten Sie die Daten der Umfrage rechnerisch und graphisch aus.
b) Machen Sie eine Umfrage an Ihrer Schule.

5 „Unter der Lupe": Was besagen diese Aussagen in Prozent?

a) Jeder 5. Befragte hat ein Haustier.
b) Jede 4. Ehe ist geschieden.
c) Jede 2. Schülerin hat einen Führerschein.
d) Jeder 6. Dortmunder musste seinen Beruf wechseln.
e) 3 von 4 Kölnern lieben ihren Dom.
f) 9 von 10 Düsseldorfern sind stolz auf die Landeshauptstadt von NRW.
g) Jeder Bewohner in Münster hat mindestens ein Fahrrad.
h) In NRW lebt jeder 5. Bewohner im Regierungsbezirk Arnsberg und jeder 9. im Regierungsbezirk Detmold.

6 Wie viel Gramm dieser Inhaltsstoffe enthalten 1500 g Weizen?

67% Stärke
12% Eiweiß
15% Wasser
2% Salze
2% Fasern
2% Fett

7 Christian Richter gilt in seiner Fußballmannschaft als bester Elfmeterschütze. In einer Saison erhielt sein Team 15 Strafstöße; davon verwandelte Christian 12 in Tore.
Wie viel Prozent waren das?

8 Herr Wölk kauft einen neuen Wagen zum Listenpreis von 14 500 €. Gleichzeitig gibt er seinen alten Wagen in Zahlung. Er braucht dann nur noch 65 % des Listenpreises zu bezahlen. Wie viel € sind das?

9 Anne Roth bekommt 30 € Taschengeld im Monat. Ihr jüngerer Bruder Tim erhält 20 €.
a) Wie viel Prozent Taschengeld bekommt Tim weniger als Anne?
b) Anne gibt 18,30 € für Bücher und Zeitschriften aus. Tim kauft Zeitschriften für 12,00 €. Wer gibt prozentual mehr für Bücher und Zeitschriften aus?

10 Ein Liter Milch wiegt durchschnittlich 1030 g und enthält

36 g Milchfett
38 g Milcheiweiß
52 g Kohlenhydrate
7 g Mineralsalze
897 g Wasser

Geben Sie die Prozentsätze der Bestandteile an.

11 Eine Stahllegierung enthält 72 % Eisen, 18 % Chrom, 8 % Nickel, 2 % Molybdän. Berechnen Sie die Gewichte der Bestandteile für 120 Tonnen dieser Legierung.

12 Vereinsmitglieder erhalten 8 % Ermäßigung auf alle Preise.

13 Das Kreisdiagramm zeigt, wie viel Kilometer jeder Deutsche pro Jahr im Durchschnitt in den fünf Gruppen zurücklegte.

397 km mit dem Flugzeug
1807 km mit öffentlichen Verkehrsmitteln
9137 km mit dem Auto oder Motorrad
369 km zu Fuß
290 km mit dem Fahrrad

a) Berechnen Sie die Prozentsätze für die fünf Gruppen.
b) Halten Sie alle Werte in einer Tabelle fest.

Prozentrechnung _____ 69

 14 Berechnen Sie die Prozentsätze.

AUFTEILUNG DER RUNDFUNKGEBÜHREN
Jeder deutsche Fernsehhaushalt musste früher monatlich 14,45 € Gebühren zahlen. Den Löwenanteil erhält die ARD.

- Kinderkanal ARD/ZDF - 0,13
- Landesmedienanstalten - 0,29
- Deutschland-Radio - 0,35
- Europäischer Kulturkanal ARTE - 0,38
- ZDF - 3,10
- 0,07 - Ereignis und Dokumentationskanal Phoenix ARS/ZDF
- 0,06 - Digital Audio Broadcasting
- 0,01 - KEF (Kommission zur Ermittlung des Finanzbedarfs)
- 10,06 - ARD-Anstalten

Angaben in Euro, gerundet
GESAMT: 14,45 €
Quelle: Bayerischer Rundfunk 1999

15 Ein Pkw fährt auf der Autobahn zu schnell. $100 \frac{km}{h}$ sind höchstens erlaubt, der Tacho des Fahrzeugs zeigt aber $120 \frac{km}{h}$ an. Das Fahrzeug wird geblitzt und die Geschwindigkeit $114 \frac{km}{h}$ ermittelt. Um wie viel Prozent weicht die geblitzte Geschwindigkeit von der Tachoanzeige ab?

16 In einer Schule haben sich beim Sport während eines Schuljahres 28 Unfälle ereignet. Das sind 40 % aller Sportunfälle in den vergangenen 5 Jahren.
a) Wie viele Sportunfälle haben sich in den 5 Jahren insgesamt ereignet?
b) 58 % aller Sportunfälle passierten bei Ballsportarten. Wie viele solcher Unfälle ereigneten sich in den 5 Jahren?

17 Die Waldschädigungen nehmen auch in Deutschland zu. Die Anteile des Schädigungsgrades der letzten Jahre kann man dem Kreisdiagramm entnehmen.

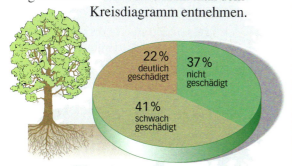

Die Waldfläche von Deutschland beträgt etwa 10,8 Mio. ha. Berechnen Sie die Fläche der jeweiligen Schädigungsstufen.

18 Von 14 636 Beschäftigten auf dem Düsseldorfer Flughafen wurde die Zusammensetzung nach ihren Nationalitäten bekannt gegeben.

Deutschland	12 209	Mittel- und Südamerika	56
Europa-EU	782	Afrika	136
Europa-Nicht-EU	1140	Asien	212
Nordamerika	84	Australien, Ozeanien, Staatenlose	17

a) Berechnen Sie den prozentualen Anteil dieser Beschäftigten nach den Nationalitäten.
b) Die Angabe 14 636 entspricht 94,7 % aller Angehörigen des Flughafens Düsseldorf. Wie groß ist deren Gesamtanzahl?

19 Der Darstellung ist die Entwicklung der Weltbevölkerung ab 1950 und in Vorausschau bis zum Jahr 2050 zu entnehmen.

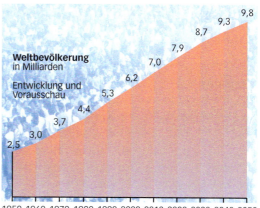

a) Um wie viel Prozent ist die Weltbevölkerung von 1950 bis 2000 gestiegen?
b) Welcher prozentuale Anstieg der Weltbevölkerung wird von der Jahrtausendwende bis 2040 vorausgesagt?
c) 2002 lebten auf der Erde etwa 6,2 Mrd. Menschen. Schätzen Sie ab, in welchem Jahr 50 % dieser Anzahl auf der Erde lebten.
d) Wann wird sich die Weltbevölkerung gegenüber 2002 voraussichtlich verdoppelt haben?

Einkommen, Steuern und Sozialversicherung

Frau Ullrich bekommt ein monatliches **Bruttogehalt** von 1861,90 €. Davon erhält sie 1226,53 € ausgezahlt. Das ist ihr **Nettogehalt**.

Bruttogehalt 1861,90 €	
Nettogehalt 1226,53 €	Abzüge 635,37 €

Vom Bruttogehalt muss der Arbeitgeber Lohnsteuer, Kirchensteuer, Solidaritätszuschlag und Sozialversicherung (Kranken-, Arbeitslosen-, Renten- und Pflegeversicherung) abziehen.

So werden die Abzüge ermittelt:

Lohnsteuer:	Die Lohnsteuer wird einer Steuertabelle entnommen. Sie richtet sich nach dem Bruttoeinkommen und nach dem Familienstand. Frau Ullrich muss zahlen	217,08 €
Kirchensteuer:	Die Kirchensteuer beträgt 8 % oder 9 % der Lohnsteuer (je nach Bundesland). 9 % von 217,08 € = 0,09 · 217,08 €	= 19,54 €
Solidaritätszuschlag:	Der Zuschlag beträgt 5,5 % von der Lohnsteuer	= 11,94 €
Sozialversicherung:	Die Beiträge zur Krankenversicherung, Rentenversicherung, Arbeitslosen- und Pflegeversicherung werden als Prozentsatz des Bruttoeinkommens angegeben. Wir rechnen mit insgesamt 20,775 %. 20,775 % von 1861,90 € = 0,20775 · 1861,90 €	= 386,81 €
Abzüge insgesamt:	217,08 € + 19,54 € + 11,94 € + 386,81 €	= 635,37 €

Übungen

1 Herr Löw verdient monatlich 2700,00 € brutto. Er zahlt 452,83 € Lohnsteuer. Wie hoch ist sein Nettoeinkommen? Berechnen Sie dazu Kirchensteuer, Sozialversicherung und Solidaritätszuschlag wie im Beispiel.

2 Herr Merkl liest seine Lohnabrechnung.
Steuerpflichtig brutto 2 482,83 €
  Lohnsteuer 387,91 €
  Kirchensteuer 31,03 €
  Soli.-Zuschlag 21,34 €
  Krankenversicherung 203,59 €
  Rentenversicherung 247,04 €
  Arbeitslosenvers. 34,76 €
  Pflegeversicherung 30,41 €
Berechnen Sie Herrn Merkls Nettogehalt und vergleichen Sie die Prozentsätze der Abgaben.

3 Frau Schön verdient brutto 2520,35 €. Sie sagt: „Von meinem Gehalt gehen 15,84 % Lohnsteuer und weitere 22,9 % für die übrigen Abgaben ab." Wie hoch ist ihr Nettogehalt?

4 Osman bekommt 2489,78 € an Lohn ausbezahlt. Seine Abzüge betragen 34,7 %.
a) Wie hoch ist sein Bruttoeinkommen?
b) Wie ändert sich sein Nettoeinkommen bei einer Gehaltserhöhung von 150,00 €?

5 Berechnen Sie im Heft.

	Meier	Schmitz	Klein	Trimbora
Bruttolohn in €	1054,00	1987,00		2156,00
Abzüge in €	203,45			
Abzüge in %		22,5 %	30,4 %	
Nettolohn in €			3480,65	1745,87

Prozentrechnung

Berechnet werden: Lohnsteuer, Krankenversicherung (KV), Arbeitslosenversicherung (AV), Rentenversicherung (RV) und Pflegeversicherung (PV) in Prozent vom *Bruttogehalt*. Solidaritätszuschlag und Kirchensteuer in Prozent von den *Lohnsteuern*.

6 Herr Moosbach verdient 1684,00 Euro. Er zahlt 10,21 % Lohnsteuer, 8 % Kirchensteuer, 5,5 % Solidaritätszuschlag, 8,2 % Krankenversicherung, 1,225 % Pflegeversicherung, 9,95 % Rentenversicherung, 1,4 % Arbeitslosenversicherung.
a) Wie hoch ist die Lohnsteuer?
b) Berechnen Sie die Kirchensteuer und den Solidaritätszuschlag.
c) Wie viel Kranken-, Pflege-, Renten- und Arbeitslosenversicherung muss er zahlen?
d) Berechnen Sie das Nettogehalt.

7 Die Mechatronikerin Kirsten verdient brutto 1270,00 Euro. Sie zahlt 104,14 € Krankenversicherung, 15,56 € Pflegeversicherung, 126,37 € Rentenversicherung, 17,78 € Arbeitslosenversicherung und 291,00 € Lohnsteuer (Steuerklasse V).
a) Wie hoch ist der Solidaritätszuschlag (5,5 %) und die Kirchensteuer (9 %)?
b) Welches Nettogehalt bezieht Kirsten?
c) Wie hoch sind die prozentualen Anteile der Versicherungen, der Lohnsteuer und des Nettogehalts am Bruttolohn?
d) Stellen Sie die prozentualen Anteile aus c) in einem Kreisdiagramm dar.
e) In Steuerklasse I und IV würde die Lohnsteuer 64,25 € betragen, in Steuerklasse II 41,25 €, in Steuerklasse III 0 €, in Steuerklasse VI 317,83 €. Berechnen Sie die prozentualen Anteile dieser Lohnsteuern am Bruttogehalt.
f) Nach welchen Kriterien werden die Steuerklassen den Arbeitnehmern zugeordnet?

8 Rukiye erhält eine Ausbildungsvergütung von 520,00 Euro. Sie bezahlt keine Steuern, aber Sozialversicherungsbeiträge in Höhe von 20,775 %.
Wie hoch ist der Nettolohn?

9 Arbeitnehmer und Arbeitgeber tragen ungefähr je die Hälfte der Beiträge zur Sozialversicherung. Berechnen Sie die Arbeitgeberanteile zur Sozialversicherung bei folgenden Beitragssätzen (Arbeitnehmeranteil + Arbeitgeberanteil).

Krankenversicherung	14,6 %
Pflegeversicherung	1,95 %
Rentenversicherung	19,9 %
Arbeitslosenversicherung	2,8 %

Bruttolöhne:
a) 1752,00 €
b) 2460,00 €
c) 3780,00 €
d) 1042,00 €

10 Ein Arbeiter erhält einen Stundenlohn von 9,80 € in einer Schneiderei. Er arbeitet durchschnittlich jeden Monat 180 Stunden. Darin sind 10 Überstunden enthalten, die mit 20 % Zuschlag vergütet werden. Er zahlt 11,05 % Lohnsteuer, 9 % Kirchensteuer, 5,5 % Solidaritätszuschlag, 8,2 % Krankenversicherung, 1,225 % Pflegeversicherung, 9,95 % Rentenversicherung, 1,4 % Arbeitslosenversicherung.
a) Welchen Bruttolohn verdient er?
b) Berechnen Sie Abzüge und sein Nettogehalt.

11 Im Dezember steigt das Bruttoeinkommen des Arbeiters um 17 % (Aufgabe 10). Außerdem schließt er einen Bausparvertrag ab und erhält daher vom Arbeitgeber 12,00 € vermögenswirksame Leistungen.
a) Wie hoch ist nun sein Nettolohn bei gleichbleibenden prozentualen Abzügen?
b) Wie viel Euro werden ihm ausgezahlt, wenn er 5 % seines Nettolohns vermögenswirksam auf seinen Bausparvertrag einzahlt?

Promille

Wenn ein Anteil **sehr** gering ist, zum Beispiel 0,5 %, gibt man ihn oft in **Promille** (‰) an.
Promille sind Anteile in **Tausendstel**. Es gilt $\frac{5}{1000}$ = 5 ‰ (gelesen 5 Promille).
Bei einer Gepäckversicherung über 6000 €
wird eine Versicherungsprämie von 5 Promille pro Jahr erhoben.

Ansatz: 1000 ‰ sind 6000 €
            5 ‰ sind   ? €

Dreisatz: 1000 ‰ sind 6000 €
: 1000

$$1 \text{ ‰ ist } \frac{6000}{1000} \text{ €}$$

· 5

$$5 \text{ ‰ sind } \frac{6000 \cdot 5}{1000} \text{ €} = 30 \text{ €}$$

Antwort: Die Versicherungsprämie beträgt jährlich 30 €.

Promille sind Anteile bzw. Brüche mit dem Nenner 1000.
Für den Anteil $\frac{3}{1000}$ sagt man „3 Promille".

1 Promille = $\frac{1}{1000}$ = 1 ‰   1 ‰ = 0,1 %   10 ‰ = 1 %

Die Rechenverfahren sind die gleichen wie in der Prozentrechnung.

Beispiel

Auf Schmuckstücken kann man an der dreistelligen Ziffernprägung den Gold- oder Silberanteil ablesen. Er ist in Promille angegeben.
Wie viel Gramm reines Gold enthält eine 54 g schwere Brosche mit dem Stempel 333 (d. h. mit 333 ‰ Goldgehalt)?

Ansatz: 1000 ‰ sind 54 g
           333 ‰ sind ? g

Dreisatz: 1000 ‰ sind 54 g

$$1 \text{ ‰ ist } \frac{54}{1000} \text{ g}$$

$$333 \text{ ‰ sind } \frac{54 \cdot 333}{1000} \text{ g} = 17{,}98 \text{ g}$$

Antwort: Die Brosche enthält etwa 17,98 g (nahezu 18 g) reines Gold.

Prozentrechnung

Übungen

1 Übertragen Sie die Tabelle ins Heft und füllen Sie sie aus wie in der ersten Zeile.

	$\frac{3}{1000}$	3 ‰	0,003
a)	$\frac{17}{1000}$		
b)		16 ‰	
c)			0,02

2 Berechnen Sie.
a) 6 ‰ von 25 000 €
b) 4 ‰ von 450 000 €
c) 12 ‰ von 40 000 €

3 Vergleichen Sie. Was stellen Sie fest?
a) 5 % von 120 und 5 ‰ von 120
b) 0,7 % von 200 und 0,7 ‰ von 200
c) 10 % von 272 und 10 ‰ von 272

4 Schreiben Sie in Promille.
a) 4 %   c) 5,6 %   e) $\frac{1}{2}$ %   g) 125,5 %
b) 2,7 % d) 0,03 % f) $1\frac{3}{4}$ % h) $16\frac{3}{8}$ %

5 Schreiben Sie in Prozent.
a) 5 ‰   c) $5\frac{1}{2}$ ‰   e) 333 ‰
b) 2,4 ‰   d) 7,6 ‰   f) 1675 ‰

6 Berechnen Sie den Promillesatz.
a) 21 €   von 3000 €
b) 13,50 € von 4500 €
c) 3,84 € von 1280 €

7 Berechnen Sie den Grundwert.
a) 4 ‰   sind 8,80 g
b) 7 ‰   sind 84 €
c) 5,5 ‰ sind 825 €
d) 3 ‰   sind 6,3 g

8 In den Adern des Menschen fließen etwa 5 Liter Blut, das sind 5000 cm³. Bei einer Verkehrskontrolle musste ein Kraftfahrer in den Alkomat blasen. Das Gerät zeigte 0,7 ‰ Alkoholgehalt im Blut an. Wie viel cm³ reinen Alkohols entspricht dieser Anteil, wenn man von 5 Litern Blut ausgeht?

9 Ein Fluss hat in einem 20 km langen Abschnitt 1,7 ‰ Gefälle. Wie viel Meter Höhenunterschied sind das?

10 Ein silberner Ring wiegt 10 g. Der Silberanteil beträgt 9,25 g. Welcher Stempel muss dem Ring eingeprägt sein?
(vgl. Beispiel S. 72)

11 Ein Schmuckstück hat 625 ‰ Goldanteil, das sind 28,125 g. Wie viel Gramm wiegt das Schmuckstück?

12 Ein Fußballspieler will seine Beine mit 300 000 € gegen Verletzungen versichern. Die Versicherungsgesellschaft berechnet 0,75 ‰ der Versicherungssumme als jährliche Prämie. Wie viel Euro muss der Fußballspieler jährlich zahlen?

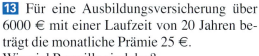

13 Für eine Ausbildungsversicherung über 6000 € mit einer Laufzeit von 20 Jahren beträgt die monatliche Prämie 25 €. Wie viel Promille sind das?

14 Frau Beyer hat einen Nachbarn für den Abschluss eines Bausparvertrags über 60 000 € gewonnen. Dafür erhält sie 75 € Provision. Wie viel Promille sind das?

15 Ein Juwelier lässt seinen Warenbestand gegen Diebstahl versichern. Die Versicherungssumme beträgt 2 500 000 €. Die jährliche Prämie beträgt 2,5 ‰ der Versicherungssumme. Wie viel hat der Juwelier in einem Zeitraum von 15 Jahren als Prämie an die Versicherung gezahlt?

16 Eine Haftpflichtversicherung mit einer Deckungssumme von 100 000 € kostet jährlich 57 €. Eine andere Versicherung bietet dieselben Leistungen für jährlich 0,5 ‰ der Deckungssumme.

INFO
Probleme sehen
Probleme darstellen
Probleme lösen

Die Erde

(Stand 1995)

Kontinent	Fläche km²	Einwohner in Mio.
Asien	44 385 000	3 485,0
Amerika	42 497 000	774,8
Afrika	30 305 000	728,1
Europa	10 532 000	727,0
Australien/Ozeanien	8 536 000	28,5

Anhand der Zahlen lässt sich für jeden Erdteil die Bevölkerungsdichte in **Einwohner pro km²** berechnen. Die unbewohnte Antarktis hat eine Fläche von 11 600 000 km². Die gesamte Erdoberfläche beträgt 510 101 000 km².

Verteilung von Land- und Wasserfläche:

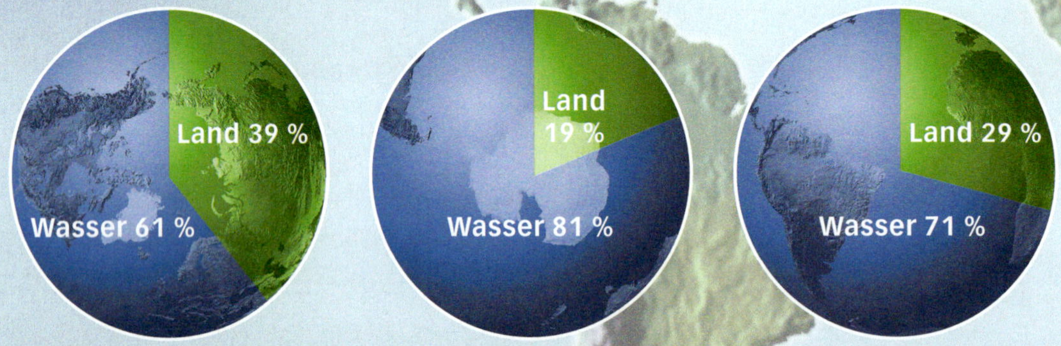

Nordhalbkugel: Land 39 %, Wasser 61 %
Südhalbkugel: Land 19 %, Wasser 81 %
Erde gesamt: Land 29 %, Wasser 71 %

Daten unseres Planeten

- Dichte (mittlerer Wert): 5,5 g/cm³
- Masse: ca. 6 Trilliarden Tonnen (Ziffer 6 mit 21 Nullen)
- Entfernung zur Sonne (Mittelwert): 149 600 000 km
- Erdgeschwindigkeit um die Sonne: 29,8 km/s
- Höchster Berg: Mount Everest, 8848 m über dem Meeresspiegel
- Größte bekannte Meerestiefe: 11 022 m unter dem Meeresspiegel
- Längster Fluss: Nil 6671 km
- Größte Stadt: Seoul, 10 915 000 Einwohner (ohne Vorstädte)
- Selbstständige Staaten: 192

Ballungsgebiete

Die Millionenstädte der Erde haben viele Vorstädte um sich, die somit einen riesigen Ballungsraum bilden. Die größten Ballungsgebiete sind:

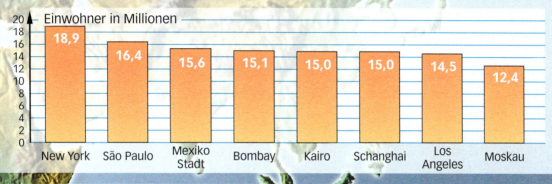

Einwohner in Millionen:
- New York: 18,9
- São Paulo: 16,4
- Mexiko Stadt: 15,6
- Bombay: 15,1
- Kairo: 15,0
- Schanghai: 15,0
- Los Angeles: 14,5
- Moskau: 12,4

Ein großes Problem

Täglich sterben auf der Erde 110 000 Menschen an Hunger oder an den Folgen dauerhafter Unterernährung. Das sind rund 40 Millionen Tote im Jahr. Rein rechnerisch könnte man alle 5,7 Milliarden Menschen täglich mit 2700 Kalorien versorgen. Das ist jedoch reine Theorie, denn die Armut vieler Länder macht so etwas unmöglich. Die meisten der 840 Millionen ständig Unterernährten leben nämlich in armen Ländern, die Nahrungsmittel zu hohen Preisen einführen müssen.

Die Fläche für den Ackerbau betrug 1974 statistisch 0,35 Hektar pro Mensch. 1994 sank dieser Wert auf 0,27 Hektar pro Mensch. Jährlich muss die Erde einen Zuwachs von rund 90 Millionen Menschen verkraften.

Zinsrechnung

Grundbegriffe

Die Zinsrechnung ist eine Anwendung der Prozentrechnung auf den Geldverkehr. Die drei Grundbegriffe ändern in diesem Bereich ihren Namen.
Der Grundwert (*G*) wird in der Zinsrechnung Kapital (*K*) genannt. Der Prozentwert (*P*) heißt Zinsen (*Z*) und der Prozentsatz (*p*) heißt Zinssatz (*p*).
Der Zinssatz bezieht sich immer auf **ein Jahr**.

Wenn Sie sparen, dann stellen Sie der Bank für eine bestimmte Zeit Geld zur Verfügung. Die Bank zahlt Ihnen dafür eine Leihgebühr. Das sind die Guthaben-Zinsen oder **Haben-Zinsen**.

Wer sich für eine bestimmte Zeit bei der Bank Geld leiht, muss eine Leihgebühr zahlen. Das sind die Kredit-Zinsen oder **Soll-Zinsen**.

Die Sparkassen und Banken leben davon, dass sie mehr Zinsen einnehmen als sie ihren Kunden zahlen. Daher sind Soll-Zinsen immer höher als Haben-Zinsen.

Prozentrechnung:		Zinsrechnung:
Grundwert *G*	⟶	**Kapital *K***
Prozentwert *P*	⟶	**Zinsen *Z***
Prozentsatz *p*	⟶	**Zinssatz *p***

Zinssätze beziehen sich, wenn nichts anderes angegeben ist, auf 1 Jahr.
Der Zinssatz *p* wird in Prozent angegeben, z. B. $p = 4\% = 0{,}04$.

Übungen

 1 Welche Begriffe der Zinsrechnung entsprechen dem Prozentwert (*P*), dem Grundwert (*G*) und dem Prozentsatz (*p*)?

 2 Erkundigen Sie sich nach den derzeitig gültigen Zinssätzen für Spareinlagen und Kredite. Sammeln Sie auch Informationen über verschiedene Sparmöglichkeiten.

3 Warum sind die Zinssätze für Sparguthaben niedriger als die für Darlehen?

4 Der Begriff Kapital wird in bestimmten Situationen auch anders genannt, bleibt aber der Grundwert, an dem sich alles ausrichtet.
In der Wirtschaft gibt es sehr viele Fachbegriffe dafür.
Listen Sie einige auf und versuchen Sie diese zu erklären.

Zinsen

Ayse eröffnet am Jahresanfang bei der Sparkasse ein Sparkonto mit 150 €.
Die Sparkasse rechnet mit einem Zinssatz von 2,3 %.
Berechnen Sie die Jahreszinsen.

Gegeben: $K = 150$ €, $p = 2,3\%$,

Gesucht: Z

Dreisatz: 100 % sind 150 €

$\quad\quad\quad\quad$ 1 % ist $\frac{150}{100}$ €

$\quad\quad\quad\quad$ 2,3 % sind $\frac{150 \cdot 2,3}{100}$ € = 3,45 €

Kurztabelle:

Prozent	€
100	150
1	$\frac{150}{100}$
2,3	$\frac{150 \cdot 2,3}{100}$ = 3,45

Antwort: Ayse bekommt am Ende eines Jahres 3,45 € Zinsen.

Die Jahreszinsen $Z = 150 \cdot \frac{2,3}{100} = 150 \cdot 0,023$ rechnen wir jetzt nicht aus. Wir ersetzen die Zahlenwerte durch die zugehörigen Buchstaben: $Z = K \cdot p$

Formel für die Jahreszinsen: $Z = K \cdot p$

Beispiel

Norbert erhält auf seinem Festgeldkonto für 5200 Euro 3,1 % Zinsen.

Gegeben: $K = 5200$ €, $p = 3,1\%$ $\quad\quad$ *Formel:* $Z = K \cdot p$

Gesucht: Z $\quad\quad\quad\quad\quad\quad\quad\quad\quad\quad$ *Lösung:* $Z = 5200 \cdot 0,031 = 161,2$

Antwort: Norbert erhält am Jahresende 161,20 € Zinsen.

Diese Zinsen werden manchmal auf dem Konto belassen und verzinsen sich dann im folgenden Jahr zusammen mit dem alten Kapital.

Übungen

1 Berechnen Sie die Jahreszinsen Z.

Kapital	450 €	830 €	1200 €	96 €
Zinssatz	2,5 %	7 %	3,5 %	8,5 %

2 Stefanie hat 960 € (1920 €, 3840 €, 7680 €) auf ihrem Sparkonto. Dafür erhält sie 3,5 % Zinsen. Berechnen Sie die Jahreszinsen.

3 Übertragen Sie die Tabelle ins Heft und berechnen Sie die Zinsen für 1 Jahr.

	Kapital	Zinssatz	Jahreszinsen
a)	890 €	4,5 %	
b)	485 €	5 %	
c)	4 530 €	4,5 %	
d)	2 500 €	2,5 %	
e)	8 420 €	3,5 %	

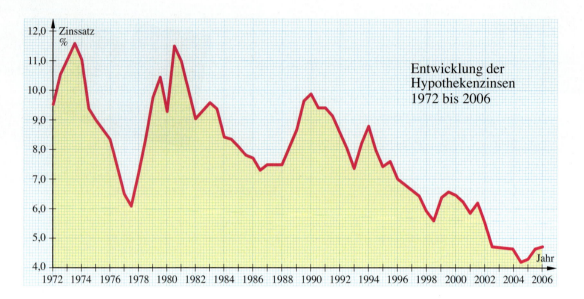

Hypotheken sind Kredite für den Hausbau. Dafür müssen Zinsen gezahlt werden.

4 Ermitteln Sie aus dem Diagramm die Zinssätze im Jahr 1987, 1988, ..., 2006.
b) In welchen Jahren gab es die niedrigsten bzw. höchsten Zinssätze?
c) Berechnen Sie, was man spart, wenn man eine 25 000-Euro-Hypothek nicht in der Hochzinsphase sondern in der Tiefzinsphase aufnehmen konnte.

5 Wie viel Zinsen sind jährlich für das geliehene Geld zu zahlen?

Darlehen	Zinssatz
4 000 €	8,25 %
12 600 €	10,5 %
18 500 €	9,8 %
20 800 €	7,75 %

 6 Berechnen Sie die Jahreszinsen. Überschlagen Sie vorher das Ergebnis. Runden Sie.
a)

Kapital	Zinssatz
284 €	2,5 %
1 260 €	3,2 %
736 €	4,5 %
16 760 €	2,75 %

b)

Kapital	Zinssatz
1 042 €	5,6 %
15 690 €	7,2 %
12 318 €	7,75 %
1 094 €	6,5 %

7 Mario spart für ein Mofa. Er hat 720 € auf dem Konto.
a) Wie viel Zinsen erhält er nach einem Jahr bei einem Zinssatz von 2,5 %?
b) Berechnen Sie die Jahreszinsen bei einem doppelt so hohen Zinssatz.

8 Eine Auszubildende hat ein Sparguthaben von 3840 Euro. Bei gesetzlicher Kündigungsfrist wird ihr Geld mit 1,5 % verzinst.
a) Berechnen Sie die Jahreszinsen.
b) Legt sie das Geld für ein Jahr fest, dann wird es mit 2,3 % verzinst.
Wie viel Euro erhält sie mehr, wenn sie sich für ein solches Festgeldkonto entschließt?

9 Ein Bäckermeister möchte seine Backstube erneuern und einen Kredit von 18 000 € für ein Jahr aufnehmen. Er hat Angebote von drei Banken.

Angebot A: 15 000 € zu 4,75 %
3000 € zu 6,35 %
Angebot B: 12 000 € zu 4,5 %,
6000 € zu 6,5 %
Angebot C: 8500 € zu 4,9 %
9500 € zu 5,1 %

a) Berechnen Sie die Zinsen für die drei Angebote.
b) Welches Angebot wird der Bäckermeister nehmen?

Zinsrechnung

Zinssatz

Frau Schröder leiht sich 5000 € bei der Bank. Nach einem Jahr zahlt sie dafür 375 € Zinsen. Berechnen Sie den Zinssatz.

Gegeben: $K = 5000$ €, $Z = 375$ €,

Gesucht: Zinssatz p

Dreisatz: 5000 € sind 100 %

1 € ist $\frac{100}{5000}$ %

375 € sind $\frac{100 \cdot 375}{5000}$ % = 7,5 %

Kurztabelle:

€	Prozent
5000	100
1	$\frac{100}{5000}$
375	$\frac{100 \cdot 375}{5000}$ = 7,5

: 5000 ( ) : 5000
· 375 ( ) · 375

Antwort: Der Zinssatz für Frau Schröders Darlehen beträgt 7,5 %.

Den Zinssatz $p = \frac{100 \cdot 375}{5000} \cdot \frac{1}{100} = \frac{375}{5000}$ rechnen wir jetzt nicht aus. Wir ersetzen die Zahlenwerte durch die zugehörigen Buchstaben: $p = \frac{Z}{K}$. Der TR zeigt dann $\boxed{0{,}075}$ an.

$$\text{Formel für den Zinssatz: } p = \frac{Z}{K}$$

Beispiel

Franco bekommt am Jahresende für seine Spareinlage von 3700 Euro 70,30 Euro Zinsen gutgeschrieben. Wie hoch ist der Zinssatz?

Gegeben: $K = 3700$ €, $Z = 70{,}30$ €

Gesucht: Zinssatz p

Formel: $p = \frac{Z}{K}$

Lösung: $p = \frac{70{,}30}{3700} = 0{,}019 = 1{,}9$ %

Antwort: Der Zinssatz beträgt 1,9 %.

Übungen

1 Berechnen Sie den Zinssatz.

Kapital	Zinsen
200 €	10 €
600 €	24 €
825 €	41,25 €
1250 €	43,75 €
2340 €	105,30 €
3450 €	258,75 €
2800 €	42 €

2 Auf ein Sparguthaben von 3268 € werden nach einem Jahr 147,06 € Zinsen gutgeschrieben. Berechnen Sie den Zinssatz.

3 Wie hoch ist der Zinssatz?

a)

Kapital	Jahreszinsen
750 €	18 €
2430 €	81 €
720 €	24 €

b)

Kapital	Jahreszinsen
224 €	8,96 €
112 €	2,80 €
5460 €	145,60 €

5 Berechnen Sie den Zinssatz.

Kapital in €	224	2730	108
Jahreszinsen in €	8,96	72,80	2,88

 6 15 600 € wurden angelegt. Nach einem Jahr sind mit den Zinsen 16 575 € auf dem Konto. Wie hoch ist der Zinssatz?

 7 Berechnen Sie den Zinssatz.

Kapital	Kapital + Jahreszinsen
760 €	792,30 €
845 €	880,49 €
1024 €	1080,32 €
542 €	574,52 €
4380 €	4620,90 €

8 Anna kauft sich einen Kühlschrank. Bei Barzahlung kostet er 425 Euro. Wenn sie das Gerät erst in einem Jahr bezahlt, kostet es 468 Euro.
Welchen Zinssatz berechnet der Händler?

9 Schreinermeister Hansen hat ein Guthaben von 14 300 Euro, das ihm nach einem Jahr 614,90 Euro Zinsen bringen würde. Die Hälfte seines Vermögens legt er auf ein Festgeldkonto, für das er nach einem Jahr 380,33 Euro Zinsen erhält. Für die andere Hälfte kauft er Wertpapiere, die nach einem Jahr 425,09 Euro Zinsen erbringen.
a) Berechnen Sie die Zinsen und das Vermögen nach einem Jahr bei der neuen Anlage.
b) Wie hoch ist der Jahreszinssatz für die Wertpapiere?

10 Eine Metallbauerin kauft sich einen PC. Zwei Drittel des Kaufpreises in Höhe von 1989 € hat sie bereits gespart. Den Rest möchte sie für ein Jahr leihen.
Ihr Freund schlägt vor: „Du kannst mir vierteljährlich 180 € zurückzahlen."
Ihr Chef meint: „Es reicht, wenn Sie mir das Geld plus 55 € am Jahresende zurückgeben.
a) Welches Angebot wird sie annehmen?
b) Welche Zinssätze verlangen die beiden Männer?

11 Levent möchte für 6500 Euro Bundesschatzbriefe kaufen, bei denen die Zinsen *jährlich* ausgezahlt werden. Der Zinssatz steigt von Jahr zu Jahr. In einer älteren Broschüre liest Levent:

a) Berechnen Sie für jedes Jahr die Zinsen. Wie viel Zinsen sind es insgesamt?
b) Levent informiert sich Anfang 2003 bei einem Anlageberater seiner Bank: „Wir zahlen Ihnen im 1. Jahr 178,75 €, im 2. Jahr 211,25 €, im 3. Jahr 243,75 €, im 4. Jahr 276,25 €, im 5. Jahr 292,50 €, im 6. Jahr 308,75 € aus."
Wie hoch sind die Zinssätze ab 2003 im 1., 2., 3., 4., 5., 6. Jahr?
c) Wie viel Euro hätte Levent damals mehr bekommen?

Kapital

Herr Sommersberg überweist seiner Tochter Rebecca jährlich die Zinsen, nämlich 1620 €, die aus einem festgelegten Kapital kommen. Das Kapital wird zu 5,4 % verzinst.
Wie groß ist das Kapital?

Gegeben: Z = 1620 €, p = 5,4 %

Gesucht: K

Dreisatz: 5,4 % sind 1620 €

$\qquad$ 1 % ist $\frac{1620}{5,4}$ €

$\qquad$ 100 % sind $\frac{1620 \cdot 100}{5,4}$ € = 30 000 €

Kurztabelle:

Prozent	€
5,4	1620
1	$\frac{1620}{5,4}$
100	$\frac{1620 \cdot 100}{5,4}$ = 30 000

Antwort: Herr Sommersberg hat ein Kapital von 30 000 € bei der Bank angelegt.

Hinweis: Die Zinsen, die er jährlich abhebt, verringern sein Kapital von 30 000 € nicht.

Das Kapital $K = 1620 \cdot \frac{100}{5,4} = 1620 : \frac{5,4}{100} = \frac{1620}{0,054}$ rechnen wir jetzt nicht aus. Wir ersetzen die Zahlenwerte durch die zugehörigen Buchstaben: $K = \frac{Z}{p}$

$$\text{Formel für das Kapital:}\quad K = \frac{Z}{p}$$

Beispiel

Frau Peters zahlt für den staatlich geförderten Modernisierungskredit 3,2 % Zinsen. Das sind 854,40 Euro. Berechnen Sie die Darlehenshöhe.

Gegeben: Z = 854,40 €, p = 3,2 %

Gesucht: K

Formel: $K = \frac{Z}{p}$

Lösung: $K = \frac{854,40}{0,032} = 26\,700$

Antwort: Die Darlehenshöhe beträgt 26 700 €.

Übungen

1 Vervollständigen Sie die Tabelle im Heft.

Kapital	Zinssatz	Jahreszinsen
	3,5 %	24,92 €
	4,5 %	56,70 €
	8,25 %	90,75 €

2 Berechnen Sie das Kapital.

Jahreszinsen	53,38 €	25,29 €	2040 €
Zinssatz p	4,25 %	4 %	8,5 %

3 Fernando erhält auf sein Sparguthaben 7,20 € Jahreszinsen gutgeschrieben. Sein Sparguthaben wurde mit 2,5 % verzinst. Berechnen Sie das Guthaben.

Prozent- und Zinsrechnung

4 Welches Kapital bringt bei einem Zinssatz von 5 % in einem Jahr 160,70 € Zinsen?

5 Füllen Sie die Tabelle in Ihrem Heft aus.

Jahreszinsen	Zinssatz	Kapital
997,50 €	9,5 %	
126 €	4,5 %	
48,75 €	1,5 %	
23,05 €	2,5 %	
202,50 €	5 %	
68,25 €	3 %	

6 Berechnen Sie das Kapital.

a)
Jahreszinsen	Zinssatz
75,60 €	4 %
147,42 €	6 %
12,50 €	5 %

b)
Jahreszinsen	Zinssatz
240 €	2,5 %
75 €	3,75 %
288 €	4,5 %

7 Berechnen Sie das Kapital. Runden Sie sinnvoll.

a)
Z	p
733,49 €	6,2 %
3,01 €	1,9 %
47 658 €	8,3 %

b)
Z	p
1,11 €	2,1 %
54,03 €	7,4 %
97 631 €	9,62 %

8 Frau Thör hat im Lotto gewonnen. Sie legt das Geld zu 3,4 % an. Ihrer Nachbarin erzählt sie, dass sie mit ihrem Gehalt und den Jahreszinsen in Höhe von 2550 Euro gut leben kann. Wie hoch war der Lottogewinn?

9 Eine Malermeisterin bezieht eine Jahresrente von 17 880 Euro. Wie viel Euro hätte sie ansparen müssen, um bei einem Zinssatz von 4 % den gleichen Betrag als Jahreszinsen zu bekommen?

10 Herr und Frau Hülsdonk erhalten jedes Jahr vom Finanzamt eine Steuerrückzahlung in Höhe von 4600 Euro. Reicht dieser Betrag aus, um die Jahreszinsen für ein Darlehen von 85 000 Euro bei einem Zinssatz von 5,36 % zu zahlen? (Über die Rückzahlung von Darlehen wird später genauer gesprochen.)

11 Janika hat 1998 Bundesschatzbriefe gekauft (Aufgabe 11, Seite 80). In 2002 erhielt sie 132,30 €. Für wie viel DM hat sie 1998 Bundesschatzbriefe gekauft?
Runden Sie auf ganze DM-Beträge. Beachten Sie: 1 Euro = 1,95583 DM.

12 Noah hat ebenfalls 1998 Bundesschatzbriefe gekauft (Aufgabe 11, Seite 80). Er erhielt in 2003 insgesamt 37 Euro mehr Zinsen als in 2002.
Für welchen Eurobetrag hat er die Bundesschatzbriefe gekauft?

13 In 2003 bieten die Banken günstigere Kredite an, die vom Staat gefördert werden.
Eine Zeitung informiert.

!!Günstige Kredite!!
Darlehen für Ihr Gebäude.
Im ersten Jahr KEINE Tilgung.
Bei
1. Hochwasser   1,9 %
2. Sanierungsvorhaben   2,1 %
3. Modernisierungsvorhaben 2,6 %

Familie Pfeifer möchte die Hochwasserschäden in ihrem Einfamilienhaus (EFH) beseitigen und die erste Etage sanieren und modernisieren. Für das 1. Darlehen (Hochwasser) zahlen sie 353,40 € Jahreszinsen, für das 2. Darlehen zahlen sie 205,80 €. Der Modernisierungskredit würde sie im Jahr 462,80 € kosten.
a) Wie hoch sind die Darlehen für Hochwasserschäden und Sanierungen?
b) Wie viel Euro möchte die Familie für Modernisierungszwecke aufnehmen?

Die Höhe der Kreditsumme für Sanierungen und Modernisierungen richten sich nach der Größe der Wohnfläche. Es werden Darlehen von maximal 250 Euro pro Qudratmeter gewährt. Das EFH der Pfeifers ist 98 m² groß.

c) Wie hoch ist der staatlich geförderte Modernisierungskredit? Berechnen Sie die Jahreszinsen.
d) Berechnen Sie die Gesamtzinsbelastung, wenn die Restsumme zu 4,8 % verzinst wird.

Monatszinsen und Tageszinsen

Frau Schmidt-Renzel zahlt bei der Raiffeisenbank 8700 € zu einem Zinssatz von 5,6 % ein. Wie viel Zinsen bringt das Kapital nach 7 Monaten?

Wir berechnen zunächst die Zinsen für ein Jahr und dann für 7 Monate.

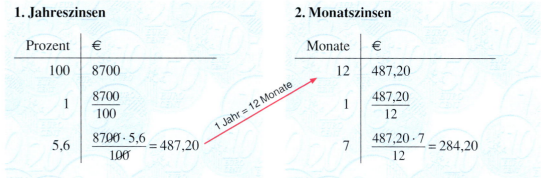

1. Jahreszinsen

Prozent	€
100	8700
1	$\frac{8700}{100}$
5,6	$\frac{8700 \cdot 5,6}{100} = 487,20$

Die Zinsen für ein Jahr betragen 487,20 €.

2. Monatszinsen

Monate	€
12	487,20
1	$\frac{487,20}{12}$
7	$\frac{487,20 \cdot 7}{12} = 284,20$

Die Zinsen für 7 Monate betragen 284,20 €.

1 Jahr = 12 Monate

TR: 8700 ⊠ 0,056 ÷ 12 ⊠ 7 = 284,2

Häufig wird auch mit *Tageszinsen* gerechnet.

> **1 Jahr** sind **360 Zinstage**.
> **1 Monat** sind **30 Zinstage**.

Beispiel Für das Überziehen eines Girokontos (Dispositionskredit) verlangt die Bank 12,5 %. Berechnen Sie die Zinsen für 28 Tage bei einem Kredit von 1040 €.

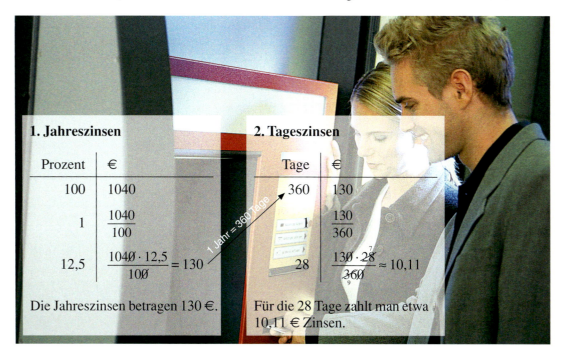

1. Jahreszinsen

Prozent	€
100	1040
1	$\frac{1040}{100}$
12,5	$\frac{1040 \cdot 12,5}{100} = 130$

Die Jahreszinsen betragen 130 €.

2. Tageszinsen

Tage	€
360	130
1	$\frac{130}{360}$
28	$\frac{130 \cdot 28}{360} \approx 10,11$

1 Jahr = 360 Tage

Für die 28 Tage zahlt man etwa 10,11 € Zinsen.

Übungen

1 Wie viel Zinsen erhält man für 2400 € bei einem Zinssatz von 6 % in
a) 1 Jahr
b) 1 Tag
c) 15 Tagen
d) $\frac{3}{4}$ Jahr
e) $5\frac{1}{2}$ Mon.
f) 7 Mon.
g) 1 Mon.
h) 4 Mon.
i) 11 Mon.
j) 28 Tagen
k) 17 Tagen
l) 100 Tagen
m) 230 Tagen
n) 75 Tagen
o) 180 Tagen
p) 90 Tagen
q) $\frac{1}{2}$ Jahr
r) $6\frac{1}{2}$ Mon.?

2 Berechnen Sie die Zinsen im Heft.

Kapital	Zinssatz	Zeit	Zinsen
928 €	6,5 %	90 Tage	15,08 €
680 €	4 %	48 Tage	
756 €	5 %	9 Mon.	
1340 €	5,25 %	8 Mon.	
650 €	3 %	$8\frac{1}{2}$ Mon.	
7180 €	2,8 %	4 Mon.	
2361 €	4,75 %	7 Mon.	
6840 €	3,9 %	116 Tage	
9553 €	6,7 %	$5\frac{1}{2}$ Mon.	

3 Ein Kunde leiht sich bei der Bank 4800 € für fünf Monate. Der Zinssatz beträgt 11,5 %.
Wie viel Zinsen muss er dafür zahlen?

4 Ein Schuldner leiht sich bei einem Geldinstitut 16 400 € für 70 Tage bei einem Zinssatz von 10,8 %.

5 Ein Kapital von 7200 € wird mit einem Zinssatz von 3,5 % verzinst. Wie viel Zinsen erhält man nach 2 Monaten und 20 Tagen? Berechnen Sie zuerst die Zinstage.

6 Uta braucht im 1. Lehrjahr einen Motorroller, um zu den verschiedenen Arbeitsstellen zu kommen. Sie hat sich von Sam 560 € zu einem Zinssatz von 14 % geliehen.
Nach 173 Tagen kann sie alles zurückzahlen.
a) Wie hoch sind die Zinsen?
b) Wie viel zahlt sie insgesamt zurück?
c) Metin wollte 30 € Zinsen für den gleichen Zeitraum. Vergleichen Sie die Zinssätze.

7 Sveta Walanda hat 846 € auf ihrem Sparkonto. Der Zinssatz beträgt 2,5 %. Nach acht Monaten braucht Sveta das Geld.
Wie viel erhält sie ausgezahlt?

8 Herr Dedenbach hat ein Gehaltskonto bei der Sparkasse. Er darf sein Konto „überziehen", d. h. er darf auch etwas mehr Geld abheben, als er auf dem Konto hat. Die Sparkasse gibt ihm dieses Geld als Kredit und berechnet dafür Zinsen (Überziehungszinsen).

Wie viel Zinsen muss Herr Dedenbach zahlen, wenn er sein Konto für 15 Tage um 3500 € überzogen hat und die Sparkasse 13,5 % Überziehungszinsen im Jahr berechnet?

9 Berechnen Sie die Überziehungszinsen, wenn der Zinssatz 15,5 % beträgt.
a) 900 € für 20 Tage
b) 2000 € für 17 Tage
c) 2400 € für 14 Tage
d) 5000 € für 21 Tage
e) 1700 € für 13 Tage
f) 1650 € für 243 Tage

10 Berechnen Sie die Zinsen und den Betrag, der jeweils zurückzuzahlen ist.

	Kredit	Zinssatz	Zeit
a)	10 000 €	9 %	10 Mon.
b)	7 600 €	9,5 %	130 Tage
c)	780 €	10,25 %	25 Tage
d)	10 090 €	7,5 %	11 Mon.
e)	450 €	12,5 %	20 Tage
f)	6 400 €	10,5 %	3 Mon.
g)	870 €	2,3 %	256 Tage

Die Zinsformeln für Tages- und Monatszinsen

Ein Darlehen (K) in Höhe von 12 000 € wird bei einem Zinssatz (p) von 11 % für 47 Tage (i) aufgenommen. Wie viel Zinsen (Z) sind für diesen Zeitraum zu zahlen?

Dreisatz:

Prozent	€
100	12 000
1	$\frac{12\,000}{100}$
11	$\frac{12\,000 \cdot 11}{100}$

Unausgerechnete Jahreszinsen (für 360 Tage)

Tage	€
360	$\frac{12\,000 \cdot 11}{100}$
1	$\frac{12\,000 \cdot 11}{100 \cdot 360}$
47	$\frac{12\,000 \cdot 11 \cdot 47}{100 \cdot 360}$

Zinsen für 47 Tage: 172,33 €

Den letzten Term rechnen wir nicht aus, sondern ersetzen die Zahlenwerte durch die dazugehörigen Buchstaben:

$$12\,000 \cdot \frac{11}{100} \cdot \frac{47}{360}, \quad \text{also} \quad Z = \frac{K \cdot p \cdot i}{360}$$

Damit wir uns die Formel besser merken können, stellen wir sie um.

$$Z = \frac{K \cdot i \cdot p}{360} \quad \text{**Kip-Formel**}$$

Dieser Term ist gleich den Zinsen (Z). Ist die Zeit (i) in Monaten angegeben, steht im Nenner 12 statt 360.

 12 000 ⊠ 0,11 ⊟ 360 ⊠ 47 ⊟ 172,33

Formel der Zinsrechnung („Kip-Formel")

$$Z = \frac{K \cdot i \cdot p}{360} \qquad Z = \frac{K \cdot i \cdot p}{12}$$

Tageszinsen   **Monatszinsen**

Mit diesen Formeln lassen sich alle Größen der Zinsrechnung bestimmen.

Beispiel 1

Gegeben: Kapital K = 5400 €; Zinssatz p = 9 %; Zeit i = 144 Tage

Gesucht: Zinsen Z

Formel: $Z = \frac{K \cdot i \cdot p}{360}$

Lösung: $Z = \frac{5400 \cdot 144 \cdot 0{,}09}{360}$

$Z = 194{,}40$

Antwort: Die Zinsen für 144 Tage betragen 194,40 €.

Beispiel 2

Gegeben: Zinsen Z = 5,60 €; Zinssatz p = 5 %; Zeit i = 2 Monate

Gesucht: Kapital K

Formel: $Z = \frac{K \cdot i \cdot p}{12}$

Lösung:
$5{,}60 = \frac{K \cdot 2 \cdot 0{,}05}{12} \quad |\cdot 12$

$5{,}60 \cdot 12 = K \cdot 2 \cdot 0{,}05 \quad |:2 \quad |:0{,}05$

$\frac{5{,}60 \cdot 12}{2 \cdot 0{,}05} = K$

$K = 672{,}00$

Antwort: Das Kapital beläuft sich auf 672,00 €.

Übungen

1 Übertragen Sie in Ihr Heft und berechnen Sie die fehlenden Angaben.

	Kapital	Zinssatz	Zeit	Zinsen
a)	720 €	3,5 %	10 Mon.	
b)	650 €		84 Tage	9,10 €
c)		4,5 %	8 Mon.	28,80 €
d)	540 €	4 %		4,95 €
e)	5680 €	2,5 %	5 Mon.	
f)		3,5 %	24 Tage	2,66 €
g)	4380 €	4 %		21,90 €
h)	21000 €		42 Tage	196 €
i)	5000 €	4,2 %	7 Mon.	
j)		5,75 %	60 Tage	29,90 €
k)	42000 €		42 Tage	196 €
l)	2400 €	6 %		36 €
m)	7236 €	$7\frac{1}{2}$ %		150,75 €
n)	5780 €	3,5 %	112 Tage	
o)		5 %	210 Tage	52,50 €

2 Wie viel € Zinsen sind für ein Darlehen in Höhe von 25000 € bei einem Zinssatz von 11,2 % für 36 Zinstage zu zahlen?

3 Herr Stern nimmt ein Darlehen auf. Dafür zahlt er bei einem Zinssatz von 8 % halbjährlich 1600 € Zinsen. Wie hoch ist das Darlehen?

4 Ein Guthaben von 4125 € wird mit 6 % verzinst. Als das Geld von der Bank abgehoben wird, werden 55 € Zinsen gezahlt. Berechnen Sie die Zinstage.

5 Wie viele Tage lang wurden 8940 € verzinst, wenn die Sparkasse 41,72 € Zinsen zahlte und der Zinssatz 3 % betrug?

6 Frau Alt benötigt dringend 10000 €. Sie will nach 6 Monaten 11000 € zurückzahlen.
a) Berechnen Sie die Zinsen.
b) Bestimmen Sie den Zinssatz.
 c) Erkundigen Sie sich nach Zinssätzen bei Bank und Sparkasse.

7 Wie viel Prozent werden in den Kleinanzeigen als Zinsen geboten?

Monate Angebote e Zeitung.

Wer gibt gegen Sicherheit 3600 € für zehn Monate? Zahle 3975 € zurück. Angebote unter 39761 an die Zeitung.

Privatleute herheiten. e 57061 an

Suche 4500 € für vier Monate. Zahle 4725 € zurück. Angebote unter 3307 an die Zeitung.

chs Monate ote g.

8 Herr Tuk hat sein Konto um 2400 € überzogen. Dafür werden ihm für 15 Tage 12,50 € Überziehungszinsen berechnet.
Wie hoch ist der Zinssatz?

9 Tim träumt von einem so großen Lottogewinn, dass er täglich 70 € an Zinsen ausgezahlt bekommt. Die Sparkasse zahlt ihm 2,3 % Zinsen.
a) Wie groß muss der Lottogewinn sein?
b) Warum gibt die Sparkasse bei einem solchen Geschäft nur einen niedrigen Zinssatz?

10 Eine Geldanlage wird mit 4,25 % verzinst. Monatlich bringt dies 4250 € Zinsen.
a) Wie hoch sind die Jahreszinsen?
b) Berechnen Sie das Kapital.

11 Ein Kapital von 2500 € bringt in einem Vierteljahr 15 € Zinsen.
Wie groß ist der Zinssatz?

12 Saibe will sich 50 € für 5 Monate leihen. Sie hat drei Angebote von „guten Freunden":
Freund A: Rückzahlung von 60 €
Freund B: Zinsen 8 €
Freund C: Zinssatz 15 %
Vergleichen Sie alle drei Möglichkeiten.

13 Ruth ist erst 9 Monate und hat ein Sparbuch mit 540 € von der 83-jährigen Oma bekommen. Wie groß ist der Zinssatz, wenn nach 2 Monaten zum Jahreswechsel 2,25 € Zinsen gutgeschrieben werden?

Zinsrechnung 87

Zinseszinsen

Wenn man Sparzinsen nicht vom Konto abhebt, werden sie am Jahresende zum Kapital addiert und somit in den folgenden Jahren mitverzinst. Dann bringen die Zinsen selbst auch wieder Zinsen. Man spricht von **Zinseszinsen**. Geldanlagen wie zum Beispiel Sparverträge, Sparkassenbriefe und Bundesschatzbriefe bringen Zinseszinsen.

Sonja Kern hat 650 € zu einem Zinssatz von 6 % für 5 Jahre bei einer Bank fest angelegt.
Über wie viel Euro kann sie nach 5 Jahren mit Zinseszinsen verfügen?

Wir rechnen:

| 650,00 € | → | 689,00 € | → | 730,34 € | → | 774,16 € | → | 820,61 € | → | 869,85 € |

Anfangskapital — K nach 1 Jahr — nach 2 Jahren — nach 3 Jahren — nach 4 Jahren — Endkapital nach 5 Jahren

Das Kapital (100 %) wird am Ende des Jahres um 6 % Zinsen vermehrt. Es beträgt also am Anfang des neuen Jahres 106 % des alten Kapitals. Anders ausgedrückt: Das Anfangskapital ist um den Faktor 1,06 größer geworden (106 % = $\frac{106}{100}$ = 1,06). 1,06 nennt man den **Zinsfaktor**.

> Der Zinsfaktor 1,06 kommt 5-mal als Faktor vor, daher können wir kürzer schreiben:
> Endkapital = 650 € · $1{,}06^5$ = 869,85 €
> Endkapital K_n (nach n Jahren): $K_n = K_0 \cdot (1+p)^n$ (K_0 Anfangskapital)

Sonja kann nach 5 Jahren über 869,85 € verfügen.
Der Zinsgewinn beträgt (869,85 € – 650 €) = 219,85 €.

Übungen

 1 Geben Sie die Zinsfaktoren bei folgenden Zinssätzen an.
Beispiel: 2,7 %   Zinsfaktor 1,027
a) 2 %   d) 9 %   g) 5,25 %   j) 1,2 %
b) 3 %   e) 7,5 %   h) 15 %   k) 0,5 %
c) 5 %   f) 9,25 % i) 6,75 %   l) 0,75 %

2 Auf welches Endkapital wachsen 100 € mit Zinseszinsen an:
a) zu 4 % in 7 Jahren
b) zu 5 % in 8 Jahren
c) zu 3,5 % in 4 Jahren
d) zu 5 % in 9 Jahren
e) zu 4,5 % in 7 Jahren
f) zu 4,5 % in 10 Jahren

3 Berechnen Sie das Endkapital im Heft.

	Anfangskapital	Zinssatz	Zeit	Endkapital
a)	8 000 €	4 %	3 Jahre	
b)	6 000 €	3,5 %	9 Jahre	
c)	390 €	3 %	4 Jahre	
d)	1 460 €	5 %	5 Jahre	
e)	15 000 €	4,5 %	8 Jahre	

4 Auf welches Endkapital wachsen 10 000 € in fünf Jahren bei folgenden Zinssätzen an?
a) 3 %   b) 3,5 %   c) 4 %   d) 4,25 %   e) 5 %

5 Nach wie viel Jahren hat sich bei einem Zinssatz von 4 % (4,5 %; 5 %) ein Kapital verdoppelt?

Will man die Entwicklung von Sonjas Geld über 10 Jahre sehen, dann muss man die einzelnen Positionen berechnen und am besten in einer Tabelle festhalten.

Jahr	Kapital	Zinsen 6 %	Kapital am Ende des Jahres
1	650,00 €	39,00 €	689,00 €
2	689,00 €	41,34 €	730,34 €
3	730,34 €	43,82 €	774,16 €
4	774,16 €	46,45 €	820,61 €
5	820,61 €		
6			
10			

Wenn man eine Zeile ausführlich gerechnet hat, weiß man die Tastenfolge auf dem TR für die folgenden Zeilen.

6 a) Berechnen Sie das Beispiel oben im Heft weiter. Wie hoch ist das Kapital nach 10 Jahren?
b) Stellen Sie die Kapitalentwicklung graphisch dar. Zeichnen Sie dazu ein Koordinatenkreuz (wie rechts angegeben) in ihr Heft und tragen Sie die Werte des angewachsenen Kapitals ein.

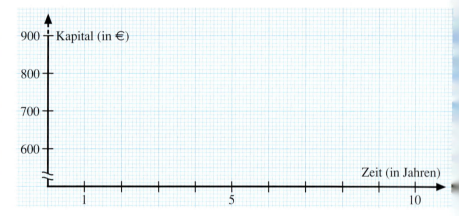

7 Herr Sahr legt einen Betrag von 6500 € für 10 Jahre zu einem Zinssatz von 3,7 % an.
a) Wie hoch ist das Endkapital?
b) Wie viel Zinsen fallen in den 10 Jahren an?

8 Frau Meier und ihre Nachbarin Frau Bilgun legen jeweils 1500 € zu einem Zinssatz von 4,1 % für 7 Jahre an.
a) Frau Meier lässt sich jährlich die Zinsen auszahlen. Wie viel Euro sind das in 7 Jahren?
b) Frau Bilgun hebt die Zinsen nicht ab. Rechnen Sie in einer Tabelle. Wie hoch ist ihr Kapital nach 7 Jahren?
c) Vergleichen Sie die Zinseinnahmen.

9 Wer hat nach 7 Jahren das größte Endkapital? Schätzen Sie zuerst und rechnen Sie.

Fritz	$K = 2000$ €	$p = 7,2 \%$
Marion	$K = 2500$ €	$p = 3,6 \%$
Stefan	$K = 3000$ €	$p = 1,8 \%$

10 Vergleichen Sie den Kapital- und Zinsverlauf über 5 Jahre.

Kapital A	$K = 4000$ €	$p = 8 \%$
Kapital B	$K = 8000$ €	$p = 4 \%$

11 Wie hoch ist ein Guthaben von 9000 € bei einem Zinssatz von 4 % mit Zinseszinsen nach:
a) 3 Jahren c) 10 Jahren e) 6 Jahren
b) 8 Jahren d) 5 Jahren   f) 12 Jahren

12 Christian legt 1200 € bei einer Bank an. Das Guthaben wird mit 4,5 % verzinst. Berechnen Sie das Kapital, das Christian nach vier Jahren zur Verfügung steht. Geben Sie den Zuwachs für jedes Jahr an.

13 Nach 3 Jahren ist ein Kapital auf 3326,15 € gewachsen. Der Zinssatz betrug 3,5 %. Bestimmen Sie das Anfangskapital.

Tabellenkalkulation mit dem PC

Aufbau von Tabellen

Wir haben bei der Berechnung von Zinseszinsen gesehen, dass das Aufstellen von Zinseszins-Tabellen langwierig sein kann.

Schneller geht es mit einem Programm zur **Tabellenkalkulation**, z. B. mit MS-Excel.

Bei der Tabellenkalkulation wird mit **„Zellen"** gerechnet. Für die Tabellenkalkulation gibt es Programme von verschiedenen Software-Firmen. Sie haben alle prinzipiell den gleichen Aufbau.

Jede Zelle ist durch Spalten- und Zeilen-Angabe festgelegt. Die Zelle **B2** befindet sich in der **Spalte B** in der **Zeile 2.**

Jede Formel beginnt mit dem Gleichheitszeichen **=**.

$= B3 + B5$ addiert die Werte der Zellen B3 und B5

$= C4 * B6$ multipliziert die Werte in C4 und B6

$= A5 / B2$ dividiert den Wert in A5 durch den Wert in B2

$= B4\verb|^|2$ potenziert den Wert der Zelle B4 mit 2

$=$ **Summe (C4:C7)** addiert die Werte der Zellen C4 bis C7

In eine Zelle kann man Texte, Zahlen oder Formeln eingeben.

---

1 Der Gemüsegroßhändler Hanisch bietet Sonderangebote an (MwSt. 7%).

a) Geben Sie den Text und die Zahlen wie in der Abbildung ein.

b) Markieren Sie die Zellen B5 bis B10, indem Sie auf B5 klicken, die linke Maustaste gedrückt halten und bis B10 herunterziehen. Klicken Sie dann auf das Symbol „Währung" (oder Format Währung).

c) Geben Sie in die Zelle C5 die Formel ein und drücken Sie **Return.** Jetzt steht dort der ausgerechnete Wert.

d) **Ziehen Sie nun mit der linken Maustaste die quadratische Markierung an der Zelle C5 herunter bis zu C10.**
Jetzt wird die Formel so kopiert, dass jeweils die neuen Zeilenwerte berücksichtigt werden.

e) Setzen Sie die Zellen C5 bis C10 wie unter b) in das Währungsformat.

---

2 Eine Bank bietet Wachstumssparen an. Hier steigen die Zinssätze jährlich:
1. Jahr 1,7%, 2. Jahr 2,3%, 3. Jahr 3,1%.
(Hilfe: am Ende des 1. Jahres
$100\% + 1,7\% = 101,7\% = 1,017$)
Stellen Sie eine Tabelle auf, mit der Sie die Kapitalentwicklung für verschiedene Beträge errechnen können.
a) Ändern Sie in Spalte A die Beträge. Was stellen Sie fest?

b) Wie müssen Sie vorgehen, wenn sich die Zinssätze ändern?

Die Formel verschwindet, sobald die **Return-Taste** gedrückt wird.

Übungen

1 In einer Umfrage zum Freizeitverhalten der Bundesbürger wurden die durchschnittlichen Ausgaben für Freizeitaktivitäten von Arbeitnehmerfamilien erfasst. (Angaben pro Jahr, in Euro)

Urlaub	1000 Euro
Auto	950 Euro
Radio, Fernsehen	430 Euro
Bücher, Zeitschriften	220 Euro
Sport, Camping	190 Euro
Garten, Tiere	175 Euro
Spiele	128 Euro
Computer	107 Euro
Heimwerken	225 Euro
Theater, Kino	182 Euro

a) Geben Sie die Tabelle in das Tabellenkalkulationsprogramm ihres Computers ein. Stellen Sie die Eurobeträge im Währungsformat dar.

b) Berechnen Sie die Gesamtsumme der Freizeitausgaben mit Hilfe der Formel „= Summe" (Bereich).

c) Berechnen Sie den prozentualen Anteil der Freizeitausgaben am durchschnittlichen Gesamteinkommen eines Arbeitnehmerhaushalts in Höhe von 32 100,00 Euro pro Jahr.

	A	B	C
1	**Freizeitverhalten der Bundesbürger** Gesamteinkommen pro Jahr		32.100,00 €
2	**Ausgaben für**	**in €**	**in %**
3	Urlaub	1.000,00 €	3,1%
4	Auto	950,00 €	
5	Radio, Fernsehen	430,00 €	
6	Bücher, Zeitschriften	220,00 €	
7	Sport, Camping	190,00 €	
8	Garten, Tiere	175,00 €	
9	Spiele	128,00 €	
10	Computer	107,00 €	
11	Heimwerken	225,00 €	
12	Theater, Kino	182,00 €	
13	**Summe**		

d) Berechnen Sie die durchschnittlichen Freizeitausgaben pro Monat.

2 Jeder Arbeitnehmer hat von seinem Bruttoeinkommen neben der Steuer zusätzlich Sozialabgaben zu entrichten. Diese sind prozentual an das Bruttoeinkommen gekoppelt. Zurzeit betragen die Prozentsätze für die Arbeitnehmeranteile:

Arbeitslosenversicherung	2,1 %
Krankenversicherung	7,0 %
Rentenversicherung	9,95 %
Pflegeversicherung	0,85 %

(Information: Arbeitgeber zahlen den gleichen Betrag.)

Den Lohnsteuersatz incl. Solidaritätszuschlag berechnen wir mit 20 %.

Mit einem Tabellenkalkulationsprogramm kann das Nettoeinkommen eines Arbeitnehmers berechnet werden.

a) Fertigen Sie eine Tabelle an, die nach Eingabe des Bruttoeinkommens die Summe der Abzüge und das verbleibende Nettoeinkommen darstellt.

b) Berechnen Sie mit der Tabelle den prozentualen Anteil der Abzüge vom Gesamteinkommen.

	A	B
1	**Nettoeinkommen–Rechner**	
2	**Bruttoeinkommen**	
3	Lohnsteuer	=b3*0,2
4	Arbeitslosenversicherung	
5	Krankenversicherung	
6	Rentenversicherung	
7	Pflegeversicherung	
8	**Nettoeinkommen**	

3 Ein Arbeitnehmer hat ein Nettoeinkommen von 1500,00 € im Monat.

a) Berechnen Sie sein Bruttoeinkommen. Verwenden Sie für Ihre Rechnung die Angaben aus Aufgabe 2.

Tipp: Sie können auch das Ergebnis von Aufgabe 2 b) nutzen.

b) Um wie viel Euro muss das Bruttoeinkommen steigen, damit der Arbeitnehmer 100,00 € Nettoeinkommen mehr hat?

c) Um wie viel Euro steigt das Nettoeinkommen, wenn der Arbeitnehmer brutto 100,00 € mehr erhält?

Geschäftsleben

Der Jungunternehmer Neumann hat 20 gebrauchte PCs zum Einkaufspreis von je 350 € gekauft. Er rechnet mit 35% Geschäftskosten und 6% kalkuliertem Gewinn. Er möchte diese PCs zu einem Endpreis von je 596,01 € verkaufen. Die Berechnung vom Einkaufspreis zum Endpreis lässt sich übersichtlich mit einer Tabellenkalkulation lösen.

Herr Neumann macht 567,00 € Gewinn bei einem Endpreis von 11 920,20 €.
Überprüfen Sie das Ergebnis.

Übungen

1 Übertragen Sie das vorstehende Beispiel in eine Tabelle. In beiden Fällen wird nun der kalkulierte Gewinn auch erzielt.
a) Ändern Sie den Einkaufspreis in 475,50 € und den Gewinn in 8,4%.
b) Der Einkaufspreis soll nun 137,30 €, die Geschäftskosten sollen 39,5% und der Gewinn soll 10,3% betragen.

2 Halina macht eine kleine Firma für Reinigungsbedarf auf. Sie kauft in einem Großmarkt ein:

Anzahl	Artikel	Einkaufspreis/Einheit
40	Besenstiele	1,98 €
60	Besen	4,99 €
25	Eimer	3,95 €
75	Fensterleder	7,50 €
200	Staubfix	2,05 €
3000	Wischtücher	0,09 €

Ihre Geschäftskosten betragen 35%.
Sie erwartet einen Gewinn von 20,5%.
a) Wie muss sie die Artikel auszeichnen?
b) Wie groß ist ihr Gewinn, wenn sie diese Artikel alle verkauft hat?

3 In der SV wird die Idee, einen Schulkiosk aufzumachen, durchgerechnet.

Beim ersten Einkauf besorgen die Schülerinnen und Schüler 600 Flaschen Bioapfelsaft, 450 Tüten Erdnüsse, 1000 Päckchen Kekse und 150 Tüten Hustenbonbons.
a) Stellen Sie eine Tabelle auf.
Welche Spalten müssen angelegt werden?
b) Es fallen keine Geschäftskosten an. Der Gewinn soll 5% betragen. Berechnen Sie den Endbetrag mit Mehrwertsteuer.
c) Gestalten Sie die Tabelle als Rechnung und drucken Sie diese aus.
d) Neuer Einkauf:
860 Flaschen Apfelsaft, 790 Päckchen Kekse, 650 Tüten Erdnüsse und 490 Schokoriegel.

Ein Unternehmen, das eine Ware herstellt, muss den Verkaufspreis berechnen (kalkulieren). Mit Hilfe eines Tabellenkalkulationsprogrammes kann diese Berechnung vorgenommen werden.

Beispiel

In einer Schreinerei werden 6 Stühle für einen Kunden hergestellt. Der Schreinermeister kalkuliert den Verkaufspreis mit einer vereinfachten Tabelle wie folgt:

	A	B
1	Materialkosten	50 Euro (Kosten für Holz, Leime, Polster usw.)
2	Betriebskosten	10 Euro
3	Lohnkosten	210 Euro (Löhne für die Gesellen und den Meister)
4	Gemeinkosten (z. B. 80% der Lohnkosten)	168 Euro (Kosten für Mieten, Verwaltung usw.)
5	**Summe**	**438 Euro (Selbstkosten)**
6	Gewinn (10% der Selbstkosten)	43,80 Euro
7	**Verkaufspreis (ohne MwSt)**	**481,80 Euro**
8	Verkaufspreis pro Stuhl	80,30 Euro

Übungen

1 Ein Maschinenbauunternehmen erhält eine Anfrage über 1000 Werkstücke, die monatlich an einen Autohersteller geliefert werden sollen. Welchen Einzelpreis muss der Inhaber des Unternehmens fordern, wenn folgende Daten zu Grunde liegen:

Materialkosten	14 200 Euro
Betriebskosten	1200 Euro
Lohnkosten	120 000 Euro
Gemeinkosten	80 % der Lohnkosten
Gewinn	8 % der Selbstkosten

a) Stellen Sie eine Tabelle zur Kalkulation des Gesamtpreises auf.
b) Berechnen Sie die Höhe der Selbstkosten.
c) Berechnen Sie den Einzelpreis für ein Werkstück.
Durch die Wahl eines anderen Lieferanten konnten die Materialkosten auf 11 000 Euro gesenkt werden.
a) Wie wirkt sich das auf den Einzelpreis eines Werkstücks aus?
b) Wie ändert sich der Prozentsatz des Gewinns, wenn der Verkaufspreis beibehalten wird?

2 An einem Berufskolleg wird ein Schulfest geplant. An einem Imbissstand sollen Bratwürste und Getränke verkauft werden. Die beim Verkauf erzielten Gewinne sollen zur Neugestaltung des Schulhofes verwendet werden.
Die Einkaufspreise sind:

Bratwürste	0,65 Euro pro Stück
Getränke	0,95 Euro pro Liter

Man rechnet mit dem Verbrauch von 200 Bratwürsten und 100 Liter Getränken. Für Nebenkosten (Holzkohle, Senf, Ketchup, Miete für den Grill usw.) werden 50 Euro gerechnet.
Lösen Sie mit Hilfe der Tabellenkalkulation die folgenden Aufgaben:
a) Wie hoch sind die Selbstkosten insgesamt?
b) Wie groß ist der zu erwartende Gewinn, wenn alle Bratwürste für 1,20 Euro pro Stück und die Getränke für 1 Euro pro 0,3 l verkauft werden?
c) Wie groß ist der Gewinn, wenn nur 80 Bratwürste und 20 l Getränke verkauft werden?
d) Wie viele Bratwürste und Getränke müssen mindestens verkauft werden, damit keine Verluste entstehen? Geben Sie mindestens drei verschiedene Kombinationen an.

Exponentielles Wachstum

In einem Labor wird die Vermehrung von Bakterien untersucht. Bei einer ersten Auszählung werden 70 Bakterien in einer Probe gezählt. Man stellt fest, dass diese sich stündlich um ungefähr 10% vermehren.
Wann sind 4000 Bakterien vorhanden?

Wachstumsrate 10% = 0,1 je Stunde.
Vermehrter Grundwert:
100% + 10% = 110% = 1,1
Die Zahl **1,1** ist der **Wachstumsfaktor**.

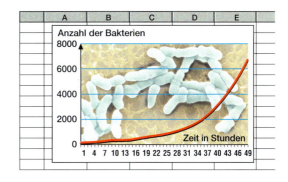

$$70 \xrightarrow{\cdot 1,1} 77 \xrightarrow{\cdot 1,1} 85 \xrightarrow{\cdot 1,1} 93 \xrightarrow{\cdot 1,1} \ldots$$

Da die Zahl 70 immer wieder mit 1,1 multipliziert wird, also nach n Stunden auf $70 \cdot 1{,}1^n$ anwächst, nennt man das Wachstum **exponentielles Wachstum**.

$$f(n) = 70 \cdot 1{,}1^n \quad (f(n) = \text{Anzahl der Bakterien nach } n \text{ Stunden})$$

Zeit in Stunden	Anzahl d. Bakterien
0	70
1	77
2	85
3	93

	A	B
1	Zeit in Std.	Anz. Bakterien
2	0	70
3	1	77
4	2	85
5	3	93
6	4	102
7	5	113
8	6	
9		

=A2+1
=B2*1,1

So stellen wir das Diagramm für die Tabellenkalkulation auf.

1. Markieren Sie die Zellen A1 bis B50.
2. Wählen Sie im Menü „Einfügen" die Option „Diagramm".
3. Wählen Sie den Diagrammtyp „Punkt (XY)".
4. Bezeichnen Sie die Rubrikenachse mit „x-Werte" und „y-Werte".
5. Klicken Sie zum Schluss auf „Als Objekt in".

Übungen

1 Eine Bakterienart mit dem internen Laborzeichen XXCL verdoppelt sich in jeder Stunde. Der Anfangsbestand beträgt 21 Bakterien.
a) Verfolgen Sie in der Tabelle den Verlauf über die ersten 48 Stunden. Wie groß ist der Bestand nach 12 (24, 36) Stunden?
c) Stellen Sie den Verlauf grafisch dar.

2 Ein Forstwirt hat einen Holzbestand von 45 000 m³. Er rechnet für die nächsten 8 Jahre mit einem jährlichen Wachstum von 2,5%.
a) Berechnen Sie den Verlauf des Holzbestands über die nächsten 8 Jahre.
b) Stellen Sie ein Diagramm auf.

3 In der Tabelle finden Sie die Bevölkerungszahlen von 2000 für China und Deutschland.
Stellen Sie für beide Staaten Diagramme bis zum Jahr 2020 auf.

	2000	Wachstumsrate
China	1,26 Mrd.	+0,9%
Deutschland	82,037 Mio.	−0,02%

4 Malermeister Rubbert legt einen Betrag von 6500 Euro für 10 Jahre zu einem Zinssatz von 3,7% an. Berechnen Sie mit Hilfe einer Tabelle:
a) Wie hoch ist das Endkapital?
b) Wie viel Zinsen fallen in 10 Jahren an?

Energiesparen

Wir prüfen die Wirtschaftlichkeit von Energiesparlampen.
Dazu nutzen wir die Tabellenkalkulation und fragen
a) Nach welcher Betriebsdauer sind die Gesamtkosten gleich?
b) Wie sieht der Kostenvergleich nach 1000 Stunden aus?
Wir überlegen:
c) Welche Spalten müssen angelegt werden?
d) Welche Formeln müssen eingesetzt werden?

Leistungskosten: 0,1163 $\frac{€}{kWh}$

Soll beim Kopieren von Formeln immer auf eine bestimmte Ausgangszelle Bezug genommen werden, so ist vor Spalten- und Zeilenbezeichnungen ein $-Zeichen zu setzen, z.B. D1

Formeln für die Berechnung der
– Stunden: (in A9) = **A8+1**
– Kosten: Energiesparlampe (in B8)
    = **B5+A8*D1*B4**
– Kosten: Glühlampe (in D8)
    = **D5+A8*D1*D4**
– Lampenwechsel (in D36)
    = **D5*E36+A36*D1*D4**

Übungen

1 Führen Sie das angeführte Beispiel im Computer durch.

2 Vergleichen Sie die folgenden Angebote:
- **Energiesparlampe:**
  Leistung: 15 W, Preis: 3,59 €
- **Glühlampe:**
  Leistung: 100 W, Preis: 1,95 €

a) Nach welcher Betriebsdauer sind die Gesamtkosten gleich?
b) Wie sieht der Kostenvergleich nach 1000 (2000, 3000, 4000, 5000) Stunden aus?

3 Anastasia ersetzt 14 Lichtquellen in ihrer Wohnung durch Sparlampen. Sie rechnet mit einer Lebensdauer von 800 Stunden bei Glühlampen und 3000 Stunden bei den Sparlampen. Nach welcher Betriebsdauer haben sich die Mehrkosten im Vergleich zu einfachen Glühlampen bezahlt gemacht?

Anzahl	5	6	3
Glühlampe	40 W	75 W	100 W
Preis pro Stück	0,45 €	0,65 €	0,99 €
Energiesparlampe	9 W	12 W	15 W
Preis pro Stück	2,50 €	1,90 €	2,10 €

Geometrie I

Flächeninhalt und Umfang

Rechteck und Quadrat

Wir wissen:

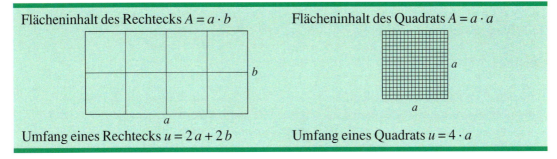

Flächeninhalt des Rechtecks $A = a \cdot b$

Umfang eines Rechtecks $u = 2a + 2b$

Flächeninhalt des Quadrats $A = a \cdot a$

Umfang eines Quadrats $u = 4 \cdot a$

Beispiel 1

Berechnen Sie den Flächeninhalt eines Rechtecks mit $a = 4$ cm, $b = 2$ cm.

Gegeben: $a = 4$ cm, $b = 2$ cm
Gesucht: A
Formel: $A = a \cdot b$
Lösung: $A = 4 \cdot 2$ cm^2
$\quad\quad\quad A = 8$ cm^2

Beispiel 2

Berechnen Sie den Flächeninhalt eines Quadrats mit $a = 18$ mm.

Gegeben: $a = 18$ mm
Gesucht: A
Formel: $A = a \cdot a$
Lösung: $A = 18 \cdot 18$ mm^2
$\quad\quad\quad A = 324$ mm^2

Übungen

1 Bestimmen Sie die Flächeninhalte.

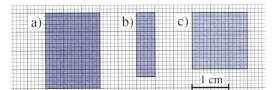

2 Berechnen Sie die Flächeninhalte in mm^2. Messen Sie dazu die Seiten.

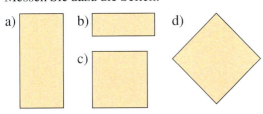

3 Berechnen Sie die Flächeninhalte der Quadrate.
a) $a = 1{,}7$ cm   d) $a = 6{,}375$ km
b) $a = 5$ mm   e) $a = 0{,}3$ dm
c) $a = 3{,}5$ dm   f) $a = 2{,}75$ m

4 Berechnen Sie die Flächeninhalte der Rechtecke mit den folgenden Seitenlängen. Achten Sie auf gleiche Maßeinheiten!
a) $a = 36$ mm; $b = 47$ mm
b) $a = 17$ cm; $b = 19$ cm
c) $a = 1500$ m; $b = 7{,}50$ km
d) $a = 1{,}3$ dm; $b = 0{,}3$ m

5 Ein 861 m^2 großes Grundstück hat 21 m Straßenfront (Breite). Ein anderes Grundstück ist mit 738 m^2 etwas kleiner und hat 18 m Straßenfront. Welches Grundstück ist länger?

Parallelogramm

Flächeninhalt des Parallelogramms
$$A = g \cdot h$$
Umfang eines Parallelogramms
$$u = 2 \cdot g + 2 \cdot b$$

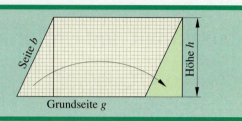

Diese Formel für den Flächeninhalt A können Sie durch Zerlegen und Verschieben einer Teilfläche gewinnen.

Beispiel

Berechnen Sie den Flächeninhalt eines Parallelogramms mit $g = 3{,}5$ cm, $h = 2{,}1$ cm.

Gegeben: $g = 3{,}5$ cm, $h = 2{,}1$ cm
Gesucht: A
Formel: $A = g \cdot h$
Lösung: $A = 3{,}5 \cdot 2{,}1$ cm^2
$A = 7{,}35$ cm^2

Übungen

1 Bestimmen Sie die Flächeninhalte durch Auszählen und mit der Formel.

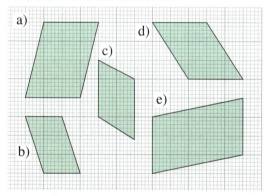

2 Berechnen Sie die Flächeninhalte. Messen Sie die benötigten Längen in der Zeichnung.

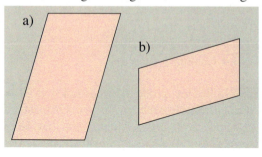

3 Zeichnen Sie die Parallelogramme und berechnen Sie den Flächeninhalt.
a) $g = 6{,}7$ cm; $h = 3{,}6$ cm; $\alpha = 70°$
b) $g = 49$ mm; $h = 23$ mm; $\alpha = 50°$
c) $g = 7{,}9$ cm; $h = 4{,}5$ cm; $\alpha = 39°$
d) $g = 9{,}8$ cm; $h = 7{,}2$ cm; $\alpha = 32°$

4 Berechnen Sie die Flächeninhalte und die Umfänge.
Angaben in cm

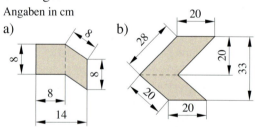

5 Berechnen Sie die fehlenden Größen für die Parallelogramme im Heft.

	Grundseite g	Höhe h	Flächeninhalt A
a)	4 cm	9 cm	
b)	3,7 dm		15,54 dm^2
c)	12 mm	19 mm	
d)		5 m	6 m^2
e)		250 cm	0,7 m^2

Dreieck

Flächeninhalt des Dreiecks

$$A = \frac{g \cdot h}{2}$$

Umfang eines Dreiecks

$u = a + b + c$ (Summe der Seitenlängen)

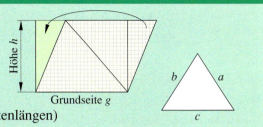

Die Formel für den Flächeninhalt A können Sie durch Ergänzen zu einem Parallelogramm finden.

Beispiel Berechnen Sie den Flächeninhalt eines Dreiecks mit $g = 2{,}5$ cm, $h = 1{,}9$ cm.

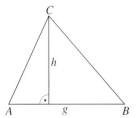

Gegeben: $g = 2{,}5$ cm, $h = 1{,}9$ cm
Gesucht: A
Formel: $A = \frac{g \cdot h}{2}$
Lösung: $A = \frac{2{,}5 \cdot 1{,}9}{2}$ cm²
$A = 2{,}375$ cm²

Übungen

1 a) Übertragen Sie die Dreiecke auf ein Blatt mit Rechenkästchen.
b) Ergänzen Sie diese zu einem Parallelogramm. Berechnen Sie den Flächeninhalt des Dreiecks.

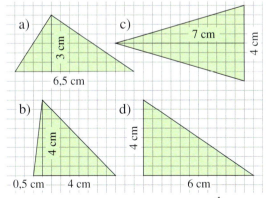

2 Messen Sie die benötigten Längen und berechnen Sie den Flächeninhalt.

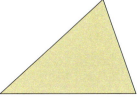

3 Das Dreieck ABC hat die Eckpunkte
$A(-0{,}5 \mid 1{,}5)$
$B(1 \mid -1{,}5)$
$C(1{,}5 \mid 2{,}5)$
Berechnen Sie den Flächeninhalt.

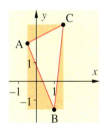

4 Berechnen Sie die Flächeninhalte.

	Grundseite g	Höhe h	Flächeninhalt A
a)	4 cm	3 cm	
b)	60 mm	18 mm	
c)	0,8 m	1,2 m	
d)	3 dm	4 dm	

5 Berechnen Sie die fehlenden Werte.

	Grundseite g	Höhe h	Flächeninhalt A
a)		3 m	24 m²
b)	16 m		40 m²
c)		10 m	150 m²
d)	25 cm		100 cm²

Trapez

Flächeninhalt des Trapezes

$$A = \frac{a+c}{2} \cdot h$$

oder $A = m \cdot h$

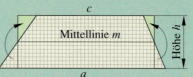

Umfang eines Trapezes $u = a + b + c + d$ (Summe der Seitenlängen)

Die Formel für den Flächeninhalt A können Sie durch Zerlegen des Trapezes und durch Zusammenfügen der Teilflächen zu einem Rechteck finden.

Beispiel Berechnen Sie den Flächeninhalt eines Trapezes mit $a = 4{,}5$ cm, $c = 2{,}9$ cm, $h = 1{,}4$ cm.

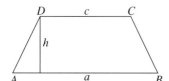

Gegeben: $a = 4{,}5$ cm, $c = 2{,}9$ cm, $h = 1{,}4$ cm
Gesucht: A
Formel: $A = \frac{a+c}{2} \cdot h$
Lösung: $A = \frac{4{,}5 + 2{,}9}{2} \cdot 1{,}4$ cm^2
$A = 5{,}18$ cm^2

Übungen

1 Übertragen Sie die Figuren auf Papier (mit Rechenkästchen) und schneiden Sie diese aus. Zerschneiden Sie sie dann so, dass sich die Teilflächen zu einem Rechteck zusammensetzen lassen. Berechnen Sie die Flächeninhalte.

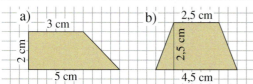

2 Übertragen Sie die Trapeze in Ihr Heft. Zerlegen Sie diese durch eine Diagonale in zwei Dreiecke. Berechnen Sie den Flächeninhalt A der Trapeze aus den Flächeninhalten A_1 und A_2 der Dreiecke.

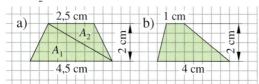

3 Berechnen Sie den Flächeninhalt.

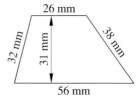

4 Messen Sie die benötigten Längen und berechnen Sie den Flächeninhalt.

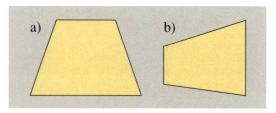

5 Berechnen Sie den Flächeninhalt.

	Seite a	Seite c	Höhe h	Flächeninhalt A
a)	5,2 cm	3,8 cm	2,5 cm	
b)	42 mm	48 mm	67 mm	

Flächeninhalt und Umfang

Rechnen mit Umfangs- und Flächenformeln

Zwischen dem alten Ortskern und dem Neubaugebiet liegt eine rechteckige Wiese, die 72 m lang und 65 m breit ist.

Umfang u
Der alte, beschädigte Zaun soll ersetzt werden. Wie lang ist der Umfang der Wiese?

Gegeben: $a = 72$ m, $b = 65$ m
Gesucht: u
Formel: $u = 2a + 2b$

Lösung: $u = 2 \cdot 72 + 2 \cdot 65$
$u = 274$

Antwort: Der Umfang beträgt 274 m.

Flächeninhalte und Umfänge berechnen wir häufig mithilfe von Formeln.

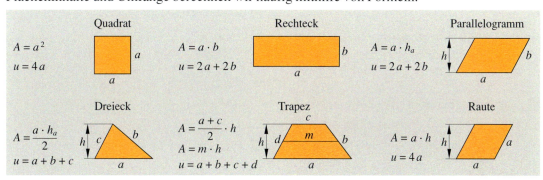

Oft ist der Umfang oder der Flächeninhalt bekannt. Dann ist eine Seite oder die Höhe zu berechnen.

Beispiel 1   In einem Dreieck mit dem Flächeninhalt $A = 221$ cm² und der Grundseite $g = 17$ cm ist die Höhe zu berechnen.

Gegeben: $A = 221$ cm² $g = 17$ cm
Gesucht: h
Formel: $A = \frac{g \cdot h}{2}$

Lösung: $221 = \frac{17 \cdot h}{2}$ $| \cdot 2$
$442 = 17 \cdot h$ $| : 17$
$h = 26$

Antwort: Die Höhe im Dreieck beträgt 26 cm.

Beispiel 2

Ein Grundstück hat die Form eines Trapezes. Es hat eine Fläche $A = 400$ m², die Straßenfront beträgt $a = 20$ m, die Seite c ist 12 m lang. Wie tief ist das Grundstück?

Gegeben: $A = 400$ m² $a = 20$ m, $c = 12$ m
Gesucht: h
Formel: $A = \frac{g \cdot h}{2}$

Lösung: $400 = \frac{20 + 12}{2} \cdot h$ $| \cdot 2$
$800 = (20 + 12) \cdot h$
$h = 25$

Antwort: Die Tiefe des Grundstücks beträgt 25 m.

Übungen

1 Gegeben sind diese Vierecke:
Rechteck $a = 7$ cm, $b = 5$ cm
Raute $a = 4$ cm, $h = 3,5$ cm
Trapez $a = 5,8$ cm, $b = 5,2$ cm, $c = 2,4$ cm,
  $d = 5,0$ cm, $h = 4,8$ cm
Parallelogramm $a = 5$ cm, $b = 2,8$ cm,
  $h = 1,6$ cm
a) Berechnen Sie die Flächeninhalte.
b) Berechnen Sie die Umfänge dieser Vierecke.

2 Berechnen Sie im Dreieck die fehlende Größe.
a) $c = 4$ cm, $h_c = 6$ cm, $A = ?$
b) $a = 4,7$ cm, $h_a = 3,5$ cm, $A = ?$
c) $a = 2$ cm, $h_a = ?$, $A = 1,4$ cm^2
d) $b = ?$, $h_b = 0,25$ m, $A = 0,75$ m^2
e) $a = 8,5$ cm, $b = 5$ cm, $c = 10,5$ cm, $u = ?$
f) $a = 7,2$ dm, $b = 5,9$ dm, $c = 4,4$ dm, $u = ?$
g) $a = 3,7$ m, $b = 5,2$ m, $c = ?$, $u = 12,9$ m
h) $a = ?$, $b = 1,2$ mm, $c = 3,5$ mm, $u = 8$ mm

3 Vier Weideflächen werden neu eingezäunt.

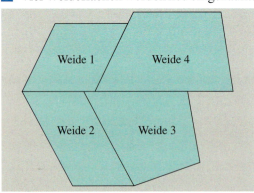

Weide 1: Raute mit der Seitenlänge 40 m
Weide 2: Parallelogramm mit den Seitenlängen 27 m und 54 m
Weide 3: Drachen mit den Seitenlängen 54 m und 37 m
Weide 4: Trapez mit den Seitenlängen 46 m, 35 m, 41 m und 65 m
a) Welche Weidefläche hat den längsten, welche den kürzesten Zaun?
b) Wie viel Meter Zaun kann man einsparen, wenn zwischen benachbarten Weiden nur ein Zaun gezogen wird?

4 Berechnen Sie den Flächeninhalt.
a) Parallelogramm   b) Raute

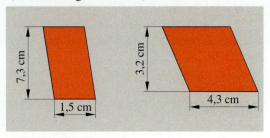

5 Berechnen Sie die Höhe.

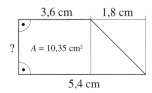

6 Berechnen Sie im Trapez.
a) 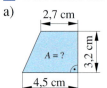   b)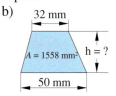

7 Ein Dach hat die angegebenen Maße.

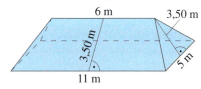

a) Wie groß ist jede der beiden trapezförmigen Dachflächen?
b) Berechnen Sie den Flächeninhalt einer dreieckigen Dachfläche.
c) Berechnen Sie den Flächeninhalt der gesamten Dachfläche.
d) Wie viel Meter Dachrinne braucht man?

8 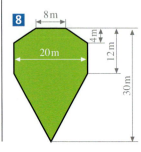 Ein Blech hat die Form links im Bild. Berechnen Sie die Fläche (Hinweis: Zerlegen Sie die Fläche in Grundformen Dreieck, Trapez und Rechteck!)

Flächeninhalt und Umfang

Vermischte Übungen

 1 Berechnen Sie mit dem Taschenrechner aus den Formeln die gesuchten Werte auf 4 geltende Ziffern genau.

	Formel	gegeben	gesucht
a)	$A = a \cdot b$	$a = 40$ mm $b = 60$ mm	$A =$
b)	$A = \dfrac{g \cdot h}{2}$	$g = 6,8$ cm $h = 5,0$ cm	$A =$
c)	$A = m \cdot h$	$m = 4,2$ dm $h = 1,5$ dm	$A =$
d)	$u = 2a + 2b$	$a = 52$ mm $b = 14$ mm	$u =$
e)	$A = \dfrac{a+c}{2} \cdot h$	$a = 7,3$ cm $c = 4,7$ cm $h = 2,4$ dm	$A =$
f)	$u = 2 \cdot g + 2 \cdot h$	$g = 120$ mm $h = 82$ mm	$u =$
g)	$A = a^2$	$a = 47$ mm	$A =$

 2 Stellen Sie die nachfolgenden Formeln auf die angegebene Variable um und berechnen Sie dann mit dem TR die gesuchten Werte auf 4 geltende Ziffern:

	Formel	umstellen nach	gegeben	gesucht
a)	$A = a \cdot b$	a	$A = 450$ cm^2 $b = 18$ cm	$a =$
b)	$A = \dfrac{g \cdot h}{2}$	g	$A = 6,24$ cm^2 $h = 2,4$ cm	$g =$
c)	$A = \dfrac{a+c}{2} \cdot h$	c	$A = 33,97$ cm^2 $a = 6,8$ cm $h = 4,3$ cm	$c =$
d)	$u = 2a + 2b$	a	$u = 280$ mm $b = 23$ mm	$a =$
e)	$A = \dfrac{g \cdot h}{2}$	h	$A = 40$ dm^2 $g = 4,5$ dm	$h =$
f)	$A = m \cdot h$	m	$A = 340$ cm^2 $h = 40$ cm	$m =$
g)	$u = 2 \cdot g + 2h$	h	$u = 750$ cm $g = 200$ cm	$h =$

3 Erklären Sie die Bedeutung der Formeln. Wofür werden sie verwendet?

INFO
Probleme sehen
Probleme darstellen
Probleme lösen

Ein PFLASTERBELAG
für die Wohnstraße

Pflasterbeläge können aus Natursteinen, Betonsteinen oder Klinkern hergestellt werden.

Pflasterklinker
Beläge aus Pflasterklinkern können zur Befestigung von
– Fußgängerzonen mit schwerem Ladeverkehr,
– Sammel- und Anliegerstraßen,
– Busverkehrsflächen,
– Geh- und Radwegen
verwendet werden.

Platzgestaltung mit Pflasterklinkern

Befestigter Weg mit Pflasterklinkern

Natursteinpflaster
Für schnell befahrene Straßen ist Natursteinpflaster nicht geeignet. Es wird vor allem aus gestalterischen Gründen bei der Altstadtsanierung, in Fußgängerbereichen oder für Platzbefestigungen eingesetzt.

Aus verschiedenen Gesteinsarten, z.B. Granit, Basalt, Diorit, Grauwacke, werden unterschiedliche Pflastersteine hergestellt.

Für den Entwurf eines Pflasterbelags und dessen Ausführung sind genaue technische Zeichnungen nötig, damit die Steine passgenau hergestellt und verlegt werden können.
Durch Auswahl von Platten nach Farbe und Format erhält man eine Vielzahl von Gestaltungsmöglichkeiten in Verbänden bzw. Verlegemustern.

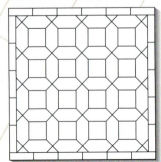

Rosenspitz mit Fries

Achteck mit gerade liegenden Einlagen

Betonsteinpflaster

Zur Befestigung örtlicher Verkehrsflächen, z.B. Wohn- und Anliegerstraßen, Busstandflächen, Bahnsteige, Parkflächen und Rastplätze, Fußgängerzonen, Geh- und Radwege werden häufig Betonsteine bzw. Betonverbundsteine eingesetzt.

Für die Neuverlegung einer Straße sind verschiedene Arbeitsgänge notwendig:
- der Boden wird ausgehoben,
- der Untergrund wird verdichtet,
- Kiessand wird lose aufgetragen, als Pflasterbett auf dem Unterbau,
- mit einer Schiene wird profilgemäß abgezogen,
- die Steine werden verlegt,
- die Pflastersteine werden auf eine Höhe angeglichen,
- das Pflaster wird verfugt, indem mehrmals Feinsand eingekehrt und eingeschlämmt wird.

Befestigte Dorfstraße mit Betonsteinpflaster

Betonsteine werden in einer großen Formenvielfalt hergestellt, z.B. als Quadrat-, Rechteck- und Sechseckpflastersteine. Durch das Einfärben der Pflastersteine werden die Möglichkeiten für das Gestalten noch erweitert.

Es gibt auch einfache Formen, die durch die Farbgestaltung ihren Reiz erhalten.

Sechseck mit Dreieckseinlage

Achteck mit diagonal liegenden Einlagen

verschobene Quadrate

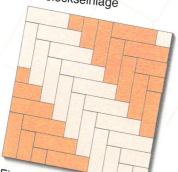

Fischgrät oder Schwalbenschwanz

Quadrate diagonal verlegt

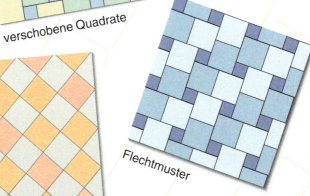

Flechtmuster

Der Flächeninhalt regelmäßiger Vielecke

Ein regelmäßiges Vieleck kann man vom Mittelpunkt des Umkreises aus in gleich große Teildreiecke zerlegen. So verfährt man, wenn man den Flächeninhalt eines regelmäßigen Vielecks berechnen will. Man berechnet zuerst ein Teildreieck, das Bestimmungsdreieck.

Für den Flächeninhalt des Fünfecks gilt dann:

$A = 5 \cdot A_\Delta$ $A_\Delta = \frac{g \cdot h}{2} = 3{,}75 \text{ cm}^2$
$A = 5 \cdot 3{,}75 \text{ cm}^2$
$A = 18{,}75 \text{ cm}^2$

Das Fünfeck hat einen Flächeninhalt von $18{,}75 \text{ cm}^2$.

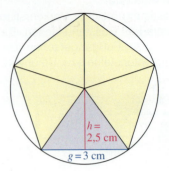

Übungen

1 Zeichnen Sie ein regelmäßiges Achteck, dessen Umkreisradius 5,2 cm lang ist. Messen Sie die Seitenlängen des Achtecks und die Höhe des Bestimmungsdreiecks. Messen und berechnen Sie die Fläche und den Umfang des Achtecks.

2 Zeichnen Sie das regelmäßige Vieleck mithilfe des Geodreiecks. Entnehmen Sie fehlende Maße Ihrer Zeichnung und berechnen Sie den Flächeninhalt.

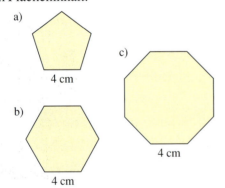

3 Wie groß ist der Flächeninhalt eines regelmäßigen Zwölfecks, dessen Umkreisradius 4 cm ist? Zeichnen Sie das Zwölfeck. Messen Sie in Ihrer Zeichnung die benötigten Strecken und rechnen Sie.

4 Zeichnen Sie drei regelmäßige Sechsecke mit der Seitenlägne s = 5 cm. Teilen Sie eines der Sechsecke in zwei Trapeze, eins in drei Parallelogramme und eins in sechs Dreiecke ein. Bestimmen Sie für jedes Sechseck den Flächeninhalt, indem Sie die Teilflächen zunächst einzeln berechnen. Entnehmen Sie die Maße den Zeichnungen. Vergleichen Sie die Ergebnisse.

5 Zeichnen Sie in einen Kreis (r = 2,8 cm) zunächst ein regelmäßiges Fünfeck (Mittelpunktswinkel α = 72°). Berechnen Sie den Flächeninhalt. Danach zeichnen Sie ein Zehneck und vergleichen den Flächeninhalt mit dem des Fünfecks. Entnehmen Sie die Maße Ihrer Zeichnung.

6 Zeichnen Sie in einen Kreis mit r = 3,5 cm das regelmäßige Sechseck. Legen Sie ein Bestimmungsdreieck fest und berechnen Sie dessen Höhe. Berechnen Sie den Flächeninhalt des Sechsecks.

7 Berechnen Sie den Flächeninhalt folgender Figuren, wenn der Radius des Umkreises 50 cm beträgt.
a) ein gleichseitiges Dreieck
b) ein Quadrat
c) ein regelmäßiges Zwölfeck

Kreis, Umfang und Flächeninhalt

Die Kreisformeln

In Natur und Technik finden wir oft kreisförmige Flächen. Wir berechnen den Umfang und den Flächeninhalt mit der Kreiszahl π (Pi), π = 3,14... . Wir wissen:

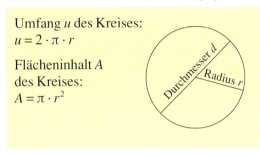

Umfang u des Kreises:
$u = 2 \cdot \pi \cdot r$

Flächeninhalt A des Kreises:
$A = \pi \cdot r^2$

Felder in den USA

Kreisförmige Felder können leicht bewässert werden. Der Radius eines Feldes beträgt 201 m.

Wie lang ist der **Umfang**?
Gegeben: $r = 201$ m
Gesucht: u
Formel: $u = 2 \cdot \pi \cdot r$
Lösung: $u = 2 \cdot \pi \cdot 201$
$u \approx 1262,9$

Antwort: Der Umfang ist 1262,9 m lang.

Wie groß ist der **Flächeninhalt**?
Gegeben: $r = 201$ m
Gesucht: A
Formel: $A = \pi \cdot r^2$
Lösung: $A = \pi \cdot 201^2$
$A \approx 126\,923,5$

Antwort: Der Flächeninhalt ist 126 923,5 m².

Umfang u des Kreises:	$u = 2 \cdot \pi \cdot r$ oder $u = \pi \cdot d$
Flächeninhalt A des Kreises:	$A = \pi \cdot r^2$ oder $A = \pi \cdot \left(\frac{d}{2}\right)^2$

Für π können wir den Näherungswert 3,14 oder den genaueren Taschenrechnerwert einsetzen.

Übungen

1 Berechnen Sie den Flächeninhalt und den Umfang des Kreises.
a) $r = 5$ cm
b) $r = 3,2$ cm
c) $d = 1,5$ m
d) $d = 4600$ mm

2 Eine Ziege ist an ein 3,50 m langes Seil gebunden. Wie groß ist die Fläche zum Grasen?

3 Die Erde umkreist in 365 Tagen die Sonne auf einer fast kreisförmigen Bahn. Der Radius der Kreisbahn beträgt ca. 150 Mio. km.
a) Berechnen Sie die Länge der Umlaufbahn.
b) Mit welcher Geschwindigkeit in $\frac{km}{h}$ bewegt sich die Erde auf ihrer Bahn?

4 Ein Sender hat eine Reichweite von 65 km. Er kann bis zu einer Entfernung von 65 km empfangen werden. Wie groß ist sein Sendegebiet?

5 Berechnen Sie aus dem Umfang eines Kreises den Durchmesser d und den Radius r. Runden Sie sinnvoll.

Gegeben: $u = 22$ cm
Gesucht: d
Formel: $u = \pi \cdot d$
Lösung: $22 = \pi \cdot d \quad |:\pi$
$\quad\quad\quad \frac{22}{\pi} = d$
$\quad\quad\quad d = 7{,}0 \quad r = 3{,}5$

Antwort: Der Durchmesser ist 7,0 cm lang, der Radius r beträgt 3,5 cm.

a) $u = 300$ cm d) $u = 112$ cm
b) $u = 405$ cm e) $u = 125{,}5$ cm
c) $u = 1000$ cm f) $u = 75{,}7$ cm

6 Berechnen Sie aus dem Flächeninhalt eines Kreises seinen Radius und daraus seinen Durchmesser.

Gegeben: $A = 653$ cm²
Gesucht: r
Formel: $A = \pi \cdot r^2$
Lösung: $653 = \pi \cdot r^2 \quad |:\pi$
$\quad\quad\quad 207{,}856\ldots = r^2 \quad |\sqrt{}$
$\quad\quad\quad r = \sqrt{207{,}856\ldots} = 14{,}4$
$\quad\quad\quad d = 2 \cdot 14{,}4 = 28{,}8$

Antwort: Der Radius ist 14,4 cm, der Durchmesser 28,8 cm lang.

a) $A = 660$ cm² c) $A = 13\,300$ mm²
b) $A = 1140$ cm² d) $A = 780$ cm²

7 Berechnen Sie den Radius des Kreises. Runden Sie sinnvoll.
a) $A = 46$ cm² c) $A = 1125$ cm²
b) $A = 624$ cm² d) $A = 988$ cm²

8 Wie groß ist der Flächeninhalt dieser Kreise?
a) $u = 8{,}5$ cm d) $u = 10{,}7$ dm
b) $u = 16$ m e) $u = 2{,}5$ km
c) $u = 12{,}9$ mm f) $u = 198$ mm

9 Wie groß ist der Umfang dieser Kreise?
a) $A = 15{,}21$ cm² d) $A = 84{,}95$ m²
b) $A = 3{,}80$ m² e) $A = 30{,}19$ cm²
c) $A = 52{,}81$ dm² f) $A = 2{,}01$ m²

10 Berechnen Sie im Heft.

	r	d	A
a)	9 cm		
b)		43 mm	
c)			113,04 cm²

11 Zeichnen Sie fünf Kreise mit Radien von 2 cm, 3 cm, 4 cm, 5 cm und 6 cm. Berechnen Sie für jeden Kreis den Flächeninhalt.
Hat ein Kreis mit doppeltem Radius auch den doppelten Flächeninhalt? Sind Radius und Flächeninhalt proportional?

12 Auf dem Schulhof sollen zur Demonstration fünf Kreise mit den Flächeninhalten 1 m², 2 m², 3 m², 4 m² und 5 m² aufgemalt werden. Welchen Radius und welchen Umfang haben diese Kreise?

13 In eine andere Ecke des Schulhofs sollen fünf Kreise mit dem Umfang 1 m, 2 m, 3 m, 4 m und 5 m gezeichnet werden.
a) Welchen Radius haben diese Kreise?
b) Berechnen Sie auch ihren Flächeninhalt.

14 Quer durch einen Fahnenmast soll ein Stift gesteckt werden, der auf jeder Seite 1 cm herausragt. Wie lang muss der Stift sein, wenn der Fahnenmast einen Umfang von 41,8 cm hat?

15 Robin schätzt, dass eine kreisrunde Fläche von 200 m² einen Durchmesser von 15 m hat. Seine Schwester kann den Durchmesser berechnen.

Kreis, Umfang und Flächeninhalt — **107**

Kreisausschnitte

Ein Kreis mit $r = 2{,}2$ cm wurde wie eine Torte in zwölf gleich große Teile zerlegt. Ein solcher Teil heißt **Kreisausschnitt (Sektor)**. Den dazugehörigen Teil des Umfangs nennt man **Kreisbogen b**.

Der Kreisausschnitts ist $\frac{1}{12}$ der Gesamtkreisfläche. Der Mittelpunktswinkel α misst $30°$, das ist $\frac{1}{12}$ von $360°$. Der Kreisbogen b ist $\frac{1}{12}$ des Kreisumfangs.

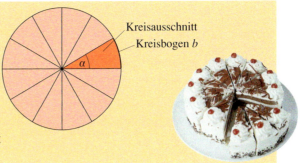

Berechnung des Kreisausschnitts A_Δ

Flächeninhalt des Kreises ($r = 2{,}2$ cm):
$$A = \pi \cdot r^2 = 15{,}21$$
Flächeninhalt des Kreisausschnitts:
$$A_\Delta = \tfrac{30°}{360°} \cdot A = \tfrac{1}{12} \cdot 15{,}21 \approx 1{,}27$$
Antwort: Der Kreisausschnitt hat einen Flächeninhalt von $1{,}27$ cm².

Berechnung des Kreisbogens b

Umfang des Kreises ($r = 2{,}2$ cm):
$$u = 2 \cdot \pi \cdot r = 13{,}82$$
Länge des Kreisbogens:
$$b = \tfrac{30°}{360°} \cdot u = \tfrac{1}{12} \cdot 13{,}82 \approx 1{,}15$$
Antwort: Der Kreisbogen ist $1{,}15$ cm lang.

Der Flächeninhalt eines Kreisausschnitts mit dem Mittelpunktswinkel α ist $A_\alpha = \pi \cdot r^2 \cdot \frac{\alpha}{360°}$

Die Länge des Kreisbogens ist $b_\alpha = 2 \cdot \pi \cdot r \cdot \frac{\alpha}{360°}$ oder $b_\alpha = \pi \cdot d \cdot \frac{\alpha}{360°}$

Übungen

1 Stellen Sie Mittelpunktswinkel und Bruchteil am Gesamtkreis gegenüber.

Mittelpunktswinkel	90°		120°		60°
Bruchteil		$\frac{1}{5}$		$\frac{1}{9}$	

2 a) Wie groß ist der Mittelpunktswinkel im blauen Kreisausschnitt? Wie groß ist der Bruchteil am Gesamtkreis?
b) Berechnen Sie den Flächeninhalt des blauen Kreisausschnitts und die Länge des zugehörigen Kreisbogens. Der Radius beträgt 5 cm.

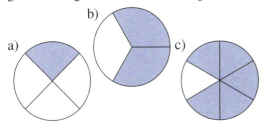

3 Das Licht eines Leuchtturms reicht 14 km weit. Der Leuchtstrahl überstreicht bei der Drehung $\frac{1}{4}$ eines Kreises. Wie groß ist die Fläche, die der Scheinwerfer überstreicht?

4 In einem Park wird ein rundes Beet ($r = 5$ m) mit roten und gelben Rosen bepflanzt. Der Kreisausschnitt mit roten Rosen hat einen Mittelpunktswinkel von 150°. Für jeden Quadratmeter benötigt man 9 Pflanzen.
a) Wie groß ist die Fläche, die mit roten (gelben) Rosen bepflanzt wird?
b) Wie viele Pflanzen braucht man?

Kreisringe

In eine runde Metallscheibe mit dem Radius $r_1 = 12$ mm wird genau in der Mitte („konzentrisch") ein kreisförmiges Loch mit dem Radius $r_2 = 6{,}5$ mm gestanzt. Man erhält eine Unterlegscheibe. Ihre Form ist ein **Kreisring**.

Die Unterlegscheibe verhindert beim Andrehen der Mutter, dass das Material beschädigt wird.

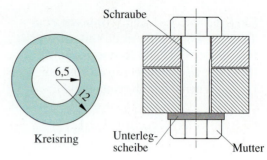

Aus wie viel cm² Metall besteht die Unterlegscheibe?

Man berechnet den Flächeninhalt A des Kreisrings, indem man vom Flächeninhalt A_1 des großen Kreises den Flächeninhalt A_2 des kleinen Kreises subtrahiert. Also: $A = A_1 - A_2$

Für den Flächeninhalt A der Unterlegscheibe gilt:

$$A_1 = \pi \cdot r_1^2 = \pi \cdot 12^2 \quad = 452$$
$$A_2 = \pi \cdot r_2^2 = \pi \cdot 6{,}5^2 \quad = 133$$
$$A = A_1 - A_2 = 452 - 133 = 319$$

Antwort: Die Unterlegscheibe besteht aus 319 mm² = 3,19 cm² Metall.

Fläche des Kreisringes = Fläche des großen Kreises – Fläche des kleinen Kreises

---

Übungen

1 Berechnen Sie den Flächeninhalt der beiden Kreisringe.

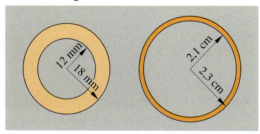

2 Berechnen Sie den Flächeninhalt der Kreisringe. Achten Sie auf die Benennungen.

äußerer Radius r_1	25 m	3,5 dm	70 mm
innerer Radius r_2	10 m	12 cm	38 mm
Flächeninhalt A			

3 Ein kreisförmiger Platz mit einem Radius von $r_1 = 30$ m soll gepflastert werden. In der Mitte des Platzes steht ein runder Brunnen mit dem Radius $r_2 = 3$ m.
Wie groß ist die zu pflasternde Fläche? Zeichnen Sie zuerst eine Skizze.

4 Berechnen Sie die Größe der Sitzfläche.

Anwendungen

Runden Sie alle Ergebnisse sinnvoll.

1 Ein rechteckiger Sportplatz ist 180 m lang und 105 m breit. Rundherum sollen Bäume angepflanzt werden. Sie sollen jeweils 15 m voneinander entfernt sein.
Wie viele Bäume braucht man dazu? Zeichnen Sie eine Skizze.

2 Eine rechteckige Baugrube (15 m lang, 8 m breit) soll im Abstand von 2 m durch ein rot-weißes Band gesichert werden.
Wie viel Meter Band werden gebraucht?

3 Auf einem rechteckigen Gelände mit 55 m Länge und 39 m Breite soll ein Parkplatz für 162 Autos gebaut werden. Für die Zufahrtswege werden 450 m² eingerechnet.
Welche Fläche ergibt sich rechnerisch als Stellfläche für jedes Auto?

4 Aus einer runden Stahlplatte mit dem Radius $r = 47$ cm soll ein Rechteck mit den Seitenlängen $a = 82$ cm und $b = 48$ cm ausgeschnitten werden.

a) Berechnen Sie den Inhalt der Kreisfläche.
b) Berechnen Sie den Inhalt des Rechtecks.
c) Warum ist der Kreis zum Ausschneiden des Rechtecks totzdem zu klein?

5 Beim Gießen von Betondecken werden Netze aus *Stahl* verwendet. Es gibt Stäbe mit verschiedenen Durchmessern: 6 mm, 8 mm, 12 mm und 25 mm. Von der Querschnittsfläche der Stahlstäbe hängt die Tragfähigkeit des Netzes ab.
Berechnen Sie die Querschnittsfläche für die verschiedenen Stahlstäbe.

6 Eine Unterlegscheibe hat einen großen Durchmesser $d_1 = 30$ mm, einen kleinen Durchmesser $d_2 = 17$ mm. Wie groß ist der Flächeninhalt der Oberfläche?

7 Familie Jordan plant, den Giebel ihres Hauses mit einer Holzverschalung versehen zu lassen. Wie viel Quadratmeter Holzpaneele werden benötigt, wenn man 20% Abfall hinzurechnen muss?
(Maße in m)

Geometrie I

Bei den folgenden Anwendungsaufgaben werden Umfänge und Flächeninhalte von Kreisen berechnet.

Gehen Sie bei schwierigeren Aufgaben nach den nebenstehenden Schritten vor.

1. Skizze anfertigen.
2. Bekannte Größen eintragen.
3. Zusammengesetzte Figuren in einfache Figuren zerlegen, die direkt berechnet werden können.
4. Dafür Formeln aufstellen und einsetzen.
5. Teilergebnisse addieren.
6. Endergebnis im Antwortsatz angeben.

Übungen

1 Das Zifferblatt einer Kirchturmuhr hat einen Radius von 2,10 m. Der große Zeiger ist 1,60 m lang, der kleine ist 1,05 m lang.
a) Welche Wege legen die Zeigerspitzen bei einer Umdrehung zurück?
b) Welchen Weg an einem Tag?

2 Ein runder Verschlussdeckel aus Blech hat einen Durchmesser von 140 cm.
a) Wie viel Blech wird zu seiner Herstellung benötigt, wenn für Verschnitt 30 % Blech hinzugerechnet werden?
b) Der Rand soll mit einem Kantenschutz ummantelt werden. Wie viel Meter werden benötigt?

3 Ein Baumstamm ist an drei Stellen durchgesägt worden. Die Umfänge an diesen Stellen betragen 3,12 m, 2,91 m und 2,76 m. Wie groß sind jeweils die Schnittflächen?

4 In der Eifel steht eines der größten Radioteleskope der Welt. Der runde Hohlspiegel hat einen Durchmesser von 100 m. Berechnen Sie seinen Umfang.

5 Für ein Heimatmuseum soll ein Schmied auf die Lauffläche eines Wagenrads einen Stahlreifen ziehen. Das Wagenrad hat 1,10 m Durchmesser. Der Stahlreifen hat eine Breite von 5 cm.
a) Wie lang ist der Stahlreifen?
b) Wie groß ist seine Lauffläche?

6 Um das Karlsruher Schloss ist ein Weg kreisförmig angelegt worden. Der Durchmesser des Kreises ist ungefähr 900 m.
a) Wie lang ist der Weg?
b) Welche Fläche nimmt die Schlossanlage innerhalb dieses Wegs ein?
c) Wie lange braucht man, wenn man auf diesem Weg einen Rundgang mit einer Geschwindigkeit von 3 $\frac{km}{h}$ macht?

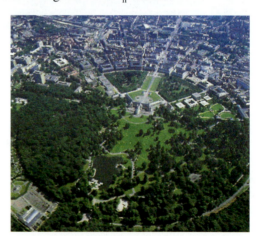

7 Aus einem rechteckigen Blechstreifen von 64 cm Länge und 16 cm Breite werden vier Kreise mit einem Durchmesser von 15,2 cm ausgestanzt. Wie viel Abfall ergibt sich? Zeichnen Sie zuerst eine Skizze.

8 Aus einem Bogen Papier DIN A 4 (210 mm × 297 mm) soll ein möglichst großer Kreis ausgeschnitten werden.
a) Welchen Radius hat der Kreis?
b) Wie viel Abfall bleibt?

Kreis, Umfang und Flächeninhalt

9 Wie groß ist der Flächeninhalt der abgebildeten Dichtung (blaue Fläche).
Alle Maße in mm.

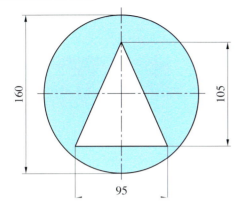

10 Die Planeten bewegen sich auf fast kreisförmigen Bahnen um die Sonne.

Planet	Entfernung von der Sonne (in Mio. km)	Umlaufzeit (in Tagen)
Merkur	58	88
Venus	108	225
Erde	150	365
Mars	228	687
Jupiter	779	4 330
Saturn	1428	10 755
Uranus	2872	30 690
Neptun	4500	60 200
Pluto	5910	90 600

a) Berechnen Sie für alle Planeten die Länge der Umlaufbahnen um die Sonne.
b) Berechnen Sie für die einzelnen Planeten die Geschwindigkeit in $\frac{km}{s}$.

11 Ein Erdsatellit umkreist die Erde auf einer Umlaufbahn von 42 240 km Länge. Für eine Erdumkreisung braucht er 1 h 28 min.
a) Mit welcher Geschwindigkeit in $\frac{km}{s}$ fliegt der Satellit?
b) Der Erdradius beträgt ungefähr 6378 km. In welcher Höhe über der Erde verläuft die Umlaufbahn des Satelliten?

12 Das Rad einer Förderanlage hat einen Durchmesser von 4 m.
a) Um wie viel Meter senkt sich der Förderkorb der Anlage bei einer Drehung des Rads um 120°?
b) Um wie viel Grad muss sich das Rad drehen, wenn sich der Förderkorb um genau 2,10 Meter heben soll?

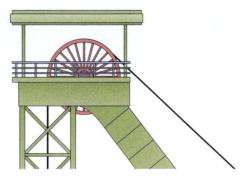

13 a) Wie oft drehen sich die Treibräder einer alten Dampflokomotive in einer Minute, wenn der Durchmesser der Räder 2,20 m beträgt? Die Lokomotive fährt mit einer Geschwindigkeit von 90 $\frac{km}{h}$.
b) Wie viele Umdrehungen machen die Räder auf der 390 km langen Strecke Frankfurt–Konstanz?

14 Ein Radfahrer fährt mit einer Geschwindigkeit von 15 $\frac{km}{h}$.
a) Der Radius des Vorderrads beträgt 35,6 cm. Wie oft dreht sich das Vorderrad in einer Minute?
b) Wie oft dreht sich das am Reifen des Vorderrads mitlaufende Dynamorädchen in einer Minute? Das Dynamorädchen hat einen Durchmesser von 22 mm.

Technische Kommunikation und Grundkonstruktionen

Grundlagen des technischen Zeichnens

Die Sprache des Technikers ist die technische Zeichnung. Mit ihr können komplizierte technische Sachverhalte einfach und für den Fachmann verständlich dargestellt werden. Ein Werkstück kann von jedem Facharbeiter gefertigt werden, wenn die Zeichnung alle notwendigen Angaben enthält. Technische Zeichnungen werden auf Papier gezeichnet, dessen Größe in einer DIN-Norm festgelegt ist. Die Größe der Blätter wird durch Zahlen – z. B. DIN A 4, DIN A 3 – angegeben.

Verwendung finden folgende Blattgrößen:

DIN	A0	A1	A2	A3	A4	A5	A6
Größe in mm	841×1189	594×841	420×594	297×	210×297	×	×

Übungen

1 Übertragen Sie die Tabelle in Ihr Heft und ergänzen Sie! Wie werden die Maße berechnet?

2 Wie groß ist ein Blatt DIN A4, wenn Sie es zweimal in der Mitte falten?

Linienarten und Maßeintragung

In der technischen Kommunikation, das ist die Verständigung der Techniker untereinander, unterscheidet man verschiedene Linienarten. Mit ihrer Hilfe ist es möglich, weitere Informationen zeichnerisch zu übermitteln.
Die wichtigsten Linienarten sind:

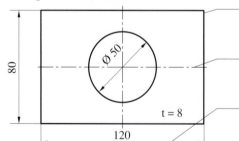

Breite Volllinie zur Darstellung von allen sichtbaren Kanten des Werkstücks

Strichpunktlinie zur Kennzeichnung von Mittellinien

Schmale Volllinien zur Zeichnung von Maß- und Maßhilfslinien.

In der **Metalltechnik** hat es sich eingebürgert, dass alle Maße in mm angegeben werden, ohne Angabe der Maßeinheit. Die Maße werden oberhalb der Maßlinien eingetragen. Die Maßlinien enden in Maßpfeilen.
Die Maßzahlen sollen immer von **vorne** oder von **rechts** gesehen lesbar sein; sie werden über die **Maßlinien** geschrieben, die jeweils in einem **Maßpfeil** mit doppelter Spitze enden.
Kreismaße erhalten ein Durchmesserzeichen (⌀) vor der Maßzahl. Bei einfachen, flachen Werkstücken kann die Werkstückdicke mit beispielsweise $t = 8$ (mm) angegeben werden.

Technische Kommunikation und Grundkonstruktionen   **113**

Übungen

1 Zeichnen Sie mit einem spitzen Bleistift und einem Lineal folgende Figuren in Ihr Heft. Sie sollten jeweils etwa 50 mm hoch sein.

Rechteck

Dreieck

Trapez

Raute

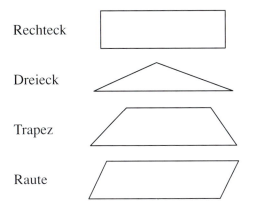

2 Messen Sie aus und übertragen Sie die Zeichnungen in Ihr Heft. Tragen Sie die Maße (in mm) so ein, dass sie von vorne und von rechts lesbar sind.

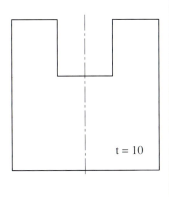

t = 10

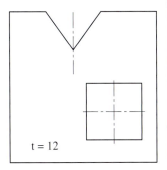

t = 12

3 Der Kunde einer Metallbaufirma gibt telefonisch den Auftrag für ein Abdeckblech. Das 10 mm dicke Blech soll die Form eines Quadrates mit der Seitenlänge $a = 70$ mm haben. In der Mitte soll sich eine Bohrung mit dem Durchmesser $d = 15$ mm befinden. Fertigen Sie eine technische Zeichnung des Blechs an!

4 Messen Sie die Maße der gezeichneten Werkstücke aus und fertigen Sie eine technische Zeichnung davon. Vergessen Sie nicht, die Maßangabe für die Werkstückdicke einzutragen!

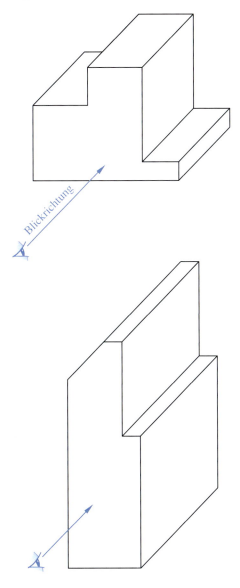

5 Alina misst ein Werkstück mit den folgenden Maßen aus: Breite 60 mm, Höhe 100 mm, in der Mitte befindet sich eine Bohrung mit dem Durchmesser 20 mm. Das Werkstück ist 12 mm dick. Fertigen Sie eine Zeichnung des Werkstücks, tragen Sie die Maße ein. Beachten Sie die Zeichenregeln!

Technisches Zeichnen in der Bautechnik

In der **Bautechnik** werden alle Zeichnungsmaße – ebenfalls ohne Benennung – in cm angegeben. Nur bei Ausnahmen wird anders verfahren.

Wenn zusätzlich die Angabe von Millimetern erforderlich ist, wird diese hinter der cm-Angabe hochgestellt eingetragen, beispielsweise bedeutet die Angabe

$$120^5$$

dass das Maß 120,5 cm lang ist.

Am Ende der Maßlinien stehen keine Maßpfeile, sondern kleine Querstriche, die Maßlinien und Maßhilfslinien schneiden.

Die Leserichtung der Maßzahlen ist – wie beim Metallzeichnen – von vorne und von rechts.

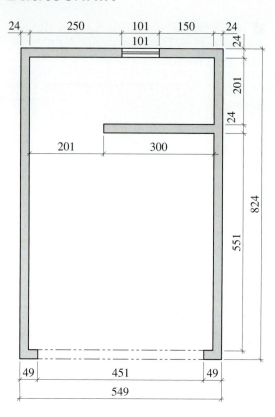

Übungen

1 Das Wohnzimmer einer Wohnung hat den skizzierten Grundriss.

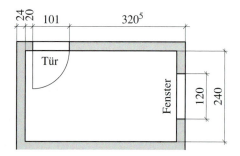

a) Der Wohnzimmerschrank soll neben der Tür stehen. Wie breit darf er höchstens sein?
b) Wie breit ist der Platz rechts und links vom Fenster? (Das Fenster ist in Wandmitte)
c) Passen Sofa (1,8 m lang), Kommode (135 cm) und Tisch (90 cm) nebeneinander an die Längswand gegenüber der Tür?

2 Heiko zieht mit seinen Eltern in eine neue Wohnung und soll ein eigenes Zimmer bekommen. Um die Aufstellung der Möbel zu planen, zeichnet er einen Grundriss des Zimmers. Er misst bei der Wohnungsbesichtigung die folgenden Daten:
- Länge des Zimmers: 4,3 m
- Breite des Zimmers: 3,2 m
- Breite der Tür (in der Mitte der schmalen Seite des Zimmers): 100 cm
- Breite des Fensters (in der Mitte der zweiten schmalen Seite des Zimmers): 150 cm.

Skizzieren Sie den Grundriss des Zimmers. Zeichnen Sie für einen Meter tatsächlicher Größe 2 cm auf dem Papier. Tragen Sie die Maße des Zimmers (in cm) ein.

3 Messen Sie Ihr eigenes Zimmer mit einem Maßband aus. Zeichnen Sie eine Skizze, aus der die Abmessungen des Zimmers und die Standorte der Möbel deutlich werden.

Vermischte Übungen

1 Übertragen Sie die Zeichnungen der Werkstücke in Ihr Heft. Messen und schreiben Sie die Längen nach den Bemaßungsregeln.

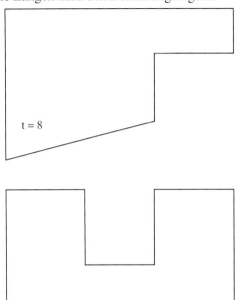

Zusatzaufgabe: Berechnen Sie die Flächeninhalte. (Tipp: Zerlegen Sie Flächen in Teilflächen.)

2 Daniel baut ein Modell seines Zimmers. Er misst das Zimmer aus, fertigt eine Skizze an und notiert die Maße:
Grundform des Raumes: rechteckig.
Länge: 4,2 m Breite: 3,6 m Wanddicke: 12 cm
Tür: an der schmalen Seite, 0,9 m breit, 40 cm vom rechten Rand entfernt.
Fenster: an der linken langen Seite, 1,2 m breit, 1,6 m von der Türwand entfernt

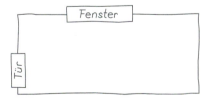

a) Erstellen Sie eine Bauzeichnung des Zimmers. Zeichnen Sie für einen Meter 4 cm.
b) Bemaßen Sie die Zeichnung.
c) Berechnen Sie die Größe der Grundfläche.

3 Marko bastelt für seinen Vater zum Geburtstag einen Briefbeschwerer aus rostfreiem Stahl. Er hat dafür ein Stahlblech mit den Maßen 80 mm × 110 mm × 10 mm zur Verfügung.
Die Grundplatte soll die Maße 80 mm × 50 mm haben, der Griff soll die Form eines Trapezes haben. Die kurze Seite des Trapezes ist 40 mm lang, die lange Seite 60 mm, die Höhe beträgt 50 mm (s. Skizze).

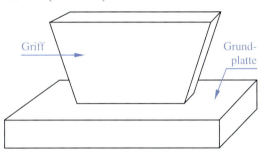

a) Fertigen Sie Zeichnungen für die beiden Teile, bemaßen Sie nach den Zeichnungsregeln.
b) Berechnen Sie den Verschnitt (die Materialmenge, die nicht für den Briefbeschwerer verwendet wird) in Prozent vom Ausgangsmaterial.

4 Zeichnen Sie das Werkstück in zwei verschiedenen Ansichten. Entnehmen Sie die Maße der Vorlage!

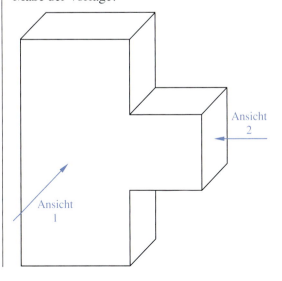

Grundkonstruktionen der Geometrie

Dana hat eine Strecke mit der Länge $L = 3,5$ cm gezeichnet. Sie muss die Strecke genau halbieren, also in zwei Hälften mit je 1,75 cm aufteilen. Das Lineal zeigt jedoch nur volle cm an. Kann sie die Strecke trotzdem genau halbieren?

In der Geometrie gibt es Konstruktionen, die in verschiedenen Anwendungsfällen immer wiederkehren und die kein Längenmessen erfordern. Diese Konstruktionen bezeichnet man als Grundkonstruktionen.

Zu diesen Grundkonstruktionen zählen wir das Halbieren von Strecken, das Zeichnen einer Senkrechten auf einer Geraden, das Fällen eines Lots, das Halbieren eines Winkels und das Antragen eines Winkels.

Die Grundkonstruktionen führen wir auf zwei Arten aus. Die „klassische mathematische" Methode arbeitet nur mit Zirkel und Lineal. Oft einfachere, aber ungenauere Methoden, verwenden das Geodreieck.

Das Halbieren einer Strecke und das Errichten einer Mittelsenkrechten

Den Mittelpunkt M einer Strecke $\overline{AB}$ finden wir, indem wir Kreisbögen um A und B mit gleichem Radius zeichnen und deren Schnittpunkte miteinander verbinden. Diese Gerade heißt Mittelsenkrechte von $\overline{AB}$.

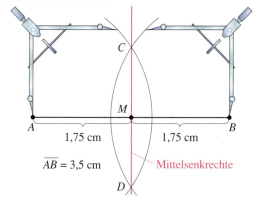
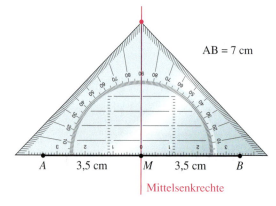

Übungen

1 Zeichnen Sie Strecken mit folgenden Längen, halbieren Sie diese mit Zirkel und Lineal und beschreiben Sie den Konstruktionsweg.
a) 6,4 cm   c) 8,8 cm   e) 4,4 cm
b) 7,6 cm   d) 5,2 cm   f) 9,6 mm

2 Kennzeichnen Sie auf einer Geraden g die Punkte A und B im Abstand von 10 cm. Teilen Sie $\overline{AB}$ in vier gleich lange Strecken. Überprüfen Sie mit dem Zirkel und dem Geodreieck die Längengleichheit der vier Abschnitte.

3 Zeichnen Sie ein Dreieck ABC mit Seitenlängen von mindestens 6 cm. Konstruieren Sie mit Zirkel und Lineal die Mittelsenkrechten zu den Dreiecksseiten. Messen Sie die Entfernungen von Schnittpunkt M zu A, B und C.

4 Zeichnen Sie an den unteren Rand Ihres Heftes die Strecke $\overline{AB} = 12,5$ cm. Halbieren Sie die Strecke mit Hilfe des Zirkels.

Technische Kommunikation und Grundkonstruktionen　　　　　　　　　　　　　　　　　　117

Die Konstruktion einer Senkrechten

Lösung mit Zirkel und Lineal　　　　　　　　　Lösung mit dem Geodreieck

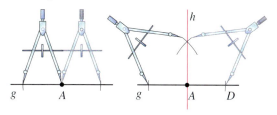
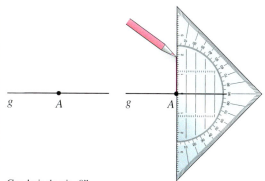

Zeichnen Sie einen Kreis um A. Es genügt dabei, wenn nur die beiden kurzen Kreisbögen, die g schneiden, sichtbar werden. | Zeichnen Sie um die entstandenen Schnittpunkte C und D zwei sich schneidende Kreise mit demselben Radius. Zeichnen Sie durch den Schnittpunkt und A eine Gerade. ($g \perp h$; $h \perp g$) | Geodreieck mit „0" an A anlegen, sodass die vertikale Hilfslinie auf g liegt. | Zeichnen Sie die Senkrechte vom Punkt A aus nach oben.

Das Lot auf eine Gerade fällen

Lösung mit Zirkel und Lineal　　　　　　　　　Lösung mit dem Geodreieck

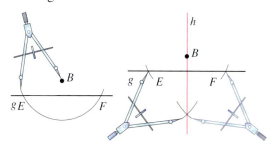
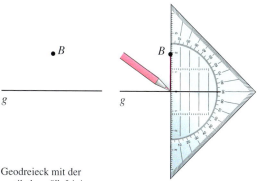

Zeichnen Sie einen Kreis um B, der g zweimal schneidet. | Zeichnen Sie zwei sich schneidende Kreise mit gleichem Radius um die entstandenen Schnittpunkte E und F. Zeichnen Sie durch den Schnittpunkt und B eine Gerade ($g \perp h$; $h \perp g$) | Geodreieck mit der vertikalen „0"- Linie auf g legen und verschieben bis die Kante durch B läuft. | Zeichnen Sie das Lot vom Punkt B aus nach unten zur Geraden g.

Übungen

1 a) Wählen Sie einen Punkt A auf der Geraden g und zeichne Sie die Senkrechte zu g durch diesen Punkt.
b) Wählen Sie auf g einen zweiten Punkt und zeichnen Sie durch ihn die Senkrechte. Sind die beiden Senkrechten parallel?

2 Zeichnen Sie eine 5 cm lange Strecke und legen Sie darauf drei Punkte im Abstand von 1 cm fest. Konstruieren Sie in jedem der drei Punkte mit Zirkel und Lineal die Senkrechte.

3 a) Zeichnen Sie die Gerade g durch die Punkte A (3 | 7) und B (7 | 2) und den Punkt P (1 | 3). Fällen Sie vom Punkt P das Lot auf die Gerade g.
b) Beschreiben Sie den Konstruktionsweg.

4 Zeichnen Sie ein beliebiges Viereck und in das Innere den Punkt P. Fällen Sie dann das Lot von P auf alle vier Seiten.

5 Zeichnen Sie einen Winkel von 70° und in den Winkelraum einen Punkt P. Fällen Sie von P aus die Lote auf die Schenkel des Winkels.

Das Halbieren eines Winkels

1.
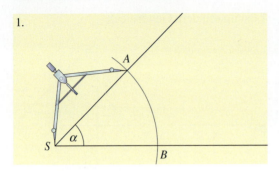

2.
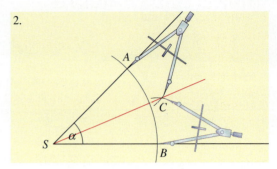

Zeichnen einer Parallelen

Mit Zirkel und Lineal

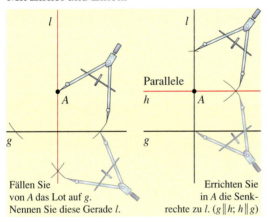

Fällen Sie von A das Lot auf g. Nennen Sie diese Gerade l.

Errichten Sie in A die Senkrechte zu l. (g ∥ h; h ∥ g)

Mit dem Geodreieck

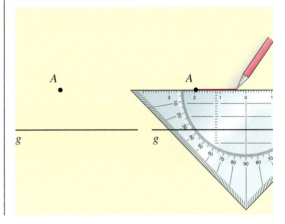

Übungen

1 Zeichnen Sie zwei stumpfe Winkel und halbieren Sie beide mit Zirkel und Lineal. Messen Sie nach, ob genau gezeichnet wurde.

2 Zeichnen Sie einen Winkel von 120°. Teilen Sie ihn mit Zirkel und Lineal in vier gleich große Winkelteile.
Prüfen Sie mit dem Geodreieck nach, ob alle Winkelteile die gleiche Größe haben.

3 Felix behauptet: „Die Winkelhalbierende im Dreieck halbiert immer die gegenüberliegende Seite."
a) Zeigen Sie durch ein Gegenbeispiel, dass das nicht immer gilt.
b) Konstruieren Sie ein Dreieck, für das die Behauptung zutrifft.

4 Die drei Winkelhalbierenden jedes Dreiecks schneiden sich in einem Punkt. Zeigen Sie durch genaue Konstruktion von Beispielen, dass diese Aussage richtig ist!

5 Gegeben ist eine Gerade durch die Punkte $A(0\mid 2)$ und $B(5\mid 4)$. Konstruieren Sie mit Zirkle und Lineal die Parallele, die durch den Punkt $P(5\mid 2)$ verläuft. Überprüfen Sie Ihre Konstruktion mit dem Geodreieck.

6 a) Zeichnen Sie eine Gerade g und markieren Sie sie in verschiedenen Abständen davon drei Punkte A, B, C. Konstruieren Sie mit Zirkel und Lineal Parallelen zur Geraden g durch die markierten Punkte.
b) Es gibt noch eine andere Art, um mit Zirkel und Lineal Parallelen zu zeichnen. Tragen Sie darüber vor und lösen Sie a) mit der Methode.

Winkel und Dreiecke

Scheitelwinkel und Nebenwinkel

Beim Arbeiten mit der Schere sieht man vier Winkel. Zwei davon sind immer gleich.

In der Mathematik entspricht eine geöffnete Schere zwei sich schneidenden Geraden. Dabei entstehen vier Winkel. Es gilt:

> Wenn sich zwei Geraden schneiden, entstehen vier Winkel.
>
> Gegenüberliegende Winkel nennt man **Scheitelwinkel**.
>
> Scheitelwinkel sind gleich groß.
>
> Nebeneinander liegende Winkel nennt man **Nebenwinkel**.
>
> Nebenwinkel ergänzen sich zu 180°.

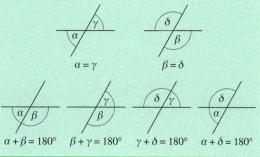

Übungen

1 Nennen Sie alle Paare von Scheitelwinkeln und alle Paare von Nebenwinkeln.

a) 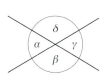   b)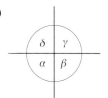

2 Zeichnen Sie zwei Geraden, die sich unter 50° (62°, 76°, 98°, 130°, 179°) schneiden. Markieren Sie ein Nebenwinkelpaar farbig und berechnen Sie die Winkel.

3 Wann sind zwei Nebenwinkel gleich groß? Formulieren Sie eine Bedingung.

4 Berechnen Sie in der folgenden Zeichnung die Größe jedes Winkels. Welche Winkel sind Nebenwinkel, welche sind Scheitelwinkel?

a)   b)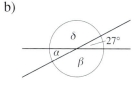

5 Wann ergibt die Summe zweier Scheitelwinkel 180°?

6 Zeichnen Sie zwei Nebenwinkel und zu jedem Nebenwinkel die Winkelhalbierende. Wie groß ist der Winkel zwischen beiden Winkelhalbierenden? Begründen Sie Ihr Ergebnis.

Stufenwinkel und Wechselwinkel

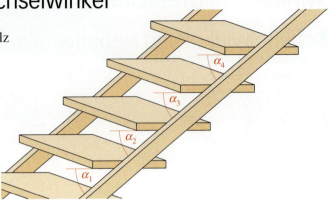

Bei dieser Treppe sind Stufen aus Holz an ein Gerüst aus Stahl geschraubt. Deutlich sind viele gleich große Winkel zu erkennen. Damit alle Stufen parallel sind, müssen alle Winkel α_1, α_2, α_3 und α_4 gleich groß sein.

Wenn sich zwei parallele Geraden mit einer dritten Geraden schneiden, dann entstehen gleich große Winkel. Wegen ihrer Lage zueinander erhalten diese Winkel besondere Namen.

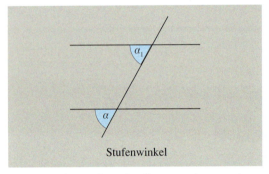

Stufenwinkel

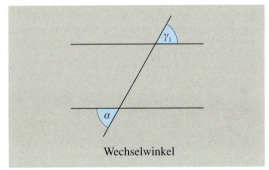

Wechselwinkel

Winkel, die zueinander liegen wie α und α_1, heißen Stufenwinkel. Sie liegen auf derselben Seite der Parallelen und der schneidenden Geraden.

Winkel, die zueinander liegen wie α und γ_1, heißen Wechselwinkel. Sie *wechseln* auf verschiedene Seiten der Parallelen und der schneidenden Geraden.

Es gilt, wenn zwei Parallelen von einer Geraden geschnitten werden:

> **Stufenwinkel** an geschnittenen Parallelen sind gleich groß.
> **Wechselwinkel** an geschnittenen Parallelen sind gleich groß.

Beispiele

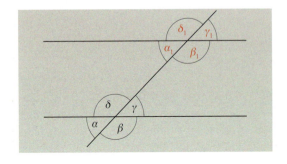

Stufenwinkel sind:
α und α_1 γ und γ_1
β und β_1 δ und δ_1

Wechselwinkel sind:
α und γ_1 γ und α_1
β und δ_1 δ und β_1

Winkel und Dreiecke — **121**

Übungen

1 Geben Sie alle Paare von Stufenwinkeln und von Wechselwinkeln an.

a)
b)

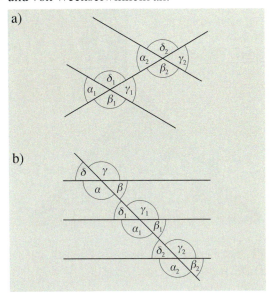

2 Zeichnen Sie zwei Parallelen und eine Gerade g, die die Parallelen schneidet.
a) Färben Sie Wechselwinkel gleichfarbig ein.
b) Zeichnen Sie neu und kennzeichnen Sie Stufenwinkel farbig.

3 Zeichnen Sie zwei Geraden, die sich erst außerhalb des Zeichenblatts schneiden. Wie kann man dennoch die Größe der Winkel zwischen den Geraden bestimmen?

5 Berechnen Sie alle Winkel.

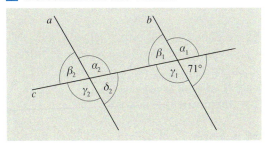

6 Zeichnen Sie die Vierecke auf Gitterpapier und tragen Sie die Größe aller Innenwinkel ein.

a)
b)

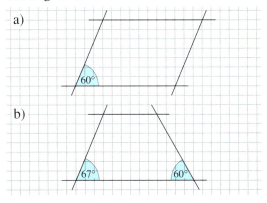

7 Zeichnen Sie zwei parallele Geraden. Zeichnen Sie eine dritte Gerade so, dass sie mit den Parallelen einen Winkel von $\alpha = 75°$ bildet.
a) Wie groß ist der Stufenwinkel des Scheitelwinkels von α?
b) Wie groß ist der Nebenwinkel des Stufenwinkels von α?

4 In Ihrer Umgebung finden Sie häufig bestimmte Winkel wieder: an Strommasten, an Holztoren, an Blumengittern. Zeigen Sie an den drei Bildern die Begriffe Stufenwinkel und Wechselwinkel.
Kennen Sie weitere Beispiele?

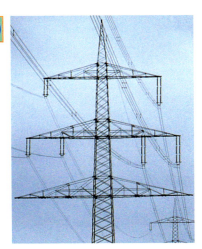

Vermischte Übungen

1 Zeichnen Sie zu einer Geraden g im Abstand von 7 mm parallele Geraden. Konstruieren Sie dann zu g eine Senkrechte h. Wie verläuft h zu den Parallelen von g? Begründen Sie Ihre Antwort.

2 Zeichnen Sie die Figur in Ihr Heft. Berechnen Sie die Größe der eingezeichneten Winkel.

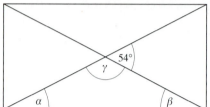

3 Berechnen Sie die markierten Winkel.

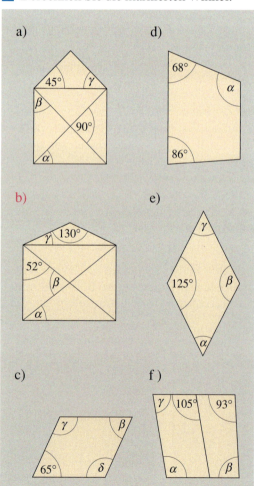

4 Erläutern Sie an diesen Bildern Scheitelwinkel und Nebenwinkel, Stufenwinkel und Wechselwinkel.

5 In einem rechtwinkligen Dreieck ist die Differenz der spitzen Winkel 20°. Wie groß ist jeder Winkel?

6 Haben alle Dreiecke mit 2 gleich großen Winkeln auch 2 gleich lange Seiten? Überprüfen Sie Ihre Vermutung an verschiedenen Beispielen.

7 a) Zeigen Sie mithilfe der eingefärbten Winkel, dass die sich gegenüberliegenden Winkel α_1 und γ_3 gleich groß sind.

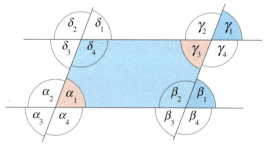

b) Es gibt noch weitere Möglichkeiten, auf die gleiche Größe von α_1 und γ_3 zu schließen.

8 Ergänzen Sie im Heft:
a) α_1 und γ_1 sind …
b) β_1 und β_2 sind …
c) δ_1 und β_2 sind …
d) α_2 und δ_2 sind …
e) β_1 und δ_2 sind …

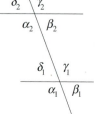

Dreiecke

Im Fachwerkgiebel dieses Gebäudes sind verschiedene Dreiecksformen erkennbar.

Sie können *nach dem größten Winkel benannt* werden.

spitzwinklig

Das Dreieck hat *nur* spitze Winkel (< 90°).

rechtwinklig

Das Dreieck hat *einen* rechten Winkel (= 90°).

stumpfwinklig

Das Dreieck hat *einen* stumpfen Winkel (> 90°).

Dreiecke werden auch *nach den Seiten benannt*.

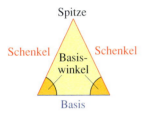

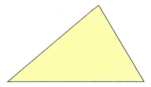

gleichschenklig – Das Dreieck hat zwei gleich lange Seiten (Schenkel).

gleichseitig – Alle Seiten sind gleich lang.

unregelmäßig – Alle Seiten sind verschieden lang.

> Dreiecke werden nach *Winkeln* und *Seiten* benannt.
>
> Ein **spitzwinkliges Dreieck** hat nur spitze Winkel,
> ein **rechtwinkliges Dreieck** hat einen rechten Winkel,
> ein **stumpfwinkliges Dreieck** hat einen stumpfen Winkel.
>
> Ein **gleichschenkliges Dreieck** hat zwei gleich lange Seiten,
> bei einem **gleichseitigen Dreieck** sind alle Seiten gleich lang,
> ein **unregelmäßiges Dreieck** hat drei verschieden lange Seiten.

Die Winkel bzw. Seiten bestimmen die Art des Dreiecks, unabhängig von der Lage.

Bei **Dreiecken** benennt man die Eckpunkte entgegen dem Uhrzeigersinn mit großen Buchstaben, Winkel- und Seitenbezeichnungen zeigen die unteren Abbildungen.

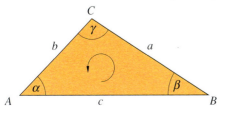

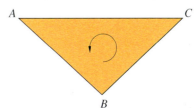

Übungen

1 Stimmen diese Behauptungen für jedes Dreieck?
a) Der Winkel γ ist immer der größte Winkel.
b) Die Seite a liegt immer dem Winkel α gegenüber.
c) Der Scheitelpunkt von β ist C.

2 Übertragen Sie die Dreiecke in Ihr Heft und beschriften Sie die Eckpunkte, die Seiten und die Winkel.

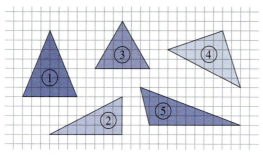

3 a) Betrachten Sie die Darstellung.

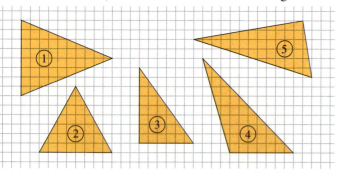

Füllen Sie nach Augenmaß die Tabelle im Heft mit Bleistift aus.

	①	②	③	④	⑤
spitzwinklig					
rechtwinklig					
stumpfwinklig					
gleichschenklig					
gleichseitig					

b) Übertragen Sie die Dreiecke in Ihr Heft. Messen Sie die Längen der Seiten und die Größe der Winkel und tragen Sie diese in die Zeichnungen ein. Überprüfen Sie, ob Sie die Tabelle richtig ausgefüllt haben.

4 a) Zeichnen Sie das Dreieck nach der Bildfolge. Verbinden Sie dann die Punkte A und C sowie B und C. Was für ein Dreieck entsteht?

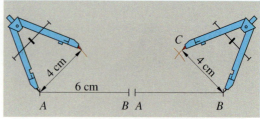

b) Zeichnen Sie ein gleichschenkliges Dreieck mit einer Basislänge von 4 cm und einer Schenkellänge von 6 cm.
c) Zeichnen Sie ein gleichschenkliges Dreieck mit einer Basislänge von 8 cm und einer Schenkellänge von 5 cm.
d) Zeichnen Sie ein gleichseitiges Dreieck mit einer Seitenlänge von 4 cm (6 cm).

5 Indem man eine gleichschenklige Dreiecksfigur faltet, kann man eine **Symmetrieachse** finden.

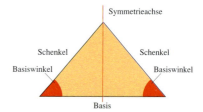

Zeichnen Sie ein gleichschenkliges Dreieck und schneiden Sie es aus. Zeigen Sie durch Falten:
Bei gleichschenkligen Dreiecken sind die Basiswinkel gleich groß.

6 Welche Behauptung ist richtig, welche falsch? Probieren Sie!
a) Ein rechtwinkliges Dreieck kann auch zwei rechte Winkel haben.
b) Ein Dreieck mit drei gleich langen Seiten hat auch drei gleich große Winkel.
c) In stumpfwinkligen Dreiecken sind die drei Seiten immer verschieden lang.
d) Bei einem unregelmäßigen Dreieck können zwei Seiten gleich lang sein.
e) Ein gleichseitiges Dreieck hat drei Symmetrieachsen.

Die Winkelsumme im Dreieck

Wir schneiden aus einem Blatt Papier ein Dreieck aus. Davon trennen wir zwei Ecken ab, die wir an die dritte Ecke anlegen. Die Zeichnung zeigt das für ein Dreieck.

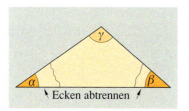
Ecken abtrennen

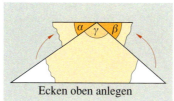
Ecken oben anlegen

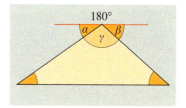

Wie wir auch an der Zeichnung sehen, ergeben die drei Winkel zusammen einen gestreckten Winkel. Gestreckte Winkel sind 180° groß, also ergeben die Winkel des Dreiecks zusammen 180°.
Wiederholen Sie das Experiment mit anderen Papierdreiecken!

Wir zeichnen drei verschiedene Dreiecke. In jedem Dreieck messen wir die Winkelgrößen und berechnen die Winkelsumme.

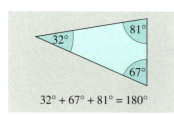
32° + 67° + 81° = 180°

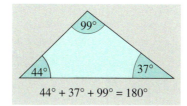
44° + 37° + 99° = 180°

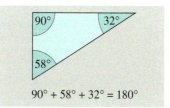
90° + 58° + 32° = 180°

In jedem Dreieck ist die Winkelsumme 180°.

$$\alpha + \beta + \gamma = 180°$$

Übungen

1 Berechnen Sie zu den gegebenen Winkeln eines Dreiecks die Größe des dritten Winkels.

Beispiel: $\alpha = 48°$, $\beta = 105°$
Dann ist $\gamma = 180° - 48° - 105° = 27°$

a) $\alpha = 49°$ b) $\beta = 43°$ c) $\alpha = 90°$
   $\beta = 33°$ $\gamma = 82°$ $\gamma = 35°$

2 Mario hat in zwei Dreiecken jeweils zwei Winkel gemessen. Kann er richtig gemessen haben? Begründen Sie Ihre Entscheidung.
a) $\alpha = 65°$; $\beta = 118°$ b) $\beta = 95°$; $\gamma = 88°$

3 Berechnen Sie den fehlenden Winkel für das Dreieck im Heft.

	α	β	γ
a)	53°	49°	
b)	35°		110°
c)		70°	20°
d)	60°	60°	
e)	90°		45°
f)		45°	60°
g)		70°	70°
h)	50°	76°	

4 Berechnen Sie in den gleichschenkligen Dreiecken alle Winkel. Beachten Sie, dass die Basiswinkel gleich groß sind.

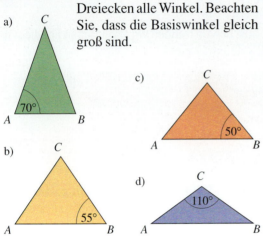

5 Berechnen Sie im Heft die fehlenden Winkel des Dreiecks.

	α	β	γ
a)	82°	46°	
b)	45,3°		7°
c)	90,6°	55,2°	
d)	61,7°	62,2°	
e)	125°	22,3°	
f)	6,2°		3,9°
g)		7,4°	160°
h)		19,6°	15,8°
i)	31°	86,3°	
j)		27,2°	99°
k)	42°		54,6°

6 Andrea hat ein Dreieck gezeichnet, dessen Seiten $a = 3\,\text{cm}$, $b = 4\,\text{cm}$ und $c = 5\,\text{cm}$ betragen. Sie behauptet:
„Wenn ich das Dreieck mit doppelt so langen Seiten zeichne, also $a = 6\,\text{cm}$, $b = 8\,\text{cm}$ und $c = 10\,\text{cm}$, dann beträgt auch die Winkelsumme doppelt so viel wie vorher, nämlich 360°."
Überprüfen Sie die Aussage und berichtigen Sie diese, wenn nötig.

7 Gibt es ein Dreieck mit
a) drei Winkeln, jeder kleiner als 60°,
b) drei Winkeln, jeder größer als 60°?
Begründen Sie Ihre Entscheidungen.

8 Zeichnen Sie auf ein Blatt Papier ein Dreieck, bei dem jede Seite 8 cm lang ist und schneiden Sie es aus. Zeigen Sie durch Falten, dass alle Winkel dieses Dreiecks gleich groß sind.

9 Welche Dachneigung α hat jedes Haus?

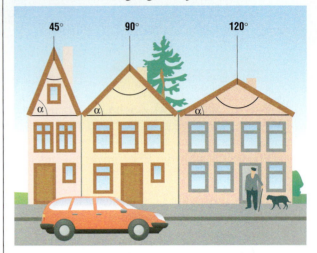

10 Eine Funkantenne wird in zwei verschiedenen Höhen von Spannseilen abgesichert.

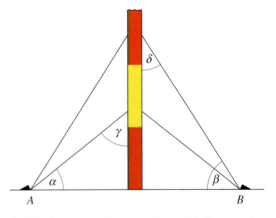

a) Die kürzeren Spannseile schließen an der Bodenverankerung den Winkel $\alpha = 38°$ ein, die längeren Seile schließen dort den Winkel $\beta = 57°$ ein. Bestimmen Sie die Winkel γ und δ, die die Spannseile jeweils mit dem Antennenmast einschließen.

b) Zeichnen Sie selbst eine Funkantenne, die entsprechend der Skizze in zwei verschiedenen Höhen von Spannseilen gesichert sein soll. Messen Sie die Winkel α und β und bestimmen Sie die eingeschlossenen Winkel zwischen Antennenmast und Spannseil.

Dreiecke und ihre Konstruktion

Rechnen mit Winkelmaßen

Im Alltagsleben ist es zumeist ausreichend, bei Winkelangaben die Gradzahl anzugeben. In der Technik, in der Astronomie, in der Landvermessung usw. ist es jedoch oft notwendig, Winkel mit größerer Genauigkeit zu bestimmen. Dazu müssen die Unterteilungen eines Winkels bekannt sein. Ähnlich wie die Zeiteinheit „Stunde" wird ein Winkel in Minuten und Sekunden unterteilt.

	Schreibweise
1 Winkelgrad hat 60 Winkel-Minuten	$1° = 60'$
1 Winkelminute hat 60 Winkel-Sekunden	$1' = 60''$

Eine vollständige Winkelangabe lautet also beispielsweise: 17° 45′ 38″
(sprich: 17 Grad, 45 Minuten, 38 Sekunden)

Addition von Winkeln

Winkel werden addiert, indem man ihre Unterteilungen (Minuten, Sekunden) getrennt addiert. Sobald man bei der Addition der Minuten bzw. der Sekunden die Zahl 60 oder mehr erreicht, wird von dem Ergebnis 60 abgezogen und die nächst höhere Unterteilung um eins erhöht.

Beispiel Die Winkel 17° 45′ 38″ und 28° 15′ 40″ sollen addiert werden.

	17°	45′	38″
+	28°	25′	40″
=	**46°**	**11′**	**18″**

Zuerst werden die Sekunden addiert: 38″ + 40″ = 78″. Das Ergebnis ist größer als 60, also werden von der Summe 60″ abgezogen, es verbleiben 18″. Die Zahl der Minuten wird um eins erhöht.
Anschließend werden die Minuten addiert:
25′ + 45′ + 1′ = 71′. Das Ergebnis ist wieder größer als 60′, also werden 60′ abgezogen, es verbleiben 11′. Die Anzahl der Grade wird um eins erhöht.
Abschließend werden die Gradzahlen addiert: 28° + 17° + 1° = 46°
Das Ergebnis lautet 46° 11′ 18″

Subtraktion von Winkeln

Ähnlich wie bei der Addition werden bei der Subtraktion von Winkeln die Grade, Minuten und Sekunden getrennt subtrahiert. Ist der Subtrahend größer als der Minuend, so wird die nächst höhere Unterteilung um eins vermindert und der Minuend um 60″ erhöht.

Beispiel Der Winkel 12° 40′ 45″ soll von 45° 20′ 30″ subtrahiert werden.

	45°	20′	30″
−	12°	40′	45″
=	**32°**	**39′**	**45″**

Zuerst werden die Sekunden subtrahiert. Da 45″ größer sind als 30″, werden die 20′ um eins vermindert″ und den 30″ zugeschlagen.
Rechnung: (30″ + 60″) − 45″ = 45″
Anschließend werden die Minuten subtrahiert. Da 40′ größer sind als (20′ − 1′), werden die 45° um eins vermindert und den 19′ zugeschlagen.
Rechnung: (19′ + 60′) − 40′ = 39′
Abschließend werden die Gradzahlen subtrahiert: (45 − 1)° − 12° = 32°
Das Ergebnis lautet 32° 39′ 45″

Übungen

1 Berechnen Sie!
a) 34° 16′ 32″ + 12° 28′ 45″
b) 45′ 50′ 00″ + 20° 12′ 45″

2 Berechnen Sie!
a) 90° 00′ 00″ − 45° 30′ 45″
b) 68° 30′ 45″ − 30° 40′ 50″
c) 55° 20′ 30″ − 12° 30′ 40″
d) 45° 00′ 00″ − 28° 15′ 30″

Konstruktion von Dreiecken aus drei gegebenen Seiten (SSS)

Marion soll ein Dreieck ABC mit
$a = 4$ cm, $b = 5$ cm, $c = 6$ cm
zeichnen und dazu nur Zirkel und Lineal verwenden.

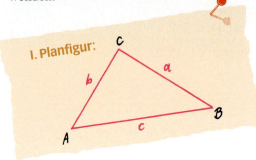

Jede Konstruktionsaufgabe beginnt mit einer Planfigur.
Dazu zeichnen wir ein beliebiges Dreieck mit den Endpunkten A, B und C. Die gegebenen Stücke werden besonders markiert.

Gegeben sind: **S**eite – **S**eite – **S**eite

(Grundkonstruktion SSS)

II. Konstruktion

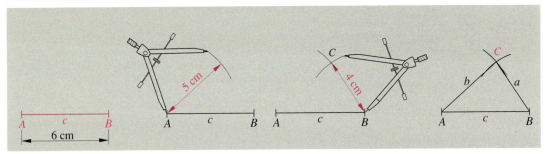

Was wir bei der Konstruktion nacheinander **gezeichnet** haben, schreiben wir in einer *Konstruktionsbeschreibung* oder, kürzer, in einem *Konstruktionsprotokoll,* auf.

III. Konstruktionsbeschreibung

1. Ich zeichne die Seite $c = 6$ cm mit den Endpunkten A und B.

2. Ich zeichne einen Kreis um A mit dem Radius $b = 5$ cm.

3. Ich zeichne einen Kreis um B mit dem Radius $a = 4$ cm.

4. Den Schnittpunkt der Kreise um A und B nenne ich C.

5. Ich verbinde A mit C und B mit C und erhalte das Dreieck ABC.

Konstruktionsprotokoll

1. $\overline{AB} = 6$ cm zeichnen

2. Kreis um A mit $b = 5$ cm

3. Kreis um B mit $a = 4$ cm

4. Schnittpunkt ist C

5. ABC verbinden

Dreiecke und ihre Konstruktion

Übungen

1 Konstruieren Sie das Dreieck. Geben Sie die Konstruktionsbeschreibungen an.
a) $a = 4,5$ cm; $b = 3,5$ cm; $c = 5,5$ cm,
b) $a = 17$ mm; $b = 52$ mm; $c = 42$ mm,
c) $a = 2,2$ cm; $b = 6,7$ cm; $c = 7,3$ cm,
d) $a = 4,9$ cm; $b = 5,1$ cm; $c = 5,3$ cm.

2 Konstruieren Sie das *gleichschenklige* Dreieck. Geben Sie das Konstruktionsprotokoll an.
a) $a = b = 6,2$ cm; $c = 4,6$ cm,
b) $a = b = 3,5$ cm; $c = 6,1$ cm,
c) $a = 3,6$ cm; $b = c = 5,5$ cm,
d) $a = c = 3,5$ cm; $b = 5,5$ cm.

3 Konstruieren Sie das *gleichseitige* Dreieck. Geben Sie das Konstruktionsprotokoll an.
a) $a = 4,3$ cm, c) $b = 5,3$ cm,
b) $c = 48$ mm, d) $b = 2,2$ cm.

4 Konstruieren Sie das Dreieck ABC nach diesem Konstruktionsprotokoll:
1. $\overline{AC} = 4,5$ cm zeichnen.
2. Kreis um A mit $c = 5$ cm.
3. Kreis um C mit $a = 4,2$ cm.
4. Schnittpunkt ist B.
5. ABC verbinden.

5 Versuchen Sie mit folgenden Seitenlängen ein Dreieck zu konstruieren:
$a = 2,7$ cm, $b = 3,2$ cm, $c = 6,2$ m.
Warum kann man mit den gegebenen Seitenlängen kein Dreieck konstruieren?

6 a) Konstruieren Sie im Heft ein Dreieck mit dem Umfang $u = 12$ cm.
b) Sind alle Dreiecke, die Sie mit dem Umfang $u = 12$ cm zeichnen können, deckungsgleich?

7 Zeichnen Sie ein Dreieck ABC mit $a = 7,0$ cm, $b = 6,6$ cm und $c = 7,2$ cm.
a) Konstruieren Sie zu jeder Dreieckseite innerhalb des Dreiecks eine Parallele im Abstand von 1,5 cm.
b) Gibt es ein neues Dreieck?
Wenn ja, messen Sie die Seiten und Winkel und vergleichen Sie beide Dreiecke.

8 Mark wünscht sich zum Geburtstag von seiner Mutter einen Stoffwimpel für sein Fahrrad. Zeichnen Sie den Wimpel. Wie lang muss das rote Band auf jeder Seite sein?

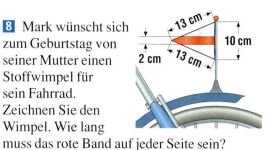

9 Arne, Benedikt und Carsten haben ein 12 m langes Seil zu einem Dreieck gespannt. Zeichnen Sie das aufgespannte Dreieck im Maßstab 1 : 100 (1 cm für 100 cm). Messen Sie die Größe der Winkel.

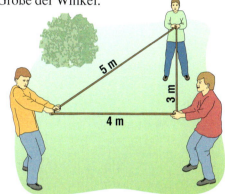

10 Ein Landvermesser hat in einem Weinberg ein dreieckiges Stück Land vermessen. Anschließend fertigt er dazu eine Zeichnung im Maßstab 1 : 1000 an. Der Maßstab bedeutet, 1 mm in der Zeichnung entspricht 1000 mm = 1 m im Gelände.
Konstruieren Sie das Dreieck.

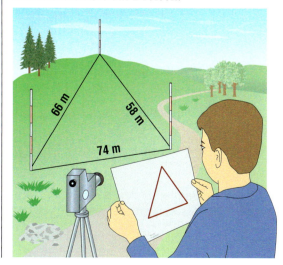

Konstruktion von Dreiecken aus zwei Seiten und dem eingeschlossenen Winkel (SWS)

Wir zeichnen ein Dreieck ABC mit $b = 5$ cm, $c = 6$ cm und $\alpha = 45°$.
Wir verwenden neben Zirkel und Lineal auch das Geodreieck.

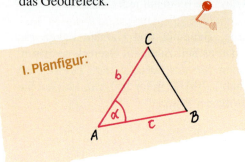

Die Planfigur zeigt, dass der Winkel zwischen den gegebenen Seiten liegt. Wir bezeichnen ihn als den „eingeschlossenen Winkel".

Gegeben sind also: **S**eite – **W**inkel – **S**eite

(Grundkonstruktion SWS)

II. Konstruktion

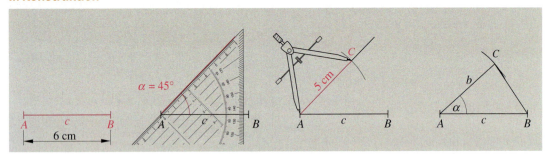

Die einzelnen Schritte bei der Konstruktion des Dreiecks schreiben wir wieder in einer Konstruktionsbeschreibung oder in einem Konstruktionsprotokoll auf.

III. Konstruktionsbeschreibung

1. Ich zeichne die Seite $c = 6$ cm mit den Endpunkten A und B.

2. Ich trage im Punkt A an die Seite c den Winkel $\alpha = 45°$ an.

3. Ich zeichne einen Kreis um A mit dem Radius $b = 5$ cm.

4. Den Schnittpunkt des Kreises mit dem freien Schenkel von α nenne ich C.

5. Ich verbinde B mit C und erhalte das Dreieck ABC.

Konstruktionsprotokoll

1. $\overline{AB} = 6$ cm zeichnen

2. Winkel $\alpha = 45°$ in A an $\overline{AB}$

3. Kreis um A mit $b = 5$ cm

4. Schnittpunkt ist C

5. ABC verbinden

Dreiecke und ihre Konstruktion

Übungen

1 Konstruieren Sie das Dreieck. Geben Sie die Konstruktionsbeschreibung an.
a) $b = 3{,}8$ cm; $c = 4{,}4$ cm; $\alpha = 60°$,
b) $b = 52$ mm; $c = 61$ mm; $\alpha = 90°$,
c) $b = c = 3{,}5$ cm; $\alpha = 105°$,
d) $a = b = 4{,}8$ cm; $\gamma = 95°$.

2 Konstruieren Sie das Dreieck. Geben Sie die Konstruktionsbeschreibung an.
a) $a = 3{,}5$ cm; $c = 4{,}2$ cm; $\beta = 57°$,
b) $b = 2{,}1$ cm; $c = 6{,}2$ cm; $\alpha = 79°$,
c) $a = 3{,}4$ cm; $b = 3{,}9$ cm; $\gamma = 65°$,
d) $b = 5{,}4$ cm; $c = 4{,}3$ cm; $\alpha = 108°$.

3 Konstruieren Sie das *rechtwinklige* Dreieck.
a) $a = 4$ cm; $b = 3$ cm; $\gamma = 90°$,
b) $a = 4$ cm; $b = 5{,}5$ cm; $\gamma = 90°$,
c) $a = 4{,}7$ cm; $c = 4{,}2$ cm; $\beta = 90°$,
d) $a = 2{,}4$ cm; $c = 4{,}8$ cm; $\beta = 90°$.
Geben Sie das Konstruktionsprotokoll an.
Wie lang ist die dritte Seite? Messen Sie nach!

4 Konstruieren Sie *gleichschenklige* Dreiecke mit
a) $a = b = 4{,}9$ cm; $\gamma = 35°$,
b) $a = c = 54$ mm; $\beta = 55°$,
c) $b = c = 6{,}8$ cm; $\alpha = 17°$,
d) $a = b = 5{,}2$ cm; $\gamma = 90°$.
Geben Sie die Konstruktionsprotokolle an. Messen Sie die dritte Seite.

5 Bestimmen Sie zeichnerisch die Länge des Sees von A nach C. Zeichnen Sie im Maßstab 1:1000, d. h.: 1 cm braucht man für 10 m.

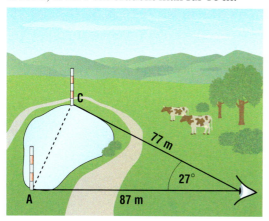

6 Konstruieren Sie das Dreieck nach diesem Konstruktionsprotokoll:
1. $\overline{BC} = 5{,}2$ cm zeichnen.
2. Winkel $\beta = 104°$ in B an $\overline{BC}$.
3. Kreis um B mit $c = 4{,}5$ cm.
4. Schnittpunkt ist A.
5. ABC verbinden.

7 Wie weit sind die beiden Messlatten voneinander entfernt?

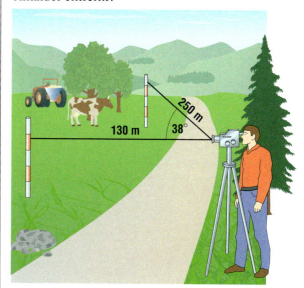

8 Ein Wanderer sieht das Schloss Hausen und die Burgruine Berchingen unter einem Winkel $\alpha = 43°$. Er ist von Hausen 3,3 km und von Berchingen 5,2 km entfernt. Wie weit sind Schloss und Burgruine voneinander entfernt? Bestimmen Sie die Entfernung zeichnerisch. Zeichnen Sie im Maßstab 1:100 000, das ist 1 cm für 1 km.

9 Zeichnen Sie ein Dreieck mit $\alpha = 90°$, $b = 4{,}8$ cm, $c = 6{,}4$ cm.
a) Versuchen Sie, in das Dreieck einen Kreis mit $r = 1{,}5$ cm zu zeichnen. Geht das?
b) Beschreiben Sie, wie Sie den Mittelpunkt des Kreises gefunden haben.

10 Zeichnen Sie ein Dreieck ABC mit $\alpha = 65°$, $b = 6{,}3$ cm, $c = 7{,}0$ cm und in das Dreieck einen beliebigen Punkt P. Konstruieren Sie mit Zirkel und Lineal die Senkrechte durch P auf jede Dreieckseite.

Konstruktion von Dreiecken aus einer Seite und den anliegenden Winkeln (WSW)

Wir zeichnen ein Dreieck ABC mit
$c = 2{,}5$ cm, $\alpha = 80°$ und $\beta = 35°$.

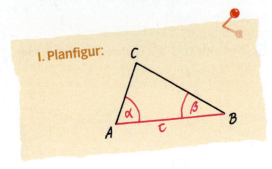

Die Planfigur zeigt, dass eine Seite und die beiden anliegenden Winkel bekannt sind.

Gegeben sind:
Winkel – **S**eite – **W**inkel

(Grundkonstruktion WSW)

II. Konstruktion

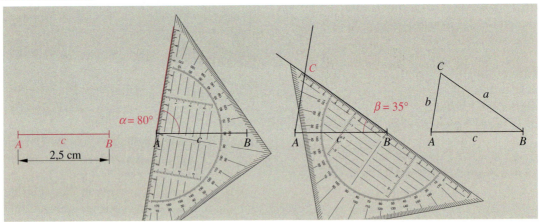

Die einzelnen Schritte der Grundkonstruktion WSW schreiben wir in der Konstruktionsbeschreibung und dem Konstruktionsprotokoll auf.

III. Konstruktionsbeschreibung

1. Ich zeichne die Seite $c = 2{,}5$ cm mit den Endpunkten A und B.

2. Ich trage im Punkt A an die Seite c den Winkel $\alpha = 80°$ an.

3. Ich trage im Punkt B an die Seite c den Winkel $\beta = 35°$ an.

4. Den Schnittpunkt der Schenkel nenne ich C. Ich erhalte das Dreieck ABC.

Konstruktionsprotokoll

1. $\overline{AB} = 2{,}5$ cm zeichnen.

2. Winkel $\alpha = 80°$ in A an $\overline{AB}$

3. Winkel $\beta = 35°$ in B an $\overline{AB}$

4. Schnittpunkt ist C.

Dreiecke und ihre Konstruktion

Übungen

1 Konstruieren Sie Dreiecke mit
a) $c = 6{,}5$ cm; $\alpha = 43°$; $\beta = 57°$,
b) $a = 4{,}7$ cm; $\beta = 22°$; $\gamma = 88°$,
c) $b = 5{,}2$ cm; $\alpha = 38°$; $\gamma = 58°$.
Geben Sie die Konstruktionsprotokolle an. Messen Sie die Längen der anderen Seiten.

2 Bei diesen Aufgaben muss man für die Konstruktion den fehlenden Winkel berechnen. (Die Winkelsumme im Dreieck ist 180°)
a) $c = 6{,}7$ cm; $\alpha = 76°$; $\gamma = 55°$
(Hier gilt: $\beta = 180° - 76° - 55° = 49°$)
b) $b = 5{,}6$ cm; $\beta = 49°$; $\gamma = 67°$
c) $a = 3{,}8$ cm; $\alpha = 63°$; $\beta = 57°$

3 a) Konstruieren Sie das Dreieck ABC mit $c = 5$ cm, $\alpha = 90°$ und $\beta = 22°$. Wie lang ist die Seite b? Messen Sie nach.
b) Schätzen Sie, wie lang die Seite b ist, wenn man den Winkel β verdoppelt, verdreifacht. Zeichnen Sie diese Dreiecke und überprüfen Sie Ihre Schätzung durch Nachmessen.

4 Konstruieren Sie Dreiecke mit den gegebenen Maßen. Geben Sie die Art der Grundkonstruktion (SSS, SWS, WSW) an.
a) $a = 8$ cm; $b = 6$ cm; $c = 5$ cm
b) $c = 53$ mm; $\alpha = 43°$; $\beta = 62°$
c) $b = 8{,}0$ cm; $c = 5{,}3$ cm; $\alpha = 36°$

5 Wie weit ist das Schiff vom Leuchtturm A entfernt? Wie weit ist es vom Leuchtturm B entfernt? Ermitteln Sie die Entfernungen zeichnerisch. Zeichnen Sie 1 cm für 1 km.

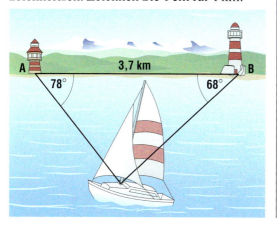

6 Zeichnen Sie die Skizze ab (1 cm für 5 m) und bestimmen Sie die Höhe der Pappel.

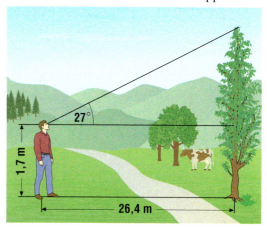

7 Die Höhe eines Bergs wird bestimmt, indem man eine waagerechte Standlinie und die Erhebungswinkel (hier 46° und 31°) misst. Zeichnen Sie 1 cm für 50 m.

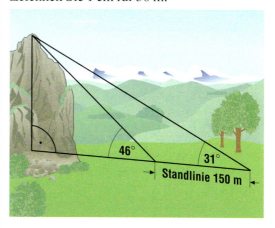

Welcher Höhenunterschied besteht zwischen der Standlinie und der Bergspitze?
Wie hoch ist der Berg, wenn die Standlinie 860 m über dem Meeresspiegel liegt?

8 Herr Haber fotografiert einen Fernsehturm. Er steht 150 m vom Fußpunkt des Turms entfernt und sieht die Spitze des Turmes unter einem Winkel von 55°. Wie hoch ist der Fernsehturm? Zeichnen Sie maßstabsgerecht.

9 Ein Drachen steigt an einer 43,50 m langen Schnur. Die Schnur ist straff gespannt und bildet mit dem Erdboden einen Winkel von 51°. Wie hoch steht der Drachen?

Spezielle Linien im Dreieck

Die Mittelsenkrechten im Dreieck

In das Dreieck ABC zeichnen wir zu jeder Seite die Mittelsenkrechte.

Wir sehen: Die drei Mittelsenkrechten schneiden sich in einem Punkt M.

Der Punkt M ist von den Eckpunkten A, B und C gleich weit entfernt.

Das begründet man so: Alle Punkte auf m_c sind gleich weit von A und B entfernt, also auch der Schnittpunkt M.
M liegt aber auch auf m_a, also ist er auch gleich weit von B und C entfernt. Die Entfernung von M nach A ist also gleich der Entfernung von M nach C. D. h. M liegt auch auf m_b.

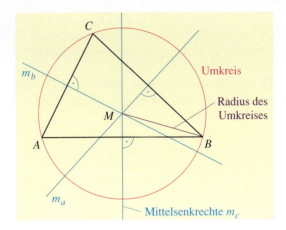

Weil M von A, B und C gleich weit entfernt ist, kann man um M einen Kreis schlagen, der durch A, B und C verläuft. Dieser Kreis heißt **Umkreis** des Dreiecks ABC.

> Im Dreieck schneiden sich die drei Mittelsenkrechten in einem Punkt. Dieser Punkt ist der Mittelpunkt des Umkreises, der durch die Eckpunkte des Dreiecks verläuft.

Übungen

1 Zeichnen Sie vier verschiedene Dreiecke. Konstruieren Sie in jedem Dreieck die drei Mittelsenkrechten und den Umkreis.

2 Zeichnen Sie ein rechtwinkliges Dreieck. Wo liegt hier der Schnittpunkt der drei Mittelsenkrechten?
Zeichnen Sie den Umkreis.

3 Zeichnen Sie ein Dreieck, bei dem der Mittelpunkt des Umkreises außerhalb des Dreiecks liegt.
Was für eine Art Dreieck ist es?

4 Zeichnen Sie Dreiecke mit Umkreis.
a) $a = 3{,}2$ cm; $b = 4{,}6$ cm; $c = 5{,}8$ cm
b) $\alpha = 32°$; $b = 4{,}6$ cm; $c = 5{,}8$ cm
c) $\alpha = 32°$; $\beta = 46°$; $c = 5{,}8$ cm
d) $a = 2{,}4$ cm; $c = 4{,}2$ cm; $\gamma = 61°$
e) $\gamma = 84°$; $\alpha = 61°$; $a = 2{,}9$ cm

5 Im Dreieck kennt man auch die **Mittelparallele**. Sie verläuft parallel zu einer Dreiecksseite und halbiert den Abstand zum gegenüberliegenden Eckpunkt.

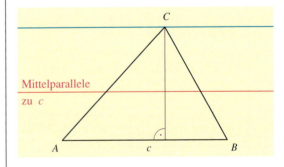

a) Zeichnen Sie ein Dreieck ABC mit $a = 7{,}0$ cm; $b = 6{,}6$ cm; $c = 7{,}2$ cm.
b) Konstruieren Sie zu jeder Seite die Mittelparallele.
c) Wenn ein neues Dreieck entsteht, messen Sie die Seitenlängen und vergleichen diese mit denen des Ausgangsdreiecks.

Spezielle Linien im Dreieck

Die Winkelhalbierenden im Dreieck

In das Dreieck *ABC* zeichnen wir für jeden Winkel die Winkelhalbierende.

Wir sehen: Die drei Winkelhalbierenden schneiden sich in einem Punkt *W*.
Dieser Schnittpunkt hat von allen Dreiecksseiten den gleichen Abstand.

Das begründet man so: Jeder Punkt auf w_γ hat den gleichen Abstand von *a* und *b*, also auch der Schnittpunkt *W*. Aber *W* liegt auch auf w_α, also besitzt er den gleichen Abstand von *b* und *c*. *W* ist daher auch gleichweit von *a* und *c* entfernt, liegt also auch auf w_β.

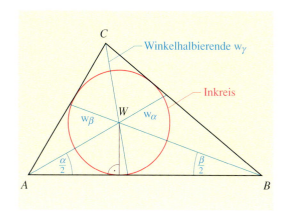

Weil der Punkt *W* von allen Dreiecksseiten den gleichen Abstand hat, kann man um *W* einen Kreis zeichnen, der alle drei Seiten berührt. Dieser Kreis heißt **Inkreis** des Dreiecks.

> Im Dreieck schneiden sich die drei Winkelhalbierenden in einem Punkt. Dieser Punkt ist Mittelpunkt des Inkreises, der alle drei Seiten des Dreiecks berührt.
>
> Den Radius des Inkreises erhält man, wenn man von seinem Mittelpunkt aus das Lot auf eine der Seiten des Dreiecks fällt.

Übungen

1 Zeichnen Sie das Dreieck und die Winkelhalbierenden. Prüfen Sie auch, ob sich die Winkelhalbierenden in einem Punkt schneiden.
a) $a = 4$ cm; $b = 6$ cm; $c = 5$ cm
b) $c = 6,5$ cm; $\alpha = 40°$; $\beta = 50°$
c) $b = 3$ cm; $c = 6,8$ cm; $\alpha = 30°$
d) $a = 5,6$ cm; $\alpha = 46°$; $\gamma = 56°$
e) $b = 3,5$ cm; $c = 4,4$ cm; $\alpha = 62°$
f) $a = 8,2$ cm; $b = 5,4$ cm; $\alpha = 58°$

2 a) Zeichnen Sie ein gleichseitiges Dreieck mit der Seitenlänge 7 cm. Zeichnen Sie den Inkreis und den Umkreis.
b) Wie groß sind die Radien vom Inkreis und vom Umkreis?

3 Zeichnen Sie ein stumpfwinkliges Dreieck und dazu den Inkreis und den Umkreis. Wo liegen die Mittelpunkte der beiden Kreise?

4 Versuchen Sie ein Dreieck zu zeichnen, in dem Inkreis und Umkreis den gleichen Mittelpunkt haben.

5 Zeichnen Sie ein gleichseitiges Dreieck und zerlegen Sie es durch die Winkelhalbierenden in drei Teildreiecke. Zeichnen Sie in jedes Teildreieck den Inkreis.

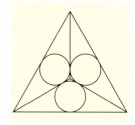 

Die entstandene Figur heißt Dreipass. Man findet sie häufig an Kirchenfenstern.
Das obige Fensterbild stammt aus dem Kloster Maulbronn (Kreuzgang) in Baden-Württemberg.

Die Seitenhalbierenden im Dreieck

Verbindet man den Mittelpunkt der Seite c mit dem gegenüberliegenden Eckpunkt C, so erhält man die **Seitenhalbierende** s_c. Entsprechend findet man s_a und s_b. Die drei Seitenhalbierenden schneiden sich in einem Punkt. Dieser Punkt heißt **Schwerpunkt** S des Dreiecks.

Ein Dreieck aus Pappe oder Holz kann man auf einer Bleistiftspitze balancieren, wenn der Schwerpunkt auf der Bleistiftspitze liegt.

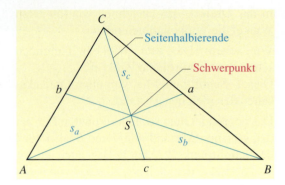

Für den Schwerpunkt gilt diese Besonderheit:
Er teilt jede Seitenhalbierende im Verhältnis 2:1. Das heißt, dass die Teilstrecke vom Schwerpunkt zum Eckpunkt doppelt so lang ist wie die Strecke vom Schwerpunkt zur gegenüberliegenden Seitenmitte.

> Die drei Seitenhalbierenden eines Dreiecks schneiden sich in einem Punkt, dem **Schwerpunkt** des Dreiecks.
>
> Der Schwerpunkt teilt jede Seitenhalbierende im Verhältnis 2:1.

Übungen

1 Zeichnen Sie die Dreiecke und die Seitenhalbierenden.
a) $a = 5{,}5$ cm; $b = 6{,}2$ cm; $c = 7$ cm
b) $b = 5{,}2$ cm; $\alpha = 53°$; $\gamma = 68°$
c) $a = 4{,}8$ cm; $c = 3{,}4$ cm; $\gamma = 57°$

2 a) Bestimmen Sie in diesem Dreieck den Schwerpunkt.
$a = 3{,}4$ cm; $b = 4{,}3$ cm; $c = 7{,}1$ cm
b) Liegt der Schwerpunkt immer innerhalb des Dreiecks?

3 a) Zeichnen Sie auf Pappe ein Dreieck mit $a = 12$ cm; $b = 13$ cm; $c = 14$ cm und tragen Sie die Seitenhalbierende s_c ein. Schneiden Sie das Dreieck aus und versuchen Sie, es längs der Seitenhalbierenden auf einem Lineal zu balancieren.
b) Bestimmen Sie den Schwerpunkt S des Dreiecks. Lässt es sich auf S balancieren?

4 Zeichnen Sie die Dreiecke und die Seitenhalbierenden.
a) $b = 5{,}8$ cm; $c = 5{,}8$ cm; $\alpha = 49°$
b) $a = 6{,}5$ cm; $\alpha = 60°$; $\beta = 60°$

5 Zeichnen Sie ein Dreieck und seine Seitenhalbierenden. Benennen Sie die Punkte wie in der Zeichnung.

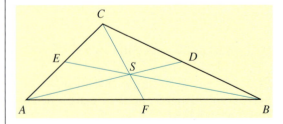

Messen und vergleichen Sie die Länge dieser Strecken:
$\overline{AS}$ und $\overline{SD}$; $\overline{BS}$ und $\overline{SE}$; $\overline{CS}$ und $\overline{SF}$.
Bestätigen Sie damit: *Der Schwerpunkt S teilt jede Seitenhalbierende im Verhältnis 2:1.*

Spezielle Linien im Dreieck 137

Die Höhen im Dreieck

Fällt man im spitzwinkligen Dreieck vom Eckpunkt C das Lot auf die gegenüberliegende Seite c, so erhält man die **Höhe** h_c des Dreiecks. Entsprechend konstruiert man die Höhen h_a und h_b.
Die Höhe h_c gibt den **Abstand** des Punkts C von der Seite c an.

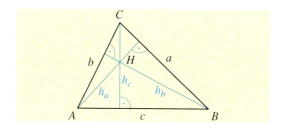

Die drei Höhen schneiden sich in einem Punkt, dem **Höhenschnittpunkt** H des Dreiecks.

Eine Besonderheit gilt für stumpfwinklige Dreiecke:
Um die Höhen zeichnen zu können, muss man zuerst die Seiten des Dreiecks verlängern. Verlängert man dann auch die Höhen, so findet man den Höhenschnittpunkt H außerhalb des Dreiecks.

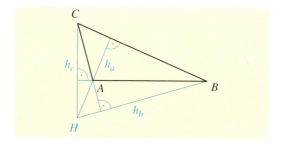

> Die drei Höhen eines Dreiecks oder deren Verlängerungen schneiden sich in einem Punkt, dem **Höhenschnittpunkt**. Die Höhen verlaufen senkrecht zu den zugehörigen Seiten.

Übungen

1 Bestimmen Sie in den folgenden Dreiecken den Höhenschnittpunkt.
a) $a = 5$ cm; $b = 4$ cm; $c = 6$ cm
b) $a = 5{,}8$ cm; $b = 4{,}8$ cm; $\gamma = 60°$
c) $a = 6{,}1$ cm; $b = 6{,}1$ cm; $c = 6{,}1$ cm
d) $\alpha = 55°$; $b = 7$ cm; $\beta = 55°$
e) $b = 4{,}5$ cm; $c = 6{,}3$ cm; $\alpha = 48°$

2 Zeichnen Sie ein beliebiges rechtwinkliges Dreieck mit dem rechten Winkel bei C und zeichnen Sie die Höhe h_c ein. Beschreiben Sie die Lage der Höhen h_a und h_b. Wo liegt der Höhenschnittpunkt?

3 Zeichnen Sie ein Dreieck mit $a = 5{,}6$ cm; $c = 3{,}4$ cm und $\beta = 120°$. Zeichnen sie die Höhen ein. Wie weit ist der Höhenschnittpunkt von den Eckpunkten A, B und C entfernt?

4 Jedes Rohr hat den äußeren Durchmesser 100 mm. Konstruieren Sie die Anordnung der drei aufgestapelten Rohre (siehe Skizze) im Maßstab 1:5 und messen Sie h.

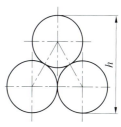

5 Zeichnen Sie die Dreiecke und konstruieren Sie deren Höhen.
a) $a = 6{,}5$ cm; $b = 3$ cm; $c = 5{,}2$ cm
b) $a = 4$ cm; $b = 6{,}3$ cm; $\gamma = 140°$
c) $b = 7$ cm; $c = 8{,}4$ cm; $\alpha = 52°$

5 Zeichnen Sie mit geeignetem Maßstab den Querschnitt eines Kegels mit dem Durchmesser $d = 10$ cm und der Mantellinie $s = 16$ cm.
Ermitteln Sie aus der Zeichnung die Kegelhöhe h.

Menschen fliegen zum Mond

Im Juli des Jahres 1969 war es endlich so weit. Ein Traum der Menschen ging in Erfüllung: ein Flug zu einem anderen Himmelskörper. Auch wenn der Mond nur 384 405 km von der Erde entfernt ist, war es mit den bisher gebauten Raketen nicht möglich, diese Entfernung zurückzulegen. Man baute deshalb mehrere riesige Raketen in drei Stufen übereinander. Die erste Stufe der Mondrakete Saturn V brachte sich und die beiden anderen Stufen auf eine Geschwindigkeit von etwa 10 000 $\frac{km}{h}$, und zwar innerhalb von $2\frac{1}{2}$ min. Dabei wurden 794 000 Liter Brennstoff und 1 138 000 Liter flüssiger Sauerstoff verbraucht. Nachdem diese Menge an Treibstoff verbrannt war, wurde die zweite Stufe gezündet. Sie brachte die Rakete in eine Umlaufbahn um die Erde. Mit einer Geschwindigkeit von 25 000 $\frac{km}{h}$ flogen die Astronauten um die Erde. Durch die dritte Stufe verließ die Rakete nun mit einer Geschwindigkeit von 40 000 $\frac{km}{h}$ die Anziehungskraft der Erde und wurde auf die Mondflugbahn gebracht.

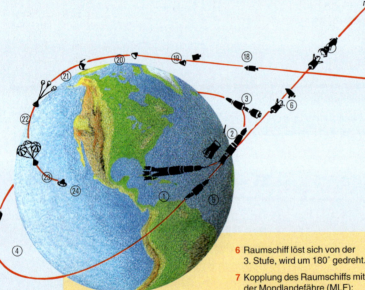

1. 16. Juli 1969: Start der Trägerrakete *Saturn V*.
2. Abwurf der 1. Stufe; Zündung der 2. Stufe; Abwurf des Rettungsturmes.
3. Abwurf der 2. Stufe; 3. Stufe mit *Apollo*-Raumschiff erreicht Erdumlaufbahn (Geschwindigkeit etwa 25 000 $\frac{km}{h}$).
4. Raumschiff in „Wartebahn" um die Erde.
5. 3. Stufe wird gezündet, bringt Raumschiff in Mondumlaufbahn (Geschwindigkeit etwa 40 000 $\frac{km}{h}$).
6. Raumschiff löst sich von der 3. Stufe, wird um 180° gedreht.
7. Kopplung des Raumschiffs mit der Mondlandefähre (MLF); Abstoßen der 3. Stufe.
8. Gegenraketen bremsen das Raumschiff für dessen Eintritt in die Mondumlaufbahn ab.
9. MLF wird vom Raumschiff getrennt.
10. Gegenraketen verlangsamen die MLF für den Abstieg
11. zum Mond.
12. 20. Juli 1969: „Weiche" Landung der MLF auf der Mondoberfläche.
13. *Apollo*-Raumschiff umkreist den Mond in einer „Parkbahn".
14. Zündung der Rakete für den Wiederaufstieg des Oberteils der MLF.
15. MLF erreicht Kreisbahn um den Mond; „Rendezvous" und Kopplung mit Raumschiff.
16. Raumschiff stößt MLF ab.
17. Raumschiff zündet Rakete für Einschuss in Rückflugbahn zur Erde.
18. Raumschiff fällt mit zunehmender Geschwindigkeit zur Erde.
19. Kommandokapsel trennt sich vom Versorgungsteil und
20. wird um 180° gedreht.
21. Kommandokapsel tritt mit ihrem Hitzeschild voran in die Erdatmosphäre ein.
22. Bremsfallschirme und
23. Hauptfallschirme entfalten sich.
24. 24. Juli 1969: Landung und Bergung der Kommandokapsel im Pazifik.

Die Astronauten landeten in der Apollo-Raumkapsel im Meer.

Als erster Mensch betrat am 21. Juli 1969 der amerikanische Astronaut Neil Alden Armstrong den Mond. Die Rakete *Saturn V* beförderte in der Mission Apollo 11 auch die Astronauten Collins und Aldrin in den Weltraum, außerdem die Mondlandefähre Eagle (Adler).

The first Step

Start 4… 3… 2…1…

Die Erde aus der Sicht der Astronauten

Mondrakete Saturn V
Höhe: 110,6 m
Startgewicht: 2837 t
Nutzlast: 49,7 t

Raumfahrzeug
Länge: 25,9 m
Leergewicht: 29,5 t
Treibstoff: 18,2 t

dritte Stufe
Länge: 17,9 m
Leergewicht: 15,4 t
Treibstoff: 103,4 t
Durchmesser: 6,6 m

zweite Stufe
Länge: 24,8 m
Leergewicht: 43,1 t
Treibstoff: 426,8 t
Durchmesser: 10 m

erste Stufe
Länge: 42 m
Leergewicht: 136 t
Treibstoff: 2035 t
Durchmesser: 10 m

Rettungsturm
Raumkapsel
Triebwerksteil (1 Triebwerk)
Mondfähre (2 Triebwerke)
Flüssigwasserstofftank
Flüssigsauerstofftank
1 Triebwerk
Flüssigsauerstofftank
Flüssigsauerstofftank
Kerosintank
Stabilisierungsflossen
Zum Vergleich: Größe eines Menschen
5 Triebwerke

Vierecke und ihre Konstruktion

Vierecke

Die Bilder zeigen verschiedene Viereckformen.

Diese Vierecke sind besondere Vierecke und tragen spezielle Namen.
Stellen Sie die Vierecke durch Falten her.

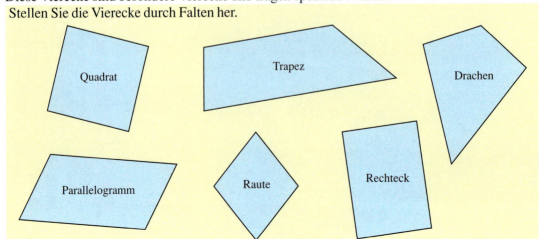

Vierecke und ihre Konstruktion

Parallelogramme

Schneidet man aus verschiedenfarbigem Transparentpapier parallele Streifen von unterschiedlicher Breite, so erkennt man beim Übereinanderlegen ein besonderes Viereck, das **Parallelogramm**.

Ein Parallelogramm ist ein Viereck, für das gilt:
1. Gegenüberliegende Seiten sind parallel ($a \parallel c$; $b \parallel d$).
2. Gegenüberliegende Seiten sind gleich lang ($a = c$; $b = d$).
3. Gegenüberliegende Winkel sind gleich groß ($\alpha = \gamma$; $\beta = \delta$).
4. Die Diagonalen e und f halbieren sich gegenseitig.

Man konstruiert ein Parallelogramm mit $a = 2$ cm; $d = 1{,}7$ cm und $\alpha = 60°$:

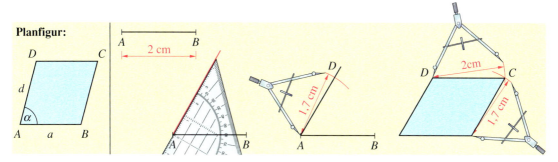

Die Planfigur zeigt, dass außer a, d und α auch die Gegenseiten von a und d, nämlich b und c bekannt sind.

Konstruktionsbeschreibung	Konstruktionsprotokoll
1. Ich zeichne die Strecke $\overline{AB} = 1{,}9$ cm.	1. $\overline{AB} = 1{,}9$ cm
2. Ich trage an $\overline{AB}$ in A den Winkel $\alpha = 60°$ an.	2. $\sphericalangle \alpha = 60°$
3. Ich schlage um A mit $r = 1{,}6$ cm einen Kreis.	3. $\odot A$, $r = 1{,}6$ cm
4. Im Schnittpunkt liegt D.	4. (D)
5. Ich schlage um B mit $r = 1{,}6$ cm einen Kreis.	5. $\odot B$, $r = 1{,}6$ cm
6. Ich schlage um D mit $r = 1{,}9$ cm einen Kreis.	6. $\odot D$, $r = 1{,}9$ cm
7. Im Schnittpunkt liegt C.	7. (C)
8. Ich verbinde C mit D und C mit B.	8. $\overline{CD}$, $\overline{CB}$
9. $ABCD$ ist das verlangte Parallelogramm.	9. $\square ABCD$

Die Parallelogrammkonstruktion gilt als Grundkonstruktion auch für alle die Vierecke, die *spezielle* Parallelogramme sind wie *Raute*, *Rechteck* und *Quadrat*.

Übungen

1 Prüfen Sie in den Darstellungen, ob das Gestänge der Schaukel mit den anderen rot markierten Linien ein Parallelogramm bildet.

2 Welche Vierecke sind Parallelogramme? Begründen Sie ihre Antwort. Zeichnen Sie die Figuren in ein Koordinatensystem. Schreiben Sie die Eckpunkte auf.

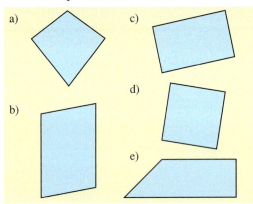

3 a) Zeichnen Sie nach der Planfigur.

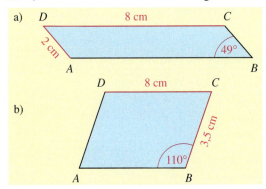

b) Fertigen Sie eine Konstruktionsbeschreibung und ein Konstruktionsprotokoll an.

4 Zeichnen Sie das Parallelogramm und fertigen Sie eine Konstruktionsbeschreibung und ein Konstruktionsprotokoll an.
a) $a = 4$ cm; $\beta = 110°$; $b = 3{,}5$ cm
b) $a = b = 5$ cm; $\alpha = 75°$
c) $a = 7$ cm; $b = 4$ cm; $\alpha = 45°$
d) $a = 5$ cm; $b = 6{,}3$ cm; $\alpha = 150°$
e) $d = 4{,}8$ cm; $c = 5{,}7$ cm; $\gamma = 80°$
f) $c = 3{,}9$ cm; $b = 5{,}2$ cm, $\alpha = 100°$

5 Übertragen Sie das Parallelogramm in Ihr Heft.

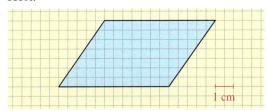

a) Zeichnen Sie die Diagonalen ein und überprüfen Sie die Eigenschaft 4 vom Merksatz Seite 141.
b) Die Verbindungslinie zweier gegenüberliegender Seitenmitten heißt **Mittellinie**. Zeichnen Sie diese Mittellinien in das Parallelogramm.
Welche Eigenschaften der Mittellinien sind abzuleiten?

6 Konstruieren Sie das Parallelogramm und fertigen Sie eine Konstruktionsbeschreibung und ein Konstruktionsprotokoll an.
a) $a = 4{,}9$ cm; $b = 3{,}5$ cm; $e = 8$ cm
b) $c = 3{,}8$ cm; $d = 4{,}5$ cm; $f = 4{,}2$ cm
c) $e = 7{,}4$ cm; $f = 4{,}8$ cm; $\varepsilon = 110°$
d) $e = 3{,}6$ cm; $f = 5{,}8$ cm; $\varepsilon = 84°$
e) $e = 6{,}2$ cm; $f = 7{,}6$ cm; $a = 3{,}5$ cm

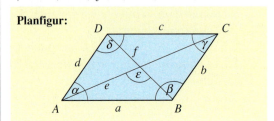

Vierecke und ihre Konstruktion

Rauten

Legt man zwei *gleich breite* Tranparentstreifen übereinander, so erscheint ein besonderes Parallelogramm, die **Raute**.

Früher verwendete man für Raute auch das Wort **Rhombus**.

Die Raute ist ein Parallelogramm, für das zusätzlich gilt:
1. Alle Seiten sind gleich lang ($a = b = c = d$).
2. Die Diagonalen stehen senkrecht aufeinander ($e \perp f$).

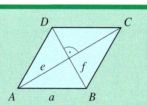

Man konstruiere eine Raute mit $a = 2$ cm; $\alpha = 65°$.

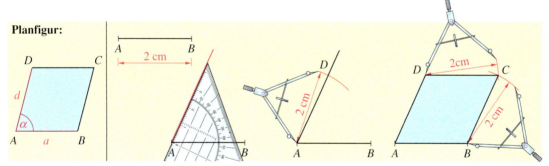

Konstruktionsbeschreibung und Konstruktionsprotokoll entsprechen der Konstruktion des Parallelogramms.

Übungen

1 Zeichnen Sie Rauten nach der vorgegebenen Planfigur.

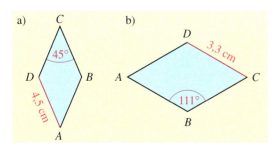

2 Fertigen Sie zu Aufgabe 1
a) eine Konstruktionsbeschreibung,
b) ein Konstruktionsprotokoll an.

3 Zeichnen Sie die Rauten.
a) $a = 6{,}5$ cm; $\beta = 125°$
b) $a = 4{,}9$ cm; $\alpha = 30°$
c) $a = 3{,}2$ cm; $e = 4{,}5$ cm
d) $a = 2{,}1$ cm; $f = 4{,}7$ cm

4 Fertigen Sie zur Aufgabe 3
a) eine Konstruktionsbeschreibung,
b) ein Konstruktionsprotokoll an.

Rechtecke

Wenn man zwei Streifen aus Transparentpapier so übereinander legt, dass sie sich *senkrecht* schneiden, so erscheint ein weiteres, besonderes Parallelogramm, das **Rechteck**.

Das Rechteck ist ein Parallelogramm, für das gilt:
1. Alle Winkel sind 90° ($\alpha = \beta = \gamma = \delta = 90°$).
2. Die Diagonalen sind gleich lang ($e = f$).

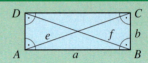

Man konstruiere ein Rechteck mit $a = 3$ cm, $b = 2$ cm.

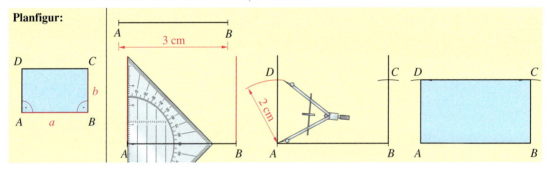

Übungen

1 a) Beschreiben Sie die Konstruktion zur obigen Bildfolge.
b) Fertigen Sie auch ein Konstruktionsprotokoll dafür an.

1 Welche Rechtecke sind nach den Angaben konstruierbar? Welche Angaben sind überflüssig?
a) $a = 7$ cm; $b = 4$ cm; $\angle CBA = 90°$
b) $a = 9{,}3$ cm; $c = 9{,}3$ cm; $\angle BAD = 90°$
c) $a = 3{,}7$ cm; $c = 6{,}4$ cm
d) $a = 4{,}6$ cm; $e = 6{,}5$ cm
e) $b = 2{,}5$ cm; $f = 7{,}2$ cm

2 Zeichnen Sie nach diesem Konstruktionsprotokoll.
1. $\overline{AB} = 4{,}2$ cm
2. $\alpha = 90°$
3. $\odot A, r = 4{,}7$ cm
4. (D)
5. $\odot B, r = 4{,}7$ cm
6. $\odot D, r = 4{,}7$ cm
7. (C)
8. $\overline{BC}, \overline{DC}$
9. $\square ABCD$

3 Zeichnen Sie die Rechtecke.
a) $a = 7$ cm; $b = 3$ cm   c) $b = 5$ cm; $f = 7$ cm
b) $a = 2{,}3$ cm; $f = 4{,}1$ cm   d) $e = 4$ cm; $\varepsilon = 120°$

Vierecke und ihre Konstruktion 145

Quadrate

Wenn man zwei *gleich breite* Streifen aus Transparentpapier so übereinander legt, dass sie sich *senkrecht* schneiden, so erscheint ein noch spezielleres Parallelogramm, das **Quadrat**.

Das Quadrat ist ein Parallelogramm, für das gilt:

1. Alle Seiten sind gleich lang ($a = b = c = d$).
2. Alle Winkel sind 90° ($\alpha = \beta = \gamma = \delta = 90°$).
3. Die Diagonalen sind gleich lang.
4. Die Diagonalen stehen senkrecht aufeinander ($e \perp f$).

Man zeichne ein Quadrat mit $a = 2$ cm.

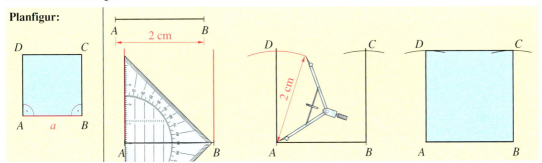

Übungen

1 a) Beschreiben Sie die Konstruktion zur obigen Bildfolge.
b) Fertigen Sie zur gleichen Konstruktion ein Konstruktionsprotokoll an.

2 Zeichnen Sie nach diesem Konstruktionsprotokoll.
1. $\overline{BC} = 2{,}6$ cm
2. $\gamma = 90°$
3. $\odot C, r = 2{,}6$ cm, (D)
4. $\odot D, r = 2{,}6$ cm
5. $\odot B, r = 2{,}6$ cm (A)
6. $\overline{AD}, \overline{AB}$
7. $\square ABCD$

3 Zeichnen Sie nach der Planfigur

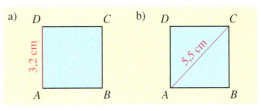

4 Konstruieren Sie die Quadrate.
a) $a = 4{,}1$ cm   d) $f = 6{,}9$ cm
b) $\overline{CD} = 3{,}6$ cm   e) $\overline{AC} = 4{,}4$ cm
c) $e = 5{,}8$ cm   f) $\overline{AD} = 2{,}9$ cm

5 Formulieren Sie zu Aufgabe 4 je eine Konstruktionsbeschreibung.

Trapeze

Querschnitte von Lärmschutzwällen und Gräben haben oft die Form eines **Trapezes**.
Bei diesen Vierecken verlaufen die obere und die untere Seite zueinander parallel:

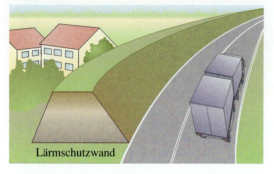
Lärmschutzwand

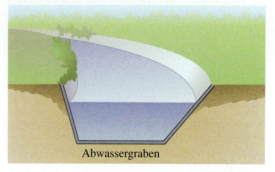
Abwassergraben

Das Trapez ist ein Viereck, das *ein Paar* parallele Seiten hat.

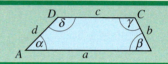

Hat es sogar zwei Paar parallele Seiten, dann ist es ein Parallelogramm.
Man konstruiere ein Trapez mit $a = 1{,}7$ cm; $b = 1{,}4$ cm; $c = 1$ cm; $\beta = 80°$ ($a \parallel c$).

Planfigur:

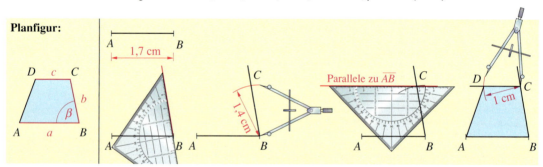

Übungen

1 a) Beschreiben Sie die Konstruktion zur obigen Bildfolge.
b) Fertigen Sie zur gleichen Konstruktion ein Konstruktionsprotokoll an.

2 Konstruieren Sie die Trapeze ($a \parallel c$).
a) $a = 5{,}2$ cm; $b = 3{,}2$ cm; $c = 2{,}8$ cm; $\gamma = 110°$
b) $d = 2{,}6$ cm; $c = 4{,}3$ cm; $a = 3{,}6$ cm; $\alpha = 56°$
c) $a = 4{,}2$ cm; $\alpha = 84°$; $\beta = 62°$; $b = 3$ cm
d) $b = 3{,}4$ cm; $\gamma = 105°$; $c = 5$ cm; $\delta = 98°$
e) $a = 10{,}2$ cm; $c = 6{,}7$ cm; $d = 3$ cm; $\alpha = 49°$
f) $c = 7$ cm; $b = 4{,}3$ cm; $\gamma = 90°$; $\delta = 112°$

3 Ergänzen Sie die Figuren zu Trapezen. Finden Sie mehrere Möglichkeiten.

4 a) Konstruieren Sie das **gleichschenklige Trapez** mit $a = 4$ cm; $b = d = 2$ cm; $\alpha = 82°$ ($a \parallel c$).
b) Konstruieren Sie das **rechtwinklige Trapez** mit $a = 5$ cm; $d = 3$ cm; $\alpha = 45°$; $\beta = 90°$ ($a \parallel c$).

Vierecke und ihre Konstruktion **147**

Drachen

„Drachen" sind vor allem als Kinderspielzeug bekannt. Die klassische Form des Kinderdrachen ist ein spezieller Fall im Haus der Vierecke (vgl. Seite 149).

Der Drachen ist ein Viereck, für das gilt:
1. Es gibt *zwei Paar* benachbarte gleich lange Seiten ($a = d$; $b = c$).
2. Es gibt ein Paar gegenüberliegende gleich große Winkel ($\beta = \delta$).
3. Die Diagonalen stehen senkrecht aufeinander ($e \perp f$).
4. Eine der Diagonalen wird halbiert.

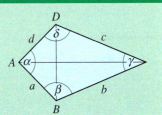

Man konstruiere einen Drachen mit $a = 1$ cm, $b = 2$ cm und $\alpha = 100°$.

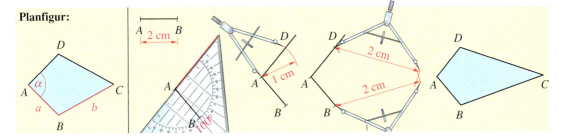

Übungen

1 a) Beschreiben Sie die Konstruktion zur obigen Bildfolge.
b) Fertigen Sie zur gleichen Konstruktion ein Konstruktionsprotokoll an.

2 Konstruieren Sie Drachen.
a) $a = 5$ cm; $b = 3$ cm; $\alpha = 60°$
b) $a = 3,5$ cm; $b = 5$ cm; $\beta = 135°$
c) $a = 4$ cm; $a = 6,5$ cm; $\alpha = 90°$
d) $c = 2,8$ cm; $d = 3,5$ cm; $e = 5,8$ cm
e) $e = 4,8$ cm; $f = 5,6$ cm; $c = d = 3$ cm

3 Fertigen Sie zu Aufgabe 2 eine Konstruktionsbeschreibung an.

4 Ergänzen Sie die Figuren aus Aufgabe 3 Seite 146 zu Drachen. Gibt es mehrere Möglichkeiten?

5 Begründen Sie folgende Aussagen:
a) Jede Raute ist ein Drachen, aber nicht jeder Drachen ist eine Raute.
b) Ein Drachen mit gleich langen Seiten ist ein Quadrat.
c) Wann ist ein Drachen ein Parallelogramm?

Allgemeine Vierecke

Soll ein Viereck gezeichnet werden, von dem die vier Seitenlängen bekannt sind, dann stellt man fest, dass verschiedene Viereckformen entstehen können. Man sagt, die Lösung dieser Aufgabe ist nicht eindeutig. Um das Viereck eindeutig zu bestimmen, muss man wenigstens noch eine Winkelgröße angeben. Zeigen Sie die Verschiedenheit am Zollstock.

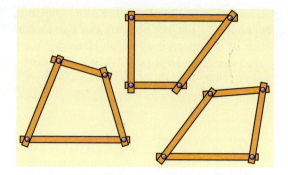

Zur Konstruktion eines Vierecks benötigt man im Allgemeinen fünf Angaben aus Winkeln und Seiten.

Man konstruiere ein Viereck $ABCD$ mit $a = 2{,}5$ cm; $b = 2$ cm; $c = 1$ cm; $d = 1{,}5$ cm und $\beta = 80°$.

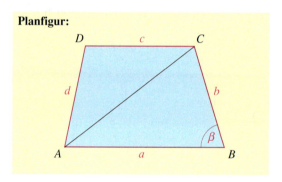

Planfigur:

An der Planfigur sieht man, dass man zunächst das Dreieck ABC konstruieren kann (nach Kongruenzsatz *sws* eindeutig bestimmt). Anschließend kann das Dreieck ACD konstruiert werden (nach Kongruenzsatz *sss* eindeutig bestimmt). Das Viereck $ABCD$ ist damit als gesuchtes Viereck entstanden.

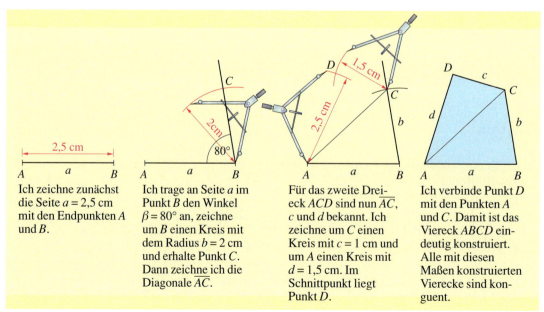

Ich zeichne zunächst die Seite $a = 2{,}5$ cm mit den Endpunkten A und B.

Ich trage an Seite a im Punkt B den Winkel $\beta = 80°$ an, zeichne um B einen Kreis mit dem Radius $b = 2$ cm und erhalte Punkt C. Dann zeichne ich die Diagonale $\overline{AC}$.

Für das zweite Dreieck ACD sind nun $\overline{AC}$, c und d bekannt. Ich zeichne um C einen Kreis mit $c = 1$ cm und um A einen Kreis mit $d = 1{,}5$ cm. Im Schnittpunkt liegt Punkt D.

Ich verbinde Punkt D mit den Punkten A und C. Damit ist das Viereck $ABCD$ eindeutig konstruiert. Alle mit diesen Maßen konstruierten Vierecke sind kongruent.

Vierecke konstruiert man mithilfe geeigneter Teildreiecke.

Vierecke und ihre Konstruktion **149**

Übungen

1 Konstruieren Sie das auf Seite 148 vorgegebene Viereck.

2 Welche Vierecke kann man eindeutig konstruieren? Prüfen Sie das an einer Planfigur und mit einer Konstruktion.
a) $a = 4$ cm; $b = 3$ cm; $c = 6$ cm; $d = 5$ cm; $\gamma = 75°$
b) $a = 5$ cm; $\alpha = 80°$; $\beta = 85°$; $\gamma = 95°$; $\delta = 100°$
c) $a = 4$ cm; $c = 6$ cm; $d = 5$ cm; $\beta = 45°$; $\delta = 55°$
d) $a = 5$ cm; $b = 3$ cm; $c = 7$ cm; $d = 2$ cm
e) $b = 3$ cm; $d = 2$ cm; $\alpha = 72°$; $\gamma = 98°$; $\delta = 95°$

3 Zeichnen Sie ein Viereck mit $a = 6$ cm; $b = c = 3$ cm; $\gamma = 108°$; $\delta = 84°$. Geben Sie eine Konstruktionsbeschreibung oder ein Konstruktionsprotokoll an.

4 Konstruieren Sie die Vierecke. Beschreiben Sie die Konstruktion.
a) $a = c = 5,2$ cm; $d = 4,4$ cm; $\alpha = 87°$; $\delta = 93°$
b) $a = 9$ cm; $b = 5$ cm; $c = 6$ cm; $\gamma = 103°$; $\delta = 111°$
c) $c = d = 3,6$ cm; $\alpha = 74°$; $\beta = 84°$; $\gamma = 99°$
d) $b = 4,3$ cm; $c = 5,8$ cm; $d = 4,9$ cm; $\beta = 109°$; $\gamma = 124°$
e) $b = 4,8$ cm; $c = 5,3$ cm; $\beta = \gamma = 90°$; $\delta = 115°$

Das Haus der Vierecke

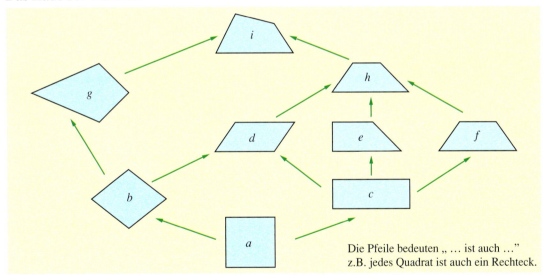

Die Pfeile bedeuten „ … ist auch …"
z.B. jedes Quadrat ist auch ein Rechteck.

5 Benennen Sie die Vierecke und erläutern Sie die Beziehungen zwischen den Vierecken, die durch die Pfeile angegeben sind.

6 Welche Aussagen sind falsch?
a) Jedes Parallelogramm ist auch ein Rechteck.
b) Jedes Quadrat ist auch ein Trapez.
c) Jeder Drachen ist eine Raute.
d) Ein Rechteck ist ein besonderes Parallelogramm.

7 Für welche Vierecke gelten die folgenden Aussagen?
a) Alle Seiten sind gleich lang.
b) Sie haben zwei Paar parallele Seiten.
c) Die Diagonalen sind gleich lang.
d) Die Diagonalen stehen senkrecht aufeinander.

8 Wie kann man mithilfe der Darstellung zum Haus der Vierecke schnell alle Vierecke von Aufgabe 7 finden?

Lehrsatz des Pythagoras

Rechtwinklige Dreiecke

Zeichnen Sie **rechtwinklige Dreiecke** und schneiden Sie sie aus.

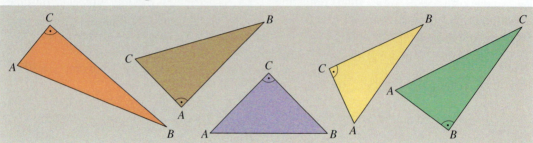

Die Eckpunkte, Seiten und Winkel eines rechtwinkligen Dreiecks bezeichnen wir so wie in dieser Zeichnung:

Die Seiten, die den rechten Winkel einschließen, nennt man **Katheten**.

Die Seite, die dem rechten Winkel gegenüberliegt, heißt **Hypotenuse**. Die Hypotenuse ist immer die längste Seite.

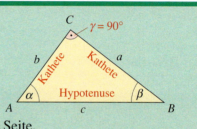

Übungen

1 a) Welcher Winkel ist in den oben abgebildeten Dreiecken der rechte Winkel?
b) Welche Seiten sind die Hypotenusen?
c) Welche Seiten sind Katheten?

2 Konstruieren Sie die folgenden Dreiecke.
a) $a = 3$ cm, $b = 4$ cm, $c = 5$ cm
b) $a = 3$ cm, $b = 5$ cm, $c = 6$ cm
c) $a = 3,4$ cm, $b = 4,5$ cm, $c = 4,8$ cm
d) $a = 2,4$ cm, $b = 4,5$ cm, $c = 5,1$ cm
Welche Dreiecke sind rechtwinklig, welche nicht?
Messen Sie nach! Schreiben Sie bei den rechtwinkligen Dreiecken an die entsprechenden Seiten *Kathete* bzw. *Hypotenuse*.

3 Aus 30 Streichhölzern kann ein rechtwinkliges Dreieck mit den Seitenlängen 5 H, 12 H, 13 H gelegt werden.
Legen Sie und messen Sie.

4 Aus 12 Streichhölzern kann man ein rechtwinkliges Dreieck legen. Wie geht das? Probieren Sie aus.
Mit 24 Streichhölzern geht es ebenfalls.

5 a) Zeichnen Sie fünf verschiedene Dreiecke, jedes mit einem rechten Winkel γ. Messen Sie die Längen der Katheten a und b und die Länge der Hypotenuse c. Tragen Sie die Längen in eine Tabelle ein und berechnen Sie die Werte für die leeren Spalten.

	a	b	c	a^2	b^2	c^2	$a^2 + b^2$
I							
II							

b) Was fällt Ihnen auf? Worauf können kleine Abweichungen zurückzuführen sein?

6 Wie kann man jedes Dreieck in zwei rechtwinklige Dreiecke zerlegen?

Der Lehrsatz des Pythagoras

Übertragen Sie die Dreiecke in Ihr Heft und zeichnen Sie die Quadrate über den Dreiecksseiten. Vergleichen Sie die Flächeninhalte der Quadrate miteinander.

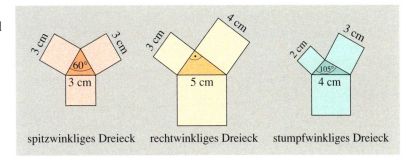

spitzwinkliges Dreieck rechtwinkliges Dreieck stumpfwinkliges Dreieck

Wir können die Flächeninhalte vergleichen, indem wir Quadrate mit 1 cm² Fläche (Einheitsquadrate) einzeichnen.

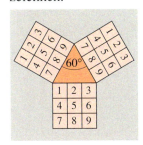
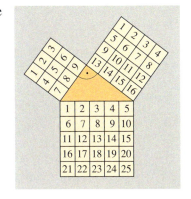
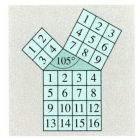

Quadrat	spitzwinkliges Dreieck	rechtwinkliges Dreieck	stumpfwinkliges Dreieck
über der Seite a	9 cm²	16 cm²	9 cm²
über der Seite b	9 cm²	9 cm²	4 cm²
über der Seite c	9 cm²	25 cm²	16 cm²

Beim **rechtwinkligen Dreieck** enthalten die Quadrate über den Katheten zusammen genauso viele Einheitsquadrate wie das Quadrat über der Hypotenuse, denn 9 cm² + 16 cm² = 25 cm². Diese Beziehung wird als **Satz des Pythagoras** bezeichnet.

> **Satz des Pythagoras:** In jedem rechtwinkligen Dreieck haben die beiden Quadrate über den Katheten a und b zusammen denselben Flächeninhalt wie das Quadrat über der Hypotenuse c.
> $$a^2 + b^2 = c^2$$

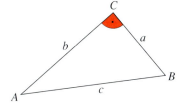

Es gilt auch:
Wenn für die Seiten eines Dreiecks die Gleichung $a^2 + b^2 = c^2$ stimmt, dann ist es rechtwinklig mit dem rechten Winkel bei C.

Übungen

1 Übertragen Sie diese Figuren in Ihr Heft und ergänzen Sie die fehlenden Quadrate. Welchen Flächeninhalt haben die Quadrate?

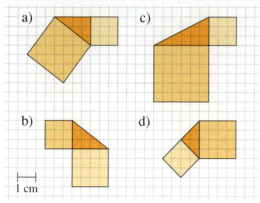

2 Berechnen Sie die fehlende Seiten und Flächeninhalte.

	1. Kathetenquadrat	2. Kathetenquadrat	Hypotenusenquadrat
a)	16 cm²	9 cm²	
b)	25 cm²	25 cm²	
c)	70 cm²		120 cm²
d)	50 cm²		98 cm²
e)		9,5 cm²	22 cm²
f)		17,8 cm²	33,5 cm²

3 Zeichnen Sie zwei verschiedene rechtwinklige, zwei spitzwinklige und zwei stumpfwinklige Dreiecke. Bezeichnen Sie in jedem Dreieck die längste Seite mit c, die anderen beiden Seiten mit a und b.
Messen Sie die Seitenlängen und tragen Sie diese in Ihrem Heft in die Tabelle ein.
a) Zeigen Sie mithilfe der Tabelle, dass der Satz des Pythagoras nur für die beiden rechtwinkligen Dreiecke gilt.
b) Für welche Dreiecke gilt $a^2 + b^2 < c^2$ und für welche Dreiecke gilt $a^2 + b^2 > c^2$?

	a	b	c	a^2	b^2	c^2	$a^2 + b^2$
spitzwinklig							
rechtwinklig							
stumpfwinklig							

! In einigen handwerklichen Berufen, wie etwa bei Baufacharbeitern, gehört die Konstruktion eines rechten Winkels mit einem Lattendreieck zu den Grundkenntnissen.

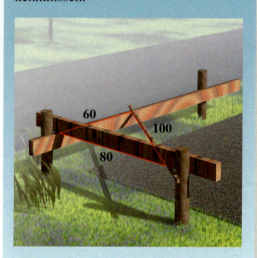

Mithilfe einer 60 cm, 80 cm und 100 cm langen Schnur kann auf dem Bau ein rechtwinkliges „Maurerdreieck" gebildet werden.

4 a) Wieso hat das Dreieck mit den Seitenlängen $a = 60$ cm, $b = 80$ cm, $c = 100$ cm einen rechten Winkel?
Überprüfen Sie dies durch Zeichnen und Nachmessen der Strecken und Winkel.
b) Ist das Dreieck mit den Seiten $a = 12$ cm, $b = 13$ cm, $c = 5$ cm auch rechtwinklig?

5 Übertragen Sie die Zeichnung in Ihr Heft. Begründen Sie mit dem Satz des Pythagoras, dass das Quadrat $ABCD$ genau doppelt so groß ist wie eines der blauen Quadrate.

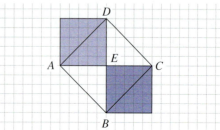

Lehrsatz des Pythagoras **153**

Ein Beweis für den Satz des Pythagoras

 Bisher haben wir durch Nachmessen an einigen rechtwinkligen Dreiecken gezeigt, dass der Satz des Pythagoras gilt. In der Mathematik genügt Nachmessen an einigen Beispielen aber *nicht* für einen **Beweis**. Man muss zeigen, dass der Satz **für alle** rechtwinkligen Dreiecke gilt.

Das zeigen wir so:
Wir zeichnen ein beliebiges rechtwinkliges Dreieck viermal und schneiden die vier Dreiecke aus.

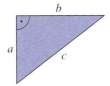 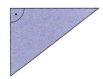 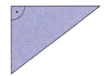

Außerdem zeichnen wir ein Quadrat mit der Kantenlänge $a + b$.
Die Dreiecke legen wir auf das Quadrat.

Zuerst so:

Figur I

Dann so:

Figur II

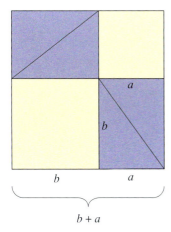

Wenn wir von beiden großen Quadraten I und II die vier Dreiecke wegnehmen, müssen auch die gelben Restflächen gleich groß sein. Die Restfläche von Figur I ist das Quadrat über der Hypotenuse c, also c^2. Die Restfläche von Figur II sind die 2 Quadrate über den Katheten a und b, d. h. zusammen $a^2 + b^2$.

Also gilt für das rechtwinklige Ausgangsdreieck
$$a^2 + b^2 = c^2$$

Wie das rechtwinklige Ausgangsdreieck auch aussieht, immer kann man mit ihm die Figuren I und II legen.
Damit ist der Satz des Pythagoras **bewiesen**.

Es gilt auch: Immer, wenn für die 3 Seiten eines Rechtecks die Gleichung $a^2 + b^2 = c^2$ gilt, dann liegt der Seite c ein rechter Winkel gegenüber. Wir zeigen das an Beispielen.
Füllen Sie dazu die Tabelle im Heft aus. (Angaben in cm)

a	b	c	a^2	b^2	$a^2 + b^2$	c^2	γ (gemessen)
8	6	10	64	36	100	100	90°
5	12	13					
7	24	25					

Anwendungen

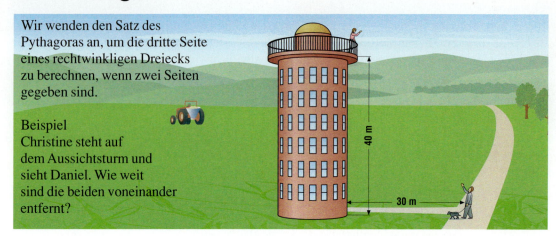

Wir wenden den Satz des Pythagoras an, um die dritte Seite eines rechtwinkligen Dreiecks zu berechnen, wenn zwei Seiten gegeben sind.

Beispiel
Christine steht auf dem Aussichtsturm und sieht Daniel. Wie weit sind die beiden voneinander entfernt?

Wir zeichnen ein rechtwinkliges Dreieck. Eine Kathete reicht von Christine bis zum Fußpunkt des Turms, die andere Kathete vom Fußpunkt bis zu Daniel. Von Daniel bis zu Christine reicht die Hypotenuse.

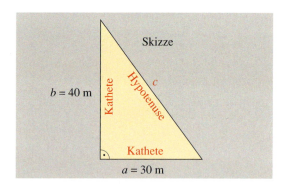

Gegeben: Kathete $a = 30$ m, Kathete $b = 40$ m
Gesucht: Hypotenuse c
Formel: $\quad a^2 + b^2 = c^2$
Lösung: $\quad 30^2 + 40^2 = c^2$
$\qquad\quad 900 + 1600 = c^2$
$\qquad\qquad\quad 2500 = c^2 \quad |\sqrt{}$
$\qquad\qquad \sqrt{2500} = c$
$\qquad\qquad\quad\; 50 = c$
$\qquad\qquad\quad\;\; c = 50$

Antwort: Christine und Daniel sind 50 m voneinander entfernt.

Auch die Länge einer Kathete können wir berechnen. Das zeigen wir im Beispiel.

Beispiel

Gegeben: Hypotenuse $c = 20$ cm, Kathete $a = 13$ cm
Gesucht: Kathete b
Formel: $\quad a^2 + b^2 = c^2$
Lösung: $\quad 13^2 + b^2 = 20^2$
$\qquad\quad 169 + b^2 = 400 \quad |-169$
$\qquad\qquad\quad b^2 = 231 \quad |\sqrt{}$
$\qquad\qquad\quad\; b = \sqrt{231}$
$\qquad\qquad\quad\; b \approx 15{,}2$

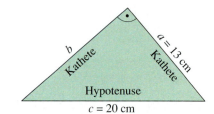

Antwort: Die Kathete b ist (etwa) 15,2 cm lang.

Lehrsatz des Pythagoras **155**

So können Sie bei Berechnungen mit dem Lehrsatz des Pythagoras vorgehen:

1. Text genau lesen.

2. Planfigur anfertigen.

3. Rechtwinklige Dreiecke farbig hervorheben. Wo liegt der rechte Winkel?

4. Welche Seiten sind gegeben? (Zwei Katheten oder eine Kathete und die Hypotenuse?)

5. Gegebene Seitenlängen in die Formel des Pythagoras einsetzen.

6. Die gesuchte Seitenlänge ausrechnen. Dabei die Quadratwurzel berechnen (in schwierigen Fällen mit dem Taschenrechner).

7. Antwortsatz geben.

8. Ergebnis durch Überschlagsrechnung (oder genaue Zeichnung) überprüfen.

Übungen

1 Berechnen Sie die fehlenden Seitenlängen nach dem Satz des Pythagoras.

a) b)

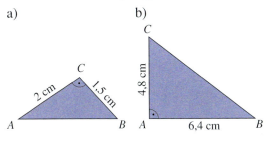

2 Übertragen Sie die Tabelle in Ihr Heft und berechnen Sie die Hypotenuse c.

a	12 cm	7 dm	15 cm	24 m	36 mm
b	9 cm	24 dm	8 cm	10 m	15 mm
c	15 cm				

3 Berechnen Sie die Länge der Hypotenuse.
a) $a = 0{,}9$ cm, $b = 1{,}2$ cm
b) $a = 1{,}2$ cm, $b = 1{,}6$ cm
c) $a = 4$ m, $b = 7{,}5$ m

4 Übertragen Sie die Tabelle in Ihr Heft und berechnen Sie die fehlenden Kathetenlängen.

a		16 mm	6 m		12 m
b	5 dm			2 cm	
c	13 dm	34 mm	10 m	2,5 cm	12,5 m

5 In einem rechtwinkligen Dreieck ist die Hypotenuse 8 cm und die eine Kathete 4 cm lang. Wie lang ist die andere Kathete?

6 Eine Eisentür soll durch eine Querstrebe ergänzt werden. Wie lang ist diese Strebe?
$a = 0{,}9$ m, $b = 2{,}1$ m

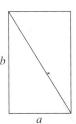

7 Familie Sundermann baut ein Haus. Das Haus hat die in der Zeichnung angegebenen Maße. Wie hoch ist der Dachstuhl?

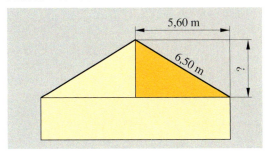

8 Zeichnen Sie ein gleichseitiges Dreieck mit der Seitenlänge $a = 8$ cm. Zeichnen Sie die Höhe h ein. Berechnen Sie deren Länge.

9 Das Dreieck ABC hat die Eckpunkte
A (−1 | 3),
B (2 | −3),
C (3 | 5).
Berechnen Sie die Seitenlängen.

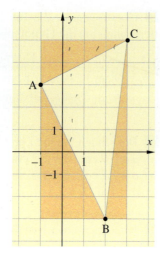

10 Eine 6,5 m lange Leiter wird an eine Hauswand gelehnt. Am Boden hat sie 2,5 m Abstand von der Hauswand. Wie hoch reicht die Leiter? Zeichnen Sie eine Planfigur.

11 Berechnen Sie die Länge der zweiten Kathete im rechtwinkligen Dreieck mit
a) $b = 15$ cm, $c = 17$ cm
b) $a = 0,25$ m, $c = 0,65$ m
c) $b = 3,8$ dm, $c = 4,7$ dm
d) $a = 5,9$ cm, $c = 9,1$ cm

 12 In einem rechtwinkligen Dreieck bezeichnet z die Hypotenuse, x und y die Katheten. Berechnen Sie die fehlenden Seiten.
Übertragen Sie die Tabelle ins Heft.

	Hypotenuse z	Kathete x	Kathete y
a)	3,7 cm	2,4 cm	
b)	18,3 dm		10,0 dm
c)		120 m	80 m
d)	0,83 m	0,39 m	
e)	3,20 m		2,44 m

Runden Sie das Ergebnis auf so viele Stellen hinter dem Komma wie die Ausgangsdaten.

13 Das Dreieck hat bei C einen rechten Winkel.
a) Wie lang ist c?
b) Berechnen Sie die Länge von q.
c) Berechnen Sie h.

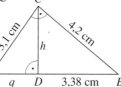

14 Ein Rechteck ist 4,5 cm breit. Die Länge der Diagonale beträgt 5,3 cm. Wie lang ist das Rechteck?
Arbeiten Sie mit einer Skizze!

15 Ein Behälter mit den angegebenen Maßen soll durch eine Querstrebe D (Raumdiagonale) stabilisiert werden. Berechnen Sie die Länge der Strebe.

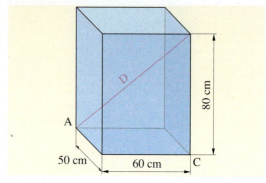

Rechnen Sie zuerst die Länge AC aus!

 Mehmet und Daniela lassen einen Drachen steigen. Daniela hält die 100 m lange Drachenschnur, die vom Wind straff gespannt wird. Mehmet stellt sich genau unter den Drachen. Er ist 80 m von Daniela entfernt. Wie hoch steht der Drachen?

17 Die Drehleiter eines Feuerwehrautos steht 10 m von einem Haus entfernt. Die Feuerwehrleiter wird auf 26 m ausgefahren.
In welcher Höhe liegt die Feuerwehrleiter an der Hauswand an?

Abbildungen

Abbildungen und Symmetrie

Die Bilder zeigen Gegenstände, die gespiegelt, gedreht oder geschoben wurden.

Eine Landschaft *spiegelt* sich im See.

Die obere Schicht eines Zauberwürfels wird *gedreht*.

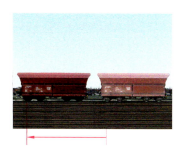
Ein Güterwagen wird *geschoben*.

So kann man Spiegelungen, Drehungen und Verschiebungen genau konstruieren:

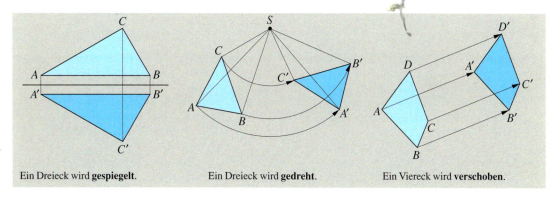

Ein Dreieck wird **gespiegelt**.   Ein Dreieck wird **gedreht**.   Ein Viereck wird **verschoben**.

Bei Spiegelungen, Drehungen und Verschiebungen werden Form und Größe einer geometrischen Figur nicht verändert. Originalfigur und Bildfigur sind **kongruent** (deckungsgleich). Spiegelung, Drehung und Verschiebung werden daher auch **Kongruenzabbildungen** genannt.

Wenn man eine Figur durch eine Kongruenzabbildung auf sich selbst abbilden kann, dann nennt man die Figur **symmetrisch**.

Der Schmetterling ist *achsensymmetrisch*.

Der Mercedesstern ist *drehsymmetrisch*.

Die Spielkarte ist *punktsymmetrisch*.

Achsenspiegelung und Achsensymmetrie

Vorgegeben ist eine Gerade als Spiegelachse. Dann gilt für Achsenspiegelungen:

1. Zu jedem Punkt der Originalfigur gibt es genau einen Punkt der Bildfigur.
2. Spiegelbildlich liegende Punkte haben denselben Abstand von der Spiegelachse.
3. Die Verbindungsstrecke eines Punkts mit seinem Bildpunkt steht senkrecht auf der Spiegelachse.
4. Originalfigur und Bildfigur haben unterschiedlichen Umlaufsinn.

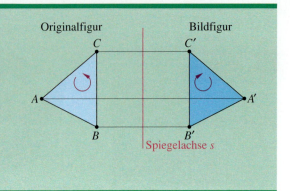

Damit kann man Spiegelbilder konstruieren.

Beispiele

1. Spiegelung eines Punkts P an einer Geraden g:

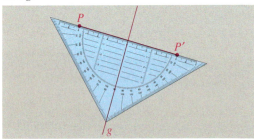

1. Man zeichnet mithilfe des Geodreiecks die Senkrechte auf g durch P.
2. Man zeichnet den Bildpunkt P', der von g den gleichen Abstand hat wie P.

Wenn umgekehrt zu einer achsensymmetrischen Figur die Symmetrieachse bestimmt werden soll, geht man so vor:

Man verbindet einen beliebigen Punkt der Originalfigur mit seinem Bildpunkt in der Bildfigur.

Die Mittelsenkrechte zu dieser Verbindungsstrecke halbiert diese Strecke und steht senkrecht auf ihr. Sie ist also die **Symmetrieachse** (Spiegelachse).

2. Spiegelung einer Figur an einer Geraden g:

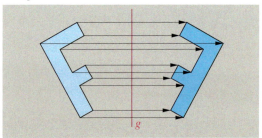

1. Jeder Eckpunkt wird einzeln an der Spiegelachse g gespiegelt.
2. Die Bildpunkte werden zur vollständigen Bildfigur verbunden.

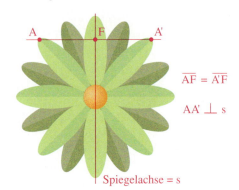

Abbildungen _____ **159**

Übungen

1 Zeichnen Sie in ein Koordinatensystem eine Gerade PQ mit $P(5|1)$ und $Q(11|9)$ und das Dreieck ABC mit $A(7|2), B(9|1), C(10|6)$.
a) Spiegeln Sie das Dreieck ABC an der Geraden PQ. Zeichnen Sie in das Dreieck ABC und in das Bilddreieck $A'B'C'$ Pfeile für den Umlaufsinn ein.
b) Spiegeln Sie das Dreieck ABC an der x-Achse.
c) Spiegeln Sie das Dreieck ABC an der y-Achse.

2 Zeichnen Sie in ein Koordinatensystem das Viereck $ABCD$ und spiegeln Sie es an der Spiegelachse durch E und F, sodass das Bildviereck $A'B'C'D'$ entsteht. Die Koordinaten der Punkte sind:
$A(0|4), B(2|-2), C(9|-3), D(8|5)$,
Gerade durch $E(-1|7), F(13|0)$.

3 Spiegeln Sie das Viereck aus Aufgabe 2
a) an der x-Achse,   b) an der y-Achse.

4 Die rote Achse sei Spiegelachse. Zeichnen Sie die Bildfigur auf Karopapier.

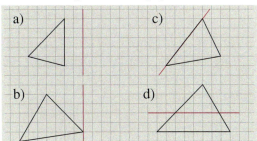

5 Häufig sieht man Werbesymbole und Firmenzeichen. Die Abbildung stellt eine kleine Auswahl vor. Sind die Symbole symmetrisch? Finden Sie Symbole, die *mehrere* Symmetrieachsen enthalten.

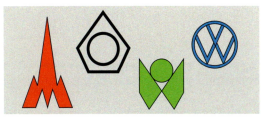

6 Zeichnen Sie ein regelmäßiges Fünfeck $ABCDE$ mit $r = 5{,}3$ cm. Spiegeln Sie das Fünfeck $ABCDE$ auch an der Geraden BC. Wie viele Spiegelgeraden hat die Gesamtfigur aus den zwei Fünfecken? Wo verlaufen diese Symmetrieachsen?

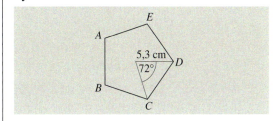

7 In technischen Zeichnungen wird Symmetrie durch zwei parallele Striche auf der Symmetrieachse angedeutet.

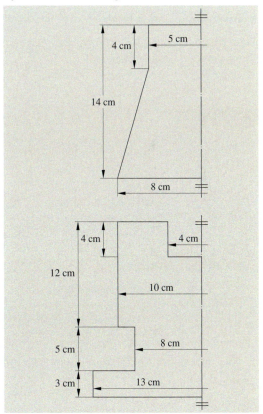

Zeichnen Sie den Aufriss der vollständigen Werkstücke.

8 Im Kartenspiel gibt es die Symbole Kreuz, Pik, Herz und Karo. Welche Zeichen haben eine Spiegelachse? Welche Zeichen haben mehrere Spiegelachsen?

Drehung und Drehsymmetrie

Bei einer Drehung bewegen sich alle Punkte auf Kreisbahnen um den Drehpunkt. Für eine Drehung mit vorgegebenem Drehwinkel α und dem Drehpunkt S gilt:

1. Zu jedem Punkt P der Originalfigur gibt es genau einen Punkt P′ der Bildfigur.
2. Der Punkt P und sein Bildpunkt P′ haben denselben Abstand vom Drehpunkt S.
3. Der Winkel PSP′ ist gleich dem Drehwinkel α. Dabei ist der Drehsinn zu beachten.
4. Das Vorzeichen des Drehwinkels gibt die Drehrichtung an:

   Positives Vorzeichen bedeutet Linksdrehung: ⤺
   Negatives Vorzeichen bedeutet Rechtsdrehung: ⤻

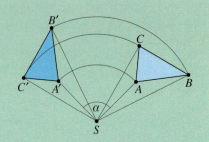

Das Dreieck ABC wird um den Punkt S gedreht in das Dreieck A′B′C′.

Damit kann man Bildfiguren bei einer Drehung konstruieren, wenn das Drehzentrum S und der Drehwinkel α vorgegeben sind.

Beispiele

1. Drehung eines Punkts P um den Drehpunkt S mit dem Drehwinkel α = 60°.

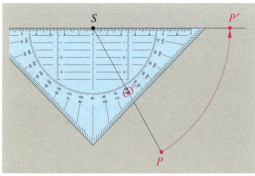

1. Wir zeichnen um S einen Kreisbogen mit dem Radius $\overline{SP}$.
2. Wir tragen an die Strecke $\overline{SP}$ den Winkel α = 60° an. P′ ergibt sich als Schnittpunkt mit dem Kreisbogen.

2. Drehung eines Quadrats um den Drehpunkt S mit dem Drehwinkel α = −90°.

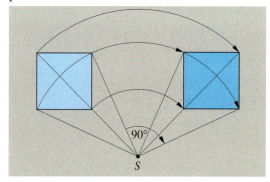

1. Jeder Eckpunkt wird einzeln um S mit dem Winkel α = −90° gedreht.
2. Die Bildpunkte werden zur vollständigen Bildfigur verbunden.

Eine Figur, die man durch eine Drehung (von weniger als 360°) auf sich überführen kann, nennt man **drehsymmetrisch**.

Abbildungen _____ 161

Beispiele Drehsymmetrische Figuren:

Drehung um 90°

Drehung um 120°

Drehung um 36°

Übungen

1 Zeichnen Sie in ein Koordinatensystem den Punkt $A\,(4\,|\,5)$ und drehen Sie ihn um den Drehpunkt S um 45°.
a) $S\,(0\,|\,0)$ b) $S\,(1\,|\,3)$ c) $S\,(-2\,|\,-3)$

2 Im Koordinatensystem sei $S\,(2\,|\,2)$ der Drehpunkt. Die Strecke $\overline{AB}$ ist festgelegt durch die Punkte $A\,(5\,|\,1)$ und $B\,(8\,|\,5)$. Drehen Sie $\overline{AB}$ um den Drehpunkt S um 60°.

3 Zeichnen Sie in ein Koordinatensystem ein Dreieck mit $A\,(2\,|\,1)$, $B\,(8\,|\,4)$, $C\,(4\,|\,5)$. Drehen Sie das Dreieck um $S\,(1\,|\,8)$ um 90°. Was können Sie über die Seitenlängen und Winkelgrößen von Dreieck und Bilddreieck sagen?

4 a) Zeichnen Sie die Figuren in ein Koordinatensystem ein und drehen Sie diese um S mit dem Winkel α.

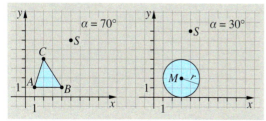

b) Drehen Sie die Figuren in entgegengesetzter Richtung, d. h. $\alpha = -70°$ bzw. $\alpha = -30°$.

5 Um wie viel Grad müssen Sie ein Rechteck um seinen Mittelpunkt drehen, damit es wieder mit sich zur Deckung kommt?

6 In einem Koordinatensystem wird der Punkt $P\,(3\,|\,4)$ durch eine Drehung auf den Punkt $P'\,(5\,|\,0)$ abgebildet. Drehpunkt ist der Ursprung O des Koordinatensystems. Zeichnen Sie und geben Sie den Drehwinkel an.

7 Kann in den Zeichnungen der blaue Punkt ein Drehpunkt sein?

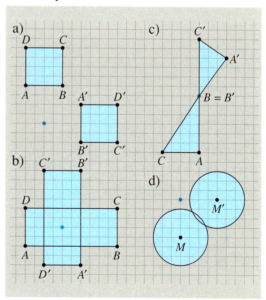

8 Welche Figur ist drehsymmetrisch. Mit welcher Drehung bringt man sie wieder zur Deckung?

Punktspiegelung und Punktsymmetrie

Drehungen um 180° treten besonders häufig auf. Sie heißen auch **Punktspiegelungen**, weil man sie durch „Spiegeln an einem Punkt" erzeugen kann. Der Drehpunkt wird dann als **Spiegelpunkt** oder **Symmetriepunkt** bezeichnet.

Für Punktspiegelungen gilt:

1. Zu jedem Punkt P der Originalfigur gibt es genau einen Punkt P' der Bildfigur.
2. Punkt und Bildpunkt haben denselben Abstand vom Spiegelpunkt.
3. Die Verbindungsstrecke von Punkt und Bildpunkt geht durch den Spiegelpunkt.
4. Der Umlaufsinn von Originalfigur und Bildfigur ist gleich.

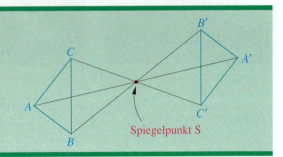

Damit können wir die Bildfigur bei einer Punktspiegelung konstruieren.

Beispiele

1. Punktspiegelung eines Punkts P am Spiegelpunkt S.

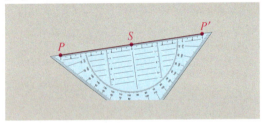

1. Wir zeichnen die Gerade durch P und S.
2. Wir tragen die Länge der Strecke $\overline{PS}$ über S hinaus an.

2. Punktspiegelung eines Fünfecks am Spiegelpunkt S.

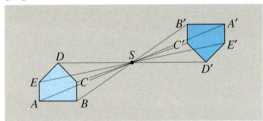

1. Jeder Eckpunkt wird am Spiegelpunkt S gespiegelt.
2. Die Bildpunkte werden zur vollständigen Bildfigur verbunden.

Eine Figur, die man durch eine Punktspiegelung auf sich überführen kann, nennt man **punktsymmetrisch**. Z. B. ist ein Rechteck punktsymmetrisch (Drehung um 180°).

Beispiele

1. Verbindet man Punkte der Originalfigur mit ihren Bildpunkten, so gehen alle Verbindungslinien durch einen Punkt. Die Figur ist punktsymmetrisch.

2. Wenn sich die Verbindungslinien nicht in einem Punkt schneiden, ist die Figur nicht punktsymmetrisch.

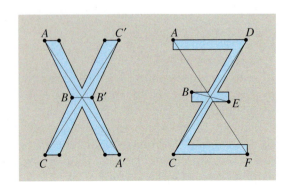

Abbildungen

Übungen

1 Zeichnen Sie ein Dreieck mit den Eckpunkten $A(-6|2)$, $B(0|4)$, $C(-3|7)$. Bilden Sie das Dreieck durch Punktspiegelung an $S(2|2)$ auf das Bilddreieck $A'B'C'$ ab.

2 Zeichnen Sie ein Quadrat mit der Seitenlänge $a = 3{,}5$ cm.
a) Spiegeln Sie das Quadrat am Punkt A. Was bedeutet „A ist Fixpunkt"?
b) Spiegeln Sie das Quadrat an einem Punkt auf der Strecke $\overline{AB}$.
c) Spiegeln Sie das Quadrat an einem beliebigen Punkt E innerhalb des Quadrats.
d) Spiegeln Sie das Quadrat an einem beliebigen Punkt F außerhalb des Quadrats.

3 Zeichnen Sie den Drachen in Ihr Heft. Spiegeln Sie ihn an einem Eckpunkt, an dem ein Winkel von 128° liegt.

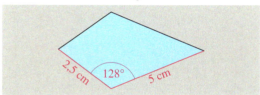

4 Zeichnen Sie ein Dreieck mit $a = 3$ cm, $b = 5$ cm und $c = 6{,}5$ cm.
a) Spiegeln Sie das Dreieck an der Seite c (Achsenspiegelung).
b) Spiegeln Sie das Dreieck am Mittelpunkt der Seite c (Punktspiegelung).
c) Vergleichen Sie die Vierecke.

5 Kann man Rechtecke immer durch Punktspiegelung von rechtwinkligen Dreiecken erhalten? Wo müsste der Spiegelpunkt liegen?

6 Zeichnen Sie ein Quadrat, ein Rechteck, einen Drachen, ein Parallelogramm. Sind diese Vierecke punktsymmetrisch? Wo liegt gegebenenfalls der Spiegelpunkt?

7 Führen Sie mit einem gleichseitigen Dreieck ($a = 4{,}8$ cm) zweimal hintereinander eine Punktspiegelung am selben, beliebig gewählten, Spiegelpunkt S aus.

8 Zeigen Sie, dass bei einer Punktspiegelung der Umlaufsinn erhalten bleibt, bei einer Achsenspiegelung nicht.
Zeichnen Sie dazu ein Dreieck und führen Sie damit eine Punktspiegelung und eine Achsenspiegelung durch.

9 Führen Sie mit dem Punkt $P(5|3)$ eine Spiegelung an der x-Achse und dann eine Spiegelung am Punkt $S(1|1)$ aus.
Erhalten Sie denselben Bildpunkt, wenn Sie zuerst die Punktspiegelung, dann die Achsenspiegelung durchführen?

10 Übertragen Sie die Zeichnung in Ihr Heft und bestimmen Sie den Spiegelpunkt.

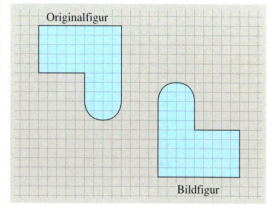

11 Welche Figur ist punktsymmetrisch?

12 a) Nennen Sie punktsymmetrische Druckbuchstaben.
b) Nennen Sie punktsymmetrische Ziffern.

13 Führen Sie mit dem Viereck $A(1|1)$, $B(2|5)$, $C(4|4)$, $D(0|3)$ eine Achsenspiegelung an der x-Achse, danach eine Achsenspiegelung an der y-Achse durch. Gibt es eine Punktspiegelung, die diese Achsenspiegelungsverkettung ersetzen kann?

Vielecke und ihre Symmetrien

Das gleichschenklige Dreieck ist *achsensymmetrisch*.

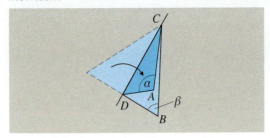

Das gleichseitige Dreieck ist *dreifach drehsymmetrisch* (und auch achsensymmetrisch).

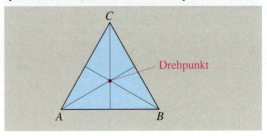

Es gilt insbesondere:
Basiswinkel sind gleich groß: $\alpha = \beta$
Schenkel sind gleich lang: $a = b$

Es gilt insbesondere:
Alle Winkel sind gleich groß: $\alpha = \beta = \gamma$
Alle Seiten sind gleich lang: $a = b = c$

Alle regelmäßigen Vielecke sind drehsymmetrisch, regelmäßige Vielecke mit einer geraden Anzahl von Ecken sind zudem punktsymmetrisch:

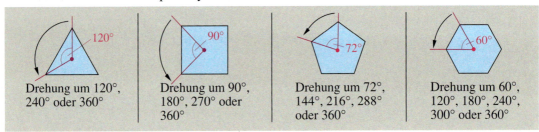

Drehung um 120°, 240° oder 360°

Drehung um 90°, 180°, 270° oder 360°

Drehung um 72°, 144°, 216°, 288° oder 360°

Drehung um 60°, 120°, 180°, 240°, 300° oder 360°

Alle regelmäßigen Vielecke besitzen außerdem Symmetrieachsen:

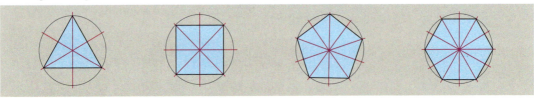

Vierecke kann man nach der Zahl ihrer Symmetrieachsen ordnen:

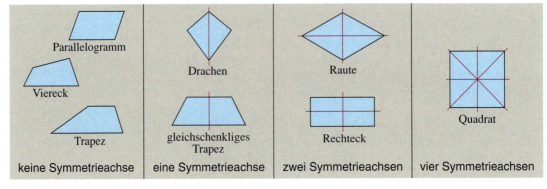

keine Symmetrieachse — eine Symmetrieachse — zwei Symmetrieachsen — vier Symmetrieachsen

Abbildungen **165**

Übungen

1 Zeigen Sie, dass die Symmetrieachse eines gleichschenkligen Dreiecks
a) Winkelhalbierende,
b) Mittelsenkrechte,
c) Seitenhalbierende,
d) Höhe des Dreiecks ist.

2 Zeigen Sie, dass es im gleichseitigen Dreieck drei Symmetrieachsen gibt.

3 Zeichnen Sie die folgenden Dreiecke mit Symmetrieachsen.
a) $a = 7{,}1$ cm; $b = 4{,}3$ cm; $c = 7{,}1$ cm
b) $c = 3{,}8$ cm; $\alpha = \beta = 70°$
c) $a = c = 5{,}5$ cm; $\beta = 60°$
d) $a = 6$ cm; $\alpha = 45°$; $\gamma = 90°$

4 Das Dreieck ABC ist rechtwinklig. Spiegeln Sie das Dreieck so an einer Seite, dass die entstehende Gesamtfigur ein gleichschenkliges Dreieck ist.
(Es gibt zwei Möglichkeiten.)

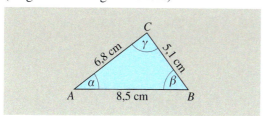

5 Zeichnen Sie die Drachen und tragen Sie alle Symmetrieachsen ein.
a) $a = 7$ cm; $\beta = 115°$; $b = 4$ cm
b) $\alpha = 60°$; $\beta = 120°$; $a = 4$ cm

6 Zeigen Sie am Beispiel: Im Drachen wird eine Diagonale von der anderen halbiert.

7 In jedem Drachen stehen die Diagonalen senkrecht aufeinander. Gilt auch umgekehrt, dass jedes Viereck, in dem die Diagonalen senkrecht aufeinander stehen, ein Drachen ist? Begründen Sie Ihre Antwort durch eine Zeichnung.

8 Wie kann man beweisen, dass im gleichseitigen Dreieck alle Winkel gleich groß sind?

9 Zeichnen Sie in ein Koordinatensystem die Raute mit den Eckpunkten $A\,(1\,|\,3)$, $B\,(1{,}5\,|\,7)$, $C\,(4{,}5\,|\,1)$, $D\,(5\,|\,5)$. Tragen Sie die beiden Symmetrieachsen ein. Welche der folgenden Eigenschaften kann man in der Zeichnung erkennen?
a) Alle vier Seiten sind gleich lang.
b) Alle vier Winkel sind gleich groß.
c) Die Diagonalen halbieren sich.
d) Die Diagonalen sind gleich lang.

10 a) Gibt es Parallelogramme mit Symmetrieachsen?
b) Welcher besondere Drachen hat vier Symmetrieachsen?

11 a) Welche regelmäßigen Vielecke haben eine gerade Anzahl von Symmetrieachsen?
b) Sind diese Vielecke auch punktsymmetrisch?
c) Gibt es solche Vielecke, die keine Symmetrieachsen haben, aber trotzdem punktsymmetrisch sind?

12 Überprüfen Sie die Aussage, dass alle regelmäßigen Vielecke drehsymmetrisch sind.

13 Kann man durch Symmetrie beweisen, dass im Parallelogramm gegenüberliegende Seiten gleich lang und gegenüberliegende Winkel gleich groß sind?

14 a) Warum wurde die Wetterfahne nicht an der Symmetrieachse befestigt?
b) Welche Vierecke wären als Wetterfahne brauchbar, wenn sie sich um eine Diagonale drehen sollen? Welche nicht?

Schräge Bilder

Das Schrägbild einer quadratischen Säule mit a = 3 cm und h = 2 cm.
Es wurde der Winkel α = 45° und die Verkürzung auf die Hälfte (Verkürzungsfaktor k = $\frac{1}{2}$) gewählt. Die verkürzte Strecke ist also 1,5 cm lang.

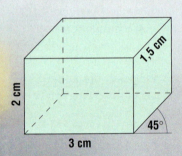

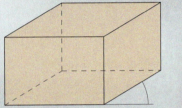 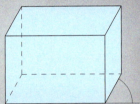

Hier ist die gleiche Säule zweimal auch anders dargestellt.

Von dem Turm sind die drei Ansichten gezeichnet.

Vorderansicht   Seitenansicht   Draufsicht

I   II   III

Diese drei Schrägbilder sind mit unterschiedlicher Verkürzung und unterschiedlichem Winkel gezeichnet.

INFO
Probleme sehen
Probleme darstellen
Probleme lösen

Einzelteile von vier Schlössern, von denen jeweils zwei gleich sind.
Die beiden roten Teile gehören z.B. zum gleichen Schloss.

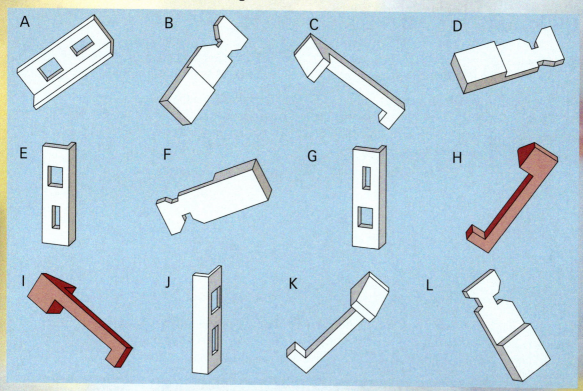

Aus den Blechen wurden runde Rohrstücke gebogen.
Welches Blech gehört zu welchem Rohr?

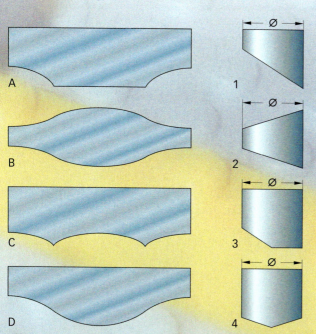

Aus wie vielen Würfeln besteht diese Figur?

Ähnlichkeit

Die zentrische Streckung

Wir zeigen, wie man „ähnliche" Figuren erzeugt und damit wie man Ähnlichkeit definiert. Das geschieht durch die **zentrische Streckung**. Sie ist eine **Ähnlichkeitsabbildung**.

Wir vergrößern einen Turm auf die dreifache Größe und legen dazu neben den Turm beliebig einen Punkt Z fest. Von Z aus werden Strahlen durch jeden Eckpunkt des Turms gezeichnet. Die Strecke $\overline{ZA}$ wird von Z aus dreimal abgetragen, sodass wir den Punkt A' erhalten. Ebenso verfährt man mit den anderen Eckpunkten des Turms.

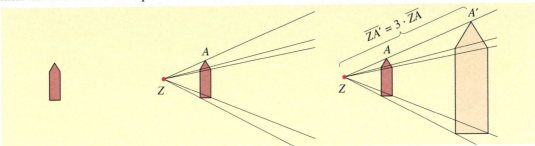

Dazu sagt man: Mit dem Turm wurde eine **zentrische Streckung** durchgeführt. Der Punkt Z heißt **Streckungszentrum**. Die Vergrößerung wird durch den **Streckungsfaktor** k angegeben. Bei dreifacher Vergrößerung ist $k = 3$. Die beiden Türme sind zueinander **ähnlich**.

> Eine **zentrische Streckung** ist festgelegt durch das Streckungszentrum Z und den Streckungsfaktor k. Durch eine zentrische Streckung entstehen *ähnliche* Figuren.
> Der Streckungsfaktor k gibt an, dass alle Längen k-mal so lang werden, unabhängig davon wo das Streckungszentrum liegt.

Ist der Streckungsfaktor größer als 1 ($k > 1$), dann wird die Figur **vergrößert**, ist $k < 1$, dann wird die Figur **verkleinert**. Jede Länge wird ver-k-facht.

Beispiele

1. Wir vergrößern die Raute *ABCD* durch zentrische Streckung. Streckungsfaktor $k = 2{,}5$. Alle Strecken werden 2,5-mal so lang.

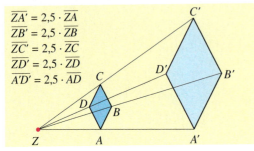

2. Wir verkleinern das Trapez *ABCD* durch zentrische Streckung. Streckungsfaktor $k = 0{,}5$.

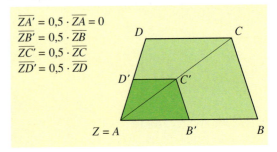

Ähnlichkeit _____ **169**

Übungen

1 a) Zeichnen Sie ein Dreieck *ABC* und ein Streckungszentrum *Z*. Führen Sie wie in der Bilderfolge eine zentrische Streckung mit dem Streckungsfaktor $k = 3$ durch.
b) Beschreiben Sie, wie das Dreieck $A'B'C'$ konstruiert wurde.

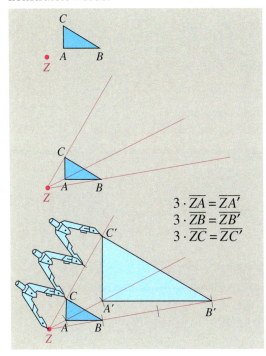

2 Zeichnen Sie ein Quadrat *ABCD* mit der Seitenlänge $a = 2{,}5$ cm.
a) Zeichnen Sie das Bildquadrat $A'B'C'D'$ bei einer zentrischen Streckung mit einem Zentrum *Z* außerhalb des Quadrats. Der Streckungsfaktor ist $k = 3$.
b) Führen Sie die zentrische Streckung an einem Zentrum *Z* im *Innern* des Quadrats aus. Der Streckungsfaktor ist $k = 3$.
c) Führen Sie die zentrische Streckung des Quadrats aus, wobei der Eckpunkt *A* des Quadrats das Streckungszentrum ist. Der Streckungsfaktor ist $k = 3$ (Fixpunkt *A*).
d) Der Mittelpunkt der Seite $\overline{AB}$ sei das Streckungszentrum. Der Streckungsfaktor ist $k = 3$. Zeichnen Sie.
e) Führen Sie die zentrische Streckung mit dem Zentrum *Z* im Mittelpunkt des Quadrats aus. Der Streckungsfaktor ist $k = 3$.

3 Übertragen Sie die Figuren in das Heft, und strecken Sie diese vom rot eingezeichneten Streckungszentrum *Z* auf die doppelte Länge.

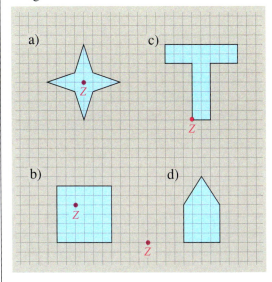

4 Zeichnen Sie in ein Koordinatensystem das Viereck *ABCD* mit $A(-2|0)$, $B(4|0)$, $C(4|2)$ und $D(0|4)$.
Das Streckungszentrum ist durch den Punkt $Z(0|-2)$ festgelegt.
Führen Sie eine zentrische Streckung mit $k = 1{,}5$ durch.

5 Übertragen Sie die Figuren in das Heft und führen Sie die angegebenen zentrischen Streckungen aus.

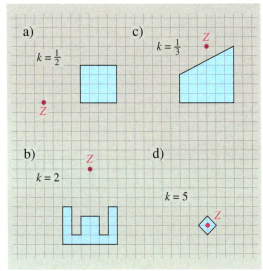

Eigenschaften der zentrischen Streckung

Es werden die Auswirkungen zentrischer Streckungen untersucht. Es gilt:

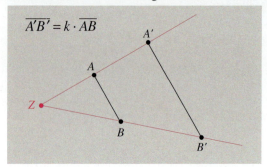
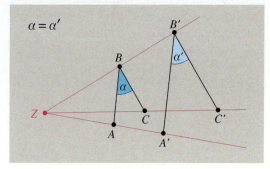

Man erkennt als Eigenschaften der zentrischen Streckung mit dem Streckungsfaktor k:

1. Jede Strecke wird auf eine zu ihr *parallele Bildstrecke* abgebildet. $\quad \overline{A'B'} \parallel \overline{AB}$

2. Jede Strecke wird auf eine *k-mal so lange Bildstrecke* abgebildet. $\quad \overline{A'B'} = k \cdot \overline{AB}$

3. Jeder Winkel wird auf einen *gleich großen Bildwinkel* abgebildet. $\quad \alpha' = \alpha$

Daher sind auch die Bilder paralleler Gerade zueinander parallel.

Diese Eigenschaften sind unabhängig von der Lage des Streckungszentrums.

Wenn k größer als 1 ist, liefert die zentrische Streckung eine *Vergrößerung*.

Wenn k kleiner als 1 ist (aber größer als 0), ergibt sich eine *Verkleinerung*.

Wenn k kleiner als 0 ist, wird am Streckungszentrum Z gespiegelt und mit der Gegenzahl von k entsprechend vergrößert oder verkleinert.

Beispiel

Das Trapez $ABCD$ wird durch eine zentrische Streckung mit Z als Zentrum und dem Streckfaktor $k = 0{,}5$ abgebildet.

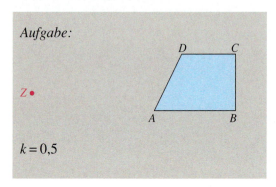
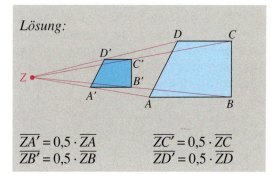

Ähnlichkeit — **171**

Übungen

1 Überprüfen Sie am Beispiel (S. 170) die Eigenschaften einer zentrischen Streckung. Welche Strecken sind in Originalfigur und Bildfigur zueinander parallel?
Arbeiten Sie mit verschiedenen Streckungszentren für dasselbe k.

2 Ein Dreieck ABC mit $c = 6{,}5$ cm, $\alpha = 35°$, $\beta = 65°$ wird mit dem Streckfaktor $k = 4$ ($k = \frac{1}{5}$) auf das Bilddreieck $A'B'C'$ abgebildet. Wie lang ist die Seite c'? Wie groß a' und b'? Vergleichen Sie Urbildlänge mit Bildlänge.

3 Beschreiben Sie, wie das Dreieck $A'B'C'$ konstruiert wurde. Führen Sie die Konstruktion im Heft aus.

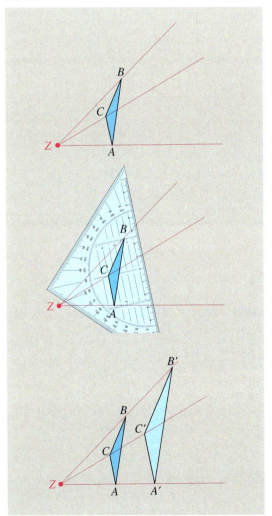

4 Konstruieren Sie die Bildfigur wie in Aufgabe 3.

a) Zeichnen Sie ein Rechteck $ABCD$ mit den Seiten $a = 2$ cm und $b = 3$ cm. Wählen Sie einen Eckpunkt des Rechtecks als Streckzentrum. Zeichnen Sie das Rechteck $A'B'C'D'$ mit $k = 3$.

b) Zeichnen Sie in ein Koordinatensystem ein Dreieck ABC mit $A(-2|-1)$, $B(2|-3)$, $C(6|3)$. Streckzentrum Z ist der Mittelpunkt der Seite $\overline{BC}$. Der Streckfaktor ist $k = \frac{1}{2}$. Zeichnen Sie das Bilddreieck $A'B'C'$.

5 Zeichnen Sie in ein Koordinatensystem jeweils das Dreieck ABC und das Streckzentrum Z. Führen Sie die zentrische Streckung durch.

a) $A(2|3)$, $B(5|5)$, $C(4|9)$,
   $Z(0|5)$, $k = 3$

b) $A(2|8)$, $B(11|5)$, $C(11|11)$,
   $Z(2|2)$, $k = \frac{2}{3}$

c) $A(3|2)$, $B(11|4)$, $C(7|6)$,
   $Z(7|0)$, $k = 1\frac{1}{2}$

d) $A(2|2)$, $B(5|1)$, $C(4|6)$,
   $Z(2|2)$, $k = 2{,}5$

6 Warum sind dies keine zentrisch gestreckten Figuren? Welche Eigenschaften sind verletzt?

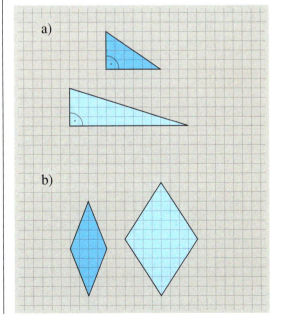

Ähnliche Figuren und ihre Eigenschaften

Ähnliche Figuren gehen bei geeigneter Lage durch zentrische Streckung auseinander hervor. Das Parallelogramm wurde mit dem Streckungsfaktor 2 vergrößert. Wir untersuchen, wie sich Winkel, Seitenlängen und Flächeninhalte verändern.

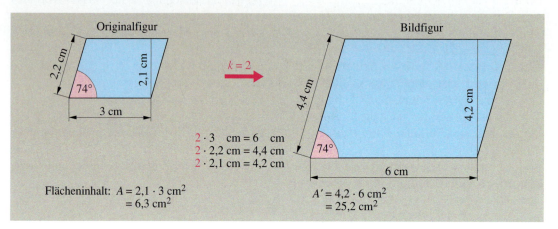

Wir stellen fest:

> **Eigenschaften ähnlicher Figuren**
>
> 1. In ähnlichen Figuren sind entsprechende Winkel *gleich groß*.
> 2. In ähnlichen Figuren sind alle Seiten der Bildfigur genau k-mal so lang wie die entsprechenden Seiten der Originalfigur. Parallele Seiten der Originalfigur sind auch in der Bildfigur parallel.
> 3. In ähnlichen Figuren ist der Flächeninhalt A' der Bildfigur genau k^2-mal so groß wie der Flächeninhalt A der Originalfigur.
> $$A \rightarrow A' = k^2 \cdot A$$

Übungen

1 Zeichnen Sie ein Rechteck $ABCD$ mit $a = 2$ cm und $b = 1,5$ cm. Führen Sie eine zentrische Streckung mit dem Streckungszentrum $Z = B$ und dem Streckungsfaktor $k = 2,5$ durch.
a) Messen Sie die Seitenlängen und prüfen Sie, ob $a' = a \cdot k$, $b' = b \cdot k$ usw. gilt.
b) Bleiben in der Bildfigur alle rechten Winkel erhalten?
c) Verlaufen parallele Seiten auch im Bildrechteck zueinander parallel?
d) Vergleichen Sie die Flächeninhalte von Originalfigur und Bildfigur.

2 Das Dreieck wird mit dem Streckungsfaktor k gestreckt. Geben Sie die Maße des Bilddreiecks an.
a) $a = 3,4$ cm
   $b = 4,5$ cm
   $c = 5,6$ cm
   $k = 1,5$
b) $a = 2,1$ cm
   $b = 5,2$ cm
   $c = 5,8$ cm
   $k = 2$
c) $a = 4,3$ cm
   $b = 4,7$ cm
   $\gamma = 66°$
   $k = 2,5$
d) $a = 4,9$ cm
   $c = 6,3$ cm
   $\beta = 78°$
   $k = 3$

3 Ein Dreieck mit dem Flächeninhalt $A = 25$ cm² wird gestreckt mit $k = 2$. Berechnen Sie den Flächeninhalt A'.

Ähnlichkeit **173**

4 Es wurden zentrische Streckungen durchgeführt.
Bestimmen Sie den Streckungsfaktor k.
a) Quadrat mit $a = 5$ cm,
Bildquadrat mit $a' = 10$ cm.
b) Gleichseitiges Dreieck mit $c = 4$ cm,
Bilddreieck mit $c' = 5$ cm.
c) Regelmäßiges Fünfeck mit $a = 8$ cm,
Bildfünfeck mit $a' = 4$ cm.

5 a) Sind die beiden Rechtecke in der Zeichnung ähnlich? Begründen Sie die Antwort, indem Sie den Streckungsfaktor angeben.
b) Errechnen Sie die Flächeninhalte und bestimmen Sie k^2.

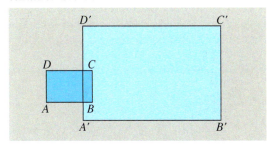

6 Die beiden Figuren sind jeweils ähnlich. Berechnen Sie die fehlenden Seitenlängen.

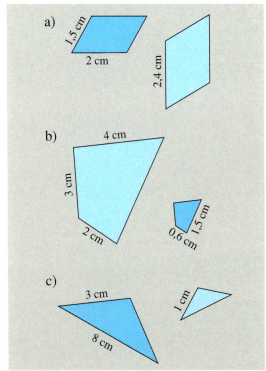

7 Ein Dreieck ABC hat die Seiten $a = 3{,}6$ cm, $b = 6$ cm und $c = 4{,}2$ cm. Welche der folgenden Dreiecke können Bilddreieck des Dreiecks ABC sein? Bestimmen Sie den Streckungsfaktor k.
a) $a = 2{,}4$ cm, $b = 4$ cm, $c = 2{,}8$ cm;
b) $a = 9$ cm, $b = 15$ cm, $c = 10$ cm.

8 Ein Tischler hat eine quadratische Tischplatte mit einem Flächeninhalt von 2500 cm^2 angefertigt. Er will nun eine quadratische Tischplatte herstellen, deren Seiten doppelt so lang sind.
Bestimmen Sie den Flächeninhalt der neuen Tischplatte.

9 Ein Bild hat die Maße 24 cm × 36 cm und soll gerahmt werden. Der Rahmen hat eine Breite von 3 cm. Haben das ungerahmte und das gerahmte Bild eine ähnliche Form? Begründen Sie Ihre Antwort.

10 Zum üblichen Briefumschlag (16 cm lang, 12 cm breit) sollen Briefkarten mit ähnlicher Form zugeschnitten werden. Für die längere Seite ist 15,2 cm vorgesehen.
Wie lang muss die kürzere Seite zugeschnitten werden?

11 a) Ein Karton hat die angegebenen Maße. Sind die Vorderseite und die Oberseite zueinander ähnlich?

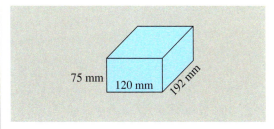

b) Berechnen Sie die Flächeninhalte. Gilt die Formel $A' = k^2 \cdot A$?

12 Ein Designer entwarf vier Beistelltischchen mit zueinander ähnlichen Tischplatten. Der größte Tisch ist 128 cm lang und 96 cm breit. Der nächstkleinere Tisch ist mit 96 cm so lang, wie der größere Tisch breit ist.
Berechnen Sie alle weiteren Maße.

Ähnliche Dreiecke

Wir wissen:

Führt man mit einem Dreieck eine zentrische Streckung durch, dann entsteht ein ähnliches Dreieck. Die entsprechenden Winkel in beiden Dreiecken sind gleich groß. Umgekehrt gilt aber auch:

Stimmen Dreiecke in entsprechenden Winkeln überein, dann sind sie zueinander ähnlich.

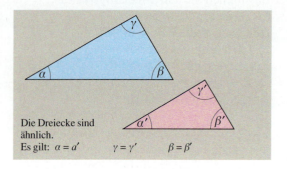

Die Dreiecke sind ähnlich.
Es gilt: $\alpha = \alpha'$ $\quad \gamma = \gamma' \quad \beta = \beta'$

Da die Winkelsumme im Dreieck stets 180° beträgt, kann man den dritten Winkel berechnen, wenn zwei Winkel bekannt sind. Daher gilt der Satz:

> **Stimmen Dreiecke in *zwei* entsprechenden Winkeln überein, dann sind sie zueinander ähnlich.**

Wir untersuchen nun die *Seitenlängen* in ähnlichen Dreiecken.

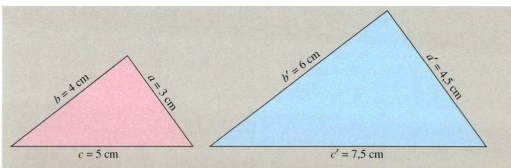

Wir berechnen die Verhältnisse der Seitenlängen:

$\dfrac{a}{b} = \dfrac{3\,\text{cm}}{4\,\text{cm}} = 0{,}75 \qquad \dfrac{a'}{b'} = \dfrac{4{,}5\,\text{cm}}{6\,\text{cm}} = 0{,}75$

$\dfrac{a}{c} = \dfrac{3\,\text{cm}}{5\,\text{cm}} = 0{,}6 \qquad \dfrac{a'}{c'} = \dfrac{4{,}5\,\text{cm}}{7{,}5\,\text{cm}} = 0{,}6$

$\dfrac{b}{c} = \dfrac{4\,\text{cm}}{5\,\text{cm}} = 0{,}8 \qquad \dfrac{b'}{c'} = \dfrac{6\,\text{cm}}{7{,}5\,\text{cm}} = 0{,}8$

Wir erkennen:

$\dfrac{a}{b} = \dfrac{a'}{b'} \quad \dfrac{a}{c} = \dfrac{a'}{c'} \quad \dfrac{b}{c} = \dfrac{b'}{c'}$

Mit diesen Formeln können wir Seiten berechnen, ohne den Streckungsfaktor k zu kennen.

> **In ähnlichen Dreiecken sind die Verhältnisse entsprechender Seitenlängen gleich.**
> Es gilt: $\dfrac{a}{b} = \dfrac{a'}{b'}, \quad \dfrac{a}{c} = \dfrac{a'}{c'}, \quad \dfrac{b}{c} = \dfrac{b'}{c'}$

Ähnlichkeit _____ **175**

Wir zeigen, wie man mit Seitenlängen in ähnlichen Dreiecken rechnet.

Beispiel

Gesucht ist die Seitenlänge b' im Dreieck $A'B'C'$, das dem Dreieck ABC ähnlich ist.

Es gilt: $\dfrac{a}{b} = \dfrac{a'}{b'}$

Also: $\dfrac{5}{4} = \dfrac{3,5}{b'}$

d.h. $5\,b' = 3,5 \cdot 4$

$b' = \dfrac{3,5 \cdot 4}{5}$

$b' = 2,8$

Die Seite b' ist 2,8 cm lang.

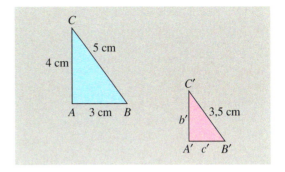

Übungen

1 Untersuchen Sie, ob die Dreiecke ähnlich sind. Begründen Sie.
Dreieck I: $\alpha = 55°, \beta = 65°$.
Dreieck II: $\alpha = 55°, \beta = 65°$.

2 Diese Dreiecke sind ähnlich:

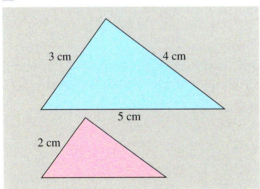

a) Berechnen Sie die fehlenden Seitenlängen des roten Dreiecks.
b) Zeichnen Sie beide Dreiecke in Ihr Heft. Messen Sie die Winkel und vergleichen Sie.

3 Prüfen Sie nach, ob die folgenden Dreiecke zu einem Dreieck mit den Seitenlängen $a = 3$ cm, $b = 5$ cm und $c = 6$ cm ähnlich sind.
a) $a = 6$ cm   b) $a = 9$ cm   c) $a = 7,5$ cm
   $b = 10$ cm $b = 12$ cm $b = 12,5$ cm
   $c = 12$ cm $c = 15$ cm $c = 15$ cm

4 Zeichnen Sie das Dreieck ABC in Ihr Heft.

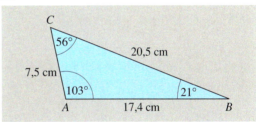

Das ähnliche Dreieck $A'B'C'$ hat die Winkel $\alpha' = 103°, \gamma' = 56°$.
Berechnen Sie die fehlenden Seitenlängen, wenn folgende Seite bekannt ist.
a) $b' = 5$ cm,   c) $a' = 3,8$ cm,
b) $a' = 10$ cm,   d) $c' = 7,4$ cm.

5 In das rechtwinklige Dreieck ABC wird die Höhe h_c eingezeichnet. Es entstehen die Teildreiecke ADC (rot) und DBC (blau).

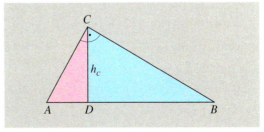

Begründen Sie:
a) Die Dreiecke ADC und ABC sind ähnlich.
b) Die Dreiecke DBC und ABC sind ähnlich.
c) Die Dreiecke DBC und ADC sind ähnlich.

Der Maßstab

Landkarten stellen unsere Welt verkleinert dar. Alle Längen in der Natur werden dazu durch dieselbe Zahl geteilt und verkleinert nachgezeichnet.

Maßstab 1 : 3 000 000   1 cm ≙ 30 km

Diese Karte wurde im Maßstab 1 : 3 000 000 gezeichnet (gelesen: 1 zu 3 Millionen). Das heißt: Jede Strecke in der Natur wird in dieser Art der Darstellung durch 3 000 000 dividiert.

- Maßstab 1 : 100 000 heißt: 1 cm auf der Karte sind 100 000 cm (= 1 km) in der Natur.
  Oder: 1 km (= 100 000 cm) in der Natur sind
  1 cm auf der Karte.

- Maßstab 1 : 20 heißt: 1 cm auf der Karte sind 20 cm in der Natur.
  Oder: 20 cm in der Natur werden 1 cm auf der Karte.

Beispiel 1   Der Maßstab einer Landkarte ist 1 : 25 000.

a) Wie lang sind 3 cm auf der Karte tatsächlich in der Natur?
   Rechnung: 3 cm · 25 000 = 75 000 cm = 750 m

b) Wie lang müssen 2,5 km in der Natur auf dieser Karte gezeichnet werden?
   Rechnung: 2,5 km : 25 000 = 250 000 cm : 25 000 = 10 cm

Beispiel 2   Ein Haus ist 17 m lang. Es soll im Maßstab 1 : 100 gezeichnet werden.
Wie lang muss die Hauslänge in der Zeichnung werden?

Rechnung: 17 m : 100 = 1700 cm : 100 = 17 cm
Antwort: Das Haus wird in der Zeichnung 17 cm lang.

Ähnlichkeit _____ **177**

Übungen

1 In eine Karte mit dem Maßstab 1 : 200 000 soll eine 5 km lange Strecke eingezeichnet werden. Wie lang muss die Strecke auf der Karte werden?

2 Auf einer Karte mit dem Maßstab 1 : 3 000 000 wird die Entfernung zwischen Paderborn und Wuppertal mit 4 cm Luftlinie gemessen.
a) Wie weit sind die beiden Städte in Wirklichkeit voneinander entfernt?
b) Warum ist für die Strecke von Paderborn nach Wuppertal in Entfernungstabellen oft ein höherer Wert zu finden?

3 Übertragen Sie die Tabelle in Ihr Heft und füllen Sie diese aus.

Maßstab	Karte	Wirklichkeit
1 : 10	18 cm	
1 : 25 000	42 cm	
1 : 300 000	26 cm	
1 : 600 000	26 cm	
1 : 900 000	26 cm	

4 Füllen Sie die Tabelle im Heft aus. Wandeln Sie zuerst Kilometer in Zentimeter um.

Maßstab	Karte	Wirklichkeit
1 : 30 000		1,2 km
1 : 50 000		60 km
1 : 100 000		800 km
1 : 1 000 000		80 km
1 : 5 000 000		30 km

 5 Eine Blechschablone wurde im Maßstab 1 : 10 verkleinert gezeichnet. Messen Sie die Seiten und zeichnen Sie die Schablone in wahrer Größe auf Pappe. Schneiden Sie sie aus!

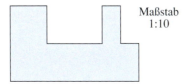

Maßstab 1 : 10

6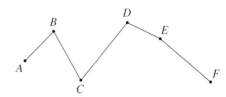

Dies ist der Streckenverlauf einer 5-Tage-Radtour auf einer Karte mit dem Maßstab 1 : 3 000 000.
a) Wie lang sind die Etappen? Messen Sie nach und rechnen Sie in km um.
b) Wie lang ist der gesamte Weg?
c) Nach welcher Etappe ist mehr als die Hälfte der Strecke zurückgelegt?

7 Der Querschnitt einer Dunstabzugshaube wurde im Maßstab 1 : 20 abgebildet. Messen Sie aus und bestimmen Sie die Originalmaße.

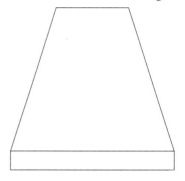

8 Dieses Werkstück wurde im Maßstab 1 : 5 gezeichnet. Messen Sie die Seiten und geben Sie die wahren Längen an.

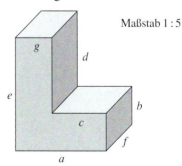

Maßstab 1 : 5

9 Heiko sagt: „Wenn ich bei einem Dreieck alle Seiten doppelt so lang zeichne, dann werden auch die Winkel doppelt so groß."
Was sagen Sie dazu? Probieren Sie selbst an einem Dreieck, ob Heiko Recht hat.

Der erste Strahlensatz

Gehen von einem Punkt S zwei Strahlen aus, die von zwei zueinander parallelen Geraden geschnitten werden, so entsteht eine **Strahlensatzfigur**. Dabei erhalten wir auf den Strahlen und auf den Geraden **Abschnitte**.

Wir betrachten das rote und das blaue Dreieck. Beide Dreiecke haben in Punkt S einen gemeinsamen Winkel. Da außerdem c und c' parallel sind, stimmen diese Dreiecke auch in den anderen Winkeln überein. Die beiden Dreiecke sind also ähnlich.

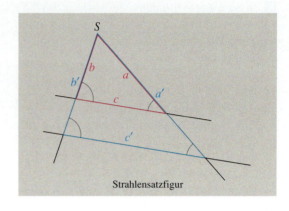

Strahlensatzfigur

Für die Streckenabschnitte in diesen Dreiecken stellen wir die nebenstehenden Gleichungen auf: $\quad \dfrac{a}{a'} = \dfrac{b}{b'} \quad$ oder umgeformt $\quad \dfrac{a}{b} = \dfrac{a'}{b'}$

Diese Aussage nennt man den **1. Strahlensatz**. Der 1. Strahlensatz sagt etwas aus über die Verhältnisse der *Abschnitte* auf den *Strahlen*.

1. Strahlensatz:

Bei einer Strahlensatzfigur gilt für die Längen der Abschnitte auf den Strahlen:

$\dfrac{a}{a'} = \dfrac{b}{b'} \quad$ oder $\quad \dfrac{a}{b} = \dfrac{a'}{b'}$

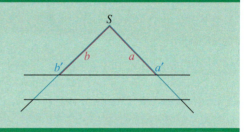

In einer Strahlensatzfigur gilt der 1. Strahlensatz nicht nur für Streckenabschnitte, die im Schnittpunkt S beginnen, sondern für alle entsprechenden Abschnitte auf den Strahlen.

Wir erweitern daher den 1. Strahlensatz.

Erweiterung des 1. Strahlensatzes:

In einer Strahlensatzfigur sind die Verhältnisse entsprechender Abschnitte auf den Strahlen gleich.

Sets gilt: $\quad \dfrac{a}{d} = \dfrac{b}{e} \quad$ oder $\quad \dfrac{a}{b} = \dfrac{d}{e}$

Aber auch: $\quad \dfrac{a'}{d} = \dfrac{b'}{e} \quad$ oder $\quad \dfrac{a'}{b'} = \dfrac{d}{e}$

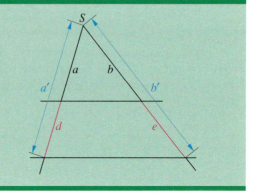

Ähnlichkeit **179**

Beispiel

Es wird nach der Zeichnung die Länge des Abschnitts *d* berechnet.

Lösung:
Nach der Erweiterung des 1. Strahlensatzes gilt:

$\dfrac{4{,}5}{6} = \dfrac{d}{2{,}1}$, also $d = \dfrac{4{,}5 \cdot 2{,}1}{6} = 1{,}575$

Der Abschnitt *d* ist 1,575 cm lang.

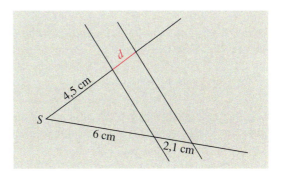

Übungen

1 Zeigen Sie an einem Beispiel, dass der Strahlensatz nicht gilt, wenn die Geraden nicht zueinander parallel sind. Fertigen Sie eine Zeichnung an. Messen und rechnen Sie.

2 Welche Formeln sind nach der Zeichnung für den 1. Strahlensatz richtig?

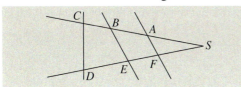

a) $\dfrac{\overline{SA}}{\overline{SF}} = \dfrac{\overline{SB}}{\overline{SE}}$ d) $\dfrac{\overline{BC}}{\overline{ED}} = \dfrac{\overline{SC}}{\overline{SD}}$

b) $\dfrac{\overline{SC}}{\overline{SD}} = \dfrac{\overline{SA}}{\overline{SF}}$ e) $\dfrac{\overline{SB}}{\overline{SA}} = \dfrac{\overline{SE}}{\overline{SF}}$

c) $\dfrac{\overline{SB}}{\overline{SA}} = \dfrac{\overline{SF}}{\overline{SE}}$ f) $\dfrac{\overline{SA}}{\overline{SB}} = \dfrac{\overline{SF}}{\overline{SE}}$

3 Welche Formeln sind nach der Zeichnung für den 1. Strahlensatz falsch?

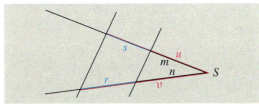

a) $\dfrac{u}{v} = \dfrac{m}{n}$ d) $\dfrac{s}{v} = \dfrac{m}{n}$

b) $\dfrac{m}{s} = \dfrac{n}{r}$ e) $\dfrac{m+s}{v} = \dfrac{m}{n}$

c) $\dfrac{r+n}{n} = \dfrac{n}{m}$ f) $\dfrac{n}{m} = \dfrac{u}{v}$

4 Berechnen Sie die Länge des roten Abschnitts. Bestimmen Sie zuerst *S*.

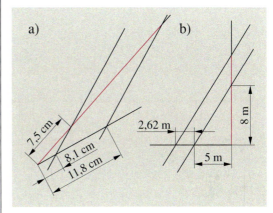

5 Zeigen Sie, dass für die Länge von *x* gilt:

$x = \dfrac{a \cdot c}{b} - a$

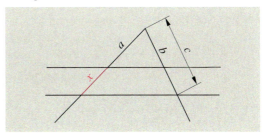

6 Zeigen Sie, dass die Strahlensatzfigur (S. 178) eine zentrische Streckung eines Dreiecks mit dem Streckzentrum *S* darstellt. (Fixpunkt *S*)
Welches Dreieck ist das Urbild, welches Dreieck ist das Bild?
Bestimmen Sie den Streckfaktor *k*.

Der zweite Strahlensatz

In der Zeichnung sind das rote und das blaue Dreieck ähnlich. Darum gilt:

$$\frac{c}{c'} = \frac{a}{a'} \quad \text{und} \quad \frac{c}{c'} = \frac{b}{b'}$$

Das ist der **2. Strahlensatz**. Er sagt etwas aus über Streckenabschnitte, die nicht nur auf den *Strahlen*, sondern auch auf den *parallelen Geraden* liegen (im Gegensatz zum 1. Strahlensatz).

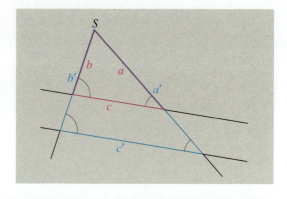

2. Strahlensatz:
Bei einer Strahlensatzfigur gilt für die Abschnitte auf den Strahlen und auf den Geraden:

$$\frac{c}{c'} = \frac{a}{a'} \quad \text{und} \quad \frac{c}{c'} = \frac{b}{b'}$$

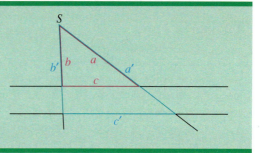

Beim 2. Strahlensatz müssen die Abschnitte auf den Strahlen immer vom Punkt *S* aus gemessen werden

Beispiel

Gesucht ist die Länge des Abschnitts *c*.

Lösung:
Nach dem 2. Strahlensatz gilt: $\frac{c}{8} = \frac{4}{9}$

Daraus folgt:
$$c = \frac{4 \cdot 8}{9}$$
$$c = \frac{32}{9}$$
$$c \underset{TR}{=} 3{,}56$$

Der Abschnitt ist 3,56 cm lang.

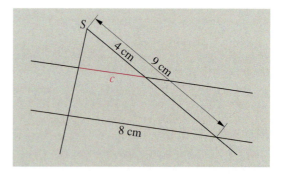

Übungen

1 Zeigen Sie an einer Zeichnung, dass der Strahlensatz nicht gilt, wenn die Geraden nicht zueinander parallel sind.
Messen Sie die Längen der Abschnitte und bilden Sie entsprechende Verhältnisse.

2 Wie lang ist die rote Linie?

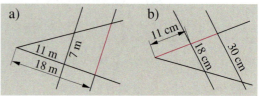

Ähnlichkeit

3 Welche Formeln sind nach der Zeichnung für den 2. Strahlensatz falsch?

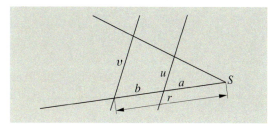

a) $\dfrac{r}{a} = \dfrac{v}{u}$ d) $\dfrac{a}{b} = \dfrac{u}{v}$

b) $\dfrac{a}{a+b} = \dfrac{u}{v}$ e) $\dfrac{a}{r} = \dfrac{u}{v}$

c) $\dfrac{v}{r} = \dfrac{a}{u}$ f) $\dfrac{r-b}{u} = \dfrac{a+b}{v}$

4 Welche Formeln sind nach der Zeichnung für den 2. Strahlensatz richtig?

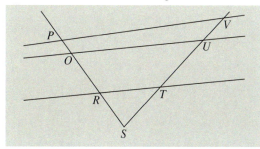

a) $\dfrac{\overline{SR}}{\overline{SP}} = \dfrac{\overline{RT}}{\overline{PV}}$ d) $\dfrac{\overline{SR}}{\overline{RT}} = \dfrac{\overline{SO}}{\overline{OU}}$

b) $\dfrac{\overline{ST}}{\overline{RT}} = \dfrac{\overline{SV}}{\overline{PV}}$ e) $\dfrac{\overline{PV}}{\overline{RT}} = \dfrac{\overline{SP}}{\overline{SR}}$

c) $\dfrac{\overline{PV}}{\overline{TV}} = \dfrac{\overline{RT}}{\overline{ST}}$ f) $\dfrac{\overline{PV}}{\overline{OU}} = \dfrac{\overline{SV}}{\overline{SU}}$

5 Zeigen Sie an der Figur, dass der 2. Strahlensatz auch in diesem Fall erfüllt ist.

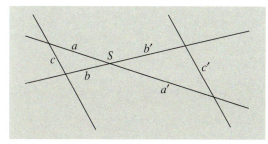

Fertigen Sie eine Zeichnung an, aus der Sie Maße entnehmen für die entsprechenden Abschnitte. Bilden Sie die notwendigen Verhältnisse.

6 Ein Stab wird so in die Erde gesteckt, dass er 1 m aus dem Boden ragt und dass seine Spitze gerade in die Schattenlinie des Turms fällt. Berechnen Sie mit den Angaben in der Zeichnung die Höhe des Turms.

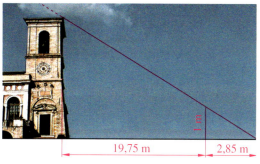

7 Zeigen Sie, dass man die Breite x eines Flusses nach der Formel $\dfrac{x+c}{b} = \dfrac{x}{a}$ berechnen kann. Berechnen Sie die Flussbreite.

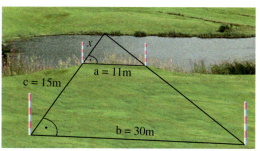

8 a) Berechnen Sie mit dem 2. Strahlensatz alle roten Verstrebungen der Zeichnung (Maße in Metern).
b) Welchen Flächeninhalt hat die quadratische Grundfläche des Mastes?

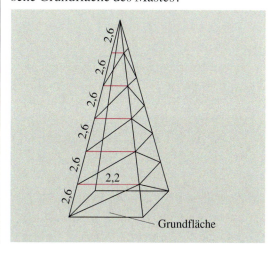

INFO
Probleme sehen
Probleme darstellen
Probleme lösen

Perspektivisch zeichnen

Der holländische Maler Meindert Hobbema (1638 – 1709) verwendete für seine „Allee von Middleharnis" einen Fluchtpunkt, auf den sich alle Linien des Bildes zubewegen (siehe unten).

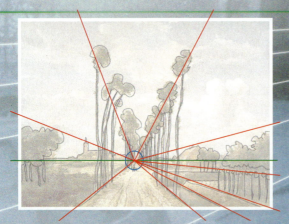

Zu Beginn des 15. Jahrhunderts gelang es den Meistern der darstellenden Kunst zunehmend besser, dreidimensionale Gebilde darzustellen. Unter Verwendung von **Fluchtpunkten** und einer **Horizontallinie** empfanden sie unsere Seherfahrung nach.

Durch den Fluchtpunkt entstehen realitätsnah erscheinende Darstellungen.

○ Fluchtpunkt — Horizontallinie

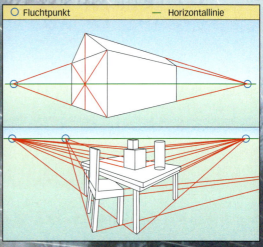

Andere Darstellungsmöglichkeiten

Das Bestreben, auch in technischen Zeichnungen räumliche Darstellungen perspektivisch anschaulicher zu machen, führte neben der dir bereits bekannten *Kavalierperspektive* zu der häufiger angewandten *dimetrischen Perspektive* und zur *isometrischen Perspektive*.

Kavalierperspektive
a, b original lang
c halb so lang wie im Original

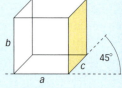

Dimetrie
a, b original lang
c halb so lang wie im Original

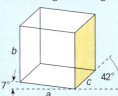

Isometrie
alle Kanten original lang

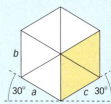

Der Psychologe L.S. Penrose entwarf zeichnerische Gebilde, die zunächst logisch aussehen, aber bei genauem Hinsehen als „unmögliche Objekte" bezeichnet werden müssen.

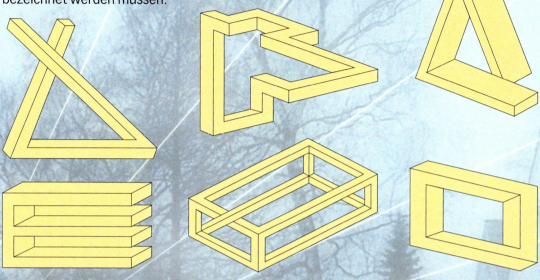

Der Holländer Maurits Cornelius Escher (1898 – 1972) verwendete in seinen Werken raffinierte Effekte, indem er mit perspektivischen Tricks arbeitete.

In diesem Bild versteckte der englische Künstler William Hogarth (1697 – 1764) eine Reihe perspektivischer Unmöglichkeiten.

Lineare Gleichungen und Ungleichungen

Lineare Gleichungen und Ungleichungen

Lineare Gleichungen

Gleichungen und ihre Lösungsmengen

Wir fassen zusammen, was wir aus früheren Schuljahren wissen.

Gleichungen bestehen aus **Termen** (Rechenausdrücke wie $3 \cdot 7$; $5x$; $2 + x$), die durch ein „="-Zeichen miteinander verbunden sind.
Es gibt **Zahlengleichungen** wie $4 \cdot 6 = 25 - 1$ oder $6 \cdot 17 = 102$ und **Gleichungen mit Leerstellen** (Variable, Unbekannte, Platzhalter) wie $3 \cdot x + 7 = 31$ oder $x^2 + 5 = 14$.

Zahlengleichungen sind **Aussagen**. Von jeder Aussage kann man sagen, ob sie wahr oder falsch ist. Auch falsche Zahlengleichungen sind Aussagen. Zum Beispiel $4 \cdot 3 = 11$ (falsch).

Gleichungen mit Leerstellen werden erst zu Aussagen, wenn man für die Leerstelle eine Zahl einsetzt. Man nennt Gleichungen mit Leerstellen auch **Aussageformen**.

Für Gleichungen mit Leerstellen (Variablen) sucht man die **Lösungsmengen**. Das sind alle Zahlen, die aus einer Gleichung bei Einsetzen eine *wahre* Aussage machen.

Lösungs-
menge
L
suchen!

Die Gleichung $3 \cdot x + 7 = 31$ hat nur eine Lösung, $x = 8$, denn $3 \cdot 8 + 7 = 31$ ist wahr. Die Lösungsmenge ist $L = \{8\}$.

Die Gleichung $x^2 + 5 = 14$ hat zwei Lösungen, $x = 3$ und $x = -3$, wie man durch Einsetzen bestätigt. Also $L = \{-3, 3\}$.

Die Zahlenmenge, die überhaupt nur für die Lösungssuche in Frage kommen soll, heißt die **Grundmenge** der Gleichung.

Beispiele

1. Für die Grundmenge $\mathbb{N}$ hat $x^2 + 5 = 31$ die Lösungsmenge $\{3\}$.
Für die Grundmenge $\mathbb{Z}$ hat $x^2 + 5 = 31$ die Lösungsmenge $\{-3, 3\}$.

2. In der Grundmenge $\mathbb{N}$ ist $3\,x = 5$ nicht lösbar. Die Lösungsmenge ist leer, $L = \emptyset$
Für die Grundmenge $\mathbb{Q}$ hat $3\,x = 5$ die Lösungsmenge $\{\frac{5}{3}\}$.

Aussage	Aussageform
$17 + 15 = 32$	$20 - x + 17 = 27$
Zahlengleichung	Gleichung mit der Variablen x
Diese Gleichung ist wahr.	Lösung ist $x = 10$, also $L = \{10\}$.
	Die Grundmenge ist $\mathbb{N}$.

Lösungen von Gleichungen findet man durch Ausprobieren oder durch Rechenmethoden, die wir kennen lernen werden.

Lineare Gleichungen

Lösen von Gleichungen durch Probieren

Ein rechteckiger Garten hat einen Umfang von 26 m. Die längere Seite ist 8 m lang. Wie lang ist die andere Seite?

Durch *Probieren* können wir mit Hilfe einer Tabelle die Lösung der Gleichung herausfinden.
Die *Formel* für den Umfang lautet:
$u = 2 \cdot a + 2 \cdot b$
Die gesuchte *Gleichung* lautet:
$26 = 2 \cdot 8 + 2 \cdot b$

Wir setzen für b die Werte von 1 bis 7 ein.

b	1	2	3	4	5	6	7
linke Seite: 26	26	26	26	26	26	26	26
rechte Seite: $2 \cdot 8 + 2 \cdot b$	18	20	22	24	26	28	30
$26 = 2 \cdot 8 + 2 \cdot b$	falsch	falsch	falsch	falsch	wahr	falsch	falsch

Nur durch Einsetzen der Zahl 5 für b ergibt sich für den Umfang der Wert 26 m. Die Seite b hat die Länge 5 m.

Probe: $\quad u = 2a + 2b$
$26\,\text{m} = 2 \cdot 8\,\text{m} + 2 \cdot \mathbf{5}\,\text{m}$
$26\,\text{m} = 26\,\text{m} \quad$ (wahr)

Wahr oder falsch, das ist hier die Frage!

Beispiel

Der Flächeninhalt eines Dreiecks beträgt 24 m^2. Die Grundseite hat eine Länge von 8 m. Stellen Sie eine Gleichung auf, lösen Sie die Gleichung durch Probieren und bestimmen Sie die Länge der Höhe h.

Die *Formel* für den Flächeninhalt des Dreiecks lautet: $A = \frac{g \cdot h}{2}$
Die gesuchte *Gleichung* lautet nach dem Einsetzen von A und g: $\quad 24 = \frac{8 \cdot h}{2}$
Wir setzen für h die Werte von 1 bis 7 ein.

h	1	2	3	4	5	6	7
linke Seite: 24	24	24	24	24	24	24	24
rechte Seite: $\frac{8 \cdot h}{2}$	4	8	12	16	20	24	28
$24 = \frac{8 \cdot h}{2}$	falsch	falsch	falsch	falsch	falsch	wahr	falsch

Nur durch Einsetzen der Zahl 6 für h ergibt sich der Flächeninhalt von 24 m^2.
Die Höhe h hat bei diesem Dreieck eine Länge von 6 m.

Probe: $\quad A = \frac{g \cdot h}{2}$
$24\,\text{m}^2 = \frac{8 \cdot 6}{2}\,\text{m}^2$
$24\,\text{m}^2 = 24\,\text{m}^2 \quad$ (wahr)

Übungen

1 Setzen Sie in die Gleichung $2x + 7 = 17$ für x die Werte von 1 bis 6 ein und bestimmen Sie die Lösung der Gleichung.

x	$2x + 7 = 17$	wahr/falsch
1	$2 \cdot \mathbf{1} + 7 = 17$	falsch
2		
...		

2 Setzen Sie in die Gleichung $5x - 10 = 55$ für x die Werte von 10 bis 15 ein und vergleichen Sie beide Seiten der Gleichung.

x	$5x - 10 = 55$	wahr/falsch
10	$5 \cdot \mathbf{10} - 10 = 55$	falsch
11		
...		

3 Lösen Sie die Gleichungen in $\mathbb{N}$ durch Probieren mit Werten von 0 bis 6.
a) $2x + 9 = 19$ d) $8 = 2x - 2$
b) $28 - 2x = 16$ e) $19 + x = 19$
c) $24 + 5x = 34$ f) $81 - 27x = 0$

4 Welche Lösungen haben die Gleichungen? Probieren Sie mit den Werten 7 und 8.
a) $5 \cdot \triangledown = 18 + 17$ d) $6 \cdot \triangledown = 50 - 8$
b) $48 : \triangledown = 42 : 7$ e) $16 + \triangledown = 3 \cdot \triangledown$
c) $14 - \triangledown = 3 + 36 : 9$ f) $9 \cdot \triangledown = 70 - \triangledown$

5 Ein Dachgiebel hat die Form eines Dreiecks. Bei einer Höhe von 4 m beträgt der Flächeninhalt 16 m². Wie breit ist die Hausfront? Fertigen Sie eine Skizze an. Lösen Sie durch Probieren in einer Tabelle.

6 Übertragen Sie die Tabelle. Setzen Sie die für x angegebene Zahl ein und überschlagen Sie das Ergebnis. Kontrollieren Sie das Ergebnis mit dem TR.

x	$x^2 - 6x + 1$	$-x^2 - 2x + 3$	$-2x^2 - x$	$\frac{1}{2}x^2 - 3x + 5$
-2				
-1				
0				
3				
10				

7 Diese Gleichungen haben Lösungen von 1 bis 10. Ordnen Sie durch Probieren den Gleichungen die richtigen Lösungen zu.
a) $7 + n = 15 - 4$ f) $27 - 6 \cdot y = 15$
b) $19 - d = 2 \cdot 8$ g) $49 : z = z$
c) $7 \cdot \square - 12 = 44$ h) $2a + 5a = 42$
d) $3x - 12 = 2x - 7$ i) $25 - z = z + 5$
e) $2b + 5 = 8b - 1$ j) $36 : c + c = 13$

8 Prüfen Sie, für welchen Wert von x die Gleichung $7x - 5 = 51$ wahr wird.

x	$7x$	$7x - 5$	$7x - 5 = 51$	w/f
3	21	16	$16 = 51$	f
...				

9 Lösen Sie durch Probieren. Die Lösungen sind Zahlen von 1 bis 18.
a) $5x = 75$ j) $44 + 3x = 7 \cdot 7 + 1$
b) $11x = 132$ k) $14 : x = 1$
c) $96 : x = 12$ l) $2x + 5x = 49$
d) $14 : x = 14$ m) $33 + 5x = 8x$
e) $4x - 20 = 0$ n) $2x + 8 = 42$
f) $6x - 17 = 1$ o) $x \cdot x = 36$
g) $36 - 2x = 18$ p) $7x - 26 = 5x$
h) $100 - 25x = 0$ q) $54 = 3x$
i) $2x + 5 = 3x - 5$ r) $16 + x = 2x$

10 Lösen Sie die Ungleichung $3x - 7 < 28$ durch Probieren. Setzen Sie dazu für x die Werte von 3 bis 15 ein.

x	$3x - 7$	<	28	w/f
3	2	<	28	w
4	5	<	28	w
...				
15				

Lineare Gleichungen **187**

Lösen von Gleichungen durch Umformen

Mit einer Waage zeigen wir, wie man Gleichungen **umformen** kann und somit durch *Rechnen* Lösungen findet. Dazu wählen wir die Gleichung $3x + 2 = 17$.

Die *Zahlen* 2 und 17 stellen wir uns als 2 und 17 *Kugeln* vor.
Für die unbekannte Zahl x setzen wir *einen Würfel*, für $3x$ entsprechend *drei* Würfel.
Die Kugeln und Würfel befinden sich in der linken oder rechten Waagschale, so wie die Zahlen und Variablen in der Gleichung links oder rechts vom Gleichheitszeichen stehen.

Wie viele Kugeln wiegen genauso viel wie **ein** Würfel?

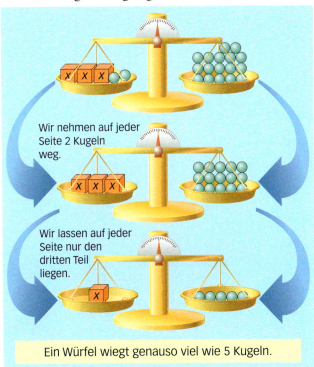

Wir nehmen auf jeder Seite 2 Kugeln weg.

Wir lassen auf jeder Seite nur den dritten Teil liegen.

Ein Würfel wiegt genauso viel wie 5 Kugeln.

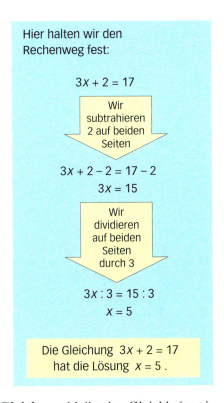

Hier halten wir den Rechenweg fest:

$3x + 2 = 17$

Wir subtrahieren 2 auf beiden Seiten

$3x + 2 - 2 = 17 - 2$
$3x = 15$

Wir dividieren auf beiden Seiten durch 3

$3x : 3 = 15 : 3$
$x = 5$

Die Gleichung $3x + 2 = 17$ hat die Lösung $x = 5$.

Die **Waage** bleibt im Gleichgewicht, wenn auf **beiden Seiten** die gleiche Operation durchgeführt wird:
– Auf beiden Seiten dasselbe *hinzulegen*,
– auf beiden Seiten dasselbe *wegnehmen*,
– auf beiden Seiten das *Doppelte*, das *Dreifache* … *hinlegen*,
– auf beiden Seiten die *Hälfte*, ein *Drittel* … *hinlegen*.

In der **Gleichung** bleibt das Gleichheitszeichen erhalten, wenn wir auf **beiden Seiten** dieselben Rechenschritte ausführen:
– Auf beiden Seiten dasselbe *addieren*,
– auf beiden Seiten dasselbe *subtrahieren*,
– auf beiden Seiten mit derselben Zahl (ungleich 0) *multiplizieren*,
– auf beiden Seiten durch dieselbe Zahl (ungleich 0) *dividieren*.

Eine Gleichung lösen wir, indem wir
- wenn nötig, erst die Rechenausdrücke auf beiden Seiten **zusammenfassen**,
- die Gleichung dann schrittweise so umformen, dass die **gesuchte Variable allein auf einer Seite** steht.

Beispiele

a)
$$\underbrace{7x+9}_{\downarrow -9} = \underbrace{65}_{\downarrow -9}$$
$$\underbrace{7x+9-9}_{7x} = \underbrace{65-9}_{56}$$
$$\downarrow :7 \quad \downarrow :7$$
$$\frac{7x}{7} = \frac{56}{7}$$
$$x = 8$$

Kurzform: $7x + 9 = 65 \quad |-9$
$7x = 56 \quad |:7$
$x = 8$

zuerst auf beiden Seiten 9 subtrahieren, dann auf beiden Seiten durch 7 dividieren

Probe: $7 \cdot 8 + 9 = 65$
$56 + 9 = 65$
$65 = 65$
Die Lösung $x = 8$ ist richtig.

b)
$$\underbrace{5x-6}_{\downarrow -3x} = \underbrace{3x+8}_{\downarrow -3x}$$
$$\underbrace{5x-3x-6}_{2x-6} = \underbrace{3x-3x+8}_{8}$$
$$\downarrow +6 \quad \downarrow +6$$
$$\underbrace{2x-6+6}_{2x} = \underbrace{8+6}_{14}$$
$$\downarrow :2 \quad \downarrow :2$$
$$\frac{2x}{2} = \frac{14}{2}$$
$$x = 7$$

Kurzform: $5x - 6 = 3x + 8 \quad |-3x$
$2x - 6 = 8 \quad |+6$
$2x = 14 \quad |:2$
$x = 7$

Probe: $5 \cdot 7 - 6 = 3 \cdot 7 + 8$
$35 - 6 = 21 + 8$
$29 = 29$
Die Lösung $x = 7$ ist richtig.

Zwischen Zahl und Buchstaben lassen wir den Multiplikationspunkt weg. $\quad 4 \cdot a = 4a$

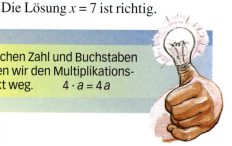

Übungen

1 Welche Gleichung wurde an der Waage gelöst? Beschreiben Sie die Lösungsschritte.

2 Erläutern Sie die Umformungen der Gleichung bei der Lösung an einer Waage.
a) $2x + 3 = 9$
b) $5x + 7 = 12$
c) $3x + 4 = 13$
d) $18 = 4x + 2$
e) $2x + 7 = 23$
f) $13 = 5x + 3$
g) $4x + 2 = 18$
h) $6x + 5 = 11$

3 Welche Umformungen sind richtig durchgeführt worden, welche nicht?
a) $3x + 5 = 10 \quad |-5$
$3x = 5$
b) $9x - 4 = 14 \quad |-4$
$9x = 10$
c) $5x = 15 \quad |:5$
$x = 15$
d) $\frac{1}{3}x = 0{,}5 \quad |\cdot 3$
$x = 1{,}5$

Lineare Gleichungen

Machen Sie zu allen Aufgaben die Probe.

4 Lösen Sie die Gleichungen, indem Sie *auf beiden Seiten* dieselbe Zahl *subtrahieren*.
Beispiel: $x + 3 = 7 \quad | -3$
$x = 4$
Probe: $4 + 3 = 7$
$7 = 7$ (wahr)
a) $x + 4 = 14$
b) $x + 0,5 = 3,5$
c) $4 + x = 22,5$
d) $x + 3,7 = 10,9$
e) $6,9 + x = 23,7$
f) $88 = x + 31$

5 Lösen Sie die Gleichungen, indem Sie *auf beiden Seiten* dieselbe Zahl *addieren*.
Beispiel: $x - 9 = 23 \quad | +9$
$x = 32$
Probe: $32 - 9 = 23$
$23 = 23$ (wahr)
a) $x - 4 = 14$
b) $x - 0,5 = 7,8$
c) $x - 2,7 = 7,2$
d) $x - 33,8 = 1,8$
e) $11,1 = x - 9$
f) $15,7 = x - 13,6$

6 Lösen Sie die Gleichungen, indem Sie *auf beiden Seiten* durch dieselbe Zahl *dividieren*.
Beispiel: $3x = 81 \quad | :3$
$x = 27$
Probe: $3 \cdot 27 = 81$
$81 = 81$ (wahr)
a) $5x = 75$
b) $9x = 108$
c) $7x = 154$
d) $x \cdot 3 = 99$
e) $x \cdot 2,5 = 50$
f) $x \cdot 3,5 = 42$

7 Lösen Sie die Gleichungen. *Multiplizieren* Sie *auf beiden Seiten* mit derselben Zahl.
Beispiel: $x : 9 = 16 \quad | \cdot 9$
$x = 144$
Probe: $144 : 9 = 16$
$16 = 16$ (wahr)
a) $x : 12 = 156$
b) $x : 2,5 = 7,5$
c) $x : 0,8 = 16$
d) $\frac{x}{4} = 36$
e) $\frac{1}{3} x = 12$
f) $\frac{1}{4} x = 24$

8 Lösen Sie die Gleichungen.
a) $x - 17 = 58$
b) $33 + x = 42,7$
c) $3,9 x = 27,3$
d) $x : 4,8 = 12$
e) $7,4 x = 25,9$
f) $11,6 = 4x$

9 Hier müssen Sie *zwei* Rechenoperationen durchführen. Lösen Sie die Gleichungen wie im Beispiel.
$2x - 4 = 8 \quad | +4$ (Addition)
$2x = 12 \quad | :2$ (Division)
$2x : 2 = 12 : 2$
$x = 6$
Probe: $2 \cdot 6 - 4 = 8$
$8 = 8$ (wahr)
a) $5x + 6 = 96$
b) $11 + 3x = 71$
c) $0,5x + 2 = 5$
d) $0,5x - 2 = 5$
e) $46 = 7x + 4$
f) $x : 4 - 8 = 0$
g) $32 = 12 + 4x$
h) $12 + 4x = 21,2$
i) $3,5x - 17 = 4$
j) $12 = x : 2,5 + 8$

10 Lösen Sie die Gleichungen. Machen Sie die Probe.
a) $5x - 7 = 13$
b) $3x + 2 = 8$
c) $2x + 3 = 5$
d) $39 = 2x - 41$
e) $14x - 8 = 20$
f) $9 + 8x = 73$
g) $15 + 2x = 43$
h) $8x - 10 = 34$

11 Lösen Sie wie im Beispiel, wenn *x auf beiden Seiten* der Gleichung steht.
$6x + 4 = 76 - 3x \quad | +3x$
$9x + 4 = 76 \quad | -4$
$9x = 72 \quad | :9$
$x = 8$
Probe: $6 \cdot 8 + 4 = 76 - 3 \cdot 8$
$48 + 4 = 76 - 24$
$52 = 52$ (wahr)
a) $10x + 2 = 8x + 10$
b) $13x + 7 = 131 + 9x$
c) $7x - 5 = 6x + 3$
d) $8x - 48 = 4x + 12$
e) $3 + 5x = 18 + 2x$
f) $2 - 3x = 3x - 22$
g) $7x - 12 = 100 - 7x$
h) $48 - 5x = 12 + x$

12 Lösen Sie die Gleichungen.
a) $x - 0,1 = \frac{1}{2} x + 0,05$
b) $\frac{3}{5} x - 7 = 5$
c) $12 + 0,75 x = 1\frac{1}{4} x$
d) $\frac{3}{4} x + 5\frac{1}{2} = \frac{4}{5} x + 5\frac{2}{5}$
e) $\frac{2}{5} x + \frac{1}{2} x - 9 = 0$

Zusammenfassen und Klammern auflösen

Bisher haben wir Gleichungen gelöst, indem wir auf beiden Seiten der Gleichung dieselben Rechenschritte gemacht haben. Das ist nicht immer sofort möglich. Wir müssen oft zuerst einen Rechenausdruck **zusammenfassen**.

Beispiele

a) Lösen Sie die Gleichung: $3x + 4x = 14$
Dazu muss man hier auf der **linken Seite** zunächst **zusammenfassen**.

$$3x + 4x = 14 \quad | \text{ zusammenfassen}$$
$$7x \quad = 14 \quad | : 7$$
$$x \quad = \mathbf{2}$$

Probe: $3x + 4x = 14$
$3 \cdot \mathbf{2} + 4 \cdot \mathbf{2} = 14$
$6 + 8 = 14$
$14 = 14 \ (\text{w})$

b) Lösen Sie die Gleichung: $123 - (48 - x) = 87$
Dazu muss man zuerst auf der linken Seite die **Klammer auflösen**.

$$123 - (48 - x) = 87 \quad | \text{ Klammer auflösen}$$
$$123 - 48 + x = 87 \quad | \text{ zusammenfassen}$$
$$75 + x = 87 \quad | -75$$
$$x = \mathbf{12}$$

Probe: $123 - (48 - x) = 87$
$123 - (48 - \mathbf{12}) = 87$
$123 - 48 + 12 = 87$
$87 = 87 \ (\text{w})$

Für das Auflösen von Klammern gelten die Regeln:

> Steht vor einer Klammer ein **Pluszeichen**, so kann man die **Klammer weglassen**.
>
> $$22 + (3x - 7) = 22 + 3x - 7$$
>
> Steht vor der Klammer ein **Minuszeichen**, so kann man die Klammer dann weglassen, wenn man **die Rechenzeichen** in der Klammer **umkehrt**.
>
> $$8x - (5x - 7 + 3x) = 8x - 5x + 7 - 3x$$

Beispiel

c) Lösen Sie die Gleichung: $2 \cdot (3x + 6) = 3 \cdot (x + 9)$
Dazu muss man auf jeder Seite der Gleichung zuerst die **Klammer ausmultiplizieren**.

$$2 \cdot (3x + 6) = 3 \cdot (x + 9) \quad | \text{ Klammer ausmultiplizieren}$$
$$6x + 12 = 3x + 27 \quad | -3x$$
$$3x + 12 = 27 \quad | -12$$
$$3x = 15 \quad | : 3$$
$$x = 5$$

Probe: $2 \cdot (3x + 6) = 3 \cdot (x + 9)$
$2 \cdot (3 \cdot \mathbf{5} + 6) = 3 \cdot (\mathbf{5} + 9)$
$2 \cdot (15 + 6) = 3 \cdot 14$
$30 + 12 = 42$
$42 = 42 \ (\text{w})$

– Addieren, subtrahieren *– multiplizieren, dividieren* *geht nur auf* *beiden Seiten gleichzeitig!*

– Zusammenfassen *– Klammern auflösen* *darf man auf* *einer Seite allein!*

Lineare Gleichungen _____ **191**

Wir merken uns:

> Wir lösen eine Gleichung, indem wir **Klammern auflösen**, **Terme zusammenfassen** und auf **beiden Seiten der Gleichung**
> - dieselbe Zahl addieren oder subtrahieren,
> - mit derselben Zahl (außer Null) multiplizieren oder durch dieselbe Zahl (außer Null) dividieren, bis die Variable auf einer Seite der Gleichung allein steht.

Gleichungen lassen sich oft nach einem Ablaufplan lösen:

Ablaufplan

> Lösen Sie die Klammern auf. Beachten Sie dabei die Vorzeichen.

⬇

> Fassen Sie auf **jeder** Seite zusammen.

⬇

> Ordnen Sie: x-Glieder, Glieder ohne x

⬇

> Formen Sie so lange um, bis die Variable auf einer Seite allein steht.

Beispiel

$$9x + 5 \cdot (2 - x) = 3x - (x - 15) \quad | \, Klammern\ auflösen$$
$$9x + 10 - 5x = 3x - x + 15 \quad | \, zusammenfassen$$
$$4x + 10 = 2x + 15 \quad | -2x$$
$$2x + 10 = 15 \quad | -10$$
$$2x = 5 \quad | : 2$$
$$x = 2{,}5$$

Übungen

1 Fassen Sie auf jeder Seite zusammen und bestimmen Sie die Lösung der Gleichung. Machen Sie zu jeder Aufgabe die Probe.
a) $25x - 6 + 15x - 4 = 20x + 10$
b) $35x + 82 - 15x = 3x + 89 + 8x + 101$
c) $5x - 22 + 8x + 17 = 14x - 23 + 8x$
d) $18 + 5x - 7 = 12x + 11 + 16x$
e) $1{,}8x + 1{,}7 + 2{,}3x = 1{,}4 + 1{,}1x + 1{,}5$

2 Lösen Sie die Klammern auf. Bestimmen Sie das Ergebnis. Machen Sie die Probe.
a) $x + (2x - 3) = 6$
b) $3 + (4 + 8x) = 31$
c) $13 + (6 - 2x) = 7 + (7x + 3)$
d) $2x - (x + 22) = 0$
e) $3x - (5 + x) = 10$
f) $3x - (2 - 2x) = 13x - (5x + 5)$

3 Lösen Sie die Gleichungen.
a) $3 \cdot (x + 12) = 96$
b) $5 \cdot (x - 4) = 60$
c) $7 \cdot (8 + x) = 119$
d) $4 + 2 \cdot (x + 8) = 26$
e) $8 + 4 \cdot (x - 32) = 32$
f) $72 = 6 + 6 \cdot (x - 42)$

4 Lösen Sie und machen Sie die Probe.
a) $5 \cdot (3x - 4) = 7 \cdot (2x + 3)$
b) $4 \cdot (6x + 10) = 12 \cdot (4x - 20) - 8$
c) $9 + 7 \cdot (6x - 3) = (12 + 3x) \cdot 2$
d) $(2x - 7) \cdot 10 = 3 - 5x + 27$
e) $5 \cdot (x - 8) + 3 \cdot (4 + x) = 20$
f) $31 - x + 4 \cdot (2x - 5) = 32$

5 Lösen Sie die Gleichungen.
a) $5 \cdot (x + 8) + 2x + 3 \cdot (x - 12) = 6x + 14 - x$
b) $6 \cdot (x - 4) + 4 (6x - 3) = 2 \cdot (3x - 2) + 16$
c) $5 + 4 \cdot (3x + 1) = 11x + 44 - 6x$
d) $12 \cdot (x + 4) + 2 \cdot (3 - x + 17x) = 142$

6 Seltsame Gleichungen.
Gibt es Lösungen?
a) $4x + 3 = 4x - 2$
b) $2 \cdot (3x + 6) = 3 \cdot (2x + 4)$
c) $3x = 5x$
d) $4 \cdot (3y + 7) = 2 \cdot (14 + 6y)$

7 Suchen Sie Fehler, die gemacht wurden. Rechnen Sie richtig weiter.
a) $29 - (17 - 2x) = 8x + (12 - 3x)$
$\quad 29 - 17 - 2x = 8x + 12 - 3x$
b) $2 \cdot (3x + 4) - 2x - 16 = 0$
$\quad 6x + 4 - 2x - 16 = 0$

8 Berechnen Sie den Wert der Terme im Heft.

x	1	3	6	9	12	15
x + 3			9			
x − 1						
9x		27				
x : 2						
2x − 1	1					
70 − 3x						

9 Vervollständigen Sie die Tabelle in Ihrem Heft.

Variable	Term	Wert des Terms
x	8x − 22	
3	8 · 3 − 22	2
6		
7		
9		
11		

10 Lösen Sie die Gleichungen. Machen Sie die Probe.

a) $x + 8 = 33$
b) $x - 17 = 54$
c) $y + 71 = 101$
d) $27 + x = 44$
e) $33 - y = 14$
f) $125 = 47 + x$
g) $3{,}8 = 5{,}9 - y$
h) $x - 0{,}9 = 5{,}4$

11 Lösen Sie die Gleichungen. Machen Sie die Probe.

a) $48 = 16x$
b) $108 = x \cdot 12$
c) $2{,}5y = 17{,}5$
d) $3{,}9 = 0{,}13x$
e) $x : 8 = 7$
f) $33{,}5 = y : 0{,}5$
g) $3{,}9 = \frac{x}{5}$
h) $\frac{y}{1{,}7} = 7{,}9$
i) $\frac{2}{5}x = 9{,}6$
j) $\frac{7}{8}y = \frac{3}{4}$
k) $\frac{36}{x} = 2{,}4$
l) $115{,}5 : y = 7$

12 Lösen Sie die Gleichungen.

a) $2x + 5 = 9$
b) $4x + 2 = 22$
c) $1{,}3x - 2 = 11$
d) $18 + 2y = 23$
e) $47 = 5a - 12$
f) $x - 0{,}8 = 2{,}7$
g) $16x - 15 = 129$
h) $30 = 7y + 16$
i) $62 - 9y = 17$
j) $5 = 145 - 7x$

13 Lösen Sie die Gleichungen.

a) $12x + 10 = 6x + 106$
b) $3x - 12 = x - 2$
c) $19 + 4y = 7y + 11{,}5$
d) $32x + 30 = 28x + 70$
e) $4x + 16 = 2x + 32$

14 Berechnen Sie jeweils die Variable x.

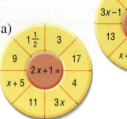

15 Vereinfachen Sie die Terme.

a) $5 - (2x - 7y) + (5y + 4x) + 17$
b) $9 \cdot (12x - 7) + 5 \cdot (15 - 9x)$
c) $15x - 3 + 2 \cdot (5y + 7x) - (8x - 12)$
d) $3 \cdot (4x - 12) + 45 + 11y - (9x + 4y)$
e) $67y - (28y - 56x) - (42x + 5y)$
f) $27a - (19b - 7a + 8) + 3 \cdot (2a + 7 + 7b)$

16 Lösen Sie die Gleichungen.

a) $15x + 38 = 24x + 29$
b) $4x + (3x + 13) = 8$
c) $5x - (4 - 7x) = 2$
d) $7x - [14 - (2x + 5)] = 18 - [3x + (15 - 4x)]$
e) $5(3x - 4) = 7(2x - 3)$
f) $8 - 7(3x + 2) = 9x - 6(5x + 1)$
g) $(x - 4)(3x - 7) = (x - 2)(3x + 8)$
h) $2(x - 4) + x^2 = 4 - (x + 2)(3 - x)$

17 Lösen Sie die Gleichungen. Machen Sie die Probe.

a) $11y - (y - 7) \cdot 8 = 92$
b) $255 = 15x + 6 \cdot (x + 4)$
c) $(2x - 3{,}6) \cdot 5 = 57$
d) $2 \cdot (3x + 4) - 2x - 16 = 0$
e) $(2y - 7) \cdot 13 = 251 - 12y$
f) $(y + 7) \cdot 5 - 7 - (y - 4) = 3 \cdot (9 - y) + 5$
g) $4 \cdot (6x + 10) = 12 \cdot (4x - 20) - 8$
h) $6 \cdot (2x - 15) = 3 \cdot (5x - 30)$

18 a) $x + 2x + 3x + 4x = 50$
b) $4x - 3x + 2x - x = 50$
c) $4x - 3x - 2x - x = 50$
d) $4x - 3x - (2x + x) = 50$
e) $-4x + 3x + 2x + x = 50$

Lineare Gleichungen

Textaufgaben

Zwei Beispiele zeigen, wie man Sachaufgaben in Textform mit Hilfe von Gleichungen lösen kann und wie man die Gleichungen aufstellt.

Beispiel 1

Aufgabe

Für einen Arbeitsverbesserungsvorschlag wird eine Prämie von 6900 € auf vier Arbeiter verteilt.
Die Prämie soll so verteilt werden, dass der zweite Arbeiter 200 € mehr erhält als der erste.
Der dritte Arbeiter erhält 200 € mehr als der zweite Arbeiter.
Der vierte Arbeiter erhält 200 € mehr als der dritte. Wie viel € erhält jeder?

Lösungsansatz

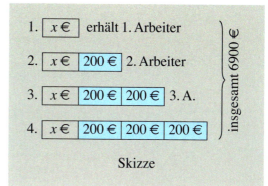

Skizze

Lösung:

1. Darstellen der Aufgabe in einer Skizze (siehe oben rechts).

2. Festlegen der Variablen:
   Der erste Arbeiter soll x € erhalten.

3. Aufstellen der Gleichung:
   Der erste Arbeiter erhält: x €
   Der zweite Arbeiter erhält dann: x € + 200 €
   Der dritte Arbeiter erhält dann: x € + 200 € + 200 €
   Der vierte Arbeiter erhält dann: x € + 200 € + 200 € + 200 €

   Es ergibt sich aus der Aufgabenstellung die Zahlengleichung:

   $$x + (x + 200) + (x + 200 + 200) + (x + 200 + 200 + 200) = 6900$$

4. Lösen der Gleichung:
   $x + x + 200 + x + 200 + 200 + x + 200 + 200 + 200 = 6900$ | Zusammenfassen
   $4x + 1200 = 6900$ | -1200
   $4x = 5700$ | $:4$
   $x = 1425$

5. Antwort:
   Der erste Arbeiter erhält 1425 €,
   der zweite 1425 € + 200 € = 1625 €,
   der dritte 1425 € + 400 € = 1825 € und
   der vierte erhält 1425 € + 600 € = 2025 €.

6. Probe:
   Insgesamt werden ausgezahlt: 1425 € + 1625 € + 1825 € + 2025 € = 6900 €

Beispiel 2

In einem Rechteck ist eine Seite 3 cm lang. Verlängert man diese Seite um 6 cm und verkürzt man die andere Seite um 2 cm, so verdoppelt sich der Flächeninhalt des Rechtecks. Wie lang war die zweite Seite ursprünglich?

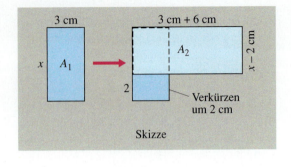

Skizze

Lösung:

1. Anfertigen einer Skizze

2. Festlegen der Variablen: Die zweite Seite sei x cm lang.

3. Aufstellen der Gleichung:
   vor der Änderung:
   1. Seite 3 cm
   2. Seite x cm $\Big\}$ Flächeninhalt: $A_1 = 3 \cdot x$ cm^2

   nach der Änderung:
   1. Seite $(3+6)$ cm $= 9$ cm
   2. Seite $(x-2)$ cm $\Big\}$ Flächeninhalt: $A_2 = 9 \cdot (x-2)$ cm^2

   A_2 ist das Doppelte von A_1: $\qquad A_2 = 2 \cdot A_1$, also
   $$9 \cdot (x-2) \text{ cm}^2 = 2 \cdot 3 \cdot x \text{ cm}^2$$

   Es ergibt sich die Gleichung: $\qquad 9 \cdot (x-2) = 2 \cdot 3 \cdot x$

4. Lösen der Gleichung:
$$\begin{aligned} 9 \cdot (x-2) &= 2 \cdot 3 \cdot x \\ 9x - 18 &= 6x & |-x \\ 3x - 18 &= 0 & |+18 \\ 3x &= 18 & |:3 \\ x &= 6 \end{aligned}$$

5. Antwort:
   Die zweite Seite des Rechtecks war ursprünglich 6 cm lang.

6. Probe:
   ursprünglicher Flächeninhalt: $\quad A_1 = 3 \cdot 6$ cm^2
   $\qquad\qquad\qquad\qquad\qquad\qquad\quad = 18$ cm^2 $\Big\}$ Also:
   Flächeninhalt nach der Änderung: $A_2 = 9 \cdot 4$ cm^2 $\quad A_2 = 2 \cdot A_1$
   $\qquad\qquad\qquad\qquad\qquad\qquad\quad = 36$ cm^2

Lineare Gleichungen

Übungen

1 Ein Rechteck hat einen Umfang von 12 cm. Die eine Seite ist um 3 cm länger als die andere Seite.

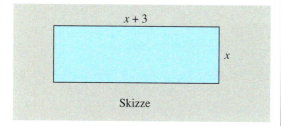

Skizze

a) Wie lang sind die Seiten?
b) Welchen Flächeninhalt hat das gegebene Rechteck?

2 Ein gleichschenkliges Dreieck hat einen Umfang von 16 cm. Wie lang ist ein Schenkel des Dreiecks, wenn die Grundseite 3 cm lang ist? Zeichnen Sie eine Skizze.

3 Die eine Seite eines Rechtecks ist um 12 cm länger als die andere Seite. Verkürzt man die erste Seite um 3 cm und verlängert die andere Seite um 2 cm, so erhält man ein flächeninhaltsgleiches Rechteck. Berechnen Sie die Seitenlängen vor und nach der Änderung.

4 Das Hauptgebäude eines Schlosses wurde fotografiert. Der Grundriss des Gebäudes hat die Form eines Rechtecks. Bei der Schlossbesichtigung hat man erfahren, dass der Umfang des Gebäudes 176 m beträgt. Die Längsseite des Gebäudes ist dreimal so lang wie die kürzere Seite.
Wie lang sind die Seiten des Gebäudes?
Wie groß ist die Grundfläche?

5 Für eine Ferienreise nach Italien wurden zwei Negativ-Filme und drei Farbdia-Filme gekauft. Ein Negativ-Film kostet 2,10 €. Insgesamt wurden 24,45 € bezahlt.
Wie viel kostet ein Farbdia-Film?

6 Ein rechteckiges Grundstück hat 400 m Umfang. Die längere Rechteckseite ist um 25 % größer als die kürzere Seite.
Berechnen Sie die beiden Seitenlängen.

7 In einer Sparbüchse befinden sich 116 €. Davon soll Andreas doppelt so viel wie Bärbel erhalten. Claudia soll $\frac{13}{10}$ und Dieter soll $1\frac{1}{2}$ von dem Betrag bekommen, den Bärbel erhält.
Wie viel € bekommt jede Person?

8 Drei blaue, vier grüne und fünf gelbe Kugeln wiegen insgesamt 181 g. Eine grüne Kugel wiegt 8 g mehr als eine blaue Kugel. Eine gelbe Kugel wiegt 11 g weniger als eine blaue Kugel.
Wie viel Gramm wiegt eine blaue Kugel?
Wie viel Gramm wiegen die anderen Kugeln?

9 Für einen dreiwöchigen Aufenthalt im Zeltlager bekam Rolf 175 € Taschengeld. In der zweiten Woche gab Rolf die Hälfte mehr aus als in der ersten Woche. In der dritten Woche gab er 60 € aus. Von den 175 € brachte Rolf 45 € wieder mit nach Hause. Wie viel Euro gab er jede Woche aus?

10 In einem Reifenlager befinden sich insgesamt 910 Autoreifen in vier verschiedenen Größen. Von der Größe II sind zweimal so viele Reifen vorhanden wie von Größe I, von Größe III sind $1\frac{1}{2}$-mal so viele Reifen vorhanden wie von Größe I und von IV sind $2\frac{1}{2}$-mal so viele vorhanden wie von Größe I. Wie viele Reifen von jeder Sorte sind das?

11 Die drei Geschäftsleute A, B und C gründen ein Geschäft. Das Gründungskapital beträgt 70 000 €.
Kaufmann A legt 5000 € mehr an als Kaufmann C. Kaufmann B trägt so viel zum Gründungskapital bei wie die Kaufleute A und C zusammen. Berechnen Sie die Anteile.

Zahlenrätsel

1 Addiert man zu einer Zahl 21, so erhält man 48.

2 Addiert man zu einer Zahl $\frac{1}{3}$, so erhält man $\frac{8}{7}$.

3 Das Dreifache einer Zahl ist um 18 kleiner als 24.

4 Vermindert man das Siebenfache einer Zahl um 8, so erhält man 76.

5 Vermehrt man das Sechsfache einer Zahl um 40, so erhält man das Zehnfache dieser Zahl.

6 Von welcher Zahl muss man $4\frac{1}{4}$ subtrahieren, um $5\frac{1}{2}$ zu erhalten?

7 Das um 17 vermehrte Dreifache einer Zahl ist gleich dem um 32 verminderten Zehnfachen dieser Zahl.

8 Vier aufeinander folgende natürliche Zahlen haben die Summe 250. Wie heißen die vier Zahlen?
(*Hinweis:* Der Nachfolger von *x* ist *x* + 1.)

9 Eine Zahl, ihr Doppeltes und ihr Vierfaches ergeben zusammen 98. Wie heißt die Zahl?

10 Zieht man von einer Zahl ihre Hälfte und dann noch ihr Drittel ab, so erhält man 11. Wie heißt die Zahl?

Altersrätsel

1 Peter ist 4 Jahre jünger als seine Schwester Anne. Zusammen sind sie 28 Jahre alt. Wie alt ist jeder?

2 Heute ist Sigrid dreimal so alt wie Marc. In drei Jahren wird sie nur noch doppelt so alt sein. Wie alt ist Sigrid heute, wie alt ist Marc?

3 Eine Mutter ist 20 Jahre älter als ihr Sohn. Dessen Vater ist 5 Jahre älter als die Mutter. Zusammen sind sie 93 Jahre alt.
Wie alt ist jeder?

4 In 5 Jahren wird eine Mutter doppelt so alt sein wie ihr Sohn. Heute ist sie 20 Jahre älter. Wie alt ist der Sohn?

5 Ein Ahornbaum ist doppelt so alt wie eine junge Buche. Eine Pappel ist 12 Jahre älter als der Ahorn. Alle drei Bäume sind zusammen achtmal so alt wie die Buche.
Wie alt ist jeder Baum?

Prozentrechnung

12 % von 320 sind 0,12 · 320

1 Ein Fahrrad wird um 5 % teurer. Jetzt kostet es 399 €. Wie teuer war es vor der Preiserhöhung?

2 a) Ein Gehalt wird zunächst um 50 € erhöht, danach noch einmal um 4 % angehoben, sodass 2610 € ausgezahlt werden. Wie hoch lag das ursprüngliche Gehalt?
b) Das Gehalt eines anderen wird zuerst um 4 % angehoben, danach um 50 € erhöht, sodass 1714 € ausgezahlt werden. Wie viel Lohn gab es ursprünglich?

3 Von einem Bruttogehalt werden 18 % Sozialversicherungsbeiträge abgezogen. 447 € Steuern sind zu zahlen. Das Nettogehalt beträgt 2314 €. Wie groß ist das Bruttogehalt?

4 Auf den Einkaufspreis eines Schlafzimmers werden 20 % Einzelhandels-Zuschlag angerechnet. Davon werden beim Verkauf 3 % Skonto für den Kunden abgezogen, sodass dieser 980 € für das Schlafzimmer bezahlt. Wie hoch lag der Einkaufspreis?
(*Hinweis:* Rechnen Sie mit dem Taschenrechner und runden Sie den Endbetrag auf volle Euro.)

Zinsrechnung

1 In einem Jahr werden für 3720 € an Zinsen 223,20 € ausgezahlt. Wie groß ist der Zinssatz? Formulieren Sie zunächst eine Gleichung mit x.

2 Für einen Kredit sind im ersten Jahr 8 % Zinsen zu zahlen, im zweiten Jahr 6,5 %. In den zwei Jahren wurden insgesamt 3697,50 € Zinsen gezahlt. Wie hoch war der Kredit? (Kreditgebühren bleiben unberücksichtigt.)

3 Ein Kapital von 7500 € liegt 2 Jahre auf der Bank. Ein anderes Kapital von 3240 € wird mit halbem Zinssatz 1 Jahr angelegt. Insgesamt werden für die Geldbeträge 1369,60 € gezahlt. Mit welchem Zinssatz wurden die Gelder verzinst?

So werden Zinstage berechnet:
Beispiele:

1. 18. 07.–25. 10.
1. Schritt: 18. 07.–18. 10. → 90 Tage
2. Schritt: 18. 10.–25. 10. → <u>7 Tage</u>
<u>97 Tage</u>

2. 16. 02.–05. 05.
1. Schritt: 16. 02.–16. 04. → 60 Tage
2. Schritt: 16. 04.–05. 05. → <u>19 Tage</u>
<u>79 Tage</u>

4 Am 12. März war eine Rechnung über 1296 € zu begleichen. Da sie erst am 30. April bezahlt wurde, berechnete man 21,60 € Verzugszinsen.
Mit welchem Jahreszinssatz wurden die Verzugszinsen in Rechnung gestellt?

5 2750,80 € wurden zu 6,4 % verzinst. Wie lange war das Kapital angelegt, wenn 10,27 € Zinsen abgehoben werden konnten?
(*Hinweis:* Runden Sie das Ergebnis auf volle Tage.)

6 Auf ein Konto wurden 720 € eingezahlt bei 4,5 % Verzinsung. Nach einem halben Jahr wurde der Zinssatz auf 5 % erhöht.
Wie viel Zinsen kommen nach einem Jahr zur Auszahlung?

Geometrie

7 In einem Dreieck ist der Winkel β doppelt so groß wie der Winkel α. Der Winkel γ ist um 32° größer als α. Alle Winkel zusammen ergeben 180°. Wie groß ist jeder Winkel?

8 In jedem gleichschenkligen Dreieck gibt es zwei gleich große Basiswinkel.
In einem Dreieck ist ein Basiswinkel halb so groß wie der dritte Winkel. Zusammen sind die Winkel 180° groß.
Wie groß ist ein Basiswinkel und der dritte Winkel an der Spitze?

9 Das Kantengerüst eines Quaders ist insgesamt 260 cm lang. Die *Höhe* ist 10 cm kürzer als die *Breite*. Die *Länge* ist 5 cm kürzer als die *Höhe*. Welche Maße hat der Quader?

10 Beim Trapez gilt für den Flächeninhalt $A = \frac{a+c}{2} \cdot h$ (a ist Grundseite, c liegt gegenüber). Bei einem Trapez ist der Flächeninhalt 28 cm². Die Grundseite ist 9 cm lang, die Höhe beträgt 4 cm.
Wie lang ist die der Grundseite gegenüberliegende Trapezseite?

11 Der Umfang u eines Vollkreises beträgt etwa $u = 3{,}14 \cdot d$ (d ist der Durchmesser).
a) Die Länge der aus Halbkreisen zusammengesetzten Schlange ist 36,5 cm. Die Halbkreisradien sind von links nach rechts die Hälfte des vorgehenden Radius.
Welchen Radius hat der erste Halbkreis?

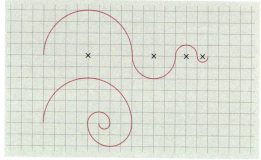

b) Welchen Radius hat der erste Halbkreis, wenn die Bedingungen von a) von außen nach innen gelten und die Spirale 158 cm lang ist? Zeichnen Sie.

Bruchgleichungen

Wenn in einer Gleichung die Variable im Nenner vorkommt, so spricht man von einer **Bruchgleichung**.

$\frac{1}{x} + \frac{4}{2-x} = 5$ ist eine Bruchgleichung. Die Grundmenge ist $G = \mathbb{Q}$. Da die Division durch Null nicht definiert ist, darf x nur so gewählt werden, dass keiner der Nenner Null wird.

Bei $\frac{1}{x} + \frac{4}{2-x} = 5$ dürfen daher in der Bruchgleichung für x die Zahlen 0 und 2 also nicht eingesetzt werden. Diese Zahlen gehören nicht zum **Definitionsbereich** dieser Bruchgleichung. Der Definitionsbereich D umfasst alle Zahlen der Grundmenge ohne die Zahlen 0 und 2: $D = \mathbb{Q}\backslash\{0; 2\}$. $D = \mathbb{Q}\backslash\{0; 2\}$ heißt, D ist die Menge der rationalen Zahlen ohne die Null und die Zwei.

Beispiel

$G = \mathbb{Q}$

Aufgabe

$$\frac{x+1}{x+3} - \frac{x-4}{x-3} = \frac{1-2x}{x^2-9}$$

Definitionsbereich bestimmen:

$$D = \mathbb{Q}\backslash\{3; -3\}$$

Lösung:

$$\frac{x+1}{x+3} - \frac{x-4}{x-3} = \frac{1-2x}{x^2-9} \quad | \cdot (x+3)(x-3)$$

1. mit dem Hauptnenner multiplizieren und kürzen:

$$(x+1)(x-3) - (x-4)(x+3) = 1-2x$$

2. Ausmultiplizieren:

$$x^2 - 3x + x - 3 - (x^2 + 3x - 4x - 12) = 1-2x$$

3. Klammer auflösen:

$$x^2 - 3x + x - 3 - x^2 - 3x + 4x + 12 = 1-2x$$

4. Zusammenfassen:

$$-2x - 3 + x + 12 = 1-2x$$

5. Äquivalenzumformung

$$x + 9 = 1$$
$$x = -8$$

Probe:
$$\frac{-8+1}{-8+3} - \frac{-8-4}{-8-3} \qquad \frac{1-2(-8)}{(-8)^2-9}$$

$$\frac{-7}{-5} - \frac{-12}{-11} \qquad \frac{1+16}{64-9}$$

$$\frac{7}{5} - \frac{12}{11} \qquad \frac{17}{55}$$

$$\frac{77}{55} - \frac{60}{55} = \frac{17}{55} \qquad \text{(wahr)}$$

Da -8 im Definitionsbereich liegt, ist die Lösung $L = \{-8\}$.

Übungen

$G = \mathbb{Q}$

1 Für welche Zahlen ist der Term nicht definiert?

a) $\frac{2x}{x-3}$

b) $\frac{5x}{4(x-1)}$

c) $\frac{2x+1}{(x-3)(x+5)}$

d) $\frac{x+3}{4(2+x)(x-4)}$

e) $\frac{4-x}{\frac{3}{4}x-3}$

f) $\frac{2x-5}{2(x+\frac{3}{4})(x-\frac{1}{2})}$

2 Welchen Definitionsbereich haben die Gleichungen?

a) $\frac{4}{3(x+2)} = 2x$

b) $\frac{6x}{(x-4)(x+3)} = \frac{2}{x+3}$

3 Ordnen Sie die Definitionsbereiche den jeweiligen Gleichungen zu.

$D = \mathbb{Q}\backslash\{1; -2\};$ $D = \mathbb{Q}\backslash\{-1; 2\}$

$D = \mathbb{Q}\backslash\{2; 0\},$ $D = \mathbb{Q}\backslash\{\frac{1}{2}; 3\}$

$D = \mathbb{Q}\backslash\{-\frac{1}{3}; -2\};$ $D = \mathbb{Q}\backslash\{-\frac{1}{4}; \frac{1}{3}\}$

a) $\frac{x-1}{x(x-2)} = \frac{x+1}{3} - \frac{2-x}{x}$

b) $\frac{2+x}{1+x} - \frac{1-x}{3} = \frac{2-x}{x-2}$

c) $\frac{x-4}{x-3} + 5 = \frac{3-x}{2x-1}$

d) $\frac{3}{2x+4} - \frac{x-7}{4x-4} = 0$

e) $\frac{x+2}{4x+1} = \frac{3}{6x-2} + \frac{5x+1}{7}$

Lineare Gleichungen

4 Multiplizieren Sie mit dem Hauptnenner der Brüche und fassen Sie zusammen.

a) $\frac{3x}{x-2} + 4 - \frac{5}{x}$

b) $\frac{4x-3}{5} + \frac{2}{x} - \frac{(x+1) \cdot 2x}{5x+2}$

c) $\frac{x}{x+3} + \frac{2x}{3} - \frac{5+x}{x-3}$

5 Lösen Sie die Bruchgleichungen.

a) $\frac{8}{x} - 1 = \frac{8}{2x}$ d) $\frac{5}{x} - 3 = \frac{3}{3x}$

b) $\frac{28}{x} = \frac{7}{12}$ e) $\frac{5}{3x} + 2 = \frac{1}{2x}$

c) $\frac{6}{x} - 2 = \frac{8}{3}$ f) $\frac{5}{x} - 2 = \frac{2}{x}$

6 Bestimmen Sie die Lösung. Überprüfen Sie das Ergebnis.

a) $\frac{9}{10} = \frac{9}{x+1}$ c) $\frac{3}{x+7} = \frac{8}{3}$

b) $\frac{3}{x+3} = 3$ d) $\frac{7}{6} = \frac{4}{x+4}$

7 Lösen Sie die Bruchgleichungen. Führen Sie die Probe durch.

a) $\frac{4}{x+3} = \frac{7}{4}$ c) $\frac{3}{x+5} = \frac{7}{8}$

b) $\frac{6}{x+4} = \frac{9}{4}$ d) $\frac{8}{x+6} = \frac{5}{6}$

8 Lösen Sie mit Probe.

a) $\frac{3}{x-1} = \frac{2}{x-2}$ d) $\frac{1}{x+7} = \frac{8}{2-x}$

b) $\frac{4}{x} = \frac{6}{x+2}$ e) $\frac{3}{x-4} = \frac{18}{x+1}$

c) $\frac{6}{x+4} = \frac{9}{1-x}$ f) $\frac{5}{x+8} = \frac{6}{3-x}$

9 Berechnen Sie x mit Probe.

a) $\frac{x+6}{x} = \frac{x+9}{x+7}$ c) $\frac{x-2}{x} = \frac{x-6}{x-3}$

b) $\frac{x+6}{x} = \frac{x+2}{x+4}$ d) $\frac{x+2}{x} = \frac{x+4}{x+3}$

11 Bestimmen Sie die Lösung und führen Sie die Probe durch.

a) $\frac{x-1}{x+1} = \frac{x+15}{x+21}$ d) $\frac{x-14}{x+6} = \frac{x+2}{x-18}$

b) $\frac{2x+1}{2x-1} = \frac{x-1}{x+1}$ e) $\frac{4x+8}{3x+6} = \frac{4-8x}{3-6x}$

c) $\frac{5x+1}{7x-1} = \frac{10x-3}{14x-2}$ f) $\frac{2x+1}{6x+27} = \frac{3x-45}{9x+25}$

12 Berechnen Sie die Lösungen der Bruchgleichungen.

a) $\frac{x-5}{x-1} - \frac{2(2x-4)}{3(x-1)} = \frac{1}{3}$ c) $\frac{3x}{x-2} - 3 = \frac{4}{x-4}$

b) $\frac{3x-1}{2x+4} + \frac{7x-5}{x+2} = 1$ d) $\frac{2}{x-16} + 2 = \frac{2x}{x+4}$

13 Lösen Sie.

a) $\frac{x}{3} - \frac{x}{5} = 2$ e) $\frac{10}{x-3} = \frac{4}{3-x}$

b) $\frac{3x-1}{5} = 6 - \frac{x-1}{3}$ f) $\frac{x+4}{x+1} = \frac{x+1}{x-2}$

c) $\frac{3}{x} - 1 = \frac{5}{2x}$ g) $\frac{x-5}{x-2} = 1 - \frac{x+1}{x-2}$

d) $\frac{5}{x+5} = \frac{6}{5}$ h) $\frac{2x-7}{x-2} + \frac{3x-7}{x-3} = 5$

14 Wenn in der Elektronik Ohm'sche Widerstände R_1 und R_2 parallel geschaltet werden, dann ist der Gesamtwiderstand R berechenbar nach der Formel

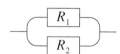

$$R = \frac{R_1 \cdot R_2}{R_1 + R_2}$$

Wenn eine Parallelschaltung zweier Widerstände von 10 Ω (Ohm) bzw. 20 Ω durch einen einzigen Widerstand ersetzt werden soll, wie groß muß dieser sein?

10 Setzen Sie die für x angegebene Zahl ein und überschlagen Sie das Ergebnis. Kontrollieren Sie das Ergebnis mit dem TR. Welche Einsetzungen sind nicht erlaubt?

x	$\frac{x^2-1}{x+1}$	$\frac{2x^2+1}{x+2}$	$2 - \frac{4x}{x^2-1}$	$1 - \frac{x-2}{x}$
-2				
-1				
0				
3				
10				

Wir zeigen an drei Beispielen, wie man Textaufgaben mit Bruchgleichungen löst.

Beispiel 1

Eine Besuchergruppe will ein Automobilwerk besichtigen. Für die Fahrt vom Treffpunkt zum Automobilwerk wird ein Bus gemietet. Die Buskosten von 51 € werden gleichmäßig auf alle Teilnehmer verteilt. Jeder Teilnehmer bezahlt 2,55 €.

Wie viele Teilnehmer fahren mit?

Lösung:
1. Skizze:

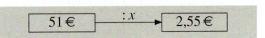

2. Festlegen der Variablen: Die Anzahl der Teilnehmer sei x ($x \neq 0$).
3. Aufstellen der Gleichung: Es ergibt sich als Fahrpreis für jeden Teilnehmer $\frac{51}{x}$ €, das sind 2,55 €.

$$\frac{51}{x} = 2{,}55$$

4. Lösen der Gleichung: Die Variable x steht im Nenner eines Bruchs, es wird jede Seite der Gleichung mit x multipliziert, sodass x im linken Term gekürzt werden kann.

$$\begin{aligned}\frac{51}{x} &= 2{,}55 & | \cdot x \\ \frac{51}{x} \cdot x &= 2{,}55 \cdot x & \text{kürzen} \\ 51 &= 2{,}55\,x & | : 2{,}55 \\ 51 : 2{,}55 &= x \\ 20 &= x \\ x &= 20 \end{aligned}$$

5. Antwort: An der Besichtigungsfahrt nehmen 20 Personen teil.
6. Probe: 51 € : 20 = 2,55 €

Beispiel 2

Zwei Lottospieler hatten sich die Kosten für den Spieleinsatz im Verhältnis 5 : 3 geteilt. Als sie einen Gewinn erzielten, erhielt der erste Spieler 1375 €. Wie viel € erhielt der zweite Spieler? Wie viel € haben die beiden Spieler zusammen gewonnen?

Lösung:
1. Skizze:

2. Der Gewinn des zweiten Spielers sei x.
3. Der Gesamtgewinn wurde im gleichen Verhältnis wie der Einsatz geteilt. Also kann man die Verhältnisse gleichsetzen:

$$\frac{5}{3} = \frac{1375}{x}$$

4. $\frac{5}{3} = \frac{1375}{x}$ $\quad | \cdot x$
   $\frac{5}{3}x = 1375$ $\quad | \cdot \frac{3}{5}$
   $x = 825$

5. Der zweite Spieler erhielt 825 €. Gewonnen wurden 2200 € (1375 € + 825 €).
6. Probe: 1. Spieler: $\frac{5}{8} \cdot 2200$ € = 1375 € $\qquad$ 2. Spieler: $\frac{3}{8} \cdot 2200$ € = 825 €

Lineare Gleichungen _____ 201

Beispiel 3

Ein Schwimmbecken kann durch drei Zuflussrohre gefüllt werden. Durch das erste Zuflussrohr allein kann das Becken in 20 Stunden gefüllt werden, durch das zweite Zuflussrohr kann das Becken in 24 Stunden und durch das dritte Rohr in 30 Stunden gefüllt werden.

Wie lange dauert es, bis das Becken gefüllt ist, wenn alle drei Zuflussrohre gleichzeitig geöffnet sind?

Lösung:
1. Skizze:

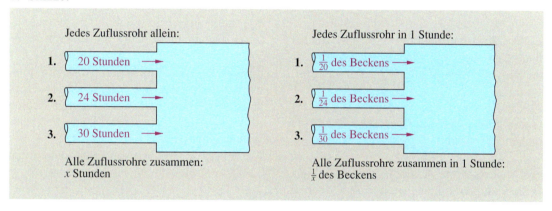

2. Bei drei geöffneten Zuflussrohren dauert das Füllen x Stunden. Dann wird in einer Stunde $\frac{1}{x}$ des Beckens gefüllt.
3. Jedes Zuflussrohr füllt in einer Stunde den entsprechenden Bruchteil des Beckeninhalts.

   1. Zuflussrohr in einer Stunde: $\frac{1}{20}$
   2. Zuflussrohr in einer Stunde: $\frac{1}{24}$
   3. Zuflussrohr in einer Stunde: $\frac{1}{30}$

   Alle Zuflussrohre zusammen in einer Stunde: $\frac{1}{x} = \frac{1}{20} + \frac{1}{24} + \frac{1}{30}$

4. $\frac{1}{x} = \frac{1}{20} + \frac{1}{24} + \frac{1}{30}$

   $\frac{1}{x} = \frac{6}{120} + \frac{5}{120} + \frac{4}{120}$

   $\frac{1}{x} = \frac{1}{8}$ Kehrwerte

   $x = 8$

5. Wenn alle drei Zuflussrohre geöffnet sind, wird das Schwimmbecken in acht Stunden gefüllt.

6. Probe: Nach acht Stunden füllte das erste Zuflussrohr $\frac{8}{20}$ des Beckens, das zweite füllte $\frac{8}{24}$ und das dritte $\frac{8}{30}$ des Beckens. Zusammen ergibt sich:

   $\frac{8}{20} + \frac{8}{24} + \frac{8}{30} = \frac{48}{120} + \frac{40}{120} + \frac{32}{120} = \frac{120}{120} = 1$ Es ergibt sich also genau eine Füllung.

Übungen $G = \mathbb{Q}$

1 Wird die Zahl 408 durch eine Zahl dividiert, so ergibt sich 12.
Wie heißt die Zahl?

2 Ein Bruch hat den Zähler 120. Wird der Bruch vollständig gekürzt, so ergibt sich $\frac{2}{3}$.
Berechnen Sie den Nenner.

3 Welche Zahl muss man zum Nenner des Bruchs $\frac{53}{82}$ addieren, damit sich $\frac{1}{3}$ ergibt?

4 Welche Zahl muss man vom Nenner des Bruchs $\frac{7}{12}$ subtrahieren, damit der Bruch dreimal so groß wird?

5 Dividiert man 24 durch eine Zahl, so erhält man dasselbe Ergebnis als würde man 18 durch die um 2 verminderte Zahl dividieren.

6 Der Kehrwert des Dreifachen einer Zahl ist um $\frac{1}{12}$ größer als der Kehrwert des Zwölffachen dieser Zahl.

7 Die Kehrwerte des Doppelten, des Fünffachen und Zehnfachen einer Zahl werden addiert. Es ergibt sich der Kehrwert von 5.

8 Zwei Kaufleute A und B besitzen gemeinsam ein Schuhwarengeschäft, an dem sie unterschiedlich hoch beteiligt sind.
Sie haben vereinbart, dass von den erzielten Gewinnen Kaufmann A sieben Gewinnanteile und Kaufmann B drei Gewinnanteile erhält; sie teilen also im Verhältnis 7 : 3.
Wie viel Euro erhält Kaufmann B, wenn Kaufmann A 3500 € bekommt?

9 Jemand hat ein Modellflugzeug im Maßstab 1 : 80 gebaut.
Welche Spannweite hat das Originalflugzeug, wenn das Modellflugzeug eine Spannweite von 55 cm hat?

10 Ein Airbusmodell im Maßstab 1 : 125 ist 40 cm lang.
Welche Länge hat der Airbus in Wirklichkeit? (Angabe in Meter)

11 Das Modell einer Lokomotive, die 28 m lang ist, hat eine Länge von 17,5 cm. In welchem Maßstab wurde die Modell-Lokomotive gebaut?

12 Ein Kühlmittelbehälter kann durch eine Pumpe in 30 min geleert werden. Die Reservepumpe entleert den Behälter in 45 min.
In welcher Zeit entleeren ihn beide Pumpen zusammen?

13 Ein Wasserfass hat zwei Löcher zum Ablaufen des Wassers. Würde man das eine Loch öffnen, so würde das Fass in 42 min leer laufen. Öffnet man dagegen das andere Loch, so dauert das Auslaufen des Fasses 30 min.
Wie lange dauert das Leerlaufen des Wasserfasses, wenn beide Löcher geöffnet werden?

14 Bei der Maisernte benötigt eine Erntemaschine zwölf Stunden zum Abernten eines Maisfelds. Wird eine zweite Erntemaschine eingesetzt, dann wird das Maisfeld in vier Stunden abgeerntet.
Wie lange würde die zweite Maschine allein für das Abernten des Maisfelds brauchen?

15 Eine Gruppe wandert von Saaleck zur Burg Hohenstaufen. Die Wanderkarte ist im Maßstab 1 : 50 000 gezeichnet.
Welche Länge hat die Strecke, wenn die Entfernung auf der Wanderkarte 8,2 cm beträgt?

16 Ein Tankwagen mit Öl wird durch zwei Pumpen entleert. Die erste Pumpe entleert den Tankwagen in zwei Stunden, die zweite Pumpe in drei Stunden.
Wie lange brauchen beide Pumpen, wenn sie zugleich arbeiten?

17 Ein Goldschmied stellt aus 300 g Gold vom Feingehalt 900 und aus 60 g Gold vom Feingehalt 600 eine neue Legierung her.
Bestimmen Sie den Feingehalt der neuen Legierung.

18 Wie viel Gramm Kupfer muss man 40 g Silber vom Feingehalt 900 zusetzen, um Silber vom Feingehalt 750 zu bekommen?

Lineare Gleichungen

Einsetzen in Formeln

Eine Rechtecksäule hat ein Volumen V von 936 cm³. Die Seite a hat eine Länge von 12 cm, die Seite b hat eine Länge von 13 cm. Wie lang ist die Seite c?

Wir können c berechnen, wenn wir die bekannten Größen in die Formel einsetzen. Wir verwenden dabei nicht die Maßeinheiten, sondern nur die *Maßzahlen*.

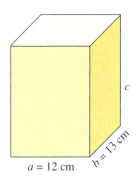

Gegeben:
$V = 936$ cm³
$a = 12$ cm
$b = 13$ cm

Gesucht: c

Formel:
$V = a \cdot b \cdot c$

Formel: $\quad V = a \cdot b \cdot c \quad$ | Einsetzen

Lösung: $\quad 936 = 12 \cdot 13 \cdot c$
$ \quad 936 = \underbrace{156} \cdot c \quad | : 156$
$ \quad\;\; 6 = c$

Antwort: Die Seite c hat eine Länge von 6 cm.

Probe: $\quad 936 = 12 \cdot 13 \cdot 6$
$ \quad 936 = \quad\;\; 936 \quad$ (wahr)

> Zum Antwortsatz wird die Maßbenennung dazugesetzt.

Übungen

1 Berechnen Sie mit einer Gleichung (Formel) im Heft die fehlende Rechteckseite.

	a)	b)	c)	d)
a	18 cm		3,6 m	
b		12 cm		12,5 m
A	72 cm²	96 cm²	19,8 m²	50 m²

2 Berechnen Sie mit einer Gleichung (Formel) die fehlenden Größen der Dreiecke.

	a)	b)	c)	d)
g	6 cm		2,4 m	
h		12 cm		3,4 m
A	21 cm²	42 cm²	6,96 m²	4,25 m²

3 Berechnen Sie mit einer Gleichung die fehlenden Größen der Parallelogramme.

	a)	b)	c)	d)
g	8 cm		2,9 m	
h		8 cm		4,8 m
A	24 cm²	96 cm²	20,3 m²	24 m²

4 Ein rechteckiger Garten soll eingezäunt werden. Dazu braucht man 120 m Jägerzaun. Die Länge des Gartens beträgt 35 m. Berechnen Sie die Breite des Gartens.

5 Beim Lauf um ein Basketballfeld legt man 86 m zurück. Das Feld ist 15 m breit. Wie lang ist der Weg von Korb zu Korb (Länge)?

6 Der Flächeninhalt der Dreiecke beträgt 360 m². Berechnen Sie die fehlenden Größen.

	a)	b)	c)	d)	e)	f)
g	60 m	90 m			120 m	
h			30 m	15 m		150 m

7 Berechnen Sie mit Hilfe einer Gleichung die fehlenden Größen der Trapeze. Die Flächenformel lautet: $A = \frac{a+c}{2} \cdot h$

	a)	b)	c)	d)
a	3 m	6,2 m	13 m	
c	5 m	3,8 m		4,8 m
h			9 m	3,8 m
A	28 m²	25 m²	72 m²	38 m²

8 Ein rechteckiger Garten mit 120,4 m² Fläche soll umzäunt werden. Der Garten ist 14 m lang.
Wie viel Meter Zaun müssen mindestens gekauft werden?

9 Berechnen Sie die fehlende Größe mit der Formel für den Flächeninhalt des Trapezes.

$A = \dfrac{a+c}{2} \cdot h$

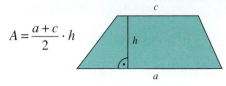

a) $A = 12{,}5$ cm², $a = 3$ cm, $h = 5$ cm
b) $A = 38{,}4$ cm², $c = 4$ cm, $h = 8$ cm
c) $A = 35$ cm², $a = 7{,}5$ cm, $c = 6{,}5$ cm
d) $A = 66{,}6$ cm², $a = 8{,}5$ cm, $c = 3{,}5$ cm
e) $A = 15{,}6$ cm², $a = 6{,}4$ cm, $c = 6{,}6$ cm

10 Ein Quader hat einen Rauminhalt $V = 336$ cm³. Die Kantenlängen der Grundfläche betragen $a = 12$ cm und $b = 7$ cm.
Berechnen Sie die Höhe c des Quaders.

11 Ein Quader hat einen Rauminhalt von 8832 cm³. Der Quader ist 23 cm breit und 12 cm hoch.
Wie lang ist der Quader?

12 Berechnen Sie den Umfang nach der angegebenen Gleichung.

a) $u = a + 2b$

b) $u = 2a + 3b$

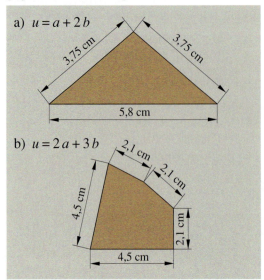

13 Der Lehrer hat aus einer zusammengeknoteten Schnur eine 60 cm lange „Endlosschnur" gemacht.
Er zeigt verschiedene Rechtecke.

Wie lang ist die zweite Seite, wenn eine Seite 6 cm (10 cm; 12 cm) lang ist? Lösen Sie mit einer Formel.

14 Ein Parallelogramm hat 58 cm Umfang. Berechnen Sie mit Hilfe einer Formel die fehlenden Seiten, wenn die Seite $b = 9{,}7$ cm ist.

15 Eine rechteckige Koppel ist mit 540 m Elektrozaun eingezäunt. Die Koppel ist doppelt so lang wie breit. Wie lang und wie breit ist sie?

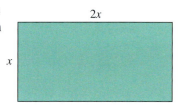

16 Ein Rechteck ist viermal so lang wie breit. Der Umfang beträgt 60 cm.
a) Welchen Flächeninhalt hat das Rechteck?
b) Wie ändert sich der Flächeninhalt bei gleichem Umfang, wenn das Rechteck fünfmal (doppelt, dreimal) so lang wie breit ist?

17 Wenn der Stein in das Wasser eingetaucht wird, steigt der Wasserspiegel um 1,5 cm.

Welchen Rauminhalt hat der Stein? Entnehmen Sie die Maße der Darstellung.

Umstellen von Formeln. Binomische Formeln _____ **205**

Umstellen von Formeln. Binomische Formeln

Umstellen von Formeln

Aus der Geometrie

Ein kegelförmiger Behälter hat einen Durchmesser von 15 cm. Sein Volumen beträgt 750 cm^3. Welche Körperhöhe hat dieser Behälter?

Diese Aufgabe kann man auf verschiedene Weise lösen:
- Man kann in die Formel für das Volumen des Kegels die gegebenen Werte zuerst einsetzen und dann die Gleichung nach der Körperhöhe umformen.
- Die andere Möglichkeit besteht darin, zuerst die gesamte Formel nach der gesuchten Größe umzuformen und erst dann die Werte einzusetzen.

Gegeben: $d = 15$ cm; $r = 7{,}5$ cm; $V = 750$ cm^3

Gesucht: $h_{\text{Körper}}$

Formel: $V = \frac{1}{3} \cdot \pi \cdot r^2 \cdot h_{\text{Körper}}$

$V = \frac{1}{3} \cdot \text{Grundfläche} \cdot h_{\text{Körper}}$

Werte einsetzen – Gleichung umformen

$750 = \frac{\pi \cdot 7{,}5^2 \cdot h_{\text{Körper}}}{3}$ $\quad | \cdot 3$

$2250 = \pi \cdot 7{,}5^2 \cdot h_{\text{Körper}}$ $\quad | : \pi \quad | : 7{,}5^2$

$\frac{2250}{\pi \cdot 56{,}25} = h_{\text{Körper}}$

$h_{\text{Körper}} \approx 12{,}73$

Formel umstellen – Werte einsetzen

$V = \frac{\pi \cdot r^2 \cdot h_{\text{Körper}}}{3}$ $\quad | \cdot 3$

$3 \cdot V = \pi \cdot r^2 \cdot h_{\text{Körper}}$ $\quad | : \pi \quad | : r^2$

$\frac{3 \cdot V}{\pi \cdot r^2} = h_{\text{Körper}}$ $\quad |$ jetzt einsetzen

$\frac{3 \cdot 750}{\pi \cdot 7{,}5^2} = h_{\text{Körper}}$

$h_{\text{Körper}} \approx 12{,}73$

Antwort: Die Körperhöhe beträgt rund 12,7 cm.

Übungen

1 Berechnen Sie die Körperhöhe der Kegel.

	V	$h_{\text{Körper}}$	r
a)	600 cm^3		8,9 cm
b)	1257 cm^3		18,8 cm
c)	0,257 m^3		2,4 m

2 Formen Sie die Volumenformel für den Kegel um und berechnen Sie den Radius r.

	V	$h_{\text{Körper}}$	r^2	r
a)	1666 m^3	12,8 m		
b)	9745 cm^3	45,6 cm		
c)	1,87 cm^3	0,56 cm		

3 Stellen Sie die Volumenformel für die quadratische Pyramide nach $h_{\text{Körper}}$ und a um.

4 Eine quadratische Pyramide ist 18 m hoch und hat ein Volumen von 124 416 m^3. Berechnen Sie die Länge der Grundseite a.

5 Berechnen Sie die Körperhöhe und den Radius des Zylinders. $V = \pi \cdot r^2 \cdot h_{\text{Körper}}$

	V	$h_{\text{Körper}}$	r
a)	5353 m^3		25,6 m
b)	616,4 cm^3	1,29 dm	
c)	0,145 m^3		3,8 dm

6 Stellen Sie die Flächenformel für das Trapez nach h, a und c um. Setzen Sie dann ein.

	V	h	a	c
a)	48 cm^2		5 cm	7 cm
b)	149,85 m^2	9 m	17,5 m	
c)	80,37 dm	11,4 dm		6,9 dm

Aus der Prozent- und Zinsrechnung

Ein Neuwagen hat einen Listenpreis von 18 560 €. Nach einem Preisnachlass bezahlt der Kunde 1598 € weniger. Wie viel Prozent beträgt der Preisnachlass?

Gegeben: $G = 18\,560$ €; $P = 1598$ €

Gesucht: p *Formel:* $P = G \cdot p$

Werte einsetzen – Gleichung umformen

$1598 = 18\,560 \cdot p$ $| : 18\,560$

$0{,}086 \approx p$

$8{,}6\% \approx p$

Formel umstellen – Werte einsetzen

$P = G \cdot p$ $| : G$

$\frac{P}{G} = p$ $|$ jetzt einsetzen

$\frac{1598}{18\,560} = p$

$0{,}086 \approx p$

$p \approx 8{,}6\%$

Antwort: Der Preisnachlass beträgt ungefähr 8,6%.

Übungen

1 Formen Sie die Prozentformel nach G um.

2 Rechnen Sie im Heft. Runden Sie sinnvoll.

	Grundwert	Prozentwert	Prozentsatz
a)	347,58 €	12,47 €	
b)		898,90 €	6,8%
c)	71 347 €	8745 €	
d)		56,67 €	0,56%

3 Stellen Sie die Zinsformel $Z = \frac{K \cdot i \cdot p}{100 \cdot 360}$ jeweils nach K, i und p um.

4 Berechnen Sie die fehlenden Werte.

	Kapital K	Zinsen Z	Zinssatz $p\%$	Zeit i
a)	5600 €	70,93 €		120 T.
b)		759,56 €	3,6%	85 T.
c)	866,55 €	6,86 €	2,85%	
d)	13 000 €	59,15 €		39 T.
e)	35 000 €	1737,65 €	5,86%	
f)		409,61 €	11,6%	227 T.
g)	3585 €	33,61 €		135 T.

5 Formen Sie die lineare Gleichung $a \cdot x - b = 0$ nach x um.

6 Zwei Kaffeesorten mit unterschiedlichem Preis pro Kilogramm werden gemischt. Den Preis für 1 kg der Mischung kann man mit der Mischungsformel berechnen:

Mischungsformel $p = \frac{m_1 \cdot p_1 + m_2 \cdot p_2}{m_1 + m_2}$

Dabei ist m_1 die Masse der ersten Sorte mit dem Preis p_1 pro kg. Die zweite Sorte hat die Masse m_2 und den Preis p_2 pro kg.

Beispiel: 7 kg Kaffee zum Kilopreis von 11 € wird mit 9 kg Kaffee zum Kilopreis von 13,50 € gemischt. Berechne den Kilopreis p der Mischung.

$p = \frac{7 \cdot 11 + 9 \cdot 13{,}5}{7 + 9} \approx 12{,}41$

Der Kilopreis beträgt also 12,41 €.

Berechnen Sie im Heft die fehlenden Werte und lösen Sie dazu die Formel zunächst nach p_1 und p_2 auf.

	m_1	p_1	m_2	p_2	p
a)	4 kg	7 €	8 kg	10 €	
b)	3 kg		5 kg	6 €	4,5 €
c)	7 kg	4 €	8 kg		7,2 €

Umstellen von Formeln. Binomische Formeln

Multiplikation von Summen

Diese drei Rechtecke sind gleich groß. Für ihre Flächeninhalte gilt:

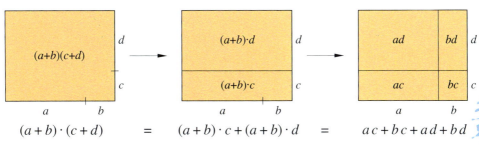

$(a + b) \cdot (c + d) = (a + b) \cdot c + (a + b) \cdot d = ac + bc + ad + bd$

Die Klammern werden mit dem Distributivgesetz aufgelöst.

Wir erkennen für die Multiplikation von Summen:

> Man multipliziert zwei Summen miteinander, indem man jeden Summanden der einen Summe mit jedem Summanden der anderen Summe multipliziert und die Teilprodukte addiert.

$(a + b + c) \cdot 0 = 0 \cdot a + 0 \cdot b + 0 \cdot c = 0$. Das Produkt ist gleich 0, wenn ein Faktor gleich 0 ist.
(Satz vom Nullprodukt)

Beispiel

a) $(2 + 7c) \cdot (3a + 4b)$
   $= 6a + 8b + 21ac + 28bc$

b) $(5a - 3c) \cdot (2a + 4c) = 10a^2 - 6ac + 20ac - 12c^2$
   $= 10a^2 + 14ac - 12c^2$

Übungen

1 Berechnen Sie.
a) $(x + y) \cdot (a + b)$
b) $(3x + 3y) \cdot (2a - 2b)$
c) $(2a + 3x) \cdot (5b + 6y)$
d) $(2s - a) \cdot (3p + r)$
e) $(3d - 4f) \cdot (e - 2g)$
f) $(2a - 5c) \cdot (5d - 3e)$
g) $0 \cdot (2a + 4b)$

2 Zeigen Sie, dass die Regel richtig ist, indem Sie $72 \cdot 43$ in die Summen $(70 + 2)$ und $(40 + 3)$ zerlegen und dann multiplizieren.

3 Berechnen Sie
a) $(2a + 3) \cdot 7b$ c) $(2a + 3) \cdot (7b + 1)$
b) $(2a - 3) \cdot 7b$ d) $(2a - 3) \cdot (7b - 1)$

4 Fassen Sie zusammen.
a) $(6c + 4d) \cdot (3c - 17 + 4d)$
b) $7b - (2b + 5) \cdot (3b - 8)$
c) $20d + (9d - 6d) \cdot (2d + 3d)$
d) $(2q - a) \cdot (3p - r + r - 3p)$

Achten Sie beim Ausmultiplizieren auf die Vorzeichen!

5 Zeigen Sie an dem Rechteck die Richtigkeit der Rechnung
$(a - b) \cdot (c + d) = (a - b) \cdot c + (a - b) \cdot d$
$= ac - bc + ad - bd$

Die binomischen Formeln

Quadrieren heißt: mit sich selber malnehmen:

$3 \cdot 3 = 3^2 \qquad \frac{1}{2} \cdot \frac{1}{2} = \left(\frac{1}{2}\right)^2$

Anne hat an der Tafel die Summe $(a + b)$ quadriert.

Auch hier werden zwei Summen multipliziert. Jeder Summand der ersten Summe wird mit jedem Summanden der zweiten Summe multipliziert. Entsprechend kann man $(a - b)^2$ und $(a + b) \cdot (a - b)$ berechnen. Es entstehen die Formeln.

Diese drei Formeln nennt man **Binomische Formeln**.

1. Binomische Formel	2. Binomische Formel	3. Binomische Formel
$(a + b)^2 = a^2 + 2ab + b^2$	$(a - b)^2 = a^2 - 2ab + b^2$	$(a + b) \cdot (a - b) = a^2 - b^2$

Beispiel

1) $(50 + 4)^2 = 50^2 + 2 \cdot 50 \cdot 4 + 4^2 = 2500 + 400 + 16 = 2916$
2) $(2x - 3y)^2 = 4x^2 - 12xy + 9y^2$
3) $(20 + 3) \cdot (20 - 3) = 400 - 9 = 391$
4) $298 \cdot 302 = (300 - 2) \cdot (300 + 2) = 90\,000 - 4 = 89\,996$
5) $3{,}5^2 = (3 + 0{,}5)^2 = 9 + 3 + 0{,}25 = 12{,}25$

Übungen

1 Überprüfen Sie alle drei binomischen Formeln für die Zahlen $a = 10$ und $b = 7$.

2 Schreiben Sie die Formeln hin für
a) $(u + v)^2$ c) $(x + y)^2$ e) $(u - v)^2$
b) $(p + q)^2$ d) $(a + m)^2$ f) $(p - q)^2$

3 Was wurde falsch gemacht?
a) $(7 + 5)^2 = 49 + 25 = 74$
b) $(12 - 10)^2 = 144 - 100 = 44$
c) $(6 + 3) \cdot (6 - 3) = 36 + 9 = 45$

4 Wie wurde hier gerechnet? Erklären Sie ausführlich in jeder Zeile den ausgeführten Rechenschritt.
a) $(a + b) \cdot (a - b)$
$= a \cdot (a - b) + b \cdot (a - b)$
$= a^2 - ab + ba - b^2$
$= a^2 - ab + ab - b^2$
$= a^2 - b^2$
b) $a^2 + 2ab + b^2$
$= a^2 + ab + ab + b^2$
$= a \cdot (a + b) + b \cdot (a + b)$
$= (a + b) \cdot (a + b)$
$= (a + b)^2$

Umstellen von Formeln. Binomische Formeln _____ **209**

5 Prüfen Sie alle drei binomischen Formeln für

a) $a = 2$ c) $a = -3$ e) $a = -5$
   $b = 3$ $b = 9$ $b = -2,5$

b) $a = 4,5$ d) $a = \frac{3}{4}$ f) $a = \frac{1}{8}$
   $b = -8$ $b = \frac{1}{6}$ $b = \frac{1}{4}$

6 Berechnen Sie mithilfe der ersten oder zweiten binomischen Formel.

Beispiel:
$12^2 = (10 + 2)^2 = 10^2 + 2 \cdot 10 \cdot 2 + 2^2 = 144$

a) 13^2 e) 74^2 i) 54^2
b) 32^2 f) 98^2 j) 27^2
c) 42^2 g) 79^2 k) 48^2
d) 19^2 h) 102^2 l) 61^2

7 Berechnen Sie mithilfe der dritten binomischen Formel.

Beispiel:
$22 \cdot 18 = (20 + 2) \cdot (20 - 2) = 400 - 4 = 396$

a) $23 \cdot 17$ e) $24 \cdot 16$ i) $92 \cdot 88$
b) $28 \cdot 32$ f) $66 \cdot 74$ j) $79 \cdot 81$
c) $21 \cdot 19$ g) $63 \cdot 57$ k) $103 \cdot 97$
d) $36 \cdot 44$ h) $55 \cdot 65$ l) $98 \cdot 102$

8 Berechnen Sie 15^2, indem Sie $(10 + 5)^2$ oder $(20 - 5)^2$ rechnen. Berechnen Sie in gleicher Weise auch 25^2, 35^2 und 95^2.

9 Lösen Sie die Klammern auf.

a) $(a + d) \cdot (a - d)$
b) $(p - q) \cdot (p + q)$
c) $(2c + 3) \cdot (2c - 3)$
d) $(2u - 2v) \cdot (2u + 2v)$

10 Berechnen Sie.

a) $(4 + x)^2$ f) $(x^2 + 1)^2$
b) $(1 - a)^2$ g) $(2n + r)^2$
c) $(9 + r)^2$ h) $(5x - 3y)^2$
d) $(2x + 1)^2$ i) $(3s + 4t)^2$
e) $(6a + 3)^2$ j) $(2a - 4b)^2$

11 Vervollständigen Sie die Rechnung.

a) $(a + 1)^2 = a^2 + \square + 1$
b) $(v - 2)^2 = v^2 - \square + 4$
c) $(3 + b)^2 = 9 + \square + b^2$
d) $(r + 0,5)^2 = r^2 + \square + 0,25$
e) $(1,3 - c)^2 = 1,69 - \square + c^2$

12 Setzen Sie die fehlenden Variablen ein.

a) $(\triangle + \square)^2 = a^2 + \bigcirc + 9b^2$
b) $(\triangle - \square)^2 = 4x^2 - \bigcirc + y^2$
c) $(\square - 4z)^2 = \bigcirc - 24z + \triangle$
d) $(6x + \square)^2 = \bigcirc + 12x + \triangle$

13 Übertragen Sie in Ihr Heft und ergänzen Sie.

a) $a^2 + 6a + \square = (a + \triangle)^2$
b) $\square - 18b + 81 = (\triangle - 9)^2$
c) $x^2 + 8x + \square = (x + \triangle)^2$
d) $y^2 - \square y + 25 = (\triangle - \bigcirc)^2$
e) $4s^2 - \square s + 9 = (2s - \triangle)^2$
f) $16 + \square c + 9c^2 = (\triangle + \bigcirc)^2$

14 Schreiben Sie die Summe als Produkt.

a) $a^2 + 2a + 1$
b) $x^2 + 4x + 4$
c) $b^2 - 16b + 64$
d) $c^2 + 4cd + 4d^2$
e) $r^2 - 10r + 25$
f) $a^2 - 24ab + 144b^2$

15 Beim Ausmessen eines quadratischen Grundstücks hat man versehentlich die Breite um 50 cm zu kurz und die Länge um 50 cm zu weit abgesteckt. Jemand sagt: „Das macht nichts. Der Flächeninhalt ist der Gleiche." Stimmt das?

16 Ein Quadrat hat eine Seitenlänge von 60 cm. Um wie viel Quadratzentimeter nimmt sein Flächeninhalt zu, wenn alle Seiten um 5 cm verlängert werden?

17 Kann man mit zwei quadratischen Teppichstücken von 2 m bzw. 3 m Seitenlänge einen quadratischen Raum mit 5 m Seitenlänge auslegen? Zeichnen und argumentieren Sie.

18 Erklären Sie mithilfe der Terme n und $n + 1$.

a) $7^2 - 6^2 = 7 + 6 = 13$
   $11^2 - 10^2 = 11 + 10 = 21$
   $34^2 - 33^2 = 34 + 33 = 67$
   Ist stets $(n + 1)^2 - n^2 = n + (n + 1)$?

b) $(1,5)^2 = 1 \cdot 2 + 0,25$
   $(9,5)^2 = 9 \cdot 10 + 0,25$
   $(4,5)^2 = 4 \cdot 5 + 0,25$
   Zeigen Sie, dass gilt
   $(n,5)^2 = n \cdot (n + 1) + 0,25$

Erweiterung des Taschenrechners durch binomische Formeln

Der Taschenrechner kann in der Anzeige (Display) oft nur 10 Stellen, also 10 Ziffern angeben.
Rechnet man 654321^2, so müsste 428 135 971 041 herauskommen.
Der Taschenrechner zeigt aber nur an

$4.281359710 \cdot 10^{11}$

d. h. 428 135 971 000.

Alle Stellen kann der TR nicht anzeigen, die letzten beiden Stellen sind ungenau. Man kann aber das genaue Ergebnis erhalten, wenn man Zwischennotierungen im Heft vornimmt und die 1. Binomische Formel anwendet.
Wir zeigen das am Beispiel $654\,321^2$ mit der Formel $(a + b)^2 = a^2 + 2ab + b^2$.

Beispiel

$$(654\,321)^2 = (654\,000 + 321)^2 = 654\,000^2 + 2 \cdot 654\,000 \cdot 321 + 321^2$$

Jeder Summand ist dabei einzeln mit dem TR berechenbar:

$654\,000^2$ = [4.27716¹¹] = 427 716 000 000
$2 \cdot 654\,000 \cdot 321$ = [419868000] = 419 868 000 $\Big\}\,+$
321^2 = [103041] = 103 041
    428 135 971 041

Also: $654\,321^2 = 428\,135\,971\,041$.

Übungen

1 Lesen Sie alle Zahlen im vorstehenden Beispiel laut vor.

2 Rechnen Sie das Beispiel durch mit *dieser* Zerlegung:
$(654\,321)^2 = (654\,300 + 21)^2$

3 Rechnen Sie das Beispiel mit der Zerlegung
$(654\,321) = (650\,000 + 4321)^2$

4 Vergleichen Sie die Ergebnisse aus den Aufgaben 2 und 3.

5 Berechnen Sie den genauen Wert.
a) $(325\,476)^2$
b) $(987\,654)^2$
c) $(111\,111)^2$
d) $(222\,222)^2$

6 Wie könnte man

$\boxed{31\,256\,886 \cdot 542}$

mit dem TR berechnen?
(Zur Kontrolle: Ergebnis 16 941 232 212)
Tipp:
Nutzen Sie das Distributivgesetz.

Ungleichungen

Das Rechnen mit den Ungleichheitszeichen „<" und „>"

Wir kennen die Ungleichheitszeichen < (ist kleiner als) und > (ist größer als). Zum Beispiel gilt

in $\mathbb{N}$: $7 < 9$ und $9 > 7$

in $\mathbb{Z}$: $-8 < -5$ und $-5 > -8$

in $\mathbb{Q}$: $-0{,}2 < \frac{1}{2}$ und $\frac{1}{2} > -0{,}2$ und auch

$\quad\quad\;\; 0{,}2 < \frac{1}{2} \quad\quad \frac{1}{2} > 0{,}2$

Alle Zahlen, für die gilt $x < 1{,}5$ können wir auf der Zahlengeraden (rot) einfärben:

Hier werden alle Zahlen eingefärbt, für die gilt: $x > -2$ und $x < 5{,}5$

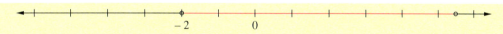

Neben den Zeichen für kleiner und größer, < bzw. > gibt es noch das Zeichen ≤ für „kleiner oder gleich" bzw. ≥ „größer oder gleich". Wir zeichnen für $-2 \leq x \leq 5\frac{1}{2}$:

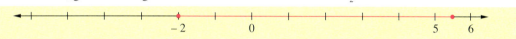

Für die Ungleichung $-2 \leq x \leq 7$ können wir als Lösung schreiben, wenn wir nur **ganze Zahlen** ($\mathbb{Z}$) zulassen $L = \{-2; -1; 0; 1; \ldots; 7\}$.

Übungen

1 Zeichnen Sie einen Zahlenstrahl bzw. eine Zahlengerade und tragen Sie ein:
$2 < x < 7$ und $3 \leq x \leq 10$
a) in $\mathbb{N}$ b) in $\mathbb{Z}$ c) in $\mathbb{Q}$

2 Kann man in $\mathbb{Q}$ alle Zahlen hinschreiben, für die $3 < x < 7$ gilt?
Kann man das in $\mathbb{N}$ bzw. in $\mathbb{Z}$ tun?

3 Geben Sie alle Zahlen in $\mathbb{N}$ an, für die gilt $x < 12$.

4 Welche Zahlen sind rot markiert?

5 Vergleichen Sie diese beiden Zahlenmengen a) und b)
a) $4 < x < 8$ zusammen mit $5 < x < 9$
b) $4 < x < 9$

6 Welches ist die größte ganze Zahl, für die gilt
a) $x < 15$ e) $-3 < x \leq 2$
b) $x \leq 15$ f) $-3 \leq x < 2$
c) $y > 4$ g) $1{,}5 \leq x \leq 2$
d) $y \geq 5$ h) $20 < x < 30$

7 Wenn eine Menge leer ist, also keine Elemente hat, so schreibt man das Zeichen ∅ oder {} für die *leere Menge*. Argumentieren Sie: wenn M die Menge aller ganzen Zahlen x mit $20 < x < 21$, dann ist $M = \emptyset$.

Rechnen mit Ungleichungen

Für die Umformung von Ungleichungen gelten dieselben Regeln wie für Gleichungen (Äquivalenzumformungen) mit zwei Änderungen. Dieses darf man:

> **1.** Man darf auf beiden Seiten einer Ungleichung dieselbe Zahl addieren (subtrahieren).

Beispiel (in $\mathbb{N}$) Die Ungleichung $2x \leq 4$ hat die Lösung 0, 1 und 2.
Die Ungleichung $2x + 2 \leq 4 + 2$ hat die Lösung 0, 1 und 2.
Die Ungleichung $2x - 3 \leq 4 - 3$ hat die Lösung 0, 1 und 2.

> **2.** Man darf auf beiden Seiten einer Ungleichung mit derselben *positiven Zahl* multiplizieren (dividieren).

Beispiel (in $\mathbb{N}$) Die Ungleichung $2x \leq 4$ hat die Lösung 0, 1 und 2.
Die Ungleichung $2x \cdot 3 \leq 4 \cdot 3$ hat die Lösung 0, 1 und 2.
Die Ungleichung $2x : 2 \leq 4 : 2$ hat die Lösung 0, 1 und 2.

Änderungen gegenüber Gleichungen:

> **3.** Man darf beide Seiten einer Ungleichung nur dann mit derselben *negativen Zahl* multiplizieren (dividieren), wenn man gleichzeitig das *Ungleichheitszeichen umkehrt*.

Beispiel (in $\mathbb{Z}$) Die Ungleichung $2x \leq 4$ hat die Lösung $\ldots, -3, -2, -1, 0, 1$ und 2.
Die Ungleichung $2x \cdot (-3) \geq 4 \cdot (-3)$ hat die Lösung $\ldots, -3, -2, -1, 0, 1$ und 2.
Die Ungleichung $2x : (-2) \geq 4 : (-2)$ hat die Lösung $\ldots, -3, -2, -1, 0, 1$ und 2.

Beispiel für das Umformen von Ungleichungen (in $\mathbb{Z}$).

1.
$$-\tfrac{1}{5}x + 3 > 7 \qquad | -3$$
$$-\tfrac{1}{5}x > 4 \qquad | \cdot (-5)$$
$$x < -20$$

Lösung: Die Zahlen $\ldots, -23, -22, -21$ sind die Lösung von $-\tfrac{1}{5}x + 3 > 7$.

2.
$$x + 5 \leq 4x - 7 \quad | -4x \qquad | -5$$
$$-3x \leq -12 \qquad | : (-3)$$
$$x \geq 4$$

Lösung: Die Zahlen 4, 5, 6, ... sind Lösungen von $x + 5 \leq 4x - 7$.

Übungen

1 $A = \{0; 1; 2; \ldots; 10\}$. Welche Zahlen aus der Menge A erfüllen die Ungleichung?
a) $15 > x$ d) $3x < 21$ g) $2x \leq 9$
b) $x \geq 12$ e) $4x \leq 16$ h) $39 \leq 8x$
c) $x > 6$ f) $48 < 6x$ i) $96 \geq 12x$

2 Formen Sie die Ungleichungen $9 < 15$; $3 > -6$ und $-18 < -12$ um. Prüfen Sie, ob die entstandenen Ungleichungen wahr sind.
a) 3 addieren
b) 3 subtrahieren
c) mit -3 multiplizieren
d) durch -3 dividieren

Ungleichungen

$G = \mathbb{Q}$

3 Lösen Sie durch Umformen.
a) $x + 5 < 9$
b) $4 + x \leq 7$
c) $x - 5 > 2$
d) $x - 2 > 3$
e) $15 \geq x + 7$
f) $8 < 9 - x$
g) $3 \leq x - 6$
h) $12 \geq 4 + x$
i) $3x + 17 \leq 29$
j) $19 + 4x \geq 27$
k) $6x - 11 > 13$
l) $16 - 2x > 12$
m) $25 + x < 36$
n) $7x - 18 \geq 2x - 13$

4 Bestimmen Sie die Lösungsmenge.
a) $15x \leq 105$
b) $2x \geq 22$
c) $x + 105 < 291$
d) $x - 259 > 167$
e) $12x - 3 \geq 105$
f) $112 < 5x - 3$
g) $17x + 1 \leq 120$
h) $13x + 7 \geq 7$
i) $3x + 21 + 2 > 29$
j) $9 - 3x > 6$

5 Lösen Sie.
a) $4(x + 7) > 44$
b) $15(2x - 2) \leq -15$
c) $(12x + 15) \cdot 7 \geq 161$
d) $(18 + 5x) \cdot 3 < 87$
e) $3(8 - 5x) \geq 4 - 13x$
f) $4(3x - 1) \leq 19x - 4$

6 Überprüfen Sie einige Lösungen durch Einsetzen. Das sind „Stichproben".
a) $2x + 15 > 3x + 7$
b) $13x + 24 \geq 15x + 4$
c) $9x + 16 < 11x + 3$
d) $19x + 4 \leq 4 + 12x$
e) $17x + 300 \geq 18 + 42x$
f) $0,5x + 20 > 2x + 10$

7 Geben Sie die Lösungsmengen in beschreibender Form an.

Beispiel: $5x \leq 8 \quad |:5$
$x \leq \frac{8}{5}$
$x \leq 1,6$
$L = \{x \in \mathbb{Q} | x \leq 1,6\}$

a) $x + 7 < 8$
b) $x + 9 \geq 3$
c) $\frac{4}{5} + x < 1$
d) $\frac{3}{8} + x > \frac{5}{4}$
e) $27,3 < x + 19,5$
f) $5x - 3 < 7$
g) $3x + 7 \leq 22$
h) $41 - 3x < 35$
i) $8x + 7,4 \geq 13$
j) $2,5x + 8 > 33$
k) $1,7 + 7x < 5,2$
l) $3,2x - 5 \geq 1,6$

8 Lösen Sie.
a) $2(3x + 2) < 2(38 - x) - x$
b) $3(2 - x) - x + 1 < x - 3$
c) $4(7 - x) \leq 20x + 76$
d) $8x - 9(2x - 5) > 4(3 + x) + 5$
e) $(x + 3) \cdot (-1) > 17(2x + 3) + 16$
f) $100x - 25(4x + 3) \geq 2x + 5$
g) $3(27 - 12x) + 40x > x - 1$

9 Berechnen Sie.
a) $(x + 5)^2 < (x - 3)^2$
b) $(x + 4)^2 \leq (x - 3)(x + 3)$
c) $(x - 4)(5 + x) \geq (x + 1)^2$
d) $(3x - 4)^2 < (3x - 2)(3x + 2)$

10 Schreiben Sie als Ungleichung und bestimmen Sie die Lösung in $\mathbb{N}$.
a) Das Fünfzehnfache einer Zahl ist kleiner als hundert.
b) Die Hälfte einer Zahl, vermindert um zehn, ist kleiner als fünfundzwanzig.
c) Fünfundzwanzig ist mindestens um sieben größer als eine gedachte Zahl.
d) Das Fünffache einer Zahl ist kleiner als dreißig.
e) Vierzig ist kleiner als das um vier vermehrte Achtfache einer Zahl.

11 Schreiben Sie als Ungleichung und lösen Sie diese. Bezeichnen Sie zuerst x!
a) 90 € stehen zur Verfügung, um eine Mehrtagereise durchzuführen. Für die Fahrt werden 30 € benötigt. Täglich sollen 7 € höchstens verbraucht werden. Wie lange reicht das Geld dann mindestens?
b) Für drei Wochen Sommerferien auf einem Zeltplatz sind 1200 € Ausgaben geplant. Täglich kostet der Zeltplatz 17 €. Die Fahrtkosten betragen 100 € insgesamt. Für die tägliche Verpflegung sind 23 € als Höchstgrenze angenommen. Wie viel Geld darf somit täglich höchstens ausgegeben werden?

214 _____ Lineare Gleichungen und Ungleichungen

Gleichungen und Ungleichungen mit Brüchen

Die Umformungsregeln für Gleichungen und Ungleichungen gelten auch, wenn mit Bruchteilen von Variablen gerechnet wird. Die Nenner der Brüche beseitigt man, indem man mit dem Hauptnenner (HN) multipliziert.

Beispiel $\boxed{G = \mathbb{Q}}$

1.

$$\frac{x}{3} - \frac{x}{5} = 2 \qquad | \cdot 15 \text{ (HN)}$$

$$\frac{x \cdot 15}{3} - \frac{x \cdot 15}{5} = 2 \cdot 15$$

$$5x - 3x = 30$$

$$2x = 30 \qquad | : 2$$

$$2x : 2 = 30 : 2$$

$$x = 15$$

$$L = \{15\}$$

Probe: $\begin{array}{c|c} \frac{15}{3} - \frac{15}{5} & 2 \\ 5 - 3 & 2 \\ 2 & = 2 \quad \text{(wahr)} \end{array}$

2.

$$12 - \frac{3}{4}x < \frac{5}{8}x \qquad | \cdot 8 \text{ (HN)}$$

$$96 - \frac{24}{4}x < \frac{40}{8}x$$

$$96 - 6x < 5x \qquad | + 6x$$

$$96 < 11x \qquad | : 11$$

$$\frac{96}{11} < x$$

$$x > \frac{96}{11}$$

$$L = \{x \mid x > \frac{96}{11}\}$$

Stichprobe für $x = 10$:

$$\begin{array}{c|c} 12 - \frac{3}{4} \cdot 10 & \frac{5}{8} \cdot 10 \\ \frac{48}{4} - \frac{30}{4} & \frac{25}{4} \\ \frac{18}{4} & < \frac{25}{4} \quad \text{(wahr)} \end{array}$$

Übungen $\boxed{G = \mathbb{Q}}$

1 a) $\frac{1}{5}x = 11$ f) $\frac{5}{9}x = -15$

b) $\frac{2}{3}x = 28$ g) $-\frac{2}{7}x = 14$

c) $\frac{x}{6} = 19$ h) $-\frac{5}{4}x = -35$

d) $\frac{5}{2}x = 15$ i) $\frac{3}{5}x = 6$

e) $\frac{4}{3}x = 32$ j) $-\frac{4}{7}x = 16$

2 a) $\frac{x}{4} - \frac{6x}{8} = 13$ d) $\frac{x}{6} - \frac{3x}{2} = -4$

b) $\frac{x}{3} - \frac{8x}{9} = 2$ e) $\frac{2x}{5} - \frac{5x}{3} = 76$

c) $\frac{x}{5} + \frac{3x}{5} = 4$ f) $\frac{2x}{5} - \frac{7x}{10} = 33$

3 a) $\frac{3x-8}{4} - 3 = \frac{5x+2}{3}$

b) $\frac{12x+6}{9} - 3x = \frac{15x-5}{3} - 9$

c) $\frac{8x-1}{6} = 4 - \frac{7x+1}{10}$

d) $\frac{3x+5}{12} - 4 = \frac{7x-13}{6} - 8$

e) $\frac{8x+3}{16} + x = \frac{9x-11}{24}$

f) $\frac{3x-1}{5} = 6 - \frac{x-1}{3}$

g) $\frac{9x-3}{16} - x = \frac{7x+5}{8} + 2$

h) $\frac{15x-3}{12} - x = \frac{7x-12}{8} + 20$

i) $\frac{3x-2}{8} - 5 = \frac{2x+4}{16} - x$

j) $\frac{5x-1}{3} - \frac{1}{2} = \frac{x}{3} - \frac{3x+5}{9}$

4 a) $\frac{8x-22}{4} - 20 = \frac{5(x-7)}{2} - 8$

b) $1 + \frac{2(x-3)}{4} = \frac{x-2}{3}$

c) $\frac{19(x-4)}{3} + \frac{2(9-x)}{3} = \frac{2(5x-3)}{7} - 5x$

d) $\frac{10x-6}{7} - \frac{18-2x}{3} = 5x + \frac{19}{3}(x-4)$

5 a) $5x - 4 < \frac{5}{6}x + 6$

b) $4x + 2 \geq \frac{3x}{7} + 6$

c) $x + 2 > \frac{3}{4}x + 6$

d) $3x + 3 \geq \frac{2}{7}x + 2$

e) $7x + \frac{1}{4} < 14x - 1{,}5$

f) $7x + 4 \leq \frac{3x}{4} + 5$

6 a) $\frac{3x+6}{9} - 4 > \frac{5x-3}{4} + 2$

b) $\frac{7x+6}{6} - 1 < \frac{9+8x}{10} + 2$

c) $\frac{7x-6}{4} - 2 > \frac{3x+8}{9} - 5$

d) $\frac{7x-3}{4} - 10 < \frac{16x}{8} - 12$

e) $\frac{7x+3}{5} + 9 \leq \frac{6x+2}{4}$

f) $\frac{7x+6}{3} - 5 < \frac{10x-7}{5}$

g) $\frac{8x+6}{12} - 4 < \frac{9x-3}{6} - 6$

h) $\frac{2x+3}{7} - 4 > \frac{x-3}{4} + 2$

i) $\frac{6x+2}{4} - 6 \leq \frac{5x-2}{6} - 4$

j) $\frac{8x-3}{4} + 5 > \frac{5x-1}{3} - 3$

Bruchungleichungen

Beim Lösen von **Bruchungleichungen** spielen die Terme im Nenner eine besondere Rolle. Jetzt steht x im Nenner! Da der Nenner stets ungleich Null sein muss, wird wie bei Bruchgleichungen zunächst die *Definitionsmenge* bestimmt, d. i. die Zahlenmenge, aus der x eingesetzt werden darf. Der Nenner darf nie Null werden!

Zu lösen sei $\frac{2x}{x+1} > 1$. Der Grundbereich ist $G = \mathbb{Q}$.

Definitionsmenge D bestimmen: $D = \mathbb{Q}\setminus\{-1\}$: von $\mathbb{Q}$ ist die Zahl -1 wegzunehmen.

Lösung mit Fallunterscheidung:

Fall 1: Es sei $x > -1$.
Der Nenner ist **positiv**. Mit dem Nenner multiplizieren und umformen.

$\frac{2x}{x+1} > 1 \quad |\cdot(x+1)$
$2x > x+1 \quad |-x$
$\quad x > 1$

Auf dem Zahlenstrahl wird Fall 1 veranschaulicht (Symbol ⊢── bedeutet, Endpunkt wird eingeschlossen, das Symbol ⊐── bedeutet, dass der Endpunkt ausgeschlossen wird).

Wenn $x > -1$ und $x > 1$ gelten muss, ist die Lösungsmenge $L_1 = \{x \in \mathbb{Q} \mid x > 1\}$.

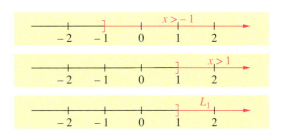

Fall 2: Es sei $x < -1$.
Der Nenner ist **negativ**. Mit dem Nenner multiplizieren und umformen. (Dabei *Ungleichheitszeichen umkehren*!)

$\frac{2x}{x+1} > 1 \quad |\cdot(x+1)$
$2x < x+1 \quad |-x$
$\quad x < 1$

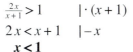

Auf dem Zahlenstrahl wird Fall 2 veranschaulicht.

Wenn $x < -1$ *und* $x < 1$ gelten muss, ist die Lösungsmenge $L_2 = \{x \in \mathbb{Q} \mid x < -1\}$.

Gesamtlösung $L = \{x \in \mathbb{Q} \mid x < -1 \text{ oder } x > 1\}$

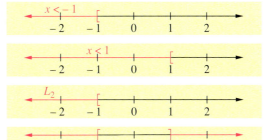

Übungen $G = \mathbb{Q}$

Bestimmen Sie die Lösungsmengen. Prüfen Sie mit Stichproben die Richtigkeit.

1 a) $\frac{4}{x+1} > 1$ b) $\frac{2x}{x+1} > 1$

2 a) $\frac{x+5}{x-3} < 2$ f) $\frac{x+4}{x-2} > 3$

b) $\frac{3}{x+2} \leq 2$ g) $\frac{x+3}{2x-4} \geq 3$

c) $\frac{2x-3}{x+1} > 1$ h) $\frac{x+1}{x-2} < 2$

d) $\frac{x-1}{x+3} > 2$ i) $\frac{3x-5}{5-3x} - 2 > 0$

e) $\frac{3x-1}{x-2} < 4$ j) $\frac{2x+1}{1-2x} + 1 \leq 0$

Lineare Funktionen

Grundbegriffe

Zuordnungen und ihre Darstellung

In der Masse-Preis-Tabelle ist jeder Masse ein Preis zugeordnet. Die **Wertetabelle** gibt eine **Zuordnung** Masse ↦ Preis an. Man kann sie als Paarmenge schreiben:
{(1|0,5); (2|1); (3|1,5); (4|2); (5|2,5)}

Masse (in kg)	1	2	3	4	5
Preis (in €)	0,50	1	1,5	2	2,5

> Zuordnungen kann man als Paarmenge, in Tabellen, in Pfeilbildern und im Koordinatensystem darstellen. Elementen einer **Urbildmenge** (Definitionsmenge) werden dabei Elemente einer **Bildmenge** zugeordnet.

Beispiele

1. Wird eine Federwaage belastet, so dehnt sich die Feder aus.
Eine Messreihe ergab diese Wertetabelle:

Belastung (in g)	Dehnung Feder (in cm)	Zahlenpaare
50	10	(50|10)
100	20	(100|20)
150	30	(150|30)
200	40	(200|40)
250	50	(250|60)

Die Zahlenpaare für die Zuordnung
Belastung ↦ Federdehnung
führen zu folgendem **Schaubild**:

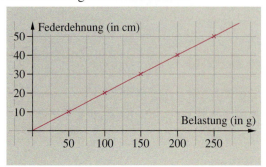

2. Im Quadrat wird der Seitenlänge x (in cm) der Flächeninhalt y (in cm^2) zugeordnet.

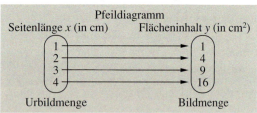

Die Menge der Zahlenpaare ist:
{(1|1); (2|4); (3|9); (4|16)}
Diese Zuordnung ist **eindeutig**, da jedem Element der Urbildmenge genau ein Element der Bildmenge zugeordnet ist.
Für solche Paare $(x|y)$ heißt die Menge aller x die **Definitionsmenge**.
Die Menge aller y heißt **Wertemenge**.
Warum ist diese Zuordnung nicht eindeutig?

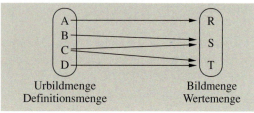

Grundbegriffe   **217**

Übungen

1 Der Temperaturschreiber einer Wetterwarte hat den Temperaturverlauf aufgezeichnet.

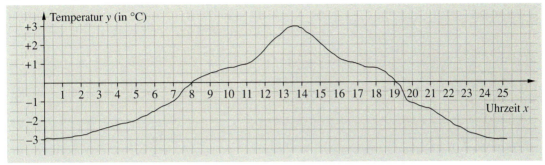

a) Schreiben Sie eine Wertetabelle und tragen Sie ein, welche Temperaturen um 1:00 Uhr, 3:00 Uhr, 5:00 Uhr, …, 19:00 Uhr, 21:00 Uhr, 23:00 Uhr aufgezeichnet wurden.
b) Geben Sie Definitionsmenge und Wertemenge für diese Zuordnung an.
c) Welche Vorteile bietet die Temperaturkurve gegenüber einer Wertetabelle?

2 Die Wertetabelle zeigt das Ergebnis einer Klassenarbeit.

Zensur x	1	2	3	4	5	6
Anzahl y der Arbeiten mit der Zensur x	1	3	6	7	4	2

a) Wie heißen Definitions- und Wertemenge dieser Zuordnung?
b) Zeichnen Sie nach der Wertetabelle das Schaubild der Zuordnung
Zensur ↦ *Anzahl der Arbeiten* in ein Koordinatensystem.

3 In einem Hafen wurde stündlich der Wasserstand gemessen.
Ab 7:00 Uhr stellte man folgende Wasserstände (in m) fest:

0,2; 1,2; 1,8; 2,5; 3,0; 3,2; 3,0; 2,7;
1,8; 0,9; 0,0; 0,1; 0,5; 1,1; 1,6; 2,3;
2,9; 3,1; 2,5; 2,0; 0,9; 0,2; 0,1.

a) Stellen Sie die Wertetabelle auf.
b) Zeichnen Sie den Graphen der Zuordnung
Zeitpunkt ↦ *Wasserstand* in ein Koordinatensystem. Verbinden Sie die Punkte durch gerade Linien.
c) Zu welchen Zeitpunkten war der Wasserstand etwa 1 m hoch?
d) Dauerten Ebbe (fallendes Wasser) und Flut (steigendes Wasser) jeweils gleich lange?

4 Der Gebrauchtwagenwert sinkt ständig. Nach einem Jahr schätzte man den Wert eines Autos (neu: 25 000 €) auf 21 000 €.

Alter des Autos (in Jahren)	geschätzter Wiederverkaufswert (in €)
0	25 000
1	21 000
2	18 000
3	15 500
4	13 500

a) Stellen Sie die Zuordnung *Alter des Autos* ↦ *Wiederverkaufswert* in einem Pfeilbild dar.
b) Geben Sie Definitions- und Wertemenge der Zuordnung an.
c) Zeichnen Sie das Schaubild der Zuordnung in ein Koordinatensystem. Verbinden Sie die Punkte durch gerade Linien.

5 Erklären Sie diese Zuordnung.

Funktionen

Die Formel $A = \pi \cdot r^2$ ordnet jedem Radius r eines Kreises den Flächeninhalt A *eindeutig* zu.

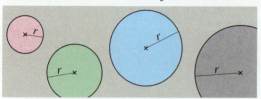

Eine solche Zuordnung nennt man **Funktion**. Aus dieser Funktion kann man z. B. diese Wertetabelle errechnen

Radius r (cm)	1	2	3	4	5
Fläche A (cm^2)	3,14	12,56	28,26	50,24	78,5

Funktionen sind eindeutige Zuordnungen.

Beispiele

1. Die Wertetafel für die Zuordnung *Masse* $\mapsto$ *Preis* ordnet jeder Masse genau einen Preis zu. Sie ist die *Masse-Preis-Funktion*.

Masse (in g)	50	100	150	250
Preis (in €)	0,75	1,5	2,25	3,75

2. An einem Außenthermometer wird von 8 : 00 Uhr bis 18 : 00 Uhr alle zwei Stunden die Temperatur abgelesen und in eine Wertetabelle eingetragen. In der Wertetabelle ist jedem Zeitpunkt eine bestimmte Temperatur eindeutig zugeordnet. Zeit und Temperatur bilden eine Funktion.

Uhrzeit x	8	10	12	14	16	18
Temperatur y	5 °C	7 °C	10 °C	11 °C	9 °C	6 °C

Die Wertepaare ergeben im Koordinatensystem diese Darstellung:

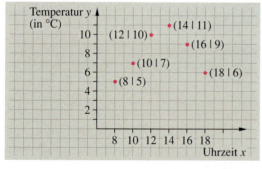
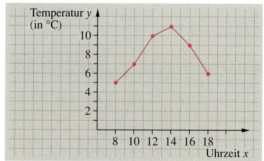

Diese sechs Punkte sind das Schaubild der Funktion.

Zur besseren Anschaulichkeit verbindet man die Punkte oft durch Linien.

3. Durch den Satz „y ist die Hälfte von x" wird den geraden natürlichen Zahlen eindeutig eine natürliche Zahl zugeordnet.
Im Koordinatensystem ergeben sich Punkte, die regelmäßig angeordnet sind.

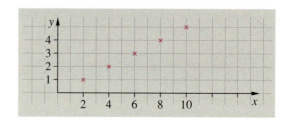

Bezeichnungen und Schreibweisen

Ist einer Zahl x eine Zahl y eindeutig zugeordnet, so ist y eine Funktion von x und man schreibt $x \mapsto y$.
Kann man y aus x durch einen Term berechnen, so nennt man diesen Term *Funktionsterm f(x)*.

Beispiel

Die Umfangsformel für den Kreis ist $u = 2\pi \cdot r$. Der Umfang hängt vom Radius des Kreises ab.
Bezeichnet man den Radius mit x, so kann man den Umfang als „Funktion von x" so schreiben:

Als Zuordnungspfeil $\quad f: x \mapsto 2\pi \cdot x$
Als Funktionsgleichung $\quad f(x) = 2\pi \cdot x$
Für das (x, y)-Koordinatensystem $\quad y = 2\pi \cdot x$

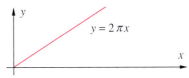

Als Wertetabelle

x	1	2	3	4	10	Radius (in cm)
y	6,28	12,56	18,84	25,12	62,80	Umfang (in cm)

Übungen

1 a) Füllen Sie die Wertetabelle für die Masse einiger Eisenstücke aus.

Volumen x (in cm³)	1	3	5	6,5
Masse y (in g)	7,8			

b) Schreiben Sie die Funktion *Volumen $\mapsto$ Masse* mit einer Zuordnungsvorschrift.
c) Geben Sie die Funktion als Paarmenge an.

2 a) Geben Sie die Wertetabelle der Funktionen $f_1: x \mapsto 2x$ und $f_2: x \mapsto \frac{1}{3}x - 1$ für die Definitionsmenge $D = \{1; 2; \ldots; 10\}$ an.
b) Erfüllen Sie den Auftrag a) auch für folgende Funktionen mit dem Definitionsbereich $D = \{-6; -5; -4; \ldots; 5\}$.
$f_3: x \mapsto 3x \qquad f_5: x \mapsto -\frac{1}{2}x$
$f_4: x \mapsto \frac{1}{2}x \qquad f_6: x \mapsto -2x + 2,5$

3 Zeichnen Sie die Schaubilder für die Funktionen aus Aufgabe 2.

4 Es sei $D = \{-10; -5; 0; 5; 10\}$ die Definitionsmenge. Stellen Sie Wertetabellen auf und zeichnen Sie die Schaubilder.
a) $x \mapsto -1,5x$ \qquad c) $x \mapsto x^2$
b) $x \mapsto -1,5x - 1,5$ \qquad d) $x \mapsto x$
Liegen die Punkte auf einer Geraden?

5 Der Buchwert einer Maschine betrug bei linearer Abschreibung nach einem Jahr 10 500 € und nach zwei Jahren 9000 €.
a) Stellen Sie eine Wertetabelle auf für die Funktion f: Alter der Maschine in Jahren $\mapsto$ Buchwert der Maschine.
b) Zeichnen Sie das Schaubild und ermitteln Sie daraus den Anschaffungswert A der Maschine und die Abschreibungsdauer T.

> Bei *linearer Abschreibung* werden die Anschaffungskosten auf die Jahre gleich verteilt, der Abschreibungsprozentsatz ergibt sich aus dem Bruch *100/Jahre der Nutzungsdauer* und bezieht sich immer auf den Anschaffungspreis.

6 Für ein Grundstück wird ein Kredit von 150 000 € aufgenommen. Das geliehene Geld wird mit 6,5 % verzinst. Am Ende jeden Jahrs werden 20 000 € zurückgezahlt.
Nach dem 1. Jahr betragen die Schulden 150 000 € + 6,5 % − 20 000 €, also
150 000 € + 9750 € − 20 000 € = **139 750 €**
Nach dem 2. Jahr betragen die Schulden
139 750 € + 6,5 % − 20 000 € = **128 833,75 €**
Berechnen Sie die weiteren Jahre.

Sachaufgaben

Die Zahlen der Definitionsmenge und der Wertemenge sind Zahlen aus $\mathbb{Q}$.

1 Setzen Sie für x nacheinander die Werte 0; 1; 2; -1; -2 ein und notieren Sie die zugehörigen Funktionswerte in einer Wertetabelle. Zeichnen Sie dann das Schaubild.

a) $x \mapsto x - 2$ e) $x \mapsto 1{,}5x + 2{,}5$

b) $x \mapsto 2x + 1$ f) $x \mapsto \frac{3}{4}x - 1$

c) $x \mapsto 3x - 5$ g) $x \mapsto 0{,}5x - 2{,}5$

d) $x \mapsto \frac{1}{2}x + \frac{5}{4}$ h) $x \mapsto 1{,}2x - 1{,}2$

Warum braucht man nur zwei Punkte zu bestimmen, um den Graphen der Funktion zeichnen zu können?

2 Die Zuordnungen, die in Aufgabe 1 beschrieben wurden, haben die Form $x \mapsto mx + b$. Wie heißt dort jeweils der Zahlenwert von m und b?

3 Zu einer linearen Funktion wurde die folgende Wertetabelle aufgestellt.

x	-2	-1	0	1	2	3
y	3	2	1	0	-1	-2

a) Zeichnen Sie das Schaubild der Funktion.
b) Wie lautet die Funktionsgleichung:
$f(x) = -2x$ oder $f(x) = -x - 1$ oder
$f(x) = -x + 1$ oder $f(x) = x - 1$?
Überprüfen Sie durch Einsetzen der x-Werte aus der Wertetabelle in die Gleichungen.

4 Zeichnen Sie die Funktionen mit den folgenden Gleichungen und beschreiben Sie deren Verlauf.

a) $f(x) = 3 + x$ c) $f(x) = -4 + x$

b) $f(x) = \frac{1}{2} + x$ d) $f(x) = -\frac{1}{3} + x$

5 Stellen Sie Wertetabellen für die Funktionen auf, die wie folgt festgelegt sind.

a) $f(x) = 5x$ e) $f(x) = 2{,}5x$

b) $f(x) = 0{,}7x$ f) $f(x) = 2x + 1{,}5$

c) $f(x) = x + 2$ g) $f(x) = -\frac{1}{4}x + 3$

d) $f(x) = \frac{1}{3}x$ h) $f(x) = 3x - \frac{1}{4}$

6 Stellen Sie die Funktionen aus Aufgabe 5 im Koordinatensystem dar.

7 Sind die folgenden Aussagen wahr (w) oder falsch (f)?
a) Der Graph der Funktion $x \mapsto \frac{2}{3}x$ verläuft durch die Punkte $(4|6)$ und $(-6|-8)$.
b) Der Graph der Funktion $x \mapsto -\frac{1}{4}x + 2$ verläuft durch die Punkte $(4|1)$ und $(-4|3)$.
c) Es gibt eine Gerade, die durch die Punkte $(-2|1)$, $(2|3)$ und $(5|6)$ verläuft.
d) Es gibt eine Gerade, die durch die Punkte $(1|2)$, $(2|4)$ und $(4|8)$ verläuft.

8 Bei einem Autoverleih kostet ein Auto 30 € pro Tag Miete. Hinzu kommen 0,25 € für jeden gefahrenen Kilometer.
a) Stellen Sie eine Wertetabelle für die Gesamtkosten auf, wenn ein Wagen zum Wochenende (2 Tage) geliehen wird und wenn 50; 70; 100; 150; 200 bzw. 300 Kilometer gefahren werden.
b) Stellen Sie diese Funktion graphisch in einem Koordinatensystem dar.
c) Wie viele Kilometer ist jemand am Wochenende gefahren, wenn er für Miete und gefahrene Kilometer insgesamt 116,25 € zu zahlen hat?

9 Für einen Telefon-ISDN-Anschluss (mit dem man mit dem Computer ins Internet gehen kann) muss eine monatliche Grundgebühr von 24,75 € gezahlt werden. Eine Gesprächseinheit kostet in der Hauptelefonzeit als „Deutschlandverbindung" 0,0396 €.
a) Stellen Sie eine Wertetabelle auf für die monatlichen Gesamtkosten (y) bei 0, 10, 20, 30, 40, 50, 60, 70, 80, 90, 100 Gesprächseinheiten (x).
b) Zeichnen Sie ein Schaubild.

10 Ein Vater legt am 1. Januar für seinen Sohn ein Sparbuch mit 300 € an. Durch Dauerauftrag lässt er auf das Guthaben an jedem Monatsbeginn 30 € überweisen.
a) Stellen Sie in einer Wertetabelle die Kontostände bis zum Jahresende auf.
b) Zeichnen Sie das Schaubild der Funktion *Monat $\mapsto$ Kontostand*.

Lineare Funktionen und Geraden

Darstellung von linearen Funktionen durch Geraden

Selina berechnet die monatlichen Stromkosten ihrer Familie. Der Arbeitspreis je Kilowattstunde (kWh) beträgt 0,13 €. Die Grundgebühr beträgt 10 €.

Die Stromkosten hängen von der Grundgebühr und vom Verbrauch ab. Dem Stromverbrauch (gemessen in kWh) werden die Stromkosten (in €) zugeordnet.
Zuerst legen wir für diese Zuordnung eine Wertetabelle an. Dann zeichnen wir im Koordinatensystem den Graphen (das Schaubild) der Zuordnung. Zum Schluss beschreiben wir diese Zuordnung durch eine Gleichung.

Wertetabelle

Verbrauch in kWh	x	0	50	100	150	200
Stromkosten in €	y	$0{,}13 \cdot 0 + 10$ $= 10{,}00$	$0{,}13 \cdot 50 + 10$ $= 16{,}50$	$0{,}13 \cdot 100 + 10$ $= 23{,}00$	$0{,}13 \cdot 150 + 10$ $= 29{,}50$	$0{,}13 \cdot 200 + 10$ $= 36{,}00$

Graph

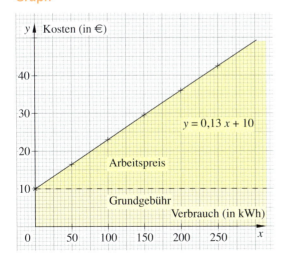

Gleichung

Wir bezeichnen den Stromverbrauch mit x, die Stromkosten bezeichnen wir mit $f(x)$ oder y.

Für $x = 0$ ist $y = 0{,}13 \cdot 0 + 10 = 10$
Für $x = 50$ ist $y = 0{,}13 \cdot 50 + 10 = 16{,}50$
Für $x = 100$ ist $y = 0{,}13 \cdot 100 + 10 = 23$
Für $x = 150$ ist $y = 0{,}13 \cdot 150 + 10 = 29{,}50$

Wir erkennen daraus die Gleichung für das (x, y)-Koordinatensystem
$$y = 0{,}13 \cdot x + 10$$

Der Graph der Zuordnung ist eine Gerade. Eine solche Zuordnung heißt **lineare Funktion**.

Der Graph der linearen Funktion $f(x) = m \cdot x + b$ ist eine Gerade. Sie wird im (x, y)-Koordinatensystem durch die Geradengleichung $y = mx + b$ bestimmt.

Beispiel

Shaline, Mia, Benjamin und Stefan fahren nachts nach der Disco mit einem Großraumtaxi nach Hause. Welche Kosten entstehen? Die Grundgebühr beträgt 3 €, der Kilometerpreis 1,40 €.

Wertetabelle

Entfernung in km	Fahrpreis in €
0	1,4 · 0 + 3 = 3
1	1,4 · 1 + 3 = 4,4
2	1,4 · 2 + 3 = 5,8
3	1,4 · 3 + 3 = 7,2
4	1,4 · 4 + 3 = 8,6
5	1,4 · 5 + 3 = 10
6	1,4 · 6 + 3 = 11
7	1,4 · 7 + 3 = 12,8
⋮	⋮
Gleichung:	$y = 1,4 \cdot x + 3$

Graph

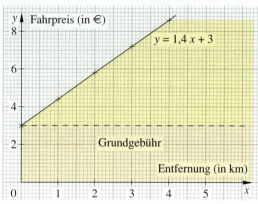

$y = 1,4 \cdot x + 3$ ist die Gleichung einer linearen Funktion. Der Graph ist eine Gerade.

Übungen

1 Setzen Sie die Werte 0, 1, 2, 3, 4 nacheinander für x ein und notieren Sie die zugehörigen y-Werte in einer Wertetabelle. Zeichnen Sie dann den Graphen der Funktion.

a) $f(x) = x - 2$
b) $f(x) = 2x + 1$
c) $f(x) = 3x - 5$
d) $f(x) = \frac{1}{2}x + \frac{5}{4}$
e) $f(x) = 1,5x + 2,5$
f) $f(x) = \frac{3}{4}x - 1$
g) $f(x) = 0,5x - 2,5$
h) $f(x) = 1,2x - 1,2$

2 Zu einer linearen Funktion wurde die Wertetabelle aufgestellt.

x	0	1	2	3
y	−1	0	1	2

a) Zeichnen Sie den Graphen der Funktion.
b) Wie lautet die Geradengleichung dafür:
$y = 2x$ oder $y = x + 1$ oder $y = x - 1$?
Überprüfen Sie durch Einsetzen.

3 Stellen Sie die Wertetabelle auf. Zeichnen Sie den Graphen in ein Koordinatensystem.

a) $y = 5x$
b) $y = 5x + 3$
c) $y = x + 2$
d) $y = \frac{1}{3}x$
e) $y = 2,5x$
f) $y = 2,5x - 1$
g) $y = 2x - 1,5$
h) $y = x + 6$

4

> Top-Angebot:
> VW-Golf für ein Wochenende (2 Tage)!
> Leihgebühr 50 € Kilometerpreis 0,20 €
> und 100 km frei!!

a) Schreiben Sie eine Wertetabelle für die Gesamtkosten, wenn jemand mit dem Mietwagen 50 km, 100 km, 150 km, 200 km, 250 km bzw. 300 km fahren möchte.
b) Zeichnen Sie den Graphen (x-Achse: 1 cm ≙ 50 km, y-Achse: 1 cm ≙ 10 €).
c) Markieren Sie in der Zeichnung die Kosten für die Leihgebühr und für die gefahrenen Kilometer (wie im Beispiel oben).
d) Jemand zahlt für Leihgebühr und gefahrene Kilometer 130 €.

5 Bei einer Geschwindigkeit von 25 $\frac{km}{h}$ braucht ein Mofa 2,5 l Benzin auf 100 km.
a) Übertragen Sie die Tabelle und ergänzen Sie im Heft.

Entfernung in km	x	10	20	40	60	80	100
Verbrauch in l	y						

b) Zeichnen Sie den Graphen. Wählen Sie 1 cm für 10 km Entfernung bzw. für 1 l Benzin.

Lineare Funktionen und Geraden

Die Steigung einer Geraden

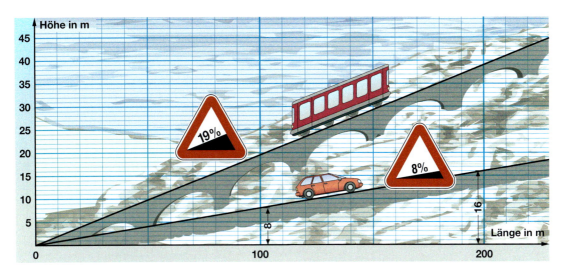

Züge und viele Kraftfahrzeuge können nur geringe Steigungen überwinden. In Gebirgen setzt man daher oft Seilbahnen oder Zahnradbahnen ein. Diese eignen sich auch für steile Strecken.

Eine Steigung von 8% (= $\frac{8}{100} = \frac{16}{200} = \ldots$) bedeutet:

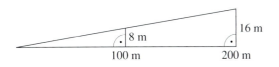

Auf 100 m in der Waagerechten werden 8 m Höhenunterschied überwunden.

Auf 200 m in der Waagerechten werden 16 m Höhenunterschied überwunden.
usw.

In der Mathematik spricht man von einer **Steigung $m = \frac{8}{100} = 0{,}08$.**

Die Gerade in diesem Bild hat die Steigung $m = 1{,}5$ und verläuft durch den Nullpunkt.

Geht man vom Punkt $P(0|0)$ 1 Einheit nach rechts und dann 1,5 Einheiten nach oben, so erreicht man den Punkt $Q(1|1{,}5)$.

Geht man vom Punkt $Q(1|1{,}5)$ 1 Einheit nach rechts und dann 1,5 Einheiten nach oben, so erreicht man den Punkt $R(2|3)$ *usw*.

Es entsteht jeweils ein **Steigungsdreieck**.
Die Steigung ist immer $m = \frac{1{,}5}{1} = 1{,}5$.
Die Gerade hat die Gleichung $y = 1{,}5\,x$.

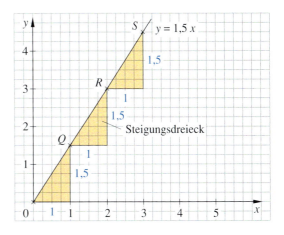

Eine Gerade mit der Steigung m, die durch den Nullpunkt geht, hat die Gleichung $y = m \cdot x$.

Beispiele

a) Wir zeichnen den Graphen der Gleichung
$$y = \tfrac{2}{5}x.$$

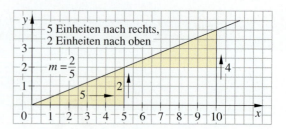

Weil der Graph eine Gerade durch den Nullpunkt ist, benötigen wir nur noch einen weiteren Punkt auf der Geraden. Diesen Punkt finden wir mithilfe der Steigung $m = \tfrac{2}{5}$.

$m = \tfrac{2}{5} = \tfrac{4}{10} = \ldots$ heißt: 5 Einheiten nach rechts, dann 2 Einheiten nach oben
  oder: 10 Einheiten nach rechts, dann 4 Einheiten nach oben *usw.*

Es entsteht jeweils ein **Steigungsdreieck**.

b) Eine Gerade mit der Steigung $m = \tfrac{3}{8}$ geht durch den Koordinatenursprung.
Sie hat die Gleichung $y = \tfrac{3}{8}x$.

Wir berechnen für einige Werte von x den y-Wert und schreiben eine Wertetabelle.

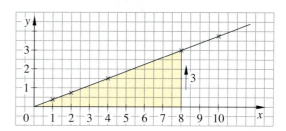

x	1	2	4	8	10
y	$\tfrac{3}{8}$	$\tfrac{3}{4}$	$\tfrac{3}{2}$	3	$3\tfrac{3}{4}$

Die Geradengleichung ist $y = \tfrac{3}{8}x$.

Wir prüfen nach:
Die Steigung dieser Geraden ist

$\tfrac{3}{8} : 1 = \tfrac{3}{4} : 2 = \tfrac{3}{2} : 4 = 3 : 8 = 3\tfrac{3}{4} : 10 \;(= \tfrac{3}{8})$

$m = \tfrac{3}{8} = \tfrac{6}{16} = \ldots$ heißt: 8 Einheiten nach rechts, dann 3 Einheiten nach oben
  oder: 16 Einheiten nach rechts, dann 6 Einheiten nach oben *usw.*

Übungen

1 Zeichnen Sie die Geraden für

a) $y = \tfrac{3}{5}x$ c) $y = \tfrac{2}{7}x$
b) $y = \tfrac{1}{3}x$ d) $y = 3x$

2 Zeigen Sie, dass die Steigung $m = 0{,}2$ ist. Bestimmen Sie die Punkte P, Q, R.

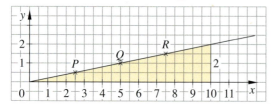

Prüfen Sie: Für jeden Punkt der Geraden ist der Quotient aus senkrechtem und waagerechtem Abstand von den Achsen gleich.

3 Zeichnen Sie eine Gerade durch den Nullpunkt mit folgender Steigung. Bestimmen Sie die Gleichung.

a) 6 Einheiten nach rechts, dann 3 Einheiten nach oben

b) 4,5 Einheiten nach rechts, dann 9 Einheiten nach oben

4 a) Welche Gerade hat die Steigung 1?
b) Welche Geraden hat die Steigung 2?
c) Welche Steigung hat die dritte Gerade?

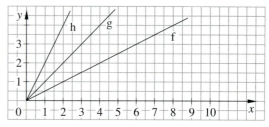

Geraden mit negativer Steigung

Beispiele

1. Wir errechnen für $y = -\frac{3}{2}x$ eine Wertetabelle:

x	1	2	3	4
y	$-\frac{3}{2}$	-3	$-4\frac{1}{2}$	-6

und zeichnen die Gerade in das Koordinatensystem.

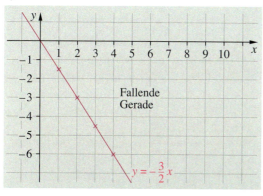

2. a) So zeichnen wir die Gerade g für $y = -\frac{4}{5}x$ mit dem Steigungsdreieck, d. h. für $m = -\frac{4}{5}$.

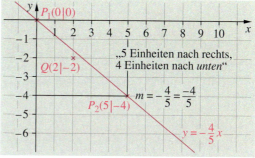

b) So prüfen wir, ob der Punkt $Q(2|-2)$ auf dieser Geraden liegt (**Punktprobe**).
Wir setzen x-Wert und y-Wert von Q in die Geradengleichung ein und erhalten:
$-2 = -\frac{4}{5} \cdot 2$, das heißt $-2 \stackrel{?}{=} \frac{-8}{5}$. Dies ist aber falsch, also liegt Q nicht auf der Geraden.

> Ist die Steigung m negativ, so erhält man eine **fallende** Gerade.
> Ist die Steigung m positiv, so erhält man eine **steigende** Gerade.

Übungen

1 Eine Gerade verläuft durch den Koordinatenursprung und durch den Punkt
a) (4|8),   e) (10|1),
b) (−1|3),   f) ($\frac{4}{7}|\frac{1}{7}$),
c) (−3|2),   g) (−5|−15),
d) (3|0),   h) (5,3|−15,9).
Welche Steigung haben die Geraden? Wie heißen die Geradengleichungen?

2 Zeichnen Sie in ein Koordinatensystem die Geraden mit
a) $y = \frac{1}{3}x$,   d) $y = -3,5x$,
b) $y = -\frac{1}{3}x$,   e) $y = 0$,
c) $y = \frac{7}{2}x$,   f) $2y - 5x = 0$.
Überprüfen Sie, auf welchen Geraden die Punkte $P_1(0|0)$ und $P_2(3|1)$ liegen.

3 a) Welche Geraden steigen, welche Geraden fallen?
b) Bestimmen Sie die Steigungen der vorgegebenen Geraden.
c) Für welche Geraden gilt: $m < 0$, für welche gilt: $m > 0$?
d) Wie lauten die Geradengleichungen?

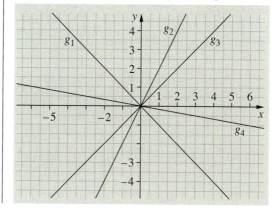

Schnittpunkt mit der y-Achse

In welchen Punkten schneiden die Graphen von $y = x$ und von $y = x + 1{,}5$ die y-Achse?

Wertetabellen

x	0	1	2	3	4
$y = x$	0	1	2	3	4

x	0	1	2	3	4
$y = x+1{,}5$	1,5	2,5	3,5	4,5	5,5

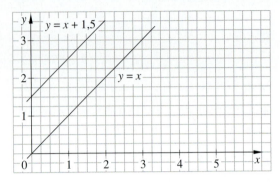

Wenn man $x = 0$ einsetzt, so erhält man den Schnittpunkt mit der y-Achse.

Die Gerade von $y = x$ schneidet die y-Achse im Punkt $(0\,|\,0)$, denn für $x = 0$ ist $y = 0$.
Die Gerade von $y = x + 1{,}5$ schneidet die y-Achse im Punkt $(0\,|\,1{,}5)$, denn für $x = 0$ ist $y = 1{,}5$.

Beispiel Wo schneidet der Graph mit der Gleichung $y = 2x - 1$ die y-Achse?

Wertetabelle

x	0	1	2	3	4
$y = 2x-1$	-1	1	3	5	7

Die Gerade $y = 2x - 1$ schneidet die y-Achse im Punkt $(0\,|-1)$, denn für $x = 0$ ist $y = -1$.

Die Steigung der Geraden ist $m = 2 = \frac{2}{1}$; das heißt: 1 Einheit nach rechts, 2 Einheiten nach oben.

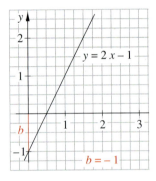

Den Schnittpunkt mit der x-Achse (dort ist $y = 0$) finden wir so:
$0 = 2x - 1$
d. h. (Gleichung auflösen)
$x = \frac{1}{2}$.

> Eine Gerade mit der Gleichung $y = mx + b$ schneidet die y-Achse im Punkt $(0\,|\,b)$.
> b heißt auch das absolute Glied der Geradengleichung. Es zeigt den Schnittpunkt der Geraden mit der y-Achse an.

Übungen

1 Wo schneiden die Geraden die y-Achse?

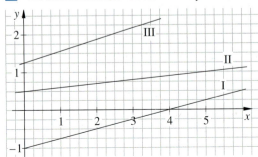

2 Wo schneidet die Gerade die y-Achse?

a) $y = 2x + 1$ c) $y = 3x - \frac{1}{2}$
b) $y = 2x - 2{,}5$ d) $y = 3x + \frac{1}{3}$

3 Zeichnen Sie die Gerade durch die beiden Punkte. Bestimmen Sie aus der Zeichnung den Schnittpunkt mit der y-Achse.

a) $(-2\,|-5); (3\,|\,10)$ c) $(-2\,|\,5{,}5); (1\,|-0{,}5)$
b) $(3\,|\,10); (-3\,|-4)$ d) $(-2\,|-6); (1\,|\,3)$

4 Zeichnen Sie die Geraden. Was fällt auf?
$y = x + 2{,}5;\ \ y = 2x + 2{,}5;\ \ y = \frac{1}{2}x + 2{,}5$

Lineare Funktionen und Gleichungen

Eine Gerade, die durch den Koordinatenursprung (0|0) verläuft, heißt **Ursprungsgerade**.

5 Berechnen Sie Wertetabellen. Welche Geraden sind *keine* Ursprungsgeraden?
a) $y = -2x + 3$ e) $y = -2x - 1$
b) $y = -2x$ f) $y = -2x$
c) $y = \frac{1}{2}x$ g) $y = -5x$
d) $y = \frac{1}{2}x - 7$ h) $y = -5x + 2$

6 a) Welche der Geraden g_1, g_2, g_3, g_4, g_5 kann zu der Gleichung $y = 2x - 1$ gehören?

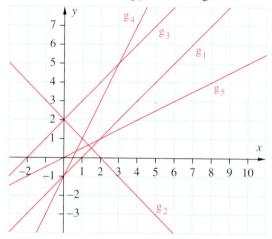

b) Welche Gerade gehört zur Gleichung $y = \frac{1}{2}x$?
c) Welche Gerade kann zur Gleichung $y = x + 2$ gehören?
Arbeiten Sie mit der Wertetabelle.

7 Zeichnen Sie die Geraden durch die Punkte
a) (1|1) und (5|5)
b) (1|1) und (-2|2)
c) (0|3) und (4|1)
d) (-3|2) und (-2|4)
Welche Geraden sind Ursprungsgeraden?
Welche Geraden fallen, welche steigen?

8 Geben Sie die Gleichungen der Ursprungsgeraden an, die durch diesen Punkt gehen:
a) (2|3)   d) (4|4)
b) (1,5|6)   e) (4|-4)
c) (-3|-2)   f) (-4|4)

9 Geben Sie Geraden an, die die y-Achse in B schneiden.
a) B (0|2)   b) B (0|-3)   c) B (0|-$\frac{1}{2}$)

10 Bringen Sie die Geradengleichung auf die Form $y = mx + b$ und bestimmen Sie den Schnittpunkt mit der y-Achse.
a) $y + 2x = 6$ c) $y + 9 = 3x$
b) $y - 4x = -3$ d) $y - 5 = \frac{1}{2}x$

11 Bringen Sie die allgemeine Form der Geradengleichung auf die Form $y = mx + b$. Ermitteln Sie daraus den Achsenabschnitt b für die Geraden:
a) $2y - 6x + 2 = 0$
b) $3y + 9x - 18 = 0$
c) $4y - 8x - 12 = 0$

12 Für die Gerade durch die Punkte (0|0) und (0|5) kann man keine Gleichung von der Form $y = m \cdot x + b$ schreiben. Warum nicht?

13 Gibt es eine Gerade durch die drei Punkte $A(2|3), B(-1|-3), C(-1|-2)$?

14 Zeichnen Sie die Geraden mithilfe einer Wertetabelle und messen Sie mit dem Geodreieck den Winkel zwischen der Geraden und der x-Achse für
a) $y = x + 3$ d) $y = \frac{1}{2}x + 3$
b) $y = -x - 1$ e) $y = 0{,}72x - 1{,}5$
c) $y = 2x$ f) $y = -1{,}3x - 0{,}8$

15 Der „Reaktionsweg" beim Autofahren ist der Weg, den das Auto von dem Augenblick an zurücklegt wo der Fahrer eine Gefahr bemerkt, bis zu dem Augenblick, in dem er auf die Bremse tritt. Der Weg hängt von der Geschwindigkeit des Fahrzeugs ab. Man rechnet mit dieser Formel

$R = \frac{3}{10} \cdot T$.

T ist die Geschwindigkeit in $\frac{km}{h}$,
R ist der Reaktionsweg in m gemessen.
Zeichnen Sie die Kurve in das Koordinatensystem.

Zeichnen nach der Geradengleichung

Bisher haben wir Graphen von linearen Funktionen mithilfe von Wertetabellen gezeichnet. Das geht jetzt einfacher.

Wir zeichnen die Gerade $y = \frac{2}{3}x + 1$.

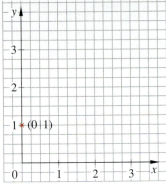

Der Schnittpunkt mit der y-Achse ist der Punkt (0|1), denn für $x = 0$ ist $y = 1$.

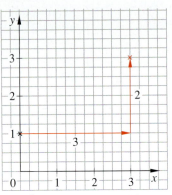

$m = \frac{2}{3}$, das heißt von (0|1) aus 3 Einheiten nach rechts, dann 2 Einheiten nach oben.

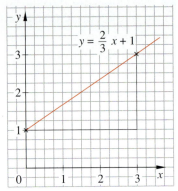

Wir verbinden die beiden Punkte zu einer Geraden.

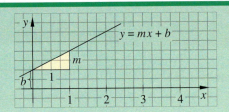

Die Gerade $y = mx + b$ schneidet die y-Achse in (0|b) und hat die Steigung m.

Beispiel Zeichnen Sie den Graphen zu $y = \frac{3}{2}x - 2$.

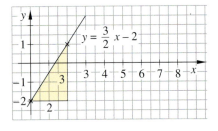

Der Schnittpunkt mit der y-Achse ist der Punkt (0|−2), denn für $x = 0$ ist $y = -2$. ($b = -2$)

$m = \frac{3}{2}$, das heißt vom Punkt (0|−2) aus gehen wir 2 Einheiten nach rechts, dann 3 Einheiten nach oben.
Dann verbinden wir die beiden Punkte.

Beispiel Zeichnen Sie den Graphen zu $y = -\frac{4}{3}x + 2$.

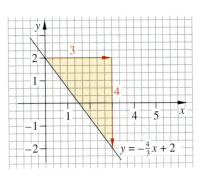

Der Schnittpunkt mit der y-Achse ist der Punkt (0|2), denn für $x = 0$ ist $y = 2$. ($b = 2$)

$m = -\frac{4}{3}$, das heißt, vom Punkt (0|2) aus gehen wir 3 Einheiten nach rechts, dann 4 Einheiten nach unten. Wir erhalten den Punkt (3|−2).
Dann verbinden wir die beiden Punkte.

S•

S-Giro-Basis 130455470 BLZ 574 501 20
SPARKASSE NEUWIED UST-ID DE149521635
Kundenhinweis   Mitteilung   1 / Teil 1
Jeden Monat Gewinne im Wert von über 800.000 Euro mit PS-Losen!

Bis 24. Februar 2012 PS-Lose kaufen und im März zusätzlich einen von
3 Audi A5 Coupé, 7 BMW 1er Cabrio, 10 Reisen oder Geldpreise im Gesamt-
wert von 600.000 Euro gewinnen.

Ja, ich möchte _____ Los/e kaufen. Bitte buchen Sie den Betrag von
5 Euro/Los monatlich (4 Euro Sparbeitrag, 1 Euro Lospreis)

von folgendem Konto ab: _____

Den Sparbeitrag und evtl. Gewinne überweisen Sie auf das

Konto: _____.

Datum: _____ Unterschrift: _____
Bitte Auftrag bei Ihrer Geschäftsstelle abgeben. Es gelten die Bedingungen
für das PS-Sparen und Gewinnen.

180 199 114 – 11.2009

Sparkasse

12 Jahre Archivierbarkeit

Sehr geehrte Kundin, sehr geehrter Kunde,
bitte prüfen Sie die Buchungen und Berechnungen in diesem Kontoauszug. Eventuelle Rückfragen besprechen Sie bitte mit Ihrem Kundenberater.

– Einwendungen gegen den Kontoauszug richten Sie bitte **unverzüglich** an unsere Revisionsabteilung. Unsere Anschrift(en) entnehmen Sie bitte unserem Preis- und Leistungsverzeichnis.

– Der angegebene Kontostand berücksichtigt nicht die Wertstellung der einzelnen Buchungen. Dies bedeutet, dass der genannte Betrag nicht dem für die Zinsrechnung maßgeblichen Kontostand entsprechen muss und bei Verfügungen möglicherweise Zinsen für die Inanspruchnahme einer eingeräumten oder geduldeten Kontoüberziehung anfallen können.

– Rechnungsabschlüsse gelten als genehmigt, sofern Sie innerhalb von sechs Wochen nach Zugang keine Einwendungen erheben. Die Genehmigung umfasst auch die im Rechnungsabschluss enthaltenen Belastungsbuchungen aufgrund von Einzugsermächtigungslastschriften. Einwendungen gegen Rechnungsabschlüsse müssen der Sparkasse schriftlich oder, wenn im Rahmen der Geschäftsbeziehung der elektronische Kommunikationsweg vereinbart wurde (z. B. Online-Banking), auf diesem Wege zugehen. Zur Fristwahrung genügt die rechtzeitige Absendung (Nr. 7 Abs. 3 unserer Allgemeinen Geschäftsbedingungen sowie Nummer 2.4 unserer Bedingungen für Zahlungen mittels Lastschriften im Einzugsermächtigungs- und Abbuchungsauftragsverfahren).

– Gutschriften aus eingereichten Schecks, Lastschriften und anderen Einzugspapieren erfolgen unter dem Vorbehalt der Einlösung.

– Einzugsermächtigungs- und Abbuchungsauftragslastschriften, Schecks und andere Einzugspapiere sind erst dann eingelöst, wenn sie nicht bis zum Ablauf des übernächsten Bankarbeitstages storniert oder korrigiert werden. Diese Papiere sind auch eingelöst, wenn die Sparkasse Ihren Einlösungswillen schon vorher gegenüber Dritten erkennbar bekundet hat (z. B. durch Bezahltmeldung). Für Lastschriften aus anderen Verfahren gelten die Einlösungsregeln in den hierfür vereinbarten besonderen Bedingungen.

– Sparkontoauszüge heften Sie bitte in Ihr Loseblatt-Sparkassenbuch ein.

– Dieser Kontoauszug gilt im Zusammenhang mit den zugrunde liegenden Verträgen laut angegebener Kontonummer als Rechnung im Sinne des UStG.

Unsere für den Geschäftsverkehr mit Ihnen geltenden Allgemeinen Geschäftsbedingungen und besonderen Bedingungen stellen wir Ihnen auf Wunsch gern zur Verfügung.

Mit freundlichen Grüßen
Ihre Sparkasse

Hinweise zum Kontoauszugspapier
Dieser Kontoauszug wurde auf Thermopapier erstellt. Zur Erhaltung des Druckbildes vermeiden Sie bei dessen Aufbewahrung direkte Sonneneinstrahlung, hohe Temperaturen und den Kontakt zu Taschen/Folien mit Weichmacheranteil.

Lineare Funktionen und Gleichungen

Übungen

> Das in den Bildern eingezeichnete Dreieck nennt man das **Steigungsdreieck**.

1 Zeichnen Sie das Steigungsdreieck für die Geraden mit den folgenden Gleichungen in das Koordinatensystem. Beginnen Sie am Schnittpunkt der Geraden mit der y-Achse. Zeichnen Sie danach die Gerade.

a) $y = \frac{1}{2}x + 5$
b) $y = 2x + 1{,}5$
c) $y = 0{,}6x - 3$
d) $y = -0{,}5x + 2{,}5$
e) $y = 3x$
f) $y = -2x$
g) $y = \frac{1}{4}x + \frac{1}{2}$
h) $y = -\frac{1}{4}x + \frac{1}{2}$

2 Messen Sie an den gezeichneten Geraden aus Aufgabe 1 nach, wie lang der (rote) Abschnitt ist, den die Gerade vom Ursprung des Koordinatensystems bis zu ihrem Schnittpunkt mit der x-Achse misst.

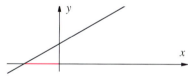

3 Zeichnen Sie im Koordinatensystem die Geraden, die durch diese Geichungen gegeben sind:

a) $y = x + 3$
b) $y = -x + 1$
c) $y = 2x$
d) $y = -3x$
e) $y = 2x - 4$
f) $y = 0{,}7x + 2{,}3$
g) $y = -\frac{3}{4}x - 1\frac{1}{2}$
h) $y = \frac{3}{4}x - 1\frac{1}{2}$

4 Stellen Sie durch Einsetzen in die Gleichung fest, welcher der drei Punkte auf der Geraden $g: y = 3x - 4$ liegt.
$P_1(1|-1)$; $P_2(2|2)$; $P_3(2{,}5|3)$

5 Die Gerade g bildet mit der y-Achse und der x-Achse ein Dreieck.

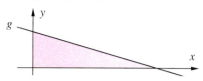

Berechnen Sie den Flächeninhalt des (roten) Dreiecks. Messen Sie ggf. fehlende Längen nach. Die Geradengleichungen sind

a) $y = -x + 3$
b) $y = x + 2$
c) $y = x$
d) $y = -3x$
e) $y = -3x + 3$
f) $y = -\frac{2}{3}x + 1$
g) $y = 0{,}5x + 2$

6 Berechnen Sie den Flächeninhalt des von diesen 3 Geraden gebildeten Dreiecks. Messen Sie fehlende Längenangaben nach.

$g_1: y = x + 3$
$g_2: y = -x + 3$
$g_3: y = -\frac{1}{2}x + 10$

7 Vier Geraden seien wie folgt festgelegt:

$g_1: y = \frac{1}{2}x - 4$ $g_3: 3x - 6y - 12 = 0$
$g_2: y = 2x + 1{,}5$ $g_4: 2y + x = 3$

a) Welche Geraden verlaufen parallel zueinander?
b) Der Punkt $P_1(x|-2)$ soll auf g_1 liegen. Berechnen Sie x.
c) Der Punkt $P_2(4|y)$ soll auf g_2 liegen. Berechnen Sie y.

8 Der Punkt $P(2|2)$ soll auf der Geraden $g: y = 2x + b$ liegen. Bestimmen Sie b.

9 Vier Geraden sind gegeben durch

$g_1: y = 2x - 1$ $g_2: y = 1$
$g_3: y = 5$ $g_4: y = 10 - x$

Die vier Geraden schließen ein Trapez ein. Zeichnen Sie das Trapez und berechnen Sie seinen Flächeninhalt.

Aufstellen von Geradengleichungen

Wir zeigen an Beispielen, wie man allgemein Geradengleichungen aufstellt.

Beispiele

1. Von einer Geraden $y = mx + b$ sind die Steigung $m = 3$ und der Punkt $P(2|4)$ bekannt. Wir setzen die Koordinaten des Punkts P und den Wert für m in die Gleichung $y = mx + b$ ein und erhalten:
$4 = 3 \cdot 2 + b$, also $b = -2$.
Die Geradengleichung ist $y = 3x - 2$.

2. Eine Gerade soll durch die Punkte $P_1(1|1)$ und $P_2(3|5)$ gehen.
a) Wir bestimmen die Steigung m. In dem Steigungsdreieck ist das Steigungsverhältnis $\frac{5-1}{3-1} = \frac{4}{2} = 2$, also ist $m = 2$.
b) Wir bestimmen b. Dazu setzen wir die Koordinaten eines Punkts in die Gleichung $y = 2x + b$ ein und erhalten:
$1 = 2 \cdot 1 + b$, also $b = -1$. Die Geradengleichung lautet $y = 2x - 1$.

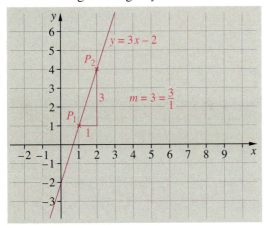
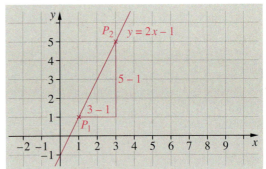

Für Punkte $P_1(x_1|y_1)$ und $P_2(x_2|y_2)$ gilt: Die Steigung der Strecke $\overline{P_1 P_2}$ ist $m = \frac{y_2 - y_1}{x_2 - x_1}$.

Übungen

1 Wie heißt die Geradengleichung, wenn die Steigung m und ein Punkt P bekannt sind?
a) $m = 2; P(2|3)$ d) $m = -2; P(2|-3)$
b) $m = 1{,}5; P(1|3)$ e) $m = -1{,}5; P(-2|-2)$
c) $m = \frac{1}{3}; P(6|-1)$ f) $m = -\frac{1}{3}; P(6|-1)$

2 Zeichnen Sie die Geraden, die durch P_1 und P_2 verlaufen, und bestimmen Sie die Geradengleichungen.
a) $P_1(2|4); P_2(1|2)$ e) $P_1(-1|-3); P_2(2|6)$
b) $P_1(3|5); P_2(0|1)$ f) $P_1(-1|1); P_2(3|-1)$
c) $P_1(-1|-2); P_2(2|1)$
d) $P_1(-1|-2); P_2(3|4)$

3 Eine Ursprungsgerade geht durch den Punkt P. Wie heißt die Geradengleichung?
a) $P(1|6)$ c) $P(-1|0)$
b) $P(2|5)$ d) $P(-1{,}5|-4)$

4 Auf welcher Geraden $g_1, \ldots, g_6$ liegen jeweils die Punkte P und Q? Bringen Sie die Gleichungen auf die Form $y = mx + b$ (Normalform) und lösen Sie wie im Beispiel 2.
$g_1: 3y = 4x$ $g_4: 2y = 10 - x$
$g_2: 2x + y = 0$ $g_5: x = 4y - 8$
$g_3: x + y = 4$ $g_6: x - \frac{y}{2} = -4$

a) $P(2|4); Q(6|2)$ c) $P(-2|4); Q(1|10)$
b) $P(-4|1); Q(0|2)$ d) $P(0|0); Q(6|8)$

Vermischte Aufgaben

m = 5 bedeutet $m = \frac{5}{1}$

1 Steigt oder fällt die zugehörige Gerade?
a) $y = 5x - 3$
b) $y = -9x + 1$
c) $y = -x + 7$
d) $y = -\frac{1}{3}x$
e) $y = -5x - 3$
f) $y = -\frac{1}{2}x + 2$

2 Nennen Sie die Koordinaten des Schnittpunktes mit der y-Achse für
a) $y = 3x + 2$
b) $y = -0{,}5x - 5$
c) $y = \frac{1}{4}x - \frac{1}{2}$
d) $y = 9x$
e) $y = 3x - 1{,}5$
f) $y = \frac{1}{3}x + 0{,}5$

3 Die Gerade hat die Steigung m und schneidet die y-Achse im Punkt (0|b). Zeichnen Sie die Gerade und geben Sie die Gleichung der Geraden an.
a) $m = \frac{1}{4}$; $b = 1$
b) $m = -\frac{2}{3}$; $b = 3$
c) $m = -2$; $b = -5$
d) $m = -1$; $b = 0$

4 Bestimmen Sie die Gleichung der Geraden mit der Steigung m und dem Schnittpunkt mit der y-Achse.
a) $m = 4$; $(0|-2)$
b) $m = -3$; $(0|8)$
c) $m = -1$; $(0|0)$
d) $m = 0$; $(0|-4)$

5 Zeichnen Sie die Gerade für
a) $y = \frac{1}{2}x + 1$
b) $y = \frac{1}{2}x + 3$
c) $y = \frac{1}{2}x + 1{,}5$
d) $y = \frac{1}{2}x - 1$
e) $y = 1{,}5x - 2$
f) $y = -x + 3{,}2$
g) $y = 2x - 0{,}8$
h) $y = -\frac{2}{5}x + 2{,}2$

6 Welche Geraden verlaufen zueinander parallel? Geben Sie zu jeder Geraden g den Schnittpunkt mit der y-Achse an.
a) $g: y = \frac{1}{5}x - 4$
b) $g: y = -\frac{1}{5}x - 4$
c) $g: y = -\frac{7}{8}x$
d) $g: y = \frac{x}{5} + \frac{3}{2}$
e) $g: y = -\frac{7}{8}x - 4$
f) $g: y = \frac{8}{7}x + 13$
g) $g: y = 0{,}2x - 7$
h) $g: y = 1 - \frac{x}{5}$

7 Wie heißt die Gleichung der Geraden,
a) die durch die beiden Punkte A (0|0) und B (2|1) geht?
b) die durch die beiden Punkte A (1|3) und B (5|7) geht?

8 Geben Sie die Funktionsgleichungen für folgende Geraden an.

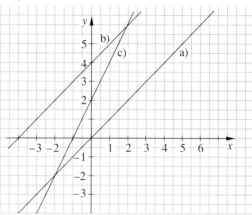

9 In einem Koordinatensystem sind die Geraden g_1 bis g_4 dargestellt. Geben Sie die Gleichungen dieser Geraden an.

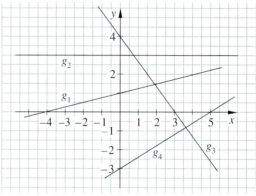

10 Welche Geraden g_1, g_2 verlaufen parallel, welche schneiden sich?
a) $g_1: y = -2x + 1$
   $g_2: y = -2x - 1$
b) $g_1: y = \frac{1}{2}x + 3$
   $g_2: y = \frac{1}{2}x - 2$
c) $g_1: y = -\frac{1}{2}x + 0{,}5$
   $g_2: y = -\frac{1}{2}x + 1{,}5$
d) $g_1: y = -2x$
   $g_2: y = \frac{1}{2}x + 2$

11 Prüfen Sie durch Rechnung, ob die Punkte auf der Geraden mit der Funktionsgleichung $y = -2x + 1$ liegen.
a) $P(5|-9)$
b) $Q(-3|6)$
c) $R(0|0)$
d) $S(\frac{3}{4}|-\frac{1}{2})$
e) $T(2{,}5|-3{,}5)$
f) $U(1|-1)$

Anwendungen

1 Die Fahrtkosten eines Taxis kann man mit der folgenden Gleichung berechnen:
$y = 0{,}7 \cdot x + 2$.
x sind die gefahrenen Kilometer,
y ist der Fahrpreis in Euro.
Zeichnen Sie die Gerade in ein Koordinatensystem.
a) Wie hoch ist die Rechnung für 2 km Fahrt?
b) Wie hoch ist die Rechnung, wenn das Taxi eine Fahrt von 3,5 km übernahm?
c) Wie hoch ist die Grundgebühr für jede Taxifahrt?
d) Für eine 40-km-Fahrt mit dem Taxi vereinbart Herr Jahnke 35 € pauschal. Ist das günstig?

2 Herr Schwab ist 7 km mit dem Taxi gefahren. Dafür zahlte er 8,10 €.
Frau Stolte zahlte 9,70 € für 9 km Fahrt mit dem gleichen Taxi.
a) Zeichnen Sie das Bild der Funktion
Entfernung ↦ Fahrtkosten.
b) Wie heißt die Funktionsgleichung?
c) Wie hoch ist die Grundgebühr für die Taxifahrt? Wie viel Euro kostet jeder gefahrene Kilometer?

3 Ein Schwimmbecken wird mit Wasser gefüllt. In jeder Stunde steigt der Wasserspiegel um 0,4 m. Die Wasserhöhe des gefüllten Schwimmbeckens beträgt 2,5 m.
a) Zeichnen Sie das Schaubild der Funktion
Zeit ↦ Wasserhöhe
in ein Koordinatensystem.
b) Wie heißt die Gleichung?
c) Nach wie vielen Stunden ist das Becken gefüllt?

4 Ein Kesselwagen mit Öl wird vollständig leer gepumpt. Nach 9 Minuten enthält er noch 12,8 m³ Öl, nach weiteren 6 Minuten 8 m³ Öl.
a) Stellen Sie die Funktion
Zeit x (in min) ↦ Inhalt y (in l)
in einem Koordinatensystem dar.
b) Bestimmen Sie die Funktionsgleichung.
c) Nach wie vielen Minuten ist der Kesselwagen völlig leer? Wie viel Liter Öl waren zu Beginn in dem Kesselwagen?

5 Ein Fallschirmspringer befindet sich noch 400 m über dem Erdboden. Er sinkt 320 m pro Minute.
Stellen Sie für die Funktion
Fallzeit x ↦ Höhe y über dem Erdboden
die Geradengleichung auf und zeichnen Sie den Graphen der Funktion.
Wie lange dauert es bis zum Auftreffen auf dem Erdboden?

6 Herr Becker besitzt ein Sparkonto mit einem Guthaben von 18 000 €. Seit er es vor einem Jahr angelegt hat, hob er monatlich 1000 € als Beitrag zu den Lebenshaltungskosten ab.
a) Zeichnen Sie das Schaubild der Funktion
Monat ↦ Guthaben
in ein Koordinatensystem.
b) Ermitteln Sie die Funktionsgleichung.
c) Wann wird das Guthaben aufgebraucht sein, wenn man von einer Verzinsung absieht?

7 Die Jahreszinsen y eines Kapitals von 5000 € stellen eine Funktion des Zinssatzes x dar.
a) Zeichnen Sie das Schaubild der Funktion
Zinssatz x ↦ Zinsen y
für $x \leq 20\%$.
b) Entnehmen Sie dem Schaubild die Zinsen für einen Zinssatz von 12 %. Wie hoch ist der Zinssatz bei einem Zinsbetrag von 325 €?
c) Überprüfen Sie die in b) abgelesenen Werte durch eine Rechnung und vergleichen Sie mit ihrer Ablesegenauigkeit.

Lineare Gleichungssysteme

Grundbegriffe

Eine Kundin wechselt am Postschalter einen 10-€-Schein in 1-€- und 2-€-Münzen. Sie erhält 8 Münzen. Wie viele von jeder Sorte? Wenn man mit x die Anzahl der 1-€-Münzen und mit y die Anzahl der 2-€-Münzen bezeichnet, dann gilt:
1. für die Beträge: $x \cdot 1\,€ + y \cdot 2\,€ = 10\,€$
2. für die Stückzahlen: $\quad\quad x + y = 8$

Man erhält die zwei Gleichungen oder das **Lineare Gleichungssystem** mit den zwei Variablen x und y:
$\quad$ I $\;x + 2y = 10$
$\quad$ II $\;x + y = 8$

Lösungen der Gleichung I sind z. B. die Zahlenpaare $(0\,|\,5), (2\,|\,4), (4\,|\,3), (6\,|\,2), (8\,|\,1), (10\,|\,0)$.

Lösungen der Gleichung II sind z. B. die Zahlenpaare $(0\,|\,8), (1\,|\,7), (2\,|\,6), (3\,|\,5), (4\,|\,4), (5\,|\,3), (6\,|\,2), (7\,|\,1), (8\,|\,0)$.

Nur das Zahlenpaar $(6\,|\,2)$ ist eine *gemeinsame* Lösung für beide Gleichungen. Die Kundin erhält also sechs 1-€-Münzen und zwei 2-€-Münzen.

Das Zahlenpaar $(6\,|\,2)$ ist Lösung des linearen Gleichungssystems mit den zwei Variablen x und y.

Veranschaulichung im Diagramm

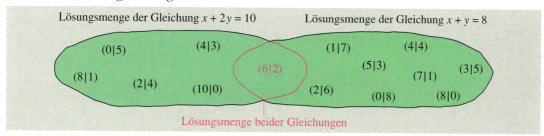

Übungen

1 Die lineare Gleichung $x + 2y = 8$ hat z. B. die Lösungen:
$(0\,|\,4), (2\,|\,3), (4\,|\,2), (6\,|\,1), (8\,|\,0), \ldots$
Die lineare Gleichung $x + y = 6$ hat z. B. die Lösungen: $(0\,|\,6), (\tfrac{1}{2}\,|\,5\tfrac{1}{2}), (2\,|\,4), (2\tfrac{2}{3}\,|\,3\tfrac{1}{3}),$
$(4\,|\,2), (5\,|\,1), (6\,|\,0), \ldots$
Geben Sie die Lösungen des Gleichungssystems an, das aus beiden Gleichungen besteht.

2 Bestimmen Sie die Lösungen des Gleichungssystems mithilfe von Wertetabellen. x und y sollen natürliche Zahlen kleiner als 10 sein.

a) $y - x = 3$
$ y - 2x = 1$

b) $-2x + 5 = y$
$ 3x = y + 5$

c) $x - y = -1$
$ x + 8y = 26$

d) $2x + y = 16$
$ x = 5y - 3$

e) $y - x = 4$
$ 2y + x = 8$

f) $2x + y = 22$
$ x - y = -1$

Lösen mit der graphischen Methode

Beispiel: Zwei Gleichungen mit zwei Variablen kann man graphisch lösen.

I $x + 2y = 10$
II $x + y = 8$

Man löst die Gleichungen nach y auf.
Aus $x + 2y = 10$ wird $y = -\frac{1}{2}x + 5$.
Aus $x + y = 8$ wird $y = -x + 8$.
$y = -\frac{1}{2}x + 5$; $y = -x + 8$
Das sind zwei Geradengleichungen.

Man zeichnet die Geraden in ein Koordinatensystem (die markierten Punkte auf den Geraden stellen die ganzzahligen Lösungen dar). Die Geraden schneiden sich im Punkt $P(6|2)$. $L = \{(6|2)\}$ ist die Lösungsmenge dieses linearen Gleichungssystems.
Lösung: $x = 6$, $y = 2$

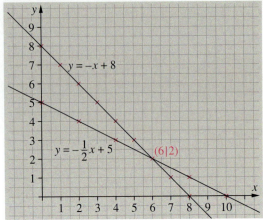

Probe: $6 + 2 \cdot 2 = 10$ (w)
$\qquad\quad 6 + 2 = 8$ (w)

Übungen

1 Bestimmen Sie die Lösungen der Gleichungssysteme graphisch.

a) $y = x + 3$
$\quad y = -x - 1$

b) $y = -0{,}5x - 2$
$\quad y = 2x + 3$

c) $y = \frac{1}{4}x - 1$
$\quad y = -\frac{3}{2}x + 6$

d) $y = \frac{1}{2}x - 3$
$\quad y = -\frac{1}{3}x - \frac{4}{3}$

2 Bestimmen Sie die Lösung graphisch. Machen Sie die Probe durch Einsetzen.

a) $2x - y = -5$
$\quad 5x + y = -2$

b) $x - y = 1$
$\quad x + y = 3$

c) $x + y = 0$
$\quad x - y = -2$

d) $y + 3x = 3$
$\quad 2x - y = 7$

3 Lösen Sie graphisch.

a) $3x + y = 7$
$\quad y - 1 = 0$

b) $2x + y = -8$
$\quad x - 4y = -4$

c) $5x + 3y = 21$
$\quad 7x + 8y = 37$

d) $2x + 4y = 4$
$\quad x + y = 1{,}25$

4 Heiko kauft Briefmarken zu 0,55 € und 1,44 €. Er bezahlt 13,80 € für insgesamt 17 Briefmarken. Wie viele Marken von jeder Sorte hat er gekauft?

5 Bestimmen Sie die Lösungsmenge der Gleichungssysteme graphisch.

a) $x + 2y = 12$
$\quad 3x - 4y = -4$

b) $x + 3y = 3$
$\quad 5x + 3y = -9$

c) $3x - 2y = 10$
$\quad x - 6y = 2$

d) $6x + 5y = -9$
$\quad 3y - 2x = -11$

e) $x - 4y + 6 = 0$
$\quad 10y + 2x - 15 = 0$

f) $2x - 5y - 4 = 0$
$\quad x + 6y - 2 = 0$

g) $x + 3y - 9 = 0$
$\quad 2x - y - 4 = 0$

h) $6x + 2y + 3 = 0$
$\quad x - 2y - 3 = 0$

6 Ein Gaswerk bietet zwei Tarife an:

Tarif I: monatliche Grundgebühr 11 €
$\qquad\quad$ zuzüglich 5,5 Cent pro kWh
Tarif II: monatliche Grundgebühr 14 €
$\qquad\quad$ zuzüglich 4 Cent pro kWh

a) Stellen Sie die Abhängigkeit der monatlichen Kosten (y) vom Verbrauch (x) für jeden Tarif in einem Schaubild dar.
b) Bei welchem monatlichen Verbrauch sind beide Tarife gleich günstig?
(4 kWh ≙ 1 cm; 5 € ≙ 1 cm)
c) Welcher Tarif ist günstiger, wenn jemand monatlich durchschnittlich 220 kWh Gas verbraucht?

Lineare Gleichungssysteme

Sonderfälle
Bei der graphischen Bestimmung der Lösungsmenge von linearen Gleichungssystemen kann festgestellt werden:
Ein Gleichungssystem besitzt genau **eine** Lösung, wenn die zugehörigen Geraden genau einen Schnittpunkt haben.
Zwei Geraden können aber auch parallel sein oder zusammenfallen. Dann hat das Gleichungssystem keine Lösung oder unendlich viele.

Beispiel

1. Die Lösung des Gleichungssystems mit den Gleichungen $x + y = 1$ und $x + y = 4$ soll graphisch bestimmt werden.

Auflösen nach y ergibt
$y = -x + 1$ und $y = -x + 4$.

Dies führt auf nebenstehendes Schaubild.

Die Geraden sind zueinander parallel, sie haben keinen Schnittpunkt.
Dieses Gleichungssystem hat **keine** Lösung.
$L = \emptyset$ bzw. $L = \{\ \}$
(Symbol für die „leere Menge")

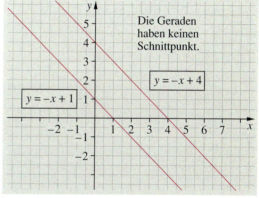

Die Geraden haben keinen Schnittpunkt.

2. Die Lösung des Gleichungssystems mit den Gleichungen $2x + y = 3$ und $4x + 2y = 6$ soll graphisch bestimmt werden.

Auflösen nach y ergibt
$y = -2x + 3$ und $y = -2x + 3$.

Dies führt auf nebenstehendes Schaubild.

Die beiden Geraden fallen zusammen. Damit gibt es unendlich viele gemeinsame Punkte, z. B. $(0|3)$; $(1|1)$; $(-1|5)$; $(\frac{1}{2}|2)$, etc.

Jeder Punkt auf der Geraden ist eine Lösung für beide Gleichungen.
$L = \{(x|y) \mid y = -2x + 3\}$

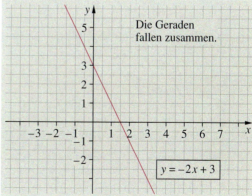

Die Geraden fallen zusammen.

Wir fassen zusammen:

Lösung eines linearen Gleichungssystems
1. Die Geraden schneiden sich in einem Punkt,   d. h. es gibt genau eine Lösung.
2. Die Geraden sind zueinander parallel,   d. h. es gibt keine Lösung.
3. Die Geraden sind fallen zusammen,   d. h. es gibt unendlich viele Lösungen.

Übungen

1 Bestimmen Sie graphisch die Lösungsmenge der linearen Gleichungssysteme. Wie viele Lösungen gibt es?
a) $2x - 2y = 6$
   $2x = y$
b) $0,5x = 16 + 2y$
   $-2x + 8y = -64$
c) $3x - 2y = 5$
   $9x - 7 = 6y$
d) $x - 2y = 2$
   $x + 2y = 2x - 5$

2 Ermitteln Sie graphisch, wie viele Lösungen die Gleichungssysteme besitzen.
a) $y = \frac{1}{4}x - 3$
   $y = \frac{1}{4}x + 1$
b) $y = x - 2$
   $y = \frac{1}{2}x - 2$
c) $3x + 4y = 8$
   $\frac{3}{4}x + y = 2$
d) $y = 4$
   $3x - y = 1$
e) $\frac{1}{2}y + \frac{1}{3} = \frac{1}{6}$
   $x = \frac{1}{2} - \frac{3}{2}y$
f) $\frac{5}{3}y - \frac{2}{3}x = 1$
   $\frac{5}{2}y + \frac{3}{2}x = x$

3 Bestimmen Sie die Lösungen graphisch und geben Sie die Anzahl der Lösungen an.
a) $2,6y - 1,3x = 1,3$
   $0,8y + 0,4x = 2,8$
b) $0,9y - 1,5x = 5,4$
   $3,6y + 0,6x = 1,8$
c) $1,4y + 2,8x = 5,6$
   $2,3y + 4,6x = 9,2$
d) $3,5y - 0,7x = 7$
   $1,2x - 6y = 3$
e) $2,5y + 7,5x = -2,5$
   $5,1x + 1,7y = 1,7$
f) $3,5y - 2,1x = 3,5$
   $6,5y - 6,5 = 3,9x$

4 Lösen Sie graphisch.
a) $5x - 2(y + 4) = 6(x - 2) + 2y$
   $2x + y - 1 = 0$
b) $5(x - y) - 3(x - 1) = x - 3(y - 3)$
   $3(x + 1) = 2(x + y) + 1$

5 Ein Elektrizitätswerk bietet zwei Haushaltstarife an:
Tarif I: Grundgebühr 6 € monatlich
          zuzüglich 0,18 € pro kWh,
Tarif II: Grundgebühr 9 € monatlich
          zuzüglich 0,15 € pro kWh.
a) Stellen Sie beide Tarife graphisch dar (20 kWh $\triangleq$ 1 cm; 4 € $\triangleq$ 1 cm).
b) Bei welchem Verbrauch sind beide Tarife gleich günstig?
c) Für welchen Tarif sollte sich ein Abnehmer entscheiden, wenn er monatlich mit einem Stromverbrauch von 150 kWh rechnet?

6 Lösen Sie graphisch.
$9(x - y) + 4(y - x) = 5(x - 2y)$
$6x - 3y = 3(2x - y) - x$

7 Ein Sportverein plant einen dreitätigen Ausflug mit einem Bus nach Karlsruhe. Es liegen zwei Angebote vor:
Der Busunternehmer A verlangt 50 € pro Tag und 2,50 € je gefahrenem Kilometer.
Der Busunternehmer B verlangt 100 € pro Tag und 2,25 € je gefahrenem Kilometer.
a) Stellen Sie beide Angebote graphisch dar (100 km $\triangleq$ 1 cm; 100 € $\triangleq$ 1 cm).
b) Bei welcher Streckenlänge sind beide Angebote gleich günstig?
c) Welches Angebot ist bei einer geplanten Fahrstrecke von 800 km günstiger?

8 Ein Schlagersänger hat die Wahl zwischen zwei Verträgen:
Vertrag I: Grundbetrag 5000 €
            und 0,20 € pro Besucher,
Vertrag II: Grundbetrag 3500 €
            und 0,30 € pro Besucher.
a) Stellen Sie für beide Verträge die Einnahmen als Funktion der Besucherzahlen dar.
b) Zeichnen Sie die Schaubilder beider Funktionen in ein Koordinatensystem (1000 Besucher $\triangleq$ 1 cm; 1000 € $\triangleq$ 1 cm).
c) Bei welcher Besucherzahl sind die Verträge gleich günstig?

Lineare Gleichungssysteme ———————————————————————— **237**

Lösen mit der Gleichsetzungsmethode

Da die zeichnerische Lösung häufig nur zu ungenauen Ergebnissen führt, verwendet man zur Lösung meist *rechnerische* Methoden. Wir stellen dazu drei Verfahren vor.

Gleichsetzungsmethode (Lösung durch Gleichsetzen)

Wir lösen die beiden Gleichungen $-7x + 5y = 118$ und $5x + 5y = 30$ rechnerisch.

Die Gleichungen werden untereinander geschrieben:

$$\text{I} \quad -7x + 5y = -18$$
$$\text{II} \quad \underline{5x + 5y = \;\;30}$$

Beide Gleichungen werden nach $5y$ aufgelöst.

$$5y = \;\;7x - 18$$
$$5y = -5x + 30$$

Die linken Seiten sind gleich, also auch die rechten:

$$7x - 18 = -5x + 30$$

Auflösen nach x ergibt:

$$x = \;\;4$$

Einsetzen von $x = 4$ in I oder II liefert:

$$-7 \cdot 4 + 5y = -18$$

Die Lösung lautet $x = 4$ und $y = 2$

$$y = \;\;2$$

Probe in Gleichung II:

$$5 \cdot 4 + 5 \cdot 2 = 30$$

Beispiel

Lösen Sie das Gleichungssystem $4x + 3y = 11$ und $4y + 4x = 3$

Untereinanderschreiben und ordnen der Gleichungen:

$$\text{I} \quad 4x + 3y = 11$$
$$\text{II} \quad 4x + 4y = \;\;3$$

Beide Gleichungen werden hier nach $4x$ aufgelöst:

$$4x = -3y + 11$$
$$4x = -4y + \;\;3$$

Die linken Seiten sind gleich, also auch die rechten:

$$-3y + 11 = -4y + 3$$

Auflösen nach y ergibt:

$$y = -8$$

Einsetzen von $y = -8$ in I oder II liefert:

$$4x + 3 \cdot (-8) = 11$$
$$x = \frac{35}{4} = 8\frac{3}{4}$$

Die Lösung lautet $x = 8\frac{3}{4}$ und $y = -8$

Probe in Gleichung II:

$$4 \cdot 8\tfrac{3}{4} + 4 \cdot (-8) = 35 - 32 = 3$$

Übungen

1 Lösen sie mit dem Gleichsetzungsverfahren.

a) $y = x + 5$
   $y = -x - 5$

b) $3y = 9x - 18$
   $3y = 12x + 21$

c) $x = -4y + 7$
   $x = -6y + 7$

d) $6x = 14y - 16$
   $6x = 16y - 14$

2 Berechnen Sie die Lösungen

a) $y - 2x = 3$
   $y + 2x = 3$

b) $4x - 6y = 8$
   $4x + 6y = -8$

c) $3y - 6x = 4$
   $-2y - 6x = -2$

d) $220x + 110 = 110y$
   $220x + 220 = 330y$

e) $4x - 9y = 6$
   $9y + 6x = -6$

f) $1{,}2x + 1{,}2y = 2{,}0$
   $2{,}0y + 2{,}8 = -1{,}2x$

Lineare Funktionen

3 Lösen Sie mit der Gleichsetzungsmethode.

a) $3y = -x + 9$
$3y = x + 3$

b) $y = 2x - 8$
$y = -3x + 17$

c) $2x = 6y + 28$
$10y + 44 = 2x$

d) $\frac{2}{3}x + \frac{4}{3} = y$
$\frac{4}{7}x + \frac{2}{7} = y$

e) $-y = -\frac{4}{7}x + \frac{27}{7}$
$-y = \frac{8}{5}x + 8\frac{1}{5}$

f) $\frac{1}{6}x = -\frac{1}{6}y - 3$
$\frac{1}{6}x = \frac{1}{6}y + 3$

Beachten Sie: Manchmal muss man erst dafür sorgen, dass die linken Seiten gleich sind.

Beispiel:
$2x - y = 11 \quad | \cdot 2$
$6x - 2y = 28$
$\overline{4x - 2y = 22}$
$6x - 2y = 28$
$-2y = 22 - 4x$
$-2y = 28 - 6x$
Daraus ergibt sich schließlich:
$x = 3$ und $y = 5$

Lösen Sie mit dem Gleichsetzungsverfahren wie im oben stehenden Beispiel.

4
a) $6x - 8 = 8y$
$5x - 20 = 4y$

b) $2x + 3y = 42$
$6x - 42 = 5y$

c) $3x - y = 4$
$5x - 2y = -3$

d) $-0{,}5y = 0{,}5x + 1$
$0{,}25y = 0{,}25x - 0{,}5$

e) $y + 1{,}5 = 0{,}5x$
$0{,}2x - 0{,}2y = -0{,}3$

f) $2{,}2y - x = 2{,}46$
$0{,}3y - 0{,}5x = 0{,}19$

g) $2{,}6 - 4{,}8x = 10y$
$6{,}6x - 5y = 3{,}2$

h) $0{,}9x + 0{,}8y = 8{,}3$
$0{,}7x + 3{,}2y = 1{,}3$

5 Bestimmen Sie die Lösungsmenge der folgenden Gleichungssysteme.

a) $\frac{7}{6}x + \frac{9}{6}y = 15$
$-\frac{1}{3}x + \frac{5}{8}y = 21$

b) $\frac{3}{7}x - \frac{7}{5}y = 41$
$\frac{9}{7}x + \frac{4}{5}y = -2$

c) $x + \frac{3}{5}y = 5\frac{2}{5}$
$x + 15y = 0$

d) $\frac{1}{8}x + \frac{1}{16}y = 1$
$\frac{3}{7}x + \frac{1}{8}y = 5$

e) $\frac{7}{3}x + \frac{5}{2}y = 2$
$\frac{2}{3}x - \frac{9}{5}y = -\frac{4}{15}$

f) $\frac{2}{3}x + \frac{5}{6}y = -\frac{1}{2}$
$\frac{4}{3}x - \frac{8}{3}y = \frac{18}{5}$

g) $\frac{3}{8}x - \frac{9}{2}y = -\frac{3}{4}$
$\frac{1}{2}x - 6y = -2$

h) $\frac{1}{6}x + \frac{5}{12}y = \frac{1}{8}$
$\frac{1}{2}x + \frac{5}{4}y = \frac{3}{8}$

6 Vereinfachen Sie die Gleichungssysteme und lösen Sie diese mit dem Gleichsetzungsverfahren.

a) $\frac{1}{3}x + \frac{1}{4}(y - 1) = \frac{9}{4}$
$\frac{1}{2}(x - 1) + \frac{1}{8}y = \frac{3}{2}$

b) $\frac{1}{4}(x + 0{,}6) + \frac{1}{2}(y + 0{,}5) = 0{,}7$
$\frac{1}{4}x + 9(2y + 1{,}05) = 18{,}5$

c) $8(3x + 4y) - 14(x + 2y) = 32$
$6(4x + y) - 4(3x + 2y) = 52$

d) $(x - 3)(y - 5) = (y + 5)(x + 3)$
$(x + 6)(y + 10) = (y - 10)(x - 6)$

e) $(3x + 2)(2y + 3) = (2x - 1)(3y + 15)$
$(2x - 1)(y + 1) = 2(x + 4)(y - 2)$

7 Eine Tintenpatrone ist ausgelaufen. Kann man trotzdem die Schnittpunkte der eingezeichneten Graphen ermitteln?

a)
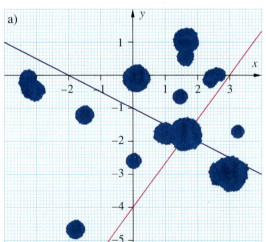

b)
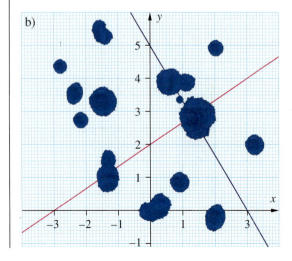

Lineare Gleichungssysteme _____ **239**

Lösen mit der Einsetzungsmethode

Einsetzungsmethode (Lösung durch Einsetzen)
Wir lösen die beiden Gleichungen $3x - 8y = 4$ und $y = x - 3$ rechnerisch jetzt anders.

Aufstellen der beiden Gleichungen ⠀⠀⠀I⠀⠀⠀⠀⠀⠀⠀$3x - 8y = 4$
⠀⠀⠀⠀⠀⠀⠀⠀⠀⠀⠀⠀⠀⠀⠀⠀⠀⠀⠀⠀⠀⠀⠀⠀⠀II⠀⠀⠀⠀⠀⠀⠀⠀⠀$y = x - 3$

Einsetzen von y in I⠀⠀⠀⠀⠀⠀⠀⠀⠀⠀⠀II in I⠀⠀⠀$3x - 8(x - 3) = 4$
Auflösen nach x⠀⠀⠀⠀⠀⠀⠀⠀⠀⠀⠀⠀⠀⠀⠀⠀⠀⠀$3x - 8x + 24 = 4$⠀⠀⠀$|-24$
⠀⠀⠀⠀⠀⠀⠀⠀⠀⠀⠀⠀⠀⠀⠀⠀⠀⠀⠀⠀⠀⠀⠀⠀⠀⠀⠀⠀⠀⠀$3x - 8x = -20$
⠀⠀⠀⠀⠀⠀⠀⠀⠀⠀⠀⠀⠀⠀⠀⠀⠀⠀⠀⠀⠀⠀⠀⠀⠀⠀⠀⠀⠀⠀⠀$-5x = -20$⠀⠀⠀$|:(-5)$
⠀⠀⠀⠀⠀⠀⠀⠀⠀⠀⠀⠀⠀⠀⠀⠀⠀⠀⠀⠀⠀⠀⠀⠀⠀⠀⠀⠀⠀⠀⠀⠀⠀$\underline{x = 4}$

Einsetzen des x-Wertes in die Gleichung II $y = x - 3$⠀⠀⠀⠀$y = 4 - 3$
liefert den y-Wert:⠀⠀⠀⠀⠀⠀⠀⠀⠀⠀⠀⠀⠀⠀⠀⠀⠀⠀⠀⠀⠀⠀$\underline{y = 1}$

$x = 4$ und $y = 1$ ist die Lösung des Gleichungssystems.

Probe in I: $3 \cdot 4 - 8 \cdot 1 = 4$⠀⠀und⠀⠀$1 = 4 - 3$

> **Beispiel**

Lösen Sie das Gleichungssystem $3x - 4y = 16$ (I) und $2y = 4x + 6$ (II).

Isolieren von y in einer Gleichung⠀⠀⠀⠀⠀⠀⠀⠀II⠀⠀⠀⠀⠀⠀⠀⠀$2y = 4x + 6$⠀⠀$|:2$
⠀⠀⠀⠀⠀⠀⠀⠀⠀⠀⠀⠀⠀⠀⠀⠀⠀⠀⠀⠀⠀⠀⠀⠀⠀⠀⠀⠀⠀III⠀⠀⠀⠀⠀⠀⠀⠀$y = 2x + 3$

Einsetzen des Wertes für y in die⠀⠀⠀⠀⠀⠀⠀⠀⠀⠀⠀⠀⠀⠀$3x - 4y = 16$
andere Gleichung⠀⠀⠀⠀⠀⠀⠀⠀⠀⠀⠀⠀⠀III in I⠀⠀$3x - 4(2x + 3) = 16$
Auflösen der Klammer⠀⠀⠀⠀⠀⠀⠀⠀⠀⠀⠀⠀⠀⠀⠀⠀$3x - 8x - 12 = 16$⠀⠀$|+12$
⠀⠀⠀⠀⠀⠀⠀⠀⠀⠀⠀⠀⠀⠀⠀⠀⠀⠀⠀⠀⠀⠀⠀⠀⠀⠀⠀⠀⠀⠀⠀$-5x = 28$⠀⠀$|:(-5)$

Einsetzen des x-Wertes in eine der⠀⠀⠀⠀⠀⠀⠀⠀⠀⠀⠀⠀⠀⠀$\underline{x = -5{,}6}$

Ausgangsgleichungen⠀⠀⠀⠀⠀⠀⠀⠀⠀⠀⠀$3 \cdot (-5{,}6) - 4y = 16$
⠀⠀⠀⠀⠀⠀⠀⠀⠀⠀⠀⠀⠀⠀⠀⠀⠀⠀⠀⠀⠀⠀⠀⠀⠀⠀$-16{,}8 - 4y = 16$⠀⠀$|+16{,}8$
⠀⠀⠀⠀⠀⠀⠀⠀⠀⠀⠀⠀⠀⠀⠀⠀⠀⠀⠀⠀⠀⠀⠀⠀⠀⠀⠀⠀⠀⠀$-4y = 32{,}8$⠀⠀$|:(-4)$
⠀⠀⠀⠀⠀⠀⠀⠀⠀⠀⠀⠀⠀⠀⠀⠀⠀⠀⠀⠀⠀⠀⠀⠀⠀⠀⠀⠀⠀⠀⠀$\underline{y = -8{,}2}$

$x = -5{,}6$⠀⠀und⠀⠀$y = -8{,}2$ ist die Lösung des Gleichungssystems.

> **Übungen**

1 Lösen Sie die Gleichungssysteme durch die Einsetzungsmethode.

a) $x = 6y - 16$
⠀⠀$2y - x = 4$

b) $10x + y = 22$
⠀⠀$y = 2 + 10x$

c) $1{,}2 + 2{,}4y = x$
⠀⠀$3y - 2x - 15 = 0$

d) $24 = 14y - 7$
⠀⠀$14y = -2x + 7$

e) $2x = 12y - 8$
⠀⠀$2x = -8y + 4$

f) $x = 0{,}5y + 2$
⠀⠀$4y + 5x = 1$

2 Berechnen Sie die Lösungen.

a) $x + 2y = 12$
⠀⠀$y = -2x + 15$

b) $6x - 4y = 10$
⠀⠀$4y = -8x + 18$

c) $7x - 34 = 5y$
⠀⠀$4x + 5y = 43$

d) $3x + 2y - 5x = 7$
⠀⠀$3y - 0{,}5 = -2x$

e) $2x = -5y + 4$
⠀⠀$-5y + 13 = -x$

f) $-3x - 6y = -3$
⠀⠀$3x = 10 - 2y$

g) $3x = 7y + 26$
⠀⠀$x = -2y$

h) $12x - 5y = 75$
⠀⠀$12x = -9y + 165$

Lineare Funktionen

3 Lösen Sie mit der Einsetzungsmethode.
a) $x = 6y - 16$
   $4y - 2x = 8$
b) $5x + \frac{1}{2}y = 11$
   $y = 2 + 10x$
c) $x + 4y = 14$
   $y = 6\frac{1}{2} - 1\frac{3}{4}x$
d) $2x - y = -1$
   $y = 3x - 4$
e) $1,2 + 2,4y = x$
   $3y + 2x + 21 = 0$
f) $x - y = 2x + y$
   $x = 2 - y$

Wählen Sie bei der Lösung der folgenden Aufgaben das Einsetzungs- *oder* das Gleichsetzungsverfahren. Entscheiden Sie, welche Methode günstiger ist.

4 a) $14x + 15y = 12$
      $10x - 27y = -4$
   b) $4x + 5y = -3$
      $20x - 40y = 54$
   c) $8x - 12 = 9y + 30$
      $12x - 18y = 72$
   d) $21x + 30y = -110$
      $18x - 20y = -90$
   e) $2x + 5y = 23$
      $x = 1,5y - 0,5$
   f) $4x - 5y = 37$
      $4x = 7 - y$

5 a) $4x + 3y = 11$
      $y = -x + 3$
   b) $5x + 3y = 68$
      $1,5y = -3,5x + 44$
   c) $-5x + 6y = 16$
      $5x - y = 14$
   d) $x = -17 + 7y$
      $4x + y = 13$
   e) $-5x + 8y = -21$
      $9x - 8y = 25$
   f) $7y - 5 = x$
      $3x + 5y = 11$
   g) $-x + 6y = 8$
      $4x + 5 = -3y$
   h) $6x - 3y = -9$
      $8x = y$

6 a) $x - 3y = 1$
      $x + 3y = 1$
   b) $y = -2x + 5$
      $y = x + 2$
   c) $-x + 2y = 4$
      $2x - 4y = 4$
   d) $4x + 3y = 6$
      $y = 2x - 8$
   e) $2x + 5y = 9$
      $y = 3x + 12$
   f) $y = \frac{1}{2}x + 3$
      $-4x - 7y = 9$

7 a) $2x - y = 8$
      $x + y = 1$
   b) $-x + y = 2$
      $x + 2y = 7$
   c) $2x - 3y = 0$
      $2x + y = 8$
   d) $2x - y = 4$
      $3x + 2y = -1$

8 a) $\frac{1}{2}y = -8\frac{1}{2} - \frac{1}{2}x$
      $\frac{1}{2}x = \frac{1}{2}y - 52\frac{1}{2}x$
   b) $\frac{3}{4}y = \frac{5}{4}(1 - x)$
      $\frac{5}{3}x = -\frac{2}{3}y$
   c) $\frac{1}{5}x + \frac{2}{5}y = 1$
      $x + 1\frac{1}{5}y = 4$
   d) $\frac{1}{2}y + \frac{5}{8}x - 1 = 0$
      $5x - 4 - 2\frac{2}{3}y = 0$

9 Vereinfachen Sie die Gleichungssysteme und lösen Sie.
a) $3(7x + 5) + 5(6y + 5) = -65$
   $3(6x - 1) - 4(5y - 7) = -65$
b) $4(3x - 2) - 2(3y + 1) = -10$
   $3(7x + 3) + 4(3y - 4) = 38$
c) $(x - 4)(y + 5) = (x + 4)(y - 3)$
   $(x + 1)(y - 4) = (x - 5)(y + 2)$
d) $(x + 1)(y + 4) = (x - 4)(y + 9)$
   $(x - 2)(y - 1) = (x - 3)(y - 2)$

10 Zeichnen Sie die Geraden und bestimmen Sie die Lösung.
a) $4x - 37y = -15$
   $-4x + 37y = 0$
b) $2x + 6y - 24 = 0$
   $x + 3y - 12 = 0$
c) $x + y = 7$
   $x - y = 13$
d) $3x - y = 18$
   $6x - 2y = 36$
e) $5x + 2y = 20$
   $-2,5x - y = -11$
f) $3x + 4y = 36$
   $7x - 4y = 14$

11 Bestimmen Sie die Geradengleichungen und berechnen Sie die Schnittpunkte.

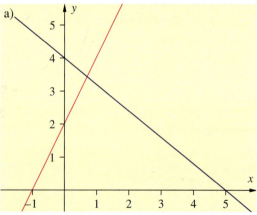

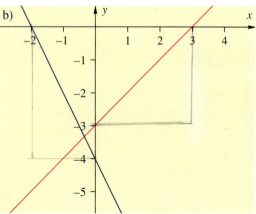

Lineare Gleichungssysteme _____ **241**

Lösen mit der Additionsmethode

Additionsmethode (Lösung durch Addition bzw. durch Subtraktion)

Gegeben ist das Gleichungssystem mit den Gleichungen $4x + 6y = -2$ und $9x - 6y = 54$.

Untereinanderschreiben der Gleichungen

$$4x + 6y = -2$$
$$\underline{9x - 6y = 54} \quad |+$$

Addition beider Gleichungen liefert:
Das ist eine Gleichung mit nur *einer* Variablen.

$$13x \qquad = 52 \quad |:13$$

Daraus ergibt sich:
Einsetzen des x-Wertes in die erste Gleichung
ergibt:

$$x = 4$$
$$4 \cdot 4 + 6y = -2$$
$$y = -3$$

Lösung: $x = 4,\ y = -3$

Probe:
$$4 \cdot 4 + 6 \cdot (-3) = -2 \quad \text{und} \quad 9 \cdot 4 - 6 \cdot (-3) = 54$$
$$16 - 18 = -2 \qquad\qquad 36 + 18 = 54$$
$$-2 = -2 \qquad\qquad 54 = 54$$

Beispiel

a) Lösen Sie $2x - 3y = 6$ und $-2x + 4y = 8$

$$2x - 3y = 6$$
$$\underline{-2x + 4y = 8} \quad |+$$
$$y = 14$$
$$2x - 3 \cdot 14 = 6$$
$$2x - 42 = 6 \quad |+42$$
$$2x = 48 \quad |:2$$
$$\underline{x = 24}$$

Die Lösung ist $x = 24$ und $y = 14$.

Probe: $\underbrace{2 \cdot 24 - 3 \cdot 14}= 6 \quad \underbrace{-2 \cdot 24 + 4 \cdot 14} = 8$
$$\qquad 6 \qquad = 6 \qquad\quad 8 \qquad = 8$$

b) Lösen Sie $5x - 3y = 12$ und $-6x - 3y = -21$

$$5x - 3y = 12$$
$$\underline{-6x - 3y = -21} \quad |- \text{(Abziehen!)}$$
$$11x \qquad = 33 \quad |:11$$
$$\underline{x = 3}$$
$$5 \cdot 3 - 3y = 12 \quad |-15$$
$$-3y = -3 \quad |:(-3)$$
$$\underline{y = 1}$$

Die Lösung ist $x = 3$ und $y = 1$.

Probe: $\underbrace{5 \cdot 3 - 3 \cdot 1} = 12 \quad \underbrace{-6 \cdot 3 - 3 \cdot 1} = -21$
$$\qquad 12 \qquad = 12 \qquad\quad -21 \qquad = -21$$

Übungen

1 Lösen Sie das Gleichungssystem mit der Additionsmethode.

a) $x + y = 127$
$\quad x - y = 53$

b) $2x - y = 2$
$\quad -2x - y = -2$

c) $15 - 2x = 5y$
$\quad 15y + 2x = 25$

d) $17x - 3y = 20$
$\quad -17x + 13y = 30$

2 Formen Sie die Gleichungen zuerst geeignet um.

a) $2x + y = 16$
$\quad 6x + y = 40$

b) $8x + 10y = -2$
$\quad 8y - 8x = -88$

c) $2x + 2y = 112$
$\quad x - 2y = 5y$

d) $3x + 4y = 0$
$\quad 4x - 4y = 28$

e) $147x + 7y = 63$
$\quad x + 7y = 24$

f) $x - y = 2$
$\quad y - 2x = 0$

Lineare Funktionen

3 Lösen Sie mit der Additionsmethode.
a) $2x + 2y = 254$
$2x - 2y = 106$
b) $30 - 4x = 10y$
$30y + 4x = 50$

4 a) $-2x + y = -2$
$2x + y = 2$
b) $6x - 7y = -2$
$6x + 3y = 42$
c) $7x - 3y = 20$
$-7x + 13y = 30$
d) $-4x + 3y = 0$
$7x - 3y = 9$

> Bei der Addition oder Subtraktion muss eine Variable wegfallen. Das kann man erreichen, indem man die Gleichung geschickt verändert.
>
> **Beispiel:**
> $3x + 4y = 1$
> $\underline{x - y = 12} \quad | \cdot 3$
> $3x + 4y = 1$
> $\underline{-3x - 3y = 36} \quad \Big\} -$
> $7y = -35 \quad | : 7$
> $y = -5$
> Einsetzen von $y = -5$ in eine der beiden Gleichungen liefert $x = 7$.

5 Bestimmen Sie die Lösungsmenge mit dem Additionsverfahren.
a) $2x - y = -5$
$x + 3y = 8$
b) $2x + 3y = -1$
$3x - 2y = 18$
c) $8x - 5y = 8$
$2x + 3y = 2$
d) $7x - 3y = 6$
$8y - x = 37$

6 a) $2x - 2 = 4y$
$3x + 4y = 23$
b) $2x - y = 5$
$2x - 4y = 8$
c) $4x + 3y = 0$
$3x + 6y = 15$
d) $5x - 13y = 27$
$15x - 26y = 29$

Wählen Sie bei den folgenden Aufgaben die geeignetste Methode.

7 a) $9x = y + 4$
$3x + y = 5$
b) $x - 2y = -5$
$x - 2 = 0{,}5y$
c) $5x = 27 - 3y$
$0 = 5x + 6y$
d) $x + \frac{1}{2}y = 8$
$6x + y = 40$
e) $8x + 10y = -2$
$3y - 3x = -33$
f) $6x - 4y = 10$
$8x + 4y = 18$
g) $x + 2y = 12$
$2x + y = 15$
h) $4x - 6y = 110$
$2x - 6y = 44$
i) $\frac{3}{4}x + \frac{3}{2} = 9y$
$x + 2 = 12y$
j) $\frac{1}{3}x + \frac{5}{6}y = \frac{1}{4}$
$x + \frac{5}{2}y = \frac{3}{4}$

8 a) $3{,}2x + 4{,}8y = 16$
$-4{,}8x + 1{,}8y = -18$
b) $1{,}8x - 0{,}3y = 6$
$1{,}5x + 2{,}5y = -0{,}5$
c) $1{,}8x + 2{,}5y = 9$
$2{,}4x + 3{,}5y = 12$
d) $0{,}5y = 0{,}2x + 0{,}1$
$0{,}3y = 0{,}1x + 0{,}1$
e) $0{,}9x - 0{,}3y = 0{,}66$
$0{,}5x - 0{,}1y = 1{,}14$
f) $3{,}5x + 4{,}2y = 1{,}4$
$1{,}5x - 1{,}4y = 10{,}2$
g) $5{,}6x + 4{,}5y = 5{,}7$
$8{,}4x + 6{,}5y = 7{,}3$
h) $40{,}5x = 27y$
$49{,}5x + 27y = -30$

9 Ermitteln Sie für die Gleichungssysteme Definitions- und Lösungsmenge.
a) $\frac{6}{x-3} = -\frac{4}{y+2}$
$\frac{2}{x+2} = \frac{2}{2y-5}$
b) $\frac{x}{x-2} = \frac{2y-2}{2y+2}$
$\frac{x-1}{x-3} = \frac{y}{y+2}$
c) $\frac{5}{x+5} = \frac{7}{y+4}$
$\frac{2}{4-x} = \frac{5}{3y+1}$
d) $\frac{x+3}{x-3} = \frac{y-4}{y+4}$
$\frac{x-1}{y-2} = \frac{x+3}{y+6}$
e) $\frac{2x+7}{y+1} = \frac{2x+3}{y+5}$
$\frac{x+6}{3x+4} = \frac{y-3}{3y+5}$
f) $\frac{x+5}{x-2} = \frac{y+3}{y-1}$
$\frac{x+2}{x+1} = \frac{y-3}{y-2}$

10 Überprüfen Sie im Schaubild die Gleichungen der Geraden. Korrigieren Sie, wenn nötig. Lesen Sie die Lösung zunächst ab und berechnen Sie diese anschließend.

a)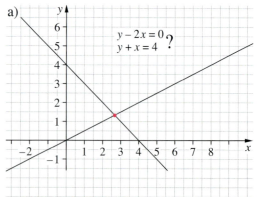
$y - 2x = 0$
$y + x = 4$

b)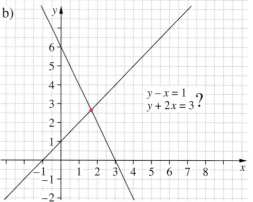
$y - x = 1$
$y + 2x = 3$

Lineare Gleichungssysteme

Anwendungen

1. Ein Hotel kann 30 Gäste in Einzel- und Doppelzimmern unterbringen. Insgesamt sind 21 Zimmer vorhanden. Wie viele Einzel- und wie viele Doppelzimmer hat das Hotel?

Zuerst festlegen, was x und was y sein soll!

Schritte zur Berechnung:

1. Festlegen der Variablen:
Für die Anzahl der Einzelzimmer setzen wir x.
Für die Anzahl der Doppelzimmer setzen wir y.

2. Aufstellen des Gleichungssystems aus der Aufgabenstellung:

$x + y = 21$ (Anzahl der Zimmer)
$x + 2y = 30$ (Anzahl der Gäste)

3. Lösen des Gleichungssystems mit der Additionsmethode:

$$\begin{array}{lll} \text{I} & x + y = 21 & \\ \text{II} & x + 2y = 30 & |- \\ \hline \text{I} - \text{II} & -y = -9 & |\cdot(-1) \\ & y = 9 & \\ & x + 9 = 21 & |-9 \\ & x = 12 & \end{array}$$

Einsetzen in I und Auflösen nach x:

4. Angabe der Lösung: $x = 12$; $y = 9$.

5. Antwort:
In dem Hotel stehen zwölf Einzelzimmer und neun Doppelzimmer zur Verfügung.

6. Probe:

Anzahl der Zimmer	Anzahl der Gäste
$x + y = 21$	$x + 2y = 30$
$12 + 9 = 21$	$12 + 2 \cdot 9 = 30$

2. Ein Flugzeug kommt in einer Stunde bei Rückenwind 870 km weit, bei Gegenwind der gleichen Stärke kommt es 780 km weit. Wie viel Kilometer pro Stunde fliegt das Flugzeug bei Windstille und wie groß ist die Windgeschwindigkeit?

1. x ist die Geschwindigkeit des Flugzeuges pro Stunde.
y ist die Geschwindigkeit des Windes pro Stunde.
2. $x + y = 870$ und $x - y = 780$
3. Einsetzungsverfahren

$$\begin{array}{ll} \text{I} & x + y = 870 \\ \text{II} & x - y = 780 \\ \hline \text{II a} & x = y + 780 \end{array}$$

Einsetzen in I und Auflösen nach y:

$(y + 780) + y = 870$
$y = 45$

4. Einsetzen in II a liefert: $x = 825$; $y = 45$
5. Das Flugzeug fliegt mit der Eigengeschwindigkeit 825 km pro Stunde, die Windgeschwindigkeit ist 45 km/h
6. Probe I: $825 + 45 = 870$; Probe II: $825 - 45 = 780$

1 Eine Jugendherberge bietet Zwei-Bett-Zimmer und Vier-Bett-Zimmer an. Insgesamt sind 20 Zimmer mit 52 Betten vorhanden. Geben Sie die Anzahl der Zwei-Bett-Zimmer und die Anzahl der Vier-Bett-Zimmer an.

2 Der Umfang eines gleichschenkligen Dreiecks beträgt 20 cm. Jeder Schenkel ist 4 cm länger als die Grundseite. Berechnen Sie die Längen der Grundseite und der Schenkel.

3 Roland zahlt in einem Fotogeschäft für das Entwickeln von drei Filmen und für 36 Abzüge insgesamt 9,30 €. Für das Entwickeln zweier Filme und für 22 Abzüge zahlt Sybille 6,00 €.
Wie viel kostet es, einen Film zu entwickeln? Wie viel kostet der Abzug eines Bildes?

4 Peter erhält den Auftrag, für 53 € insgesamt 0,55 €- und 1,44 €-Briefmarken zu kaufen. Von den 0,55 €-Briefmarken soll er 24 mehr als von den 1,44 €-Briefmarken kaufen. Geht das?

5 Die Summe zweier Zahlen ist 85 und ihre Differenz ist 35.
Wie heißen die beiden Zahlen?

6 Zwei Zahlen unterscheiden sich um 1. Vergrößert man die kleinere um 3 und die größere um 7, so nimmt das Produkt um 84 zu. Wie heißen die Zahlen?

7 Vergrößert man die kleinere Seite eines Rechtecks um 4 cm und die größere Seite um 2 cm, so verhalten sich die Seiten wie 4 : 5. Der Flächeninhalt des neuen Rechtecks ist um 104 cm² größer als der des alten.
Wie lang sind die Seiten des ursprünglichen Rechtecks?

8 Verlängert man eine Seite eines Rechtecks um 2 cm und verkürzt die andere um 4 cm, so erhält man ein Quadrat. Der Flächeninhalt des Quadrats ist um 10 cm² kleiner als der des Rechtecks.
Wie lang sind die Seiten des ursprünglichen Rechtecks?

9 Zwei Sorten Metalle werden im flüssigen Zustand gemischt. Es sollen insgesamt 400 kg der Mischung hergestellt werden. Der Kilopreis für das eine Metall beträgt 18 €, für das andere 22 €. Der Kilopreis für die Legierung soll 19,50 € betragen. Welche Mischung muss gewählt werden?

10 Die Tageseinnahme eines Zoos betrug 20 400 €. Eine Eintrittskarte für Erwachsene kostet 4 €, eine für Kinder 2,50 €.
Wie viele Erwachsene und wie viele Kinder besuchen den Zoo, wenn insgesamt 6000 Besucher gezählt wurden?

11 Eine Schulklasse plant eine achttägige Klassenfahrt mit dem Bus. Busunternehmer Schnell berechnet für den Bus 50 € pro Tag und zusätzlich je gefahrenem Kilometer 2 €. Busunternehmer Eilig berechnet 80 € pro Tag und 1,50 € je gefahrenem Kilometer.
Bei wie viel gefahrenen Kilometern sind beide Angebote gleich günstig?

12 Auf einem Bauernhof gibt es Hühner und Kaninchen. Sie haben zusammen 35 Köpfe und 94 Beine. Wie viele Hühner und wie viele Kaninchen gibt es dort?

13 Für zwei Rechnungen überweist ein Kaufmann nach Abzug von 2 Prozent bzw. 2,5 Prozent Skonto einen Betrag von 5570 €. Würde er bei der ersten Rechnung 3 Prozent und bei der zweiten nur 2 Prozent in Abzug bringen, so hätte er nur 5561 € zu bezahlen.
Wie hoch sind die Rechnungsbeträge?

Lineare Gleichungssysteme

14 Ein Chemiker mischt 6 l eines Spiritusvorrats mit 19 l einer zweiten Sorte und erhält eine 77%ige Mischung. Hätte er 10 l der ersten und 15 l der zweiten Sorte gemischt, so wäre 76%iger Spiritus entstanden.
Welche Prozentsätze haben die zwei Spiritussorten?

15 Eine Schreinerei schreibt zwei Maschinen mit den Anschaffungswerten von 25 000 € bzw. 10 000 € linear ab. Die beiden Abschreibungssätze sind verschieden. Der jährliche Abschreibungsbetrag lautet 6000 €.
Würde man die Abschreibungsprozentsätze vertauschen, so könnten nur 4500 € jährlich abgeschrieben werden.
Mit wie viel Prozent wurden die beiden Maschinen jährlich abgeschrieben?

16 Ein Kapital trägt bei 6 Prozent in 10 Monatsraten so viel Zins wie ein zweites Kapital bei 8 Prozent in 6 Monaten bringen würde. In einem Jahr können für beide Beträge zusammen 1920 € Zins erwartet werden.
Wie groß sind die beiden Geldbeträge?

17 Ein Kapital bringt in einer bestimmten Zeit bei einem Zinsfuß von 6 Prozent 300 € Zinsen. Wäre das Kapital um 20 Prozent höher, so müsste es 20 Tage weniger verzinst werden, um bei gleichem Zinsfuß ebenso viele Zinsen zu erbringen.
Wie groß ist das Kapital und wie lange dauert die ursprüngliche Laufzeit?

18 Ein rechteckiges Grundstück ist 10 Meter länger als breit. Sein Umfang ist 340 m.
Wie lang und wie breit ist es?

19 Für die Betriebsfeier eines Werkes mit 132 Mitarbeitern werden insgesamt 1870 € aufgewandt: für Angestellte je 15 €, für Auszubildende je 10 €.
Wie viele Angestellte und Auszubildende sind im Betrieb beschäftigt?

20 Zwei Züge fahren einander von zwei 80 km voneinander entfernten Stationen entgegen. Fahren beide Züge gleichzeitig los, so treffen sie sich nach 32 Minuten. Fährt Zug A 15 Minuten früher ab, so treffen sie sich 40 Minuten nach der Abfahrt von Zug A.
Berechnen Sie die durchschnittliche Geschwindigkeit beider Züge.

21 Familie Schulte hat für ihr Haus von einer Bausparkasse 120 000 € und von einer Bank 80 000 € geliehen. Im ersten Jahr werden 11 600 € an Zinsen gezahlt und von jedem der beiden Darlehen werden 4000 € getilgt. Im zweiten Jahr sind 11 100 € an Zinsen zu zahlen. Welchen Zinssatz fordert die Bausparkasse, welchen die Bank?

22 Ein Flugzeug braucht bei gleich bleibendem Gegenwind für eine Strecke von 280 km eine Flugzeit von 24 min. Bei gleich starkem Rückenwind braucht es für diese Strecke 21 min.

a) Mit welcher Geschwindigkeit fliegt das Flugzeug?
b) Welche Geschwindigkeit hat der Wind?

INFO
Probleme sehen
Probleme darstellen
Probleme lösen

Unser Körper
ein Wunderwerk der Natur

1.
Im Laufe des Lebens wachsen uns rund eine Million Haare. Allerdings verliert jeder von uns täglich etwa 30 Haare davon.
Zum Trost: Die meisten wachsen wieder nach.

2.
Unser Herz wiegt rund 300 Gramm und schlägt durchschnittlich 75-mal pro Minute.

3.
Pro Minute werden 6 Liter Blut durch die Adern gepumpt.
a) Wie viel Liter Blut pumpt unser Herz, ein faustgroßes Organ, in 80 Jahren?
b) Dabei fließt das Blut nicht nur durch große Arterien und Venen, sondern auch durch dünnste Kapillargefäße.
Unsere Adern sind insgesamt so lang, dass man sie ungefähr fünfmal um die Erde (Erdumfang: ca. 40 000 km) wickeln könnte.

4.
Energie beziehen wir aus unserer Nahrung. Der Körper eines Schülers braucht täglich ungefähr 9000 Kilojoule, der eines Schwerstarbeiters 23 000 Kilojoule. Durch Aktivitäten werden „Kalorien" (Joule) verbrannt: 3800 kJ bei einer Stunde Ski fahren oder Squash spielen, 3000 kJ bei einer Stunde schwimmen.
Ältere Darstellungen rechnen noch in Kalorien. Es gilt: 1 cal = 4,187 J; 1 J = 0,239 cal.
1 KJ = 1000 J

5.
Auch unsere Füße leisten Schwerstarbeit. Ziemlich genau 50 Millionen Schritte legen wir während unseres Lebens zurück.

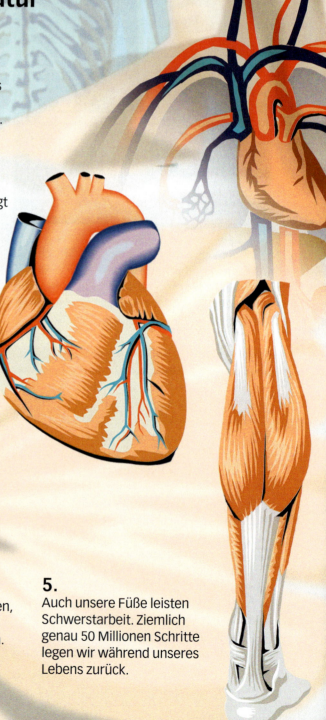

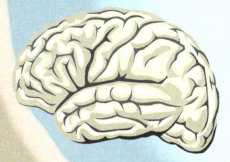
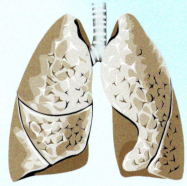

6.
Unser Gehirn kann so viele Informationen speichern, wie z. B. in 20 000 Lexika enthalten sind. Ein Inder erreichte eine erstaunliche Leistung beim Kopfrechnen. Er multiplizierte innerhalb 28 Sekunden zwei zufällig gewählte 13-stellige Zahlen:
7 686 369 774 870 · 2 465 099 745 779

7.
Für den Sauerstoffaustausch in der 1,2 kg schweren Lunge sorgen rund 500 Millionen Lungenbläschen. Würde man sie ausbreiten, dann bedeckten sie die Wohnfläche eines Einfamilienhauses, nämlich 200 Quadratmeter. Wir atmen ungefähr 21 000-mal am Tag.

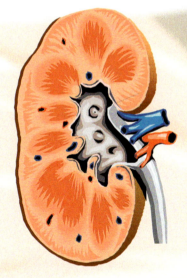

8.
Unsere Nieren reinigen in jeder Minute rund einen Liter Blut.

9.
Schmerz wird innerhalb von 0,9 Sekunden gemeldet, Tast-Informationen benötigen 0,12 Sekunden Reaktionszeit, und 0,16 Sekunden brauchen wir, um Wärme zu fühlen.

10.
Die Haut ist mit der Gesamtfläche von 1,5 bis 2 Quadratmeter unser größtes Organ. Sie erneuert sich alle 120 Tage. Schätzen Sie:
a) Besitzen wir rund 2 Millionen Schweißdrüsen oder 120 000 Schweißdrüsen?
b) In jedem Quadratzentimeter unserer Handflächen befinden sich wie viele Schweißdrüsen? 370 oder 10?
c) Die Haut verfügt auch über viele Sensoren
– um Hitze zu fühlen: 30 000 oder 2000?
– um Kälte zu spüren: 250 000 oder 24 000?
– für Tast-Empfindungen: 500 000 oder 25 000?
– um Stiche wahrzunehmen: 3 500 000 oder 55 000?

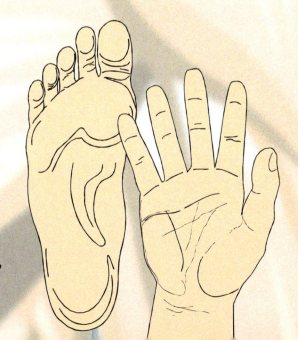

Die Lösungen finden Sie auf Seite 355

Quadratische Funktionen, Gleichungen und Exponentialfunktionen

Quadratische Funktionen

Quadratische Funktionen und Parabeln

Wie viel Meter fällt ein Stein in 1,5 Sekunden im freien Fall nach unten? Die Formel für den freien Fall beschreibt eine **quadratische Funktion**. Wir untersuchen die Schaubilder von Funktionen, in denen eine Variable als Quadrat vorkommt. Diese Graphen nennt man **Parabeln**.

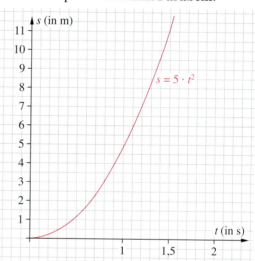

Der Faktor 5 vor t^2 ist ein grober Näherungswert. In der Physik bestimmt man diesen Wert genauer. In der Physik und in der Technik schreibt man diese Formel auch: $s = \frac{g}{2} \cdot t^2$ mit $g = 9{,}81 \ldots \frac{m}{s^2}$ (g ist die Erdbeschleunigung)

Wir zeigen eine weitere quadratische Abhängigkeit. Dazu untersuchen wir für geometrische Quadrate die Funktion
Seitenlänge $x \mapsto$ Flächeninhalt y.

Seitenlänge x (in cm)	Flächeninhalt y (in cm²)
1	1
2	4
3	9
4	16
5	25

Der Graph zeigt:
Der Flächeninhalt wächst **quadratisch** gegenüber der Seitenlänge.
Die Zuordnung ist eine **quadratische Funktion**. $f: x \mapsto x^2$ oder $f(x) = x^2$ oder $y = x^2$

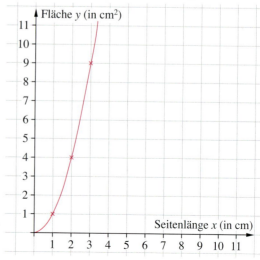

Die Normalparabel

Wir untersuchen die einfachste quadratische Funktion: $f(x) = x^2$

Wertetabelle

x	–3	–2	–1	0	1	2	3
$y = x^2$	9	4	1	0	1	4	9

Graph

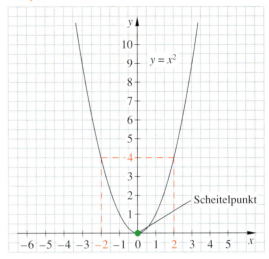

Für $x = -3$ ist $y = x^2 = (-3)^2 = 9$.
Für $x = -2$ ist $y = x^2 = (-2)^2 = 4$ usw.

Der Graph der quadratischen Funktion $f(x) = x^2$ heißt **Normalparabel**. Er liegt symmetrisch zur y-Achse und berührt die x-Achse im Nullpunkt. Dieser Punkt heißt **Scheitelpunkt** der Parabel.

Für eine Zahl und ihre Gegenzahl ergibt sich immer der gleiche y-Wert.
Für $x = -2$ ist $y = x^2 = (-2)^2 = 4$.
Für $x = 2$ ist $y = x^2 = 2^2 = 4$.

> Die Funktion $f(x) = x^2$ ist eine **quadratische Funktion**. Ihr Graph ist eine Parabel mit dem Scheitelpunkt $(0|0)$ und der Gleichung $y = x^2$. Diese Parabel nennt man **Normalparabel**.

Übungen

1 a) Vervollständigen Sie die Tabelle der Funktion *Seitenlänge* $x \mapsto$ *Flächeninhalt y* eines Quadrats.

Seitenlänge x (in cm)	1,5	2,5	3,5	4,5	5,5
Flächeninhalt y (in cm²)					

b) Stellen Sie die Funktion zeichnerisch dar.

2 a) Zeichnen Sie auf Millimeterpapier die Parabel mit $y = x^2$ nach dieser Wertetabelle.

x	–3	–2	–1	0	1	2	3	4
$y = x^2$	9							

b) Lesen Sie aus dem Schaubild die Funktionswerte ab für
$x = 1,5;$ $x = 1,1;$ $x = 2,5;$ $x = \frac{1}{2};$
$x = -1,5;$ $x = -1,1;$ $x = -2,5;$ $x = -\frac{1}{2}$.
c) Berechnen Sie die Funktionswerte aus Aufgabe 2b mit dem Taschenrechner und vergleichen Sie diese mit den abgelesenen Werten.

3 Bestimmen Sie aus dem Graphen von Aufgabe 2 die x-Werte, die zu folgenden y-Werten 16; 0; 144; 9; 2,25; 9,61; 7,84; 2,89 gehören. Überprüfen Sie Ihr Ergebnis mit dem Taschenrechner.

4 Begründen Sie an Beispielen, warum die Normalparabel symmetrisch zur y-Achse liegt.

5 Welche Punkte liegen auf der Normalparabel, welche nicht?
a) $(0|0)$ c) $(-1|1)$ e) $(-\frac{1}{2}|\frac{1}{4})$
b) $(1|-1)$ d) $(-4|-16)$ f) $(0,4|1,6)$

6 Zeichnen Sie die Graphen für $y = x^2$; $y = x^2 + 1$ und $y = x^2 - 1$ mit der Wertetabelle. Was stellen Sie fest?

x	–3	–2	–1	0	1	2	3	4	5
$y = x^2$									
$y = x^2 + 1$									
$y = x^2 - 1$									

Die Parabel für $y = ax^2$

Wir vergleichen die Graphen von $y = x^2$, $y = 2x^2$ und $y = \frac{1}{2}x^2$.
Zunächst zeichnen wir sie mithilfe von Wertetabellen.

x	-3	-2	-1	0	1	2	3
$y = x^2$	9	4	1	0	1	4	9
$y = 2x^2$	18	8	2	0	2	8	18
$y = \frac{1}{2}x^2$	4,5	2	0,5	0	0,5	2	4,5

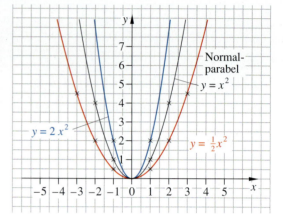

Wir sehen, dass der Graph von $y = 2x^2$ **steiler** als die Normalparabel ist.

Den Graphen von $y = 2x^2$ erhalten wir, indem wir jeden Funktionswert der Normalparabel mit 2 multiplizieren.

Den Graphen von $y = \frac{1}{2}x^2$ erhalten wir, indem wir jeden Funktionswert der Normalparabel mit $\frac{1}{2}$ multiplizieren. Wir sehen: Der Graph von $y = \frac{1}{2}x^2$ ist **flacher** als die Normalparabel.

> Die Parabel von $y = ax^2$ ist für
>
> $0 < a < 1$
>
> flacher als die Normalparabel.

> Die Parabel von $y = ax^2$ ist für
>
> $a > 1$
>
> steiler als die Normalparabel.

Nun untersuchen wir die Graphen von $y = -x^2$, $y = -2x^2$ und $y = -\frac{1}{2}x^2$.

x	-3	-2	-1	0	1	2	3
$y = -x^2$	-9	-4	-1	0	-1	-4	-9
$y = -2x^2$	-18	-8	-2	0	-2	-8	-18
$y = -\frac{1}{2}x^2$	$-4,5$	-2	$-0,5$	0	$-0,5$	-2	$-4,5$

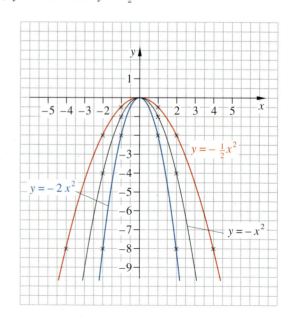

> Wenn a negativ ist, dann ist die Parabel von $y = ax^2$ **nach unten** geöffnet.

Den Graphen von $y = -x^2$ erhält man aus dem Graphen von $y = x^2$ durch Spiegelung an der x-Achse.

Quadratische Funktionen

Übungen

1 Ordnen Sie der Funktionsgleichung jeweils den entsprechenden Graphen zu.
$$y = -\tfrac{1}{4}x^2 \qquad y = \tfrac{1}{4}x^2 \qquad y = -4x^2$$
Beispiel: Graph von $y = 4x^2$ (schwarz)

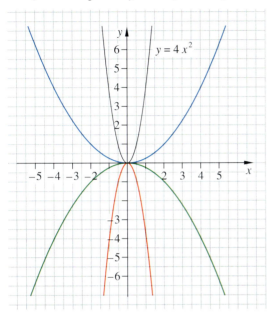

2 Beschreiben Sie den Graphen von $y = ax^2$. Was können Sie über den Faktor a sagen?

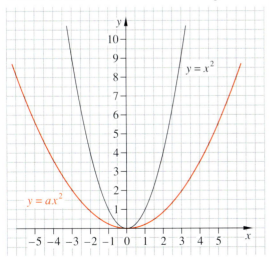

3 Zeichnen Sie die Graphen mit einer Wertetabelle für
a) $y = \tfrac{3}{2}x^2$ \qquad c) $y = \tfrac{1}{4}x^2$ \qquad e) $y = 2{,}3x^2$
b) $y = 3x^2$ \qquad d) $y = 0{,}4x^2$ \qquad f) $y = 5x^2$

4 Welche Parabeln sind nach unten geöffnet? Welche ist am weitesten geöffnet? Begründen Sie! Skizzieren Sie die Parabeln.
a) $y = \tfrac{1}{7}x^2$ \qquad c) $y = -5x^2$ \qquad e) $y = \tfrac{5}{4}x^2$
b) $y = -\tfrac{3}{4}x^2$ \qquad d) $y = 3x^2$ \qquad f) $y = 1{,}2x^2$

5 Zeichnen Sie die Parabel von $y = \tfrac{2}{3}x^2$ und vergleichen Sie sie mit der Parabel von $y = -\tfrac{2}{3}x^2$. Benutzen Sie den Begriff „symmetrisch".

6 Welche der folgenden Punkte liegen auf der Parabel mit $y = -\tfrac{1}{3}x^2$?
a) $(-5 \mid -\tfrac{25}{3})$ \qquad c) $(7 \mid -4)$
b) $(\tfrac{2}{3} \mid -\tfrac{2}{3})$ \qquad d) $(-0{,}3 \mid -0{,}03)$

7 Ergänzen Sie so, dass der Punkt auf der Parabel von $y = -\tfrac{1}{3}x^2$ liegt.
a) $(3 \mid \square)$ \qquad c) $(\square \mid -\tfrac{25}{3})$ \qquad e) $(\square \mid -0{,}27)$
b) $(\square \mid -3)$ \qquad d) $(\tfrac{1}{3} \mid \square)$ \qquad f) $(4 \mid \square)$

Gibt es manchmal mehrere Lösungen?

8 Ordnen Sie die Graphen den richtigen Gleichungen zu. Setzen Sie für $x = 0$ ein. Wann passt der y-Wert zum Graphen?
a) $y = -x^2 + 2$ \quad b) $y = -x^2 - 2$ \quad c) $y = -x^2 + 4$

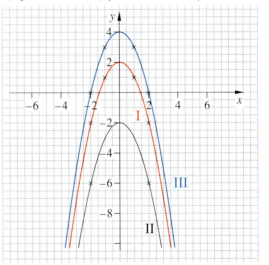

9 Bestimmen Sie a für eine Parabel mit $y = ax^2$, die durch den Punkt $(2 \mid 2)$ geht.
Hinweis: Setzen Sie die Koordinaten des Punktes in die Gleichung ein.

Die Verschiebung der Normalparabel

Die Normalparabel mit $y = x^2$ kann durch Addition oder Subtraktion einer Zahl im Koordinatensystem verschoben werden.

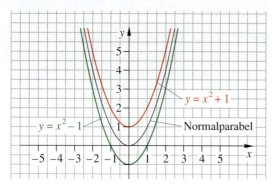

$y = x^2 + 1$

Die Normalparabel mit $y = x^2$ ist um 1 Einheit **nach oben verschoben**.
Der Scheitelpunkt ist $(0|1)$.

$y = x^2 - 1$

Die Normalparabel ist um 1 Einheit **nach unten verschoben**.
Der Scheitelpunkt ist $(0|-1)$.

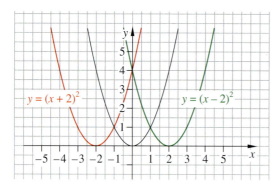

$y = (x-2)^2$ oder $y = x^2 - 4x + 4$

Die Normalparabel ist um 2 Einheiten **nach rechts verschoben**.
Der Scheitelpunkt ist $(2|0)$.

$y = (x+2)^2$ oder $y = x^2 + 4x + 4$

Die Normalparabel ist um 2 Einheiten **nach links verschoben**.
Der Scheitelpunkt ist $(-2|0)$.

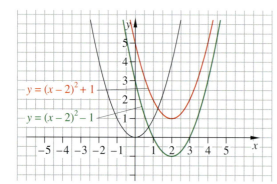

$y = (x-2)^2 + 1$ oder $y = x^2 - 4x + 5$

Die Normalparabel ist um 2 Einheiten **nach rechts** und um 1 Einheit **nach oben verschoben**.
Der Scheitelpunkt ist $(2|1)$.

$y = (x-2)^2 - 1$ oder $y = x^2 - 4x + 3$

Die Normalparabel ist um 2 Einheiten **nach rechts** und um 1 Einheit **nach unten verschoben**.
Der Scheitelpunkt ist $(2|-1)$.

Der Graph von $y = x^2 + c$ ist eine Normalparabel mit dem Scheitelpunkt $(0|c)$.
Der Graph von $y = (x - d)^2$ ist eine Normalparabel mit dem Scheitelpunkt $(d|0)$.
Der Graph von $y = (x - d)^2 + e$ ist eine Normalparabel mit dem Scheitelpunkt $(d|e)$.

Quadratische Funktionen

Übungen

1 Geben Sie den Scheitel der Parabel an für
a) $y = x^2 - 3$
b) $y = x^2 + 5$
c) $y = x^2 - 4$
d) $y = x^2 + \frac{1}{2}$
e) $y = x^2 - \frac{3}{4}$
f) $y = x^2 + 2\frac{1}{2}$
g) $y = x^2 - 1{,}5$
h) $y = x^2 + 2{,}4$
i) $y = x^2 - 3{,}6$
j) $y = x^2 - 0{,}5$

2 Zeichnen Sie die Parabeln aus Aufgabe 1 (evtl. mithilfe einer Parabelschablone).

3 Die Normalparabel wurde verschoben. Der neue Scheitelpunkt ist
a) $(0\,|\,1{,}5)$ c) $(0\,|\,-2{,}6)$ e) $(0\,|\,-\frac{1}{2})$
b) $(0\,|\,-6)$ d) $(0\,|\,4{,}2)$ f) $(0\,|\,3{,}8)$
Zeichnen Sie die neue Parabel (evtl. mit einer Parabelschablone) und geben Sie die Funktionsgleichung an.

4 Geben Sie den Scheitel der Parabel an für
a) $y = (x-1)^2 + 2$ c) $y = (x-3)^2 + 4$
b) $y = (x+1)^2 - 2$ d) $y = (x+3)^2 - 4$
Zeichnen Sie die Parabeln (mit Schablone).

5 Die Normalparabel wurde verschoben. Der neue Scheitelpunkt ist
a) $(-3\,|\,0)$ c) $(-3\,|\,4)$ e) $(4\,|\,2)$
b) $(2\,|\,0)$ d) $(1\,|\,-3)$ f) $(-4\,|\,2)$
Zeichnen Sie die neue Parabel (mit Schablone) und geben Sie die Funktionsgleichung an.

6 Zeichnen Sie die entstehende Parabel und geben Sie den Scheitelpunkt an. Wie lautet die Gleichung der Parabel?
Die Normalparabel wird verschoben
a) um 3 Einheiten nach rechts.
b) um 1 Einheit nach unten.
c) um 5 Einheiten nach links und 4 Einheiten nach oben.
d) um 2 Einheiten nach rechts und 6 Einheiten nach unten.
e) um 3 Einheiten nach rechts und 2,5 Einheiten nach oben.
f) um 2 Einheiten nach links und 1 Einheit nach oben.
g) um 3 Einheiten nach links und 3 Einheiten nach unten.

7 a) Bei welchem x-Wert nimmt die Funktion ihren kleinsten Funktionswert 0 an?

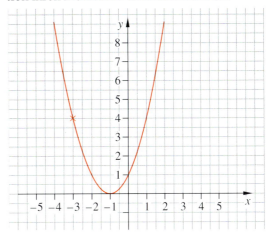

b) Übertragen Sie die Wertetabelle für die Funktion $f(x) = (x+1)^2$ in Ihr Heft und füllen Sie sie aus.

x	−3	−2	−1	0	1	2	3	4
$(x+1)^2$	4							

c) Geben Sie an, bei welchen x-Werten die Funktion denselben Funktionswert annimmt.
d) Bestimmen Sie weitere x-Werte, bei denen die Funktion denselben Funktionswert hat.
e) Zeichnen Sie in Ihrem Heft in das Schaubild die Symmetrieachse ein.

8 Petra will eine Wertetabelle für die Funktion $f(x) = (x+4)^2$ aufstellen. Sie benutzt dazu die Symmetrie des Schaubildes.

x	−7	−6	−5	−4	−3	−2	−1
$(x+4)^2$				0			

Petra beginnt die Wertetabelle beim Scheitelpunkt. Warum?

9 Stellen Sie für die Funktion eine Wertetabelle auf. Beginnen Sie beim Scheitelpunkt. Nutzen Sie die Symmetrie des Graphen.
a) $f(x) = (x+2)^2$ e) $f(x) = (x+6)^2$
b) $f(x) = (x-2)^2$ f) $f(x) = (x-6)^2$
c) $f(x) = (x+5)^2$ g) $f(x) = (x+3)^2$
d) $f(x) = (x-5)^2$ h) $f(x) = (x-3)^2$
Zeichnen Sie die Schaubilder (mithilfe der Schablone). Zeichnen Sie auch die jeweilige Symmetrieachse in das Schaubild ein.

Die allgemeine Form der Parabelgleichung

Die Parabelgleichung zu den vier Graphen im Schaubild sind in der Form
$$y = a(x - x_s)^2 + y_s$$
zusammengefasst, wobei $(x_s | y_s)$ die Koordinaten des Scheitelpunkts sind. Weil man die Lage des „Scheitels" aus dieser Form leicht ablesen kann, heißt diese Form **Scheitelform** oder **Scheitelpunktform**. Der Punkt (x_s, y_s) ist der Scheitelpunkt, a gibt die Öffnung der Parabel an.

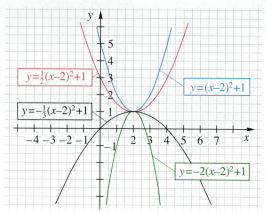

Oft ist nicht die Scheitelform der Parabelgleichung gegeben, sondern eine Gleichung von der Form $y = ax^2 + bx + c$ (Allgemeine Form). Jede solche Form lässt sich in die Scheitelform umwandeln und dann die Parabel als Funktionsgraph leicht zeichnen.

Statt $y = ax^2 + bx + c$ kann man die Scheitelform
$$y = a(x - x_s)^2 + y_s$$
schreiben, wenn man ausrechnet $x_s = -\dfrac{b}{2a}$ und $y_s = \dfrac{4ac - b^2}{4a}$. (Vgl. Aufgabe 6, Seite 255)

Beispiel 1

Aus der allgemeinen Form $y = \frac{1}{2}x^2 - 2x + 3$ (mit $a = \frac{1}{2}$, $b = -2$, $c = 3$) wird berechnet

$$x_s = -\frac{-2}{2 \cdot \frac{1}{2}} = 2 \qquad y_s = \frac{4 \cdot \frac{1}{2} \cdot 3 - (-2)^2}{4 \cdot \frac{1}{2}} = 1.$$

Die Scheitelform hat die Gleichung $y = \frac{1}{2}(x - 2)^2 + 1$. Der Scheitelpunkt ist $S(2 | 1)$.
Die allgemeine Form $y = \frac{1}{2}x^2 - 2x + 3$ ist in die Scheitelform $y = \frac{1}{2}(x - 2)^2 + 1$ überführt worden. Der Scheitelpunkt der Parabel ist $(2 | 1)$. Die Parabel mit $y = \frac{1}{2}x^2 - 2x + 3$ ist nach oben geöffnet und wurde gegenüber der Normalparabel gestaucht in y-Richtung mit $\frac{1}{2}$.
Der Graph der Funktion ist oben im Koordinatensystem rot eingezeichnet.

Beispiel 2

Aus der allgemeinen Form $y = 3x^2 + 24x + 42$ (mit $a = 3$; $b = 24$; $c = 42$) ergibt sich

$$x_s = -\frac{24}{2 \cdot 3} = -4 \qquad y_s = \frac{4 \cdot 3 \cdot 42 - 24^2}{4 \cdot 3} = -6.$$

Die Scheitelform hat die Gleichung $y = 3(x + 4)^2 - 6$. Der Scheitelpunkt ist $S(-4 | -6)$.

> Der Graph einer quadratischen Funktion mit der Gleichung $y = ax^2 + bx + c$ ist eine Parabel. Diese allgemeine Form der Gleichung lässt sich in die **Scheitelform** $y = a(x - d)^2 + e$ umwandeln mit $d = -\frac{b}{2a}$ und $e = \frac{4ac - b^2}{4a}$. Der Scheitel ist (d, e).

Quadratische Funktionen

Übungen

1 Bringen Sie auf die Scheitelform und zeichnen Sie die Parabel.
a) $y = x^2 + 2x$
b) $y = x^2 - 4x$
c) $y = x^2 + 6x + 9$
d) $y = x^2 - 2x - 3$
e) $y = x^2 + 4x + 3$
f) $y = x^2 + 5x + \frac{29}{4}$

2 Zeichnen Sie die Parabeln.
a) $y = (x+2)^2$
b) $y = (x-2)^2 - 3$
c) $y = (x+2{,}5)^2 + 1$
d) $y = (x-4)^2 - 1{,}5$
e) $y = (x-1{,}5)^2 - 6$
f) $y = (x+3)^2 - 3{,}5$

Stellen Sie fest, in welchen Punkten die x-Achse geschnitten wird. (Diese Punkte heißen *Nullstellen* der Parabel.)

3 Welche der Parabeln aus Aufgabe 1 haben keine, welche Parabeln haben eine oder zwei Nullstellen? (Schnittpunkt mit der x-Achse)

4 Bestimmen Sie den Scheitelpunkt und zeichnen Sie die Parabel.
a) $y = 2(x-1)^2 - 6$
b) $y = \frac{2}{3}(x-1)^2 + 2$
c) $y = -\frac{1}{2}(x-2)^2 + 3$
d) $y = -\frac{1}{4}(x-3)^2 - 2$
e) $y = 0{,}5(x+4)^2 - 2$
f) $y = 1{,}5(x-4)^2 - 4$

5 Eine Normalparabel wurde in ihrer Lage, Gestalt und Öffnungsrichtung verändert. Bestimmen Sie die Parabelgleichung und zeichnen Sie die Parabel.
a) Stauchung in y-Richtung mit $\frac{1}{2}$, Verschiebung um 3 Einheiten nach rechts und 1 Einheit nach unten,
b) Spiegelung an der x-Achse, Stauchung in y-Richtung mit $\frac{1}{4}$, Verschiebung um 1 Einheit nach links und 4 Einheiten nach oben,
c) senkrechte Streckung in y-Richtung mit 2, Verschiebung um 3 Einheiten nach links und 5 Einheiten nach unten,
d) Spiegelung an der x-Achse, senkrechte Streckung in y-Richtung mit 1,5, Verschiebung um 2 Einheiten nach rechts,
e) Spiegelung an der x-Achse, Stauchung in y-Richtung mit $\frac{1}{2}$, Verschiebung um 2 Einheiten nach oben.

6 Zeigen Sie, dass die Rechenausdrücke

$$ax^2 + bx + c \quad \text{und} \quad a \cdot \left(x + \frac{b}{2a}\right)^2 + \frac{4ac - b^2}{4a}$$

gleich sind. Vgl. Seite 254

7 Bringen Sie die Parabelgleichung auf die Scheitelform und zeichnen Sie die Parabel.
a) $y = \frac{1}{2}x^2 - 2x + 1$
b) $y = \frac{1}{4}x^2 + 2x + 2$
c) $y = -\frac{1}{2}x^2 - 2x + 1$
d) $y = -\frac{1}{3}x^2 + 2x$
e) $y = \frac{2}{3}x^2 - \frac{4}{3}x - \frac{4}{3}$
f) $y = -\frac{1}{5}x^2 - \frac{6}{5}x + \frac{6}{5}$
g) $y = -\frac{1}{4}x^2 + \frac{1}{2}x + \frac{15}{4}$
h) $y = 2x^2 - 4x - 4$

8 Die Graphen gehören zu Parabeln der Form $y = ax^2 + bx + c$. Bestimmen Sie a, b, c und bringen Sie diese allgemeine Form auf Scheitelform. Spiegeln Sie die Graphen an der x-Achse (y-Achse) und geben Sie die Scheitelform des Bildes an.

a)
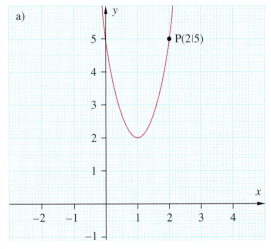
P(2|5)

b)
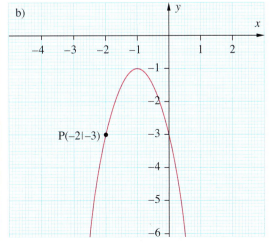
P(−2|−3)

Schnittpunkte von Parabeln und Geraden

Gegeben sind eine Parabel und eine Gerade. Gesucht sind deren Schnittpunkte.

Beispiel

Gegeben sind die Parabel mit $y = x^2 + 4x - 1$ und die Gerade mit $y = 2x + 2$. Gesucht sind die Schnittpunkte.

Lösung:
Wir bringen die Parabelgleichung auf die Scheitelform, um sie leichter zeichnen zu können.

$y = x^2 + 4x - 1$
$y = x^2 + 4x + 4 - 4 - 1$
$y = (x + 2)^2 - 5$

Der Scheitelpunkt ist $(-2 \mid -5)$.
Wir zeichnen die verschobene Normalparabel mit dem Scheitelpunkt $(-2 \mid -5)$ und die Gerade $y = 2x + 2$ in ein Koordinatensystem.
Wir lesen die Schnittpunkte ab:
$P_1(-3 \mid -4)$ und $P_2(1 \mid 4)$.

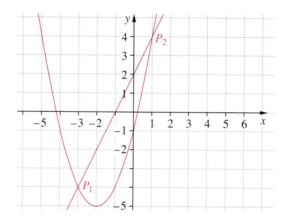

Übungen

1 In welchen Punkten schneidet die Parabel aus dem Beispiel die *x*-Achse? Überprüfen Sie Ihr Ergebnis durch Einsetzen.

2 a) Spiegeln Sie die Parabel aus dem Beispiel an der *x*-Achse und geben Sie die Gleichung für das Spiegelbild an.
b) Wie lautet die Gleichung für das Spiegelbild der Parabel aus dem Beispiel an der *y*-Achse?

3 Bestimmen Sie die Schnittpunkte von Parabel und Gerade durch Ablesen.
a) $y = x^2 + 1$ und $y = x$
b) $y = x^2 + 1$ und $y = -x + 1$
c) $y = -x^2 + 1$ und $y = x$
d) $y = -x^2 + 1$ und $y = 2x$

4 a) $y = (x - 2)^2 + 1$ und $y = -x + 3$
b) $y = (x - 1)^2 + 5$ und $y = -x + 3$
c) $y = (x - 1)^2 + 5$ und $y = -4x + 9$
d) $y = (x - 2)^2 + 1$ und $y = x + 5$
e) $y = (x - 2)^2 + 1$ und $y = -4x + 9$

5 Zeichnen Sie die Parabeln und bestimmen Sie deren Schnittpunkte mit den Koordinatenachsen durch Ablesen.
a) $y = x^2 - 2x - 3$
b) $y = -x^2 + x + 6$
c) $y = \frac{1}{2}x^2 - x - 4$
d) $y = -\frac{1}{4}x^2 - x$
e) $y = 2x^2 - 8x + 6$
f) $y = \frac{2}{3}x^2 + \frac{4}{3}x - 2$
g) $y = -0{,}5x^2 + 2x - 2$
h) $y = \frac{1}{4}x^2 - \frac{1}{2}x + \frac{9}{4}$

6 Zeichnen Sie Parabel und Gerade und bestimmen Sie deren Schnittpunkte für
a) $y = \frac{1}{2}(x - 2)^2 + 3$
  $y = 0{,}5x - 1$
b) $y = \frac{1}{4}x^2 + x + 2$
  $y = x + 3$
c) $y = \frac{1}{2}x^2 - 3x + \frac{5}{2}$
  $y = 6$
d) $y = \frac{1}{3}x^2 + \frac{2}{3}x - \frac{2}{3}$
  $y = 2x - 2$

Wurzeln _____ **257**

Wurzeln

Die Quadratwurzel

Quadratische Fotos haben einen Flächeninhalt von 36 cm². Wie lang sind die Seiten des Fotos?

Es wird die positive Zahl gesucht, die mit sich selbst multipliziert, 36 ergibt. Das ist die Zahl 6, denn 6 · 6 = 36. Die Zahl 6 heißt die **Quadratwurzel** aus 36.

Man schreibt: $\sqrt{36} = 6$. Man spricht: Die Quadratwurzel aus 36 ist 6.

> Die Quadratwurzel aus einer positiven Zahl a, geschrieben $\sqrt{a}$, ist diejenige positive Zahl, deren Quadrat a ist. Außerdem gilt: $\sqrt{0} = 0$.

Beispiele

1. $\sqrt{16} = 4$, denn $4^2 = 16$

3. $\sqrt{\dfrac{4}{9}} = \dfrac{2}{3}$, denn $\left(\dfrac{2}{3}\right)^2 = \dfrac{4}{9}$

2. $\sqrt{1} = 1$, denn $1^2 = 1$

4. $\sqrt{-4}$ ist nicht definiert, weil -4 nicht positiv ist.

> Zu einer Zahl die Wurzel angeben, heißt **Wurzelziehen** oder **Radizieren**. Die Zahl unter dem Wurzelzeichen heißt **Radikand**.

Quadrieren wir $\sqrt{7}$, so erhalten wir 7. Also: $(\sqrt{7})^2 = 7$. Ziehen wir die Quadratwurzel aus 7^2, so erhalten wir ebenfalls 7, denn $\sqrt{7^2} = \sqrt{49} = 7$.

Da Quadratwurzelziehen und Quadrieren sich gegenseitig aufheben, gelten für alle nicht negativen Zahlen die nebenstehenden Formeln. Man schreibt auch $a^{\frac{1}{2}}$ für $\sqrt{a}$.

$$(\sqrt{a})^2 = a \quad \text{und} \quad \sqrt{a^2} = a$$
$$\sqrt{a} = a^{\frac{1}{2}} \qquad (a^{\frac{1}{2}})^2 = a^{\frac{2}{2}} = a$$

Beispiel

$\sqrt{7^2} = \sqrt{49} = 7$

Wir geben $\sqrt{7}$ zunächst durch den Dezimalbruch 2,65 näherungsweise an. Der Taschenrechner (TR) gibt $\sqrt{7}$ als Dezimalbruch mit vielen Dezimalen an; $\sqrt{7} \underset{\text{TR}}{=} 2{,}6457513$.

Diese Zahl ist eine bessere Näherung für $\sqrt{7}$ als 2,65. Aber der Dezimalbruch 2,6457513 ist auch nicht der *genaue* Zahlenwert von $\sqrt{7}$. Der genaue Zahlenwert von $\sqrt{7}$ kann nicht durch einen endlichen Dezimalbruch angegeben werden. Nur bei *manchen* Quadratwurzeln zeigt der Taschenrechner den genauen Zahlenwert an. Sonst muss gerundet werden.

Beispiele

1. $\sqrt{147} \underset{\text{TR}}{=} 12{,}124$ (gerundet)

2. $\sqrt{1{,}8} \underset{\text{TR}}{=} 1{,}34$ (gerundet)

3. $\sqrt{2{,}25} \underset{\text{TR}}{=} 1{,}5$ (genau)

Übungen

1 Welche der folgenden Aufgaben sind richtig gelöst?

a) $\sqrt{25} = 5$
b) $\sqrt{144} = 12$
c) $\sqrt{539} = 23$
d) $\sqrt{\frac{25}{49}} = \frac{5}{7}$
e) $\sqrt{\frac{16}{9}} = \frac{4}{3}$
f) $\sqrt{8{,}1} = 0{,}9$
g) $\sqrt{0{,}64} = \frac{4}{5}$
h) $\sqrt{0{,}01} = 0{,}01$
i) $\sqrt{1{,}21} = 1{,}1$
j) $\sqrt{0{,}36} = 0{,}06$

2 Zeigen Sie, dass richtig gerechnet wurde.

a) $\sqrt{\frac{1}{4}} = \frac{1}{2}$
b) $\sqrt{\frac{25}{36}} = \frac{5}{6}$
c) $\sqrt{1{,}69} = 1{,}3$
d) $\sqrt{27{,}04} = 5{,}2$

3 Geben Sie die fehlende Zahl an.

a) $\sqrt{529} = \square$, denn $\square^2 = 529$
b) $\sqrt{\square} = 27$, denn $27^2 = \square$

4 Geben Sie die folgenden Quadratwurzeln an und machen Sie die Probe.

a) $\sqrt{4}$
b) $\sqrt{36}$
c) $\sqrt{49}$
d) $\sqrt{81}$
e) $\sqrt{100}$
f) $\sqrt{225}$
g) $\sqrt{0{,}16}$
h) $\sqrt{0{,}49}$
i) $\sqrt{0{,}81}$
j) $\sqrt{1{,}44}$
k) $\sqrt{2{,}25}$
l) $\sqrt{0{,}0001}$

5 Ergänzen Sie.

a)
x	2	5	3	11	16	19	25
x^2							

b)
y	100	144		81	400		169
$\sqrt{y}$			40			15	

c)
a	0,1	0,3	0,4	1,1	1,2	1,4	1,6
a^2							

d)
x	0,04		1,69	1,96		0,36
$\sqrt{x}$		0,3			1,2	

e)
y	$\sqrt{1}$	13	$\sqrt{5}$	$\sqrt{a}$	z^2	$2u$
y^2						

f)
a	3^2	31^2		$(x+y)^2$		x^2
$\sqrt{a}$			$\sqrt{7}$		$17b$	

6 Berechnen Sie mit dem Taschenrechner. Vergleichen Sie die Ziffernfolgen.

a) $\sqrt{0{,}07}$ $\sqrt{7}$ $\sqrt{700}$
b) $\sqrt{0{,}003}$ $\sqrt{0{,}3}$ $\sqrt{30}$
c) $\sqrt{1{,}2}$ $\sqrt{12}$ $\sqrt{120}$
d) $\sqrt{1{,}4}$ $\sqrt{140}$ $\sqrt{14000}$
e) $\sqrt{6}$ $\sqrt{0{,}06}$ $\sqrt{0{,}0006}$

7 Berechnen Sie mit dem Taschenrechner auf Zehntel genau.

a) $\sqrt{12}$
b) $\sqrt{13}$
c) $\sqrt{20}$
d) $\sqrt{34}$
e) $\sqrt{37}$
f) $\sqrt{51}$
g) $\sqrt{84}$
h) $\sqrt{97}$
i) $\sqrt{122}$
j) $\sqrt{136}$
k) $\sqrt{12}$
l) $\sqrt{198}$
m) $\sqrt{245}$
n) $\sqrt{291}$
o) $\sqrt{412}$
p) $\sqrt{473}$
q) $\sqrt{518}$
r) $\sqrt{9234}$

8 a) Warum lässt sich für -4 keine Wurzel definieren?
b) Warum darf der Radikant nie negativ sein?

9 Rechnen Sie mit dem Taschenrechner und runden Sie wie im Beispiel.

Beispiel:

$5 \cdot \sqrt{2}$ $\boxed{5}\boxed{\times}\boxed{2}\boxed{\sqrt{}}\boxed{=} \rightarrow \boxed{7{,}07...}$

$5 \cdot \sqrt{2} \approx 7{,}071$

a) $\sqrt{12}$
b) $\sqrt{140}$
c) $\sqrt{0{,}14}$
d) $16 \cdot \sqrt{0{,}81}$
e) $9 \cdot \sqrt{15}$
f) $29{,}4 \cdot \sqrt{32}$
g) $4{,}5 \cdot \sqrt{6{,}2}$
h) $\sqrt{11} \cdot 2$
i) $\sqrt{3{,}1} \cdot 7{,}2$

10 Berechnen Sie mit dem Taschenrechner. Runden Sie das Ergebnis auf 3 Dezimalen.

a) $\sqrt{20}$
b) $0{,}1 \cdot \sqrt{20}$
c) $0{,}01 \cdot \sqrt{20}$

11 In den folgenden Tabellen ist A der Flächeninhalt eines Quadrats und a die Seitenlänge. Vervollständigen Sie die Tabellen. Runden Sie, wenn notwendig, auf zwei Dezimalen.

a)
A in m^2	4,3	9,5	1,21	7,29	8,5		
a in m						1,95	5,3

b)
A in m^2	20	40	60	85	19		
a in m						81	97

Rechnen mit Quadratwurzeln

Mit Quadratwurzeln kann man wie mit anderen Zahlen rechnen. Man muss aber bestimmte Rechenregeln beachten.

Addition und Subtraktion bei *verschiedenen* Radikanden

Beispiele

1. $\sqrt{7} + \sqrt{13} = 2{,}646 + 3{,}606 = 6{,}252$ (TR)
   aber $\sqrt{7+13} = \sqrt{20} = 4{,}472$ (TR)
   Also: $\sqrt{7} + \sqrt{13} \neq \sqrt{7+13}$

2. $\sqrt{9} - \sqrt{4} = 3 - 2 = 1$
   aber $\sqrt{9-4} = \sqrt{5} = 2{,}236$ (TR)
   Also: $\sqrt{9} - \sqrt{4} \neq \sqrt{9-4}$

Wir sehen: $\sqrt{a} + \sqrt{b} \neq \sqrt{a+b}$ bzw. $\sqrt{a} - \sqrt{b} \neq \sqrt{a-b}$

Addition und Subtraktion bei *gleichen* Radikanden

Beispiele

1. $\sqrt{9} + \sqrt{9} + \sqrt{9} + \sqrt{9} = 4 \cdot \sqrt{9}$
2. $\sqrt{7} + \sqrt{7} + \sqrt{7} - \sqrt{7} = 2 \cdot \sqrt{7}$
3. $2 \cdot \sqrt{2} + 3 \cdot \sqrt{2} = (2+3) \cdot \sqrt{2} = 5 \cdot \sqrt{2}$
4. $4 \cdot \sqrt{8} - 3 \cdot \sqrt{8} + \sqrt{8} = (4 - 3 + 1) \cdot \sqrt{8} = 2 \cdot \sqrt{8}$

An diesen Beispielen sieht man, dass für Addition und Subtraktion von Quadratwurzeln mit **gleichen** Radikanten die nebenstehenden Rechenregeln gelten.

$$m \cdot \sqrt{a} + n \cdot \sqrt{a} = (m+n) \cdot \sqrt{a}$$
$$m \cdot \sqrt{a} - n \cdot \sqrt{a} = (m-n) \cdot \sqrt{a}$$

Übungen

1 Fassen Sie zusammen.
a) $2 \cdot \sqrt{5} + 3 \cdot \sqrt{5}$
b) $6 \cdot \sqrt{2} - 4 \cdot \sqrt{2}$
c) $7 \cdot \sqrt{6} + 3 \cdot \sqrt{6}$
d) $\sqrt{15} - \sqrt{15}$
e) $\sqrt{b} + 2 \cdot \sqrt{b}$
f) $9 \cdot a - 7 \cdot \sqrt{a}$
g) $11 \cdot \sqrt{x} + 3 \cdot \sqrt{x}$
h) $3 \cdot \sqrt{y} - 2 \cdot \sqrt{y}$

2 Berechnen Sie mit dem Taschenrechner.
a) $\sqrt{10} + \sqrt{12}$
b) $\sqrt{60} - \sqrt{45}$
c) $2 \cdot \sqrt{6} + \sqrt{5}$
d) $\sqrt{7} + 3 \cdot \sqrt{10}$
e) $\sqrt{90} - 3 \cdot \sqrt{8}$
f) $\sqrt{90} - 5 \cdot \sqrt{2}$
g) $2 \cdot \sqrt{35} + \sqrt{14}$
h) $3 \cdot \sqrt{80} - \sqrt{27}$

3 Vereinfachen Sie zunächst und berechnen Sie gegebenenfalls mit dem Taschenrechner.
a) $3 \cdot \sqrt{5} + 2 \cdot \sqrt{5}$
b) $9 \cdot \sqrt{5} - 6 \cdot \sqrt{5}$
c) $3 \cdot \sqrt{a^2} + 4 \cdot \sqrt{a^2}$
d) $6 \cdot \sqrt{x^2} - 4 \cdot \sqrt{x^2}$
e) $(\sqrt{6x})^2 + (\sqrt{6x})^2$
f) $2 \cdot \sqrt{3} + 3 \cdot \sqrt{3} + 3 \cdot \sqrt{5} + 2 \cdot \sqrt{5}$
g) $7 \cdot \sqrt{6} + 3 \cdot \sqrt{5} - 3 \cdot \sqrt{6} - 2 \cdot \sqrt{5}$

4 Berechnen Sie mit dem Taschenrechner.
a) $(\sqrt{3} + \sqrt{2})^2$
b) $(\sqrt{3} - \sqrt{2})^2$
c) $(\sqrt{7} + \sqrt{2})^2$
d) $(\sqrt{5} - \sqrt{2})^2$

Multiplikation und Division von Quadratwurzeln

Beispiele

1. $\sqrt{4} \cdot \sqrt{9} = 2 \cdot 3 = 6$
   $\sqrt{4 \cdot 9} = \sqrt{36} = 6$
   Also: $\sqrt{4} \cdot \sqrt{9} = \sqrt{4 \cdot 9}$

2. $\sqrt{16} : \sqrt{4} = 4 : 2 = 2$
   $\sqrt{16 : 4} = \sqrt{4} = 2$
   Also: $\sqrt{16} : \sqrt{4} = \sqrt{16 : 4}$

Multiplikationsregel $\sqrt{a} \cdot \sqrt{b} = \sqrt{a \cdot b}$

Divisionsregel ($b \neq 0$) $\sqrt{a} : \sqrt{b} = \sqrt{a : b}$

Radizieren durch Zerlegen

Oft ist es möglich, den Radikanden so in ein Produkt zu zerlegen, dass einer der Faktoren eine Quadratzahl wird, weil dann die Wurzel teilweise einfacher berechnet werden kann.

Beispiele

1. $\sqrt{28} = \sqrt{4 \cdot 7} = \sqrt{4} \cdot \sqrt{7} = 2 \cdot \sqrt{7}$

2. $\sqrt{75} = \sqrt{25 \cdot 3} = \sqrt{25} \cdot \sqrt{3} = 5 \cdot \sqrt{3}$

3. $\sqrt{2} + \sqrt{18} = \sqrt{2} + \sqrt{9 \cdot 2} = \sqrt{2} + 3 \cdot \sqrt{2} = 4 \cdot \sqrt{2}$

4. $\sqrt{50} - \sqrt{32} = \sqrt{25 \cdot 2} - \sqrt{16 \cdot 2} = 5 \cdot \sqrt{2} - 4 \cdot \sqrt{2} = \sqrt{2}$

Rationalmachen des Nenners

Treten im Nenner Quadratwurzeln auf, so erweitert man den Bruch so, dass im Nenner nur ganze Zahlen stehen. Das nennt man *Rationalmachen des Nenners*.

Beispiel

$\dfrac{1}{\sqrt{2}} = \dfrac{1 \cdot \sqrt{2}}{\sqrt{2} \cdot \sqrt{2}} = \dfrac{\sqrt{2}}{2} = \dfrac{1}{2} \cdot \sqrt{2}$

Übungen

1 Berechnen Sie.

a) $\sqrt{2} \cdot \sqrt{8}$
b) $\sqrt{3} \cdot \sqrt{12}$
c) $\sqrt{2} \cdot \sqrt{32}$
d) $\sqrt{92} \cdot \sqrt{\tfrac{1}{2}}$
e) $\sqrt{3} \cdot \sqrt{\tfrac{4}{3}}$
f) $\sqrt{48\,y} \cdot \sqrt{\tfrac{1}{3}\,y}$
g) $\sqrt{10\,b} \cdot \sqrt{40\,b}$
h) $\sqrt{5\,x} \cdot \sqrt{5\,x}$

2 Vereinfachen Sie.

a) $\sqrt{3} \cdot \sqrt{5}$
b) $\sqrt{3} \cdot \sqrt{7}$
c) $\sqrt{5} \cdot \sqrt{8}$
d) $\sqrt{17} \cdot \sqrt{16}$
e) $\sqrt{2\,x} \cdot \sqrt{8\,x}$
f) $\sqrt{3\,a} \cdot \sqrt{12\,a}$
g) $\sqrt{2\,x} \cdot \sqrt{x}$
h) $\sqrt{9\,a} \cdot \sqrt{4\,a}$

3 Zerlegen und radizieren Sie.

a) $\sqrt{8}$
b) $\sqrt{27}$
c) $\sqrt{32}$
d) $\sqrt{45}$
e) $\sqrt{125}$
f) $\sqrt{162}$
g) $\sqrt{49\,x}$
h) $\sqrt{4\,a\,b}$
i) $\sqrt{8\,a^2\,b}$

4 Vereinfachen Sie ($a, x, y \neq 0$).

a) $\dfrac{\sqrt{12}}{\sqrt{3}}$
b) $\dfrac{\sqrt{32}}{\sqrt{2}}$
c) $\dfrac{\sqrt{3\,x^3}}{\sqrt{3\,x}}$
d) $\dfrac{\sqrt{27\,a^3}}{\sqrt{3\,a}}$
e) $\dfrac{\sqrt{16\,a^2}}{\sqrt{9\,a^4}}$
f) $\dfrac{\sqrt{25\,x^2}}{\sqrt{4\,y^2}}$

5 Vereinfachen Sie ($x \neq 0$). Geben sie den Definitionsbereich an.

a) $(\sqrt{12\,x} + \sqrt{27\,x}) : \sqrt{3\,x}$
b) $(\sqrt{5\,x^3} + \sqrt{20\,x^3}) : \sqrt{5\,x}$
c) $(\sqrt{54\,x^3} - \sqrt{24\,x^3}) : \sqrt{6\,x}$
d) $(\sqrt{2} + \sqrt{8}) : \sqrt{\tfrac{1}{2}}$

6 Machen Sie die Nenner rational und vereinfachen Sie. Berechnen Sie dann die Werte des vorgegebene Terms und Ihres umgestellten Terms mit dem Taschenrechner.

a) $\dfrac{1}{\sqrt{2}}$
b) $\dfrac{2}{\sqrt{5}}$
c) $\dfrac{3}{\sqrt{2}}$
d) $\dfrac{3}{\sqrt{3}}$
e) $\dfrac{4}{\sqrt{7}}$
f) $\dfrac{5}{\sqrt{2}}$

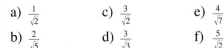

Höhere Wurzeln

Der größte Stausee in Deutschland ist die Bleiloch-Talsperre (Saale). Sedat überlegt, wie groß die Kantenlänge eines Würfels mit demselben Rauminhalt sein müsste.
Der Rauminhalt berechnet sich aus $V = a^3$.
Gesucht wird also eine Zahl a, die dreimal mit sich selbst multipliziert 216 000 000 ergibt.
Durch Probieren findet Sedat die Zahl 600, denn $600 \cdot 600 \cdot 600 = 600^3 = 216\,000\,000$.

Die Kanten eines Würfels mit dem gleichen Volumen wie der Stausee wären 600 m lang.

Man schreibt: $\sqrt[3]{216\,000\,000} = 600$, gelesen: „Dritte Wurzel aus 216 000 000 ist 600."

Bleiloch-Talsperre: ca. 216 000 000 m³

> Die **dritte Wurzel aus einer Zahl k** ist diejenige Zahl, die dreimal mit sich selbst multipliziert, die Zahl k ergibt.
>
> $$(\sqrt[3]{k})^3 = k \quad \text{oder} \quad (k^{\frac{1}{3}})^3 = k$$

Das Ziehen der dritten Wurzel ist die Umkehrung des Potenzierens mit 3.

$6^3 = 216$ — 3. Wurzel — $6 = \sqrt[3]{216}$
(Wurzelziehen / Potenzieren)

Beispiele

a) $\sqrt[3]{27} = 3$, denn $3^3 = 27$
b) 3 $\sqrt{}$ 729 = [9]
c) 64 INV y^x 3 = [4]

Genauso berechnet man
- die **vierte Wurzel**: $\sqrt[4]{81} = 3$, denn $3^4 = 81$.
Man schreibt: $\sqrt[4]{81} = 3$ oder $81^{\frac{1}{4}} = 3$
gelesen: „Vierte Wurzel aus 81 ist 3".
Das Ziehen der 4. Wurzel ist die Umkehrung des Potenzierens mit 4.

$3^4 = 81$ — 4. Wurzel — $3 = \sqrt[4]{81}$
(Wurzelziehen / Potenzieren)

- die **fünfte Wurzel**: $\sqrt[5]{32} = 2$, denn $2^5 = 32$.

Beispiele

a) $\sqrt[4]{16} = 2$, denn $2^4 = 16$
b) $\sqrt[5]{243} = 3$, denn $3^5 = 243$
c) 4 $\sqrt{}$ 39,0625 = [2.5]
d) 2,48832 INV y^x 5 = [1.2]

Quadratische Funktionen, Gleichungen und Exponentialfunktionen

Übungen

1 Geben Sie die dritte Wurzel an und machen Sie die Probe.

$\sqrt[3]{343} = 7$, denn $7^3 = 343$

a) $\sqrt[3]{64}$ d) $\sqrt[3]{729}$ g) $\sqrt[3]{125}$
b) $\sqrt[3]{216}$ e) $\sqrt[3]{1000}$ h) $\sqrt[3]{1331}$
c) $\sqrt[3]{512}$ f) $\sqrt[3]{1}$ i) $\sqrt[3]{8000}$

2 Berechnen Sie.

a) $\sqrt[4]{625}$ c) $\sqrt[4]{0{,}0625}$ e) $\sqrt[5]{1{,}61051}$
b) $\sqrt[5]{3125}$ d) $\sqrt[5]{0{,}03125}$ f) $\sqrt[4]{1{,}4641}$

3 Prüfen Sie, ob richtig gerechnet wurde.

a) $\sqrt[3]{\frac{1}{8}} = \frac{1}{2}$ c) $\sqrt[3]{1{,}69} = 0{,}13$
b) $\sqrt[3]{\frac{25}{36}} = \frac{5}{36}$ d) $\sqrt[3]{140{,}608} = 5{,}2$

4 Geben Sie die fehlende Zahl an.

a) $\sqrt[3]{1728} = \square$, denn $\square^3 = 1728$
b) $\sqrt[3]{\square} = 5$, denn $5^3 = \square$
c) $\sqrt[3]{216} = \square$, denn $\square^3 = 216$
d) $\sqrt[3]{\square} = 17$, denn $17^3 = \square$

5 Rechnen Sie mit dem Taschenrechner.

$5 \cdot \sqrt[3]{2} \approx 1{,}260$

a) $2 \cdot \sqrt[3]{12}$ d) $16 \cdot \sqrt[3]{0{,}81}$ g) $4{,}5 \cdot \sqrt[3]{6{,}2}$
b) $3 \cdot \sqrt[3]{140}$ e) $9 \cdot \sqrt[3]{15}$ h) $\sqrt[3]{11} \cdot 2$
c) $5 \cdot \sqrt[3]{0{,}14}$ f) $29{,}4 \cdot \sqrt[3]{32}$ i) $\sqrt[3]{3{,}1} \cdot 7{,}2$

6 In den Tabellen ist V das Volumen eines Würfels und a die Seitenlänge. Vervollständigen Sie die Tabellen im Heft. Runden Sie auf 2 Stellen nach dem Komma.

a)
V in m³	4,3	9,5	1,21	7,29	8,5		
a in m						1,95	5,3

b)
V in m³	20	40	60	85	19		
a in m						81	97

7 Lösen Sie die folgenden Aufgaben.

a) $\sqrt[4]{16}$ d) $\sqrt[5]{32}$ g) $\sqrt[4]{2{,}8561}$
b) $\sqrt[4]{2401}$ e) $\sqrt[5]{7776}$ h) $\sqrt[5]{0{,}59049}$
c) $\sqrt[4]{1296}$ f) $\sqrt[5]{1}$ i) $\sqrt[4]{0{,}0016}$

8 Rechnen Sie und überprüfen Sie Ihr Ergebnis durch Potenzieren.

a) $\sqrt[4]{0{,}0004}$ d) $\sqrt[4]{0{,}00243}$
b) $\sqrt[5]{0{,}00001}$ e) $\sqrt[4]{\frac{1}{16}}$
c) $\sqrt[4]{0{,}0081}$ f) $\sqrt[4]{\frac{1}{32}}$

9 Vergleichen Sie die Ziffernfolgen der Ergebnisse.

a) $\sqrt{0{,}07}$ $\sqrt{7}$ $\sqrt{700}$
b) $\sqrt[3]{1{,}2}$ $\sqrt[3]{1200}$ $\sqrt[3]{1\,200\,000}$

10 Zeigen Sie mit den Potenzgesetzen (S. 41).

a) $(16^{\frac{1}{4}})^4 = 16$ d) $(a^{\frac{1}{4}})^4 = a$
b) $(27^{\frac{1}{3}})^6 = 729$ e) $(b^{\frac{1}{3}})^6 = b^2$
c) $(2^8)^{\frac{1}{2}} = 16$ f) $(c^8)^{\frac{1}{2}} = c^4$

11 Formen Sie um mit den Potenzgesetzen.

$(3^3)^{\frac{1}{6}} = 3^{\frac{3}{6}} = 3^{\frac{1}{2}} = \sqrt{3}$

a) $(8^2)^{\frac{1}{6}}$ b) $(a^n)^{\frac{1}{m}}$ c) $(b^{\frac{1}{n}})^m$ d) $(c^{\frac{1}{n}})^n$

12 Berechnen Sie die Kantenlänge des Würfels mit diesem Rauminhalt.

a) $V = 343$ cm³   c) $V = 1000$ m³
b) $V = 1331$ dm³   d) $V = 1$ m³

13 Stimmt das?

a) $\sqrt[6]{4+9} = \sqrt[6]{4} + \sqrt[6]{9}$ b) $\sqrt[7]{35-19} = \sqrt[7]{35} - \sqrt[7]{19}$

14 Ergänzen Sie und runden Sie.

a)
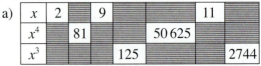

b)
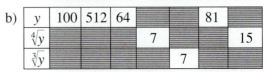

c)
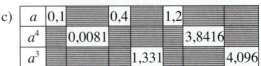

d)
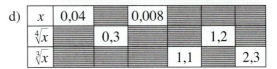

Wurzeln _____ **263**

Die reellen Zahlen

Nicht alle Quadratwurzeln haben als Lösung eine rationale Zahl. So ist z. B. $\sqrt{10}$ keine rationale Zahl, da es keine rationale Zahl gibt, die mit sich selbst multipliziert 10 ergibt.
Um den Wert von $\sqrt{10}$ annähernd zu bestimmen, grenzen wir $\sqrt{10}$ durch Dezimalzahlen ein, deren Quadrat immer näher bei 10 liegt.

Eingrenzung für $\sqrt{10}$	denn Quadrieren ergibt
grob: $\quad 3 \quad < \sqrt{10} < 4$	$9 \quad\quad\quad < 10 < 16$
genauer: $\quad 3{,}1 \quad < \sqrt{10} < 3{,}2$	$9{,}61 \quad\quad < 10 < 10{,}24$
noch genauer: $\quad 3{,}16 \quad < \sqrt{10} < 3{,}17$	$9{,}9856 \quad < 10 < 10{,}0489$
noch genauer: $\quad 3{,}162 < \sqrt{10} < 3{,}163$	$9{,}998244 < 10 < 10{,}004569$
$\vdots$	$\vdots$

Ineinander geschachtelte, immer enger werdende Eingrenzungen heißen **Intervallschachtelung**. Wir können die Intervallschachtelung für $\sqrt{10}$ beliebig fortsetzen und erhalten eine nichtperiodische, nicht abbrechende Dezimalzahl. $\sqrt{10} = 3{,}16227\ldots$ Solche Zahlen heißen **irrationale Zahlen**.

> Jede Zahl, die eine nichtperiodische, nicht abbrechende Dezimalzahl ist, heißt **irrationale Zahl**.

Wir stellen die ersten vier Eingrenzungen (Intervalle) von $\sqrt{10}$ auf der Zahlengeraden dar. Die zugehörigen ersten vier **Intervalle** bezeichnen wir mit I_1, I_2, I_3, I_4.

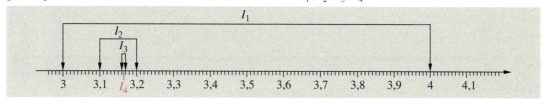

Das Intervall I_4 ist bereits so eng, dass wir es nur noch als Punkt zeichnen können. Es ist aber kein Punkt. Jedes Ende eines Intervalls ist eine Näherung für $\sqrt{10}$.

Übungen

1 Durch Quadrieren soll gezeigt werden, dass die folgenden Eingrenzungen den Anfang einer Intervallschachtelung beschreiben. Zeichnen Sie den Anfang der Intervallschachtelung auf einer Zahlengeraden.

$\quad 2 \quad\quad < \sqrt{5} < 3$
$\quad 2{,}2 \quad < \sqrt{5} < 2{,}3$
$\quad 2{,}23 \quad < \sqrt{5} < 2{,}24$

2 Geben Sie mithilfe des Taschenrechners die ersten vier Intervalle einer Intervallschachtelung für $\sqrt{2}$ und für $\sqrt{6}$ an. Tragen Sie die Intervalle auf der Zahlengerade ein.

3 Die folgenden Angaben sind Näherungslösungen für Quadratwurzeln von natürlichen Zahlen. Wie heißen die natürlichen Zahlen?
a) 2,45   d) 8,83   g) 29,22
b) 4,47   e) 10,95   h) 55,14
c) 5,66   f) 15,72   i) 75,19

Quadratwurzeln von natürlichen Zahlen sind entweder wieder natürliche Zahlen, z. B. $\sqrt{121} = 11$ oder Zahlen, die nicht einmal durch Brüche *genau* dargestellt werden können.
Auch der Taschenrechner zeigt für diesen Fall nur Näherungswerte.

$$5 \;\sqrt{}\; = \; 2{,}2360679\,77\ldots$$

Obwohl man die irrationalen Zahlen durch Dezimalbrüche nicht genau angeben kann, lassen sie sich als Punkte auf der Zahlengeraden genau festlegen. Man kann damit rechnen.

Die Kreiszahl π ist ebenfalls keine rationale Zahl. Sie ist eine irrationale Zahl. Sie liegt aber als Punkt auf der Zahlengeraden. Denn wenn wir vom Nullpunkt aus einen Kreis mit dem Durchmesser 1 (cm) um *eine* Umdrehung abrollen, kommen wir zu der Zahl π (cm). Der Umfang ist nämlich

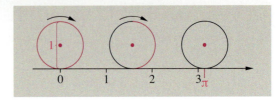

$u = \pi \cdot d = \pi \cdot 1 = \pi$

Es gibt unendlich viele irrationale Zahlen. Irrationale Zahlen können durch rationale Zahlen *angenähert* werden.

Beispiele

1. $\sqrt{2} \approx 1{,}414$ 2. $\sqrt{0{,}5} \approx 0{,}7071$ 3. $-\sqrt{5} \approx -2{,}236$ 4. $\pi \approx 3{,}142$

Als solche Näherungen können wir auch andere irrationale Zahlen angeben.

Beispiele

1. $3 + 7 \cdot \sqrt{2} \approx 3 + 7 \cdot 1{,}414 = 12{,}898$ 2. $3 \cdot \pi \approx 3 \cdot 3{,}142 = 9{,}426$

> Die Menge aller Zahlen, die durch Punkte auf der Zahlengeraden dargestellt werden können, heißt Menge der **reellen Zahlen**. Wir bezeichnen diese Menge mit $\mathbb{R}$.

Die Menge $\mathbb{R}$ der reellen Zahlen besteht aus zwei Teilmengen, aus der Menge der *rationalen* Zahlen und der Menge der *irrationalen* Zahlen.

$$\mathbb{R} = \{\text{rationale Zahlen}\} \cup \{\text{irrationale Zahlen}\}$$

Die reellen Zahlen heißen deshalb „reell", weil man mit ihnen messen und rechnen kann. Man kann alle Grundrechenarten ausführen, auch das Potenzieren und für positive Zahlen das Wurzelziehen.

Übungen

1 Welche der folgenden reellen Zahlen sind bestimmt *keine* irrationalen Zahlen?

a) $\sqrt{3}$ c) $\sqrt{25}$ e) $\sqrt{\pi}$
b) $\sqrt{4}$ d) $-\sqrt{16}$ f) $\sqrt{\pi^2}$

2 Beschreiben Sie die folgenden reellen Zahlen näherungsweise durch Dezimalbrüche.

a) $\sqrt{5}$ d) $2 \cdot \sqrt{3}$ g) 2π
b) $\sqrt{8}$ e) $3 \cdot \sqrt{2}$ h) π^2
c) $\sqrt{14}$ f) $\frac{1}{2} \cdot \sqrt{6}$ i) $\pi \cdot \sqrt{2}$

Quadratische Gleichungen

Einfache quadratische Gleichungen

Wir suchen Lösungen der quadratischen Gleichung $x^2 = 9$. Das bedeutet: Wir suchen Zahlen, deren Quadrat 9 ist.

Wurzelziehen ist die Umkehrung des Quadrierens. Also ist $\sqrt{9} = 3$ *eine* Lösung der Gleichung $x^2 = 9$.

Diese Lösung können wir auch an der Normalparabel ablesen: Dazu gehen wir von $y = 9$ aus waagerecht nach rechts bis zum Graphen der Normalparabel. Von dort aus gehen wir senkrecht zur x-Achse und lesen ab: $x = 3$.

Es gibt aber noch eine *zweite* Lösung der Gleichung $x^2 = 9$: Wenn wir von $y = 9$ aus nach links gehen bis zur Parabel und dann senkrecht zur x-Achse, so gelangen wir zu $x = -3$. Es gilt: $(-3) \cdot (-3) = 9$.

Die Gleichung $x^2 = 9$ hat also die beiden Lösungen $x_1 = 3$ und $x_2 = -3$. x_1 und x_2 sind Gegenzahlen.

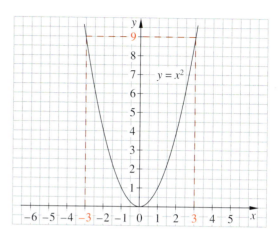

$x^2 = 9$ hat zwei Lösungen
$x_1 = 3$ und $x_2 = -3$

Beispiel

Wie lauten die Lösungen der Gleichung $x^2 = 6{,}25$?

Taschenrechner: 6,25 √ 2.5   *Probe:* $2{,}5^2 = 6{,}25$
Ablesen am Graphen: $x_1 = 2{,}5$ und $x_2 = -2{,}5$ $(-2{,}5)^2 = 6{,}25$

Antwort: Die Gleichung $x^2 = 6{,}25$ hat die Lösungen $x_1 = 2{,}5$ und $x_2 = -2{,}5$.

Übungen

1 Zeichnen Sie die Parabel mit $y = x^2$ auf Millimeterpapier. Lesen Sie aus der Normalparabel die Lösungen der Gleichung ab. Überprüfen Sie durch Quadrieren.
- a) $x^2 = 4$
- b) $x^2 = 9$
- c) $x^2 = 16$
- d) $x^2 = 25$
- e) $x^2 = 36$
- f) $x^2 = 1$
- g) $x^2 = 0$
- h) $x^2 = 2{,}25$

2 Lösen Sie die Gleichungen wie im Beispiel.
- a) $x^2 = 16$
- b) $x^2 = 121$
- c) $x^2 = 81$
- d) $x^2 = 49$
- e) $x^2 = 1{,}44$
- f) $x^2 = 256$

3 Lesen Sie an der Parabel die Lösungen der Gleichung ab. Überprüfen Sie Ihre Ergebnisse.

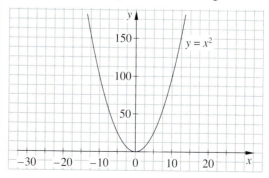

- a) $x^2 = 25$
- b) $x^2 = 100$
- c) $x^2 = 150$
- d) $x^2 = 0$

Reinquadratische Gleichungen

Eine quadratische Spanplatte hat einen Flächeninhalt von 1,43 m². Sie soll mit einem Umleimer versehen werden. Wie lang muss dieser mindestens sein?

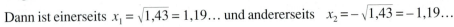

Wir berechnen zuerst die Kantenlänge der Spanplatte.

Es gilt: $x^2 = 1,43$

Dann ist einerseits $x_1 = \sqrt{1,43} = 1,19\ldots$ und andererseits $x_2 = -\sqrt{1,43} = -1,19\ldots$

$x_1 = 1,19$ und $x_2 = -1,19$ sind die beiden Lösungen von $x^2 = 1,43$.
Für das Sachproblem kann aber nur die positive Lösung gelten.
Wir rechnen: $\sqrt{1,43} \underset{TR}{\approx} 1,2$

Die Kantenlänge der Spanplatte ist rund 1,2 Meter.
Für den Umleimer wird die vierfache Kantenlänge benötigt, also 4 · 1,2 Meter.
Der Umleimer muss mindestens 4,8 Meter lang sein.

> Gleichungen, in denen die Variable x nur als x^2 vorkommt, wie z. B.
> $x^2 = 1,43$ oder $5x^2 - 20 = 10$ heißen **reinquadratische Gleichungen**.

Danach lernen wir „gemischt quadratische Gleichungen" kennen, in denen x und x^2 gleichzeitig vorkommen, z. B. $x^2 - 2x + 3 = 0$.

Beispiele

a) $3x^2 + 10 = 22 \quad | -10$
   $ 3x^2 = 12 \quad | :3$
   $ x^2 = 4 \quad | \sqrt{}$
   $ x = 2 \quad \text{oder} \quad x = -2$

Der Taschenrechner zeigt nur die positive Lösung an. Die Gleichung hat zwei Lösungen.

b) $2x^2 + 6 = 2 \quad | -6$
   $ 2x^2 = -4 \quad | :2$
   $ x^2 = -2 \quad | \sqrt{}$
   $ \boxed{E} \text{ Keine Lösung!}$

Der Taschenrechner zeigt $\boxed{E}$ oder error an. Die Gleichung hat keine Lösung.

Übungen

1 Bestimmen Sie die Lösungen und kontrollieren sie durch Quadrieren.
a) $x^2 = 81$ c) $x^2 = 11\,236$
b) $x^2 = 529$ d) $x^2 = 20,25$

2 Schätzen Sie. Rechnen Sie dann mit dem Taschenrechner. Runden Sie auf zwei Stellen.
a) $x^2 = 15$ c) $x^2 = 7$ e) $x^2 = 20$
b) $x^2 = 24$ d) $x^2 = 8$ f) $x^2 = 85$

3 Formen Sie so um, dass x^2 allein auf der linken Seite steht. Bestimmen Sie die Lösungen.
a) $x^2 + 10 = 40$ c) $2x^2 - 8 = 0$
b) $x^2 - 5 = 4$ d) $5x^2 - 30 = 0$

4 Lösen Sie die Gleichungen.
a) $3x^2 + 12 = 0$ f) $5x^2 + 10 = 1$
b) $2x^2 + 6 = 2$ g) $2x^2 + 9 = 3$
c) $3x^2 - 15 = 0$ h) $3x^2 - 9 = 2x^2$
d) $2x^2 + 8 = 8$ i) $6x^2 - 16 = 5x^2$
e) $4x^2 - 20 = 12$ j) $4x^2 - 72 = 2x^2$

Quadratische Gleichungen _____ **267**

Gemischt-quadratische Gleichungen

Wir betrachten die Gleichung $x^2 - 16x - 80 = 0$.

Neben x^2 kommt hier noch ein anderer Rechenausdruck mit der Variablen x vor, nämlich $-16x$. Solche Gleichungen heißen **gemischt-quadratische Gleichungen**.

Wir lösen solche Gleichungen mit einer Lösungsformel. Die Herleitung der Lösungsformel wird auf Seite 271 erarbeitet.

> Die **gemischt-quadratische Gleichung** $x^2 + px + q = 0$ hat die Lösungen
> $$x_1 = -\frac{p}{2} + \sqrt{\left(\frac{p}{2}\right)^2 - q} \quad \text{und} \quad x_2 = -\frac{p}{2} - \sqrt{\left(\frac{p}{2}\right)^2 - q}.$$

Den Rechenausdruck $\left(\frac{p}{2}\right)^2 - q$ unter der Wurzel nennt man **Diskriminante** der Gleichung.

Beispiel

1. Wir lösen $x^2 - 16x - 80 = 0$.

   Bestimmen von p und q: $p = -16; \quad q = -80$

   Lösungsformel: $\quad x_1 = -\frac{p}{2} + \sqrt{\left(\frac{p}{2}\right)^2 - q} \quad$ und $\quad x_2 = -\frac{p}{2} - \sqrt{\left(\frac{p}{2}\right)^2 - q}$

   Einsetzen: $\quad\ x_1 = -\frac{-16}{2} + \sqrt{\left(\frac{-16}{2}\right)^2 - (-80)} \qquad x_2 = -\frac{-16}{2} - \sqrt{\left(\frac{-16}{2}\right)^2 - (-80)}$

   $\qquad\qquad\quad\ x_1 = 8 + \sqrt{64 + 80} \qquad\qquad\quad x_2 = 8 - \sqrt{64 + 80}$

   $\qquad\qquad\quad\ x_1 = 8 + \sqrt{144} \qquad\qquad\qquad\ x_2 = 8 - \sqrt{144}$

   $\qquad\qquad\quad\ x_1 = 8 + 12 \qquad\qquad\qquad\quad\ x_2 = 8 - 12$

   $\qquad\qquad\quad\ x_1 = 20 \qquad\qquad\qquad\qquad\ x_2 = -4$

   Antwort: $\qquad$ Die Lösungen sind $x_1 = 20$ und $x_2 = -4$.

   Probe: $\qquad\quad\ 20^2 - 16 \cdot 20 - 80 = 0 \qquad\quad (-4)^2 - 16 \cdot (-4) - 80 = 0$

   $\qquad\qquad\qquad\qquad\qquad\qquad\ 0 = 0 \qquad\qquad\qquad\qquad\qquad\qquad 0 = 0$

2. Wir lösen die Gleichung $x^2 + 6x + 9 = 0$.

   Bestimmen von p und q: $p = 6; \quad q = 9$

   Lösungsformel: $\quad x_1 = -\frac{p}{2} + \sqrt{\left(\frac{p}{2}\right)^2 - q}; \quad$ und $\quad x_2 = -\frac{p}{2} - \sqrt{\left(\frac{p}{2}\right)^2 - q}$

   Einsetzen: $\qquad x_1 = -\frac{6}{2} + \sqrt{\left(\frac{6}{2}\right)^2 - 9}; \qquad\quad x_2 = -\frac{6}{2} - \sqrt{\left(\frac{6}{2}\right)^2 - 9}$

   $\qquad\qquad\quad\ x_1 = -3 + \sqrt{\underbrace{3^2 - 9}_{= 0}}; \qquad\qquad x_2 = -3 - \sqrt{\underbrace{3^2 - 9}_{= 0}}$

   $\qquad\qquad\quad\ x_1 = -3 + 0; \qquad\qquad\qquad\ x_2 = -3 - 0$

   $\qquad\qquad\quad\ x_1 = -3; \qquad\qquad\qquad\qquad x_2 = -3$

   Antwort: $\qquad$ Die Lösung der Gleichung $x^2 + 6x + 9 = 0$ ist $x = -3$.

   Probe: $\qquad\quad\ (-3)^2 + 6 \cdot (-3) + 9 = 0$

   $\qquad\qquad\qquad\ 9 \quad - \quad 18 \quad + 9 = 0$

   $\qquad\qquad\qquad\ 0 \qquad\qquad\qquad\quad = 0$

> Es gibt hier nur eine Lösung

268 _____ Quadratische Funktionen, Gleichungen und Exponentialfunktionen

3. Wir lösen die Gleichung $x^2 - 4x + 10 = 0$.

Bestimmen von p und q: $p = -4$; $q = 10$

Lösungsformel: $x_1 = -\frac{p}{2} + \sqrt{\left(\frac{p}{2}\right)^2 - q}$ und $x_2 = -\frac{p}{2} - \sqrt{\left(\frac{p}{2}\right)^2 - q}$

Einsetzen: $x_1 = -\frac{-4}{2} + \sqrt{\left(\frac{-4}{2}\right)^2 - 10}$; $x_2 = -\frac{-4}{2} - \sqrt{\left(\frac{-4}{2}\right)^2 - 10}$

   $x_1 = 2 + \sqrt{4 - 10}$; $x_2 = 2 - \sqrt{4 - 10}$

   $x_1 = 2 + \underbrace{\sqrt{-6}}_{\substack{\text{negativer Wert,}\\\text{also keine Lösung}}}$; $x_2 = 2 - \underbrace{\sqrt{-6}}_{\substack{\text{negativer Wert,}\\\text{also keine Lösung}}}$

Antwort: Die Gleichung $x^2 - 4x + 10 = 0$ hat keine Lösung.

Steht unter der Wurzel ein positiver Rechenausdruck, so gibt es *zwei* Lösungen.
Steht unter der Wurzel Null, so gibt es nur *eine* Lösung.
Steht unter der Wurzel ein negativer Rechenausdruck, so gibt es *keine* Lösung.

Also: Diskriminante positiv: 2 Lösungen,
   Diskriminante Null: 1 Lösung,
   Diskriminante negativ: 0 Lösungen.

Übungen

1 Lösen Sie mit der Lösungsformel.
a) $x^2 + 2x - 8 = 0$
b) $x^2 + 4x - 5 = 0$
c) $x^2 + 10x + 25 = 0$
d) $x^2 - 5x - 14 = 0$
e) $x^2 - 24x - 23 = 0$
f) $x^2 - 6x + 9 = 0$

2 Bestimmen Sie die Diskriminante der Gleichung.
a) $x^2 + 6x + 2 = 0$
b) $x^2 + 11x + 10 = 0$
c) $x^2 - 2x - 1 = 0$
d) $x^2 + 11x - 10 = 0$
e) $x^2 + 12x - 9 = 0$
f) $x^2 - 18x - 19 = 0$

3 Bringen Sie die Gleichungen zunächst in die Form $x^2 + px + q = 0$. Bestimmen Sie dann die Lösungen mit der Lösungsformel.
a) $x^2 + 8x = 6$ f) $x^2 = -6x + 28$
b) $x^2 + 3x = -2$ g) $x^2 - x = 1$
c) $x^2 = 4x - 3$ h) $x^2 - 2x = -1$
d) $x^2 = 42 + 19x$ i) $x^2 - 2x = 0$
e) $x^2 - 3x = 18$ j) $x^2 - 5x = -6$

Die Lösungsformel gilt nur, wenn der Faktor vor x^2 gleich 1 ist.

4 Formen Sie wie im Beispiel um und bestimmen Sie die Lösungen.
Beispiel: $3x^2 + 30x + 75 = 0$ $|:3$ $x^2 = 1 \cdot x^2$
   $x^2 + 10x + 25 = 0$
a) $2x^2 - 12x + 20 = 0$
b) $-6x^2 + 6x + 36 = 0$
c) $5x^2 - 10x - 40 = 0$
d) $-3x^2 + 6x + 18 = 0$
e) $4x^2 + 16x + 12 = 0$

5 Bestimmen Sie die Lösungen.
a) $x^2 - 6x = 0$
b) $2x^2 - 10x = 0$
c) $3x^2 - 4,8x = 0$
d) $10x^2 - x = 0$
e) $6x^2 + 6x = 0$

6 Bestimmen Sie die Lösungen.
a) $x^2 + 2x + 0,75 = 0$
b) $x^2 + 0,3x + 1 = 0$
c) $x^2 + 0,2x - 0,35 = 0$
d) $2x^2 - 5x - 25 = 0$
e) $-3x^2 - 3,6x + 9,75 = 0$

Quadratische Gleichungen _____ **269**

Bruchgleichungen, die auf quadratische Gleichungen führen

Zu lösen ist die Gleichung $\frac{x}{4} = \frac{14}{x-1}$. Zuerst muss die Definitionsmenge bestimmt werden. Da der Nenner nicht Null werden darf, darf die Variable x nicht 1 sein, also $D = \mathbb{R}\backslash\{1\}$.

Die Lösung der Gleichung wird nun wie bei anderen Bruchgleichungen durch Multiplikation mit dem Hauptnenner und weitere Umformungen bis zur Anwendung der Lösungsformel bestimmt.

$$\frac{x}{4} = \frac{14}{x-1} \quad |\cdot 4\,(x-1)$$

$$x\,(x-1) = 56$$
$$x^2 - x = 56 \quad |-56$$
$$x^2 - x - 56 = 0$$
$$x_1 = 8;\ x_2 = -7$$

x_1 und x_2 sind in der Definitionsmenge enthalten. Daher ist die Lösungsmenge $L = \{8; -7\}$.

Probe: 1. $\frac{8}{4} \overset{?}{=} \frac{14}{8-1}$ 2. $\frac{-7}{4} \overset{?}{=} \frac{14}{-7-1}$

                         $2 = 2$ $-\frac{7}{4} = -\frac{14}{8}$

Bruchgleichungen, die auf quadratische Gleichungen führen, werden so umgeformt, dass man die Lösungsformel anwenden kann. Achten Sie stets auf die Definitionsmenge.

Beispiel

Aufgabe:
Definitionsbereich bestimmen:

$$\frac{4}{x+5} = \frac{x-2}{2}$$
$$D = \mathbb{R}\backslash\{-5\}$$

Lösung:

1. Mit dem Hauptnenner multiplizieren und kürzen:

$$\frac{4}{x+5} = \frac{x-2}{2} \quad |\cdot 2\,(x+5)$$

$$8 = (x-2)\,(x+5)$$

2. Ausmultiplizieren und zusammenfassen:

$$8 = x^2 + 3x - 10 \quad |-8$$

3. Allgemeine Form bilden:

$$x^2 + 3x - 18 = 0$$

4. Lösungsformel anwenden:

$$x_{1/2} = -\frac{3}{2} \pm \sqrt{\frac{9}{4} + 18}$$
$$x_{1/2} = -\frac{3}{2} \pm \frac{9}{2}$$

5. Da 3 und -6 im Definitionsbereich liegen, ist die Lösungsmenge $L = \{3; -6\}$.

$$x_1 = 3;\ x_2 = -6$$

Probe: 1. $\frac{4}{3+5} \overset{?}{=} \frac{3-2}{2}$ 2. $\frac{4}{-6+5} \overset{?}{=} \frac{-6-2}{2}$

                          $\frac{4}{8} = \frac{1}{2}$ $-4 = -4$

Übungen

Beachten Sie den Definitionsbereich.

1 Lösen Sie.

a) $\frac{5}{x-2} - 3 = \frac{2x-5}{5}$

b) $\frac{2x+1}{2} + \frac{10}{3-2x} = 2$

c) $\frac{x}{2x-3} - \frac{1}{2x} = \frac{3}{4x-6}$

2 Lösen Sie.

a) $\frac{x+2}{x} + \frac{x-1}{x-2} = \frac{x^2-2}{x\,(x-2)}$

b) $\frac{3x}{x\,(x-2)} + x + 1 = \frac{7-2x}{x-2}$

c) $\frac{x+3}{x-1} + \frac{x+4}{x+2} = \frac{x^2+12x-1}{(x-1)\,(x+2)}$

d) $\frac{2}{x-2} - \frac{1}{x+1} + \frac{3}{x} = \frac{3x^2+4x-8}{x\,(x+1)\,(x-2)}$

3 a) $\frac{4x^2-4x+16}{x^2-16} - \frac{2x}{x-4} - \frac{3x}{x+4} = 0$

b) $\frac{9+2x}{9-x^2} - \frac{5}{3-x} + \frac{4+x}{2\,(3+x)} = 0$

Zeichnerisches Lösen gemischt-quadratischer Gleichungen

Zu lösen ist die Gleichung $x^2 + x - 6 = 0$ *zeichnerisch*. Dabei geht man schrittweise vor.

1. Umformen: $x^2 + x - 6 = 0$ in
   $$x^2 = -x + 6$$

2. Man fasst jede Seite der Gleichung als eine Funktion auf.
Als Schaubilder entstehen die Normalparabel p mit: $y = x^2$ und die Gerade g mit: $y = -x + 6$

3. Zeichnen der beiden Graphen:

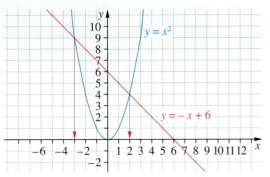

4. Bestimmen der Lösungen:
Die x-Werte der Schnittpunktkoordinaten sind die Lösungen der Ausgangsgleichung.
Also: **$x_1 = -3; x_2 = 2$**.

5. Probe: Einsetzen von x_1 ergibt: $(-3)^2 + (-3) - 6 = 0$
   Einsetzen von x_2 ergibt: $2^2 + 2 - 6 = 0$

Übungen

1 Bestimmen Sie die Lösungen zeichnerisch.

Beispiel: $x^2 + 4x + 3 = 0$
$$x^2 = -4x - 3$$
Zeichnen der Parabel mit $y = x^2$ und der Geraden mit $y = -4x - 3$. Schnittpunkte bei $x_1 = -3; x_2 = -1$.

a) $x^2 - 3x + 2 = 0$
b) $x^2 - 2x = 0$
c) $x^2 + 2x - 8 = 0$
d) $x^2 - x - 2 = 0$
e) $x^2 - x = 0$
f) $x^2 - x + 1 = 0$

2 Lösen Sie die Gleichung zeichnerisch.
a) $x^2 + 6x - 15 = 0$
b) $x^2 + 6x + 1 = 0$
c) $x^2 + 6x - 9 = 0$
d) $x^2 - 1,5x - 10 = 0$
e) $x^2 - 2,5x + 1,5 = 0$
f) $x^2 + 2,5x - 1,5 = 0$
Wie verläuft die Gerade, wenn die Gleichung zwei Lösungen, eine Lösung oder keine hat?

3 Lösen Sie die Gleichung zeichnerisch. Machen Sie die Probe.
a) $x^2 - 2x - 3 = 0$
b) $x^2 + 0,5x - 6 = 0$
c) $x^2 + 4x - 2,4 = 5$
d) $x^2 - 1,5x - 2,5 = 3$
e) $x^2 - 3x - 4 = 0$
f) $x^2 + 1,5x - 2,5 = 7$

4 Lösen Sie zeichnerisch. Formen Sie zunächst geeignet um:

Beispiel: $0,5x^2 + 2x = 4 \quad | \cdot 2$
$$x^2 + 4x = 8$$

a) $2x^2 - 12 = -10x$
b) $\frac{1}{2}x = -3 + \frac{1}{2}x^2$
c) $2x^2 + 10x = 40 - 3x^2$
d) $2x^2 + 8x = 10$
e) $2x^2 + 3x = 2$
f) $\frac{1}{2}x^2 + 2 = 2x$
g) $3x^2 + 6x - 9 = 0$

5 Ein rechteckiges Grundstück von 512 m² ist doppelt so lang wie breit. Wie lang sind die Seiten? Lösen Sie die Aufgabe zeichnerisch nach dem Aufstellen der Gleichung.

Quadratische Gleichungen

Herleitung der Lösungsformel

Wir wollen zeigen, wie man die Lösungen $x_1 = -\frac{p}{2} + \sqrt{(\frac{p}{2})^2 - q}$ und $x_2 = -\frac{p}{2} - \sqrt{(\frac{p}{2})^2 - q}$
der gemischtquadratischen Gleichung $x^2 + px + q = 0$ herleitet.

$$x^2 + px + q = 0$$

1. Umstellen von q $\qquad\qquad\qquad\qquad$ $x^2 + px = -q$

2. Quadratisch ergänzen $\qquad\qquad\qquad$ $x^2 + px + (\frac{p}{2})^2 = -q + (\frac{p}{2})^2$
Man addiert auf beiden Seiten die
quadratische Ergänzung $(\frac{p}{2})^2$, damit man
eine binomische Formel anwenden kann.

3. Quadrat bilden $\qquad\qquad\qquad\qquad$ $(x + \frac{p}{2})^2 = (\frac{p}{2})^2 - q$
Man schreibt die linke Seite als Quadrat

4. Wurzelziehen $\qquad\qquad\qquad\qquad$ $x + \frac{p}{2} = \pm \sqrt{(\frac{p}{2})^2 - q}$

5. Umstellen von $\frac{p}{2}$ liefert die Lösungen $\qquad$ $x_1 = -\frac{p}{2} + \sqrt{(\frac{p}{2})^2 - q}$ und

$\qquad\qquad\qquad\qquad\qquad\qquad\qquad\qquad$ $x_2 = -\frac{p}{2} - \sqrt{(\frac{p}{2})^2 - q}$

Beispiel

Wir lösen die Gleichung $x^2 + 7x + 10 = 0$ mit quadratischer Ergänzung.

1. Umstellen von q $\qquad\qquad\qquad\qquad$ $x^2 + 7x = -10$

2. Quadratisch ergänzen mit $(\frac{7}{2})^2$ $\qquad\quad$ $x^2 + 7x + (\frac{7}{2})^2 = -10 + (\frac{7}{2})^2$

3. Binomische Formel anwenden $\qquad\quad$ $(x + \frac{7}{2})^2 = (\frac{7}{2})^2 - 10$

4. Wurzelziehen $\qquad\qquad\qquad\qquad$ $x + \frac{7}{2} = \pm \sqrt{(\frac{7}{2})^2 - 10} \quad | -\frac{7}{2}$

5. Umstellen von $\frac{7}{2}$ $\qquad\qquad\qquad\quad$ $x = -\frac{7}{2} \pm \sqrt{(\frac{7}{2})^2 - 10}$

$\quad$ Lösungen: $\qquad\qquad\qquad\qquad$ $x_1 = -2$ und $x_2 = -5$

Übungen

1 Bestimmen Sie die Lösungen.
a) $(x - 2)^2 = 9$ $\qquad$ d) $(-x + 3{,}5)^2 = 16$
b) $(x - 7)^2 = 49$ $\qquad$ e) $(2x + 8{,}5)^2 = 64$
c) $(x + 5)^2 = 9$ $\qquad$ f) $(3{,}5 - 0{,}5x)^2 = 121$

2 Lösen Sie mit quadratischer Ergänzung.
Machen Sie die Probe durch Einsetzen.
a) $x^2 + 10x + 25 = 36$
b) $x^2 + 14x + 49 = 4$
c) $x^2 - 18x + 81 = 144$

3 Lösen Sie mit der quadratischen Ergänzung.
a) $x^2 - 2x = -15$
b) $x^2 - 5x = 14$
c) $x^2 - x = 12$

4 Dividieren Sie zunächst durch den Faktor vor x^2 und lösen Sie dann die Gleichung mithilfe der quadratischen Ergänzung.
a) $2x^2 - 16x + 30 = 0$
b) $3x^2 + 30x + 75 = 0$
c) $2x^2 - 12x + 20 = 0$

Anwendungen

Eine 2 m hohe quadratische Säule hat eine Oberfläche von 35 200 cm². Wie lang ist die Seite der Grundfläche?

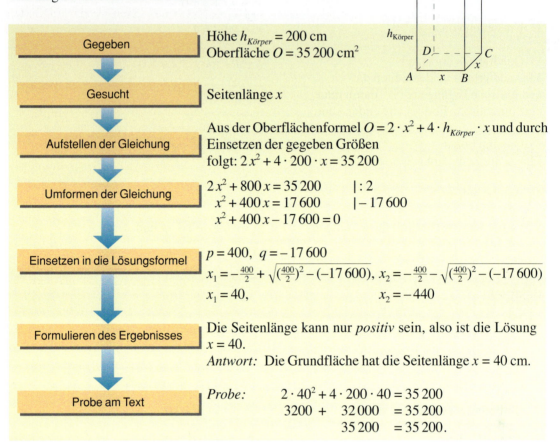

Gegeben	Höhe $h_{Körper} = 200$ cm Oberfläche $O = 35\,200$ cm²
Gesucht	Seitenlänge x
Aufstellen der Gleichung	Aus der Oberflächenformel $O = 2 \cdot x^2 + 4 \cdot h_{Körper} \cdot x$ und durch Einsetzen der gegeben Größen folgt: $2x^2 + 4 \cdot 200 \cdot x = 35\,200$
Umformen der Gleichung	$2x^2 + 800x = 35\,200 \quad \vert : 2$ $x^2 + 400x = 17\,600 \quad \vert - 17\,600$ $x^2 + 400x - 17\,600 = 0$
Einsetzen in die Lösungsformel	$p = 400, \ q = -17\,600$ $x_1 = -\frac{400}{2} + \sqrt{\left(\frac{400}{2}\right)^2 - (-17\,600)}, \ x_2 = -\frac{400}{2} - \sqrt{\left(\frac{400}{2}\right)^2 - (-17\,600)}$ $x_1 = 40, \qquad\qquad\qquad x_2 = -440$
Formulieren des Ergebnisses	Die Seitenlänge kann nur *positiv* sein, also ist die Lösung $x = 40$. *Antwort:* Die Grundfläche hat die Seitenlänge $x = 40$ cm.
Probe am Text	*Probe:* $2 \cdot 40^2 + 4 \cdot 200 \cdot 40 = 35\,200$ $3200 + 32\,000 = 35\,200$ $35\,200 = 35\,200.$

Übungen

1 Eine quadratische Säule hat die Höhe $h_{Körper}$ und die Oberfläche O. Wie lang ist die Seite der Grundfläche?

	a)	b)	c)
Oberfläche O	11 250 cm³	20 000 cm³	7800 cm³
Höhe h	100 cm	75 cm	50 cm

2 Verkleinert man bei einem Quadrat die Seitenlängen um 4,5 cm, so erhält man für den Flächeninhalt 196 cm². Wie groß war das ursprüngliche Quadrat?

3 Ein Würfel hat eine Oberfläche von 37,5 cm². Welche Kantenlänge hat er?

4 Wie lang sind die Seiten des Rechtecks?

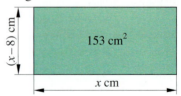

5 Subtrahiert man vom Quadrat einer Zahl 78, so erhält man 66. Wie heißt die Zahl?

6 Addiert man zum Doppelten des Quadrats einer Zahl 69, so erhält man 197.

Quadratische Gleichungen

7 Das Produkt aus einer Zahl und der um 17 kleineren Zahl ist 0. Wie heißt die Zahl?

8 Das Doppelte einer Zahl ist halb so groß wie ihr Quadrat. Wie heißt die Zahl?

9 Das Produkt aus der Summe und der Differenz zweier Zahlen ist 96. Eine der Zahlen ist 5. Wie heißt die Zahl?

10 Das Produkt zweier Zahlen ist 184. Die eine Zahl ist um 15 größer als die andere. Wie heißen die Zahlen?

11 Die Zahl 210 lässt sich als Produkt zweier Zahlen schreiben, deren Summe 29 ist. Wie heißen die Zahlen?

12

UM WELCHE ZAHL MUSS JEDER FAKTOR DES PRODUKTES 19 · 17 VERGRÖSSERT WERDEN, DAMIT DAS PRODUKT UM 76 GRÖSSER WIRD?

b) Um welche Zahl muss jeder Faktor des Produkts 19 · 17 verkleinert werden, damit das Produkt um 76 größer wird?

13 Das Siebenfache einer Zahl ist um 8 kleiner als ihr Quadrat. Wie heißt die Zahl?

14 Das Quadrat einer Zahl, vermindert um ihr Dreifaches, beträgt 4. Wie heißt die Zahl?

15 a) Die Differenz zweier Zahlen beträgt 7. Ihr Produkt ist 8. Bestimmen Sie die Zahlen.
b) Gibt es zwei Zahlen, deren Summe 10 und deren Produkt 100 ist? Begründen Sie die Antwort.

16 Ein Rechteck hat den doppelten Flächeninhalt wie ein Quadrat. Die eine Rechtecksseite ist genauso lang wie eine Quadratseite, die andere ist 12 cm lang. Welche Seitenlänge hat das Quadrat?

17 a) Bei einem Quadrat werden die Seiten um 3 cm verkürzt. Das neue Quadrat hat einen Flächeninhalt von 2209 cm^2. Wie lang waren die Seiten des ursprünglichen Quadrats?
b) Bei einem anderen Quadrat wurden die Seiten um 7 cm verlängert. Das neue Quadrat ist 2209 cm^2 groß. Wie lang waren die Seiten des ursprünglichen Quadrats?

18 Eine 286 m^2 große rechteckige Fahrzeughalle hat einen Umfang von 70 m. Wie lang und wie breit ist die Halle?

19 Ein rechteckiges Grundstück ist 69 000 m^2 groß. Die Länge ist 70 m größer als die Breite. Wie lang und wie breit ist das Grundstück?

20 Eine rechteckige Terrasse ist dreimal so lang wie sie breit ist. Sie wird mit 108 quadratischen Platten ausgelegt. Jede Platte hat eine Kantenlänge von 50 cm. Welche Abmessungen hat die Terrasse?

21 An einer Straßenkreuzung wird ein Fußweg angelegt. Von den angrenzenden Grundstücken wird ein 2 m breiter Streifen benötigt. Das 609 m^2 große rechteckige Eckgrundstück wird dadurch um 96 m^2 kleiner. Wie lang und wie breit war das Grundstück vorher?

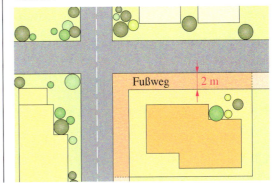

22 Herr Kramer tankt stets für 30 € Benzin. Nach einer Preiserhöhung um 4 Cent erhält er 1,0 Liter Benzin weniger.
Wie teuer war ein Liter Benzin vor der Preiserhöhung?

23 Eine Schulklasse macht einen Ausflug. Die Fahrtkosten von 175 € für einen Reisebus werden auf alle Teilnehmer gleichmäßig verteilt. In dem Bus sind noch zehn freie Plätze. Wäre der Bus vollbesetzt, wäre der Fahrpreis für jeden um 2 € niedriger.
Wie viele Schülerinnen und Schüler fahren mit? Wie hoch ist der Fahrpreis?

24 Eine Schreibwarengroßhandlung kauft von zwei Bleistiftherstellern je 6000 Stifte. Die Lieferfirmen packen in verschiedenen Mengen ab. Eine Großpackung der Firma Stetter enthält sechs Bleistifte mehr als eine Großpackung der Firma Färber. Die Gesamtlieferung beider Hersteller besteht aus 450 Großpackungen.
Wie viele Bleistifte sind in den verschiedenen Großpackungen?
Wie viele Großpackungen lieferte jeder Hersteller?

25 Für ein Mehrfamilienhaus wurde im Sommer für 3120 € Heizöl geliefert. Im Januar des folgenden Jahrs musste noch einmal für 2030 € Heizöl gekauft werden. Da der Literpreis im Januar um 3 Cent höher war, wurden 5000 Liter Öl weniger bestellt.
Berechnen Sie den Literpreis im Sommer (im Januar). Welche Heizölmengen wurden gekauft?

26 Einige Arbeitskollegen mieten sich bei schlechtem Wetter für den Weg vom Bahnhof zum Betrieb ein Taxi. Die Kosten von 7,20 € teilen sie gleichmäßig. Als einer der Mitarbeiter ausfiel, musste jeder der übrigen 60 Cent mehr zahlen.
Wie viele Arbeitskollegen fahren normalerweise mit dem Taxi?

27 Der Flächeninhalt von einem DIN-A0-Blatt ist 1 m². Die Länge ist $\sqrt{2}$-mal so groß wie die Breite.
a) Wie lang und wie breit ist ein DIN-A0-Blatt?
b) Ein DIN-A1-Blatt entsteht, wenn man ein DIN-A0-Blatt parallel zur Breite halbiert.
Wie lang und wie breit ist ein DIN-A1-Blatt?
c) Ein DIN-A2-Blatt entsteht, wenn man ein DIN-A1-Blatt parallel zur Breite halbiert.
Ein DIN-A3-Blatt entsteht, wenn man ein DIN-A2-Blatt parallel zur Breite halbiert usw.
Setzen Sie die Tabelle fort.

	Länge	Breite	Höhe
DIN A0			
DIN A1			

28 Fernkabel für Telefonverbindungen bestehen aus einzelnen Leitungen, die von verschiedenen Isolierschichten umgeben sind. Das Fernkabel hat einen Querschnitt von etwa 70 cm². Welchen Durchmesser hat das Kabel?

29 In einem Holzbetrieb wurde eine Maschine gekauft. Sie hatte einen Anschaffungswert von 12 500 €. Diese Maschine wird zweimal mit gleichem Prozentsatz vom Buchwert abgeschrieben. Der Buchwert beträgt am Ende der zwei Jahre noch 10 580 €.
Wie hoch ist der Abschreibungssatz, der zugrunde gelegt wurde?

Quadratische Gleichungen

Der Satz von Vieta

Der französische Mathematiker François Vieta (1540–1609) hat Zusammenhänge zwischen den *Lösungen* einer quadratischen Gleichung und ihren *Koeffizienten* (Vorzahlen) entdeckt.

In der Tabelle werden die Summe und das Produkt der Lösungen einer quadratischen Gleichung mit den Vorzahlen p und q in der Form $x^2 + px + q = 0$ verglichen.

Gleichung	Lösung x_1	Lösung x_2	$x_1 + x_2$	$x_1 \cdot x_2$	p	q
$x^2 - 5x + 6 = 0$	2	3	5	6	-5	6
$x^2 + 4x - 21 = 0$	3	-7	-4	-21	4	-21
$x^2 - 0,1x - 0,3 = 0$	$-0,5$	0,6	0,1	$-0,3$	$-0,1$	$-0,3$

Aus den Beispielen sieht man: Die Summe $x_1 + x_2$ ist gleich der Vorzahl p von x mit umgekehrtem Vorzeichen und das Produkt $x_1 \cdot x_2$ ist q. (Vgl. Sie Seite 276, Aufg. 9)

Satz von Vieta (1. Form)

> **Für die Lösungen x_1 und x_2 der Gleichung $x^2 + px + q = 0$ gilt:**
> $$p = -(x_1 + x_2) \quad \text{und} \quad q = x_1 \cdot x_2$$

Mit diesem Satz kann man quadratische Gleichungen zu vorgegebenen Lösungen aufstellen und die Lösung von quadratischen Gleichungen überprüfen.

Beispiele

1. Stellen Sie eine Gleichung mit den Lösungen $x_1 = 3$ und $x_2 = 4$ auf.
$p = -(x_1 + x_2) = -(3 + 4)$, also $p = -7$
$q = \quad x_1 \cdot x_2 = \quad 3 \cdot 4$, also $q = 12$

Gleichung: $x^2 - 7x + 12 = 0$

2. Stellen Sie eine Gleichung auf, die nur eine Lösung hat, also $x_1 = x_2 = 4$
$p = -(x_1 + x_2) = -(4 + 4)$, also $p = -8$
$q = \quad x_1 \cdot x_2 = \quad 4 \cdot 4$, also $q = 16$

Gleichung: $x^2 - 8x + 16 = 0$

Satz von Vieta (2. Form)

> **Wenn x_1 und x_2 die Lösungen von $x^2 + px + q = 0$ sind, dann ist**
> $$(x - x_1) \cdot (x - x_2) = x^2 + px + q.$$

Beispiele

1. Die Gleichung $x^2 - 6x + 5 = 0$ hat die Lösungen $x_1 = 1$ und $x_2 = 5$.
Dann ist $(x - 1) \cdot (x - 5)$
$\qquad = x^2 - 5x - x + 5$
$\qquad = x^2 - 6x + 5.$

2. Die Gleichung $x^2 - 2x - 8 = 0$ hat die Lösungen $x_1 = -2$ und $x_2 = 4$.
Dann ist $(x + 2) \cdot (x - 4)$
$\qquad = x^2 - 4x + 2x - 8$
$\qquad = x^2 - 2x - 8.$

Übungen

1 Stellen Sie quadratische Gleichungen zu vorgegebenen Lösungen auf.
a) $x_1 = 3; x_2 = 5$
b) $x_1 = 2; x_2 = -3$
c) $x_1 = 5; x_2 = -5$
d) $x_1 = -2; x_2 = -4$
e) $x_1 = 3; x_2 = -4$
f) $x_1 = 4; x_2 = -5$

2 Prüfen Sie mit den Sätzen von Vieta, ob die angegebenen Lösungen stimmen.
a) $x^2 - x - 6 = 0; x_1 = -2; x_2 = 3$
b) $x^2 - 13x + 42 = 0; x_1 = 6; x_2 = 7$
c) $x^2 - 2{,}5x - 31{,}5 = 0; x_1 = 7; x_2 = -4{,}5$
d) $x^2 - 6x + 5 = 0; x_1 = 1; x_2 = 5$
e) $x^2 - 9x + 18 = 0; x_1 = 3; x_2 = 6$
f) $x^2 + 3x - 10 = 0; x_1 = -2; x_2 = 5$

3 Suchen Sie die zweite Lösung mit den Sätzen von Vieta.
a) $x^2 - 8x + 15 = 0; x_1 = 5$
b) $x^2 - 6x + 8 = 0; x_1 = 4$
c) $x^2 - 2x - 3 = 0; x_1 = 3$
d) $x^2 - 12{,}25x + 36{,}25 = 0; x_1 = 5$
e) $x^2 + 5x - 6 = 0; x_1 = 1$
f) $x^2 - 3x - 28 = 0; x_1 = -4$

4 Bestimmen Sie (ohne zu rechnen) die Lösungen der folgenden Gleichungen.

Tipp: Satz vom Nullprodukt.
a) $(x - 3) \cdot (x - 4) = 0$
b) $(x + 2) \cdot (x - 6) = 0$
c) $(x - 0{,}5) \cdot (x + 0{,}6) = 0$
d) $(2 - x) \cdot (7 + x) = 0$
e) $x \cdot (x - 3) = 0$
f) $(x + 2{,}5) \cdot x = 0$
g) $x \cdot (2{,}5 - x) = 0$
h) $x^2 - 16 = 0$

5 Geben Sie die quadratische Form in der Produktform an.
Beispiel: $x^2 - 5x + 6 = 0$ ist dasselbe wie $(x - 2) \cdot (x - 3) = 0$

a) $x^2 + 2x - 15 = 0$
b) $x^2 - 2x - 15 = 0$
c) $x^2 - 10x + 16 = 0$
d) $x^2 + 12x + 32 = 0$
e) $x^2 + 3x - 18 = 0$
f) $x^2 + 11x + 28 = 0$
g) $x^2 - 7x + 11{,}25 = 0$
h) $x^2 - 6x - 33{,}25 = 0$

6 a) Addiert man zum Quadrat einer Zahl 5, so erhält man das Sechsfache der Zahl. Wie heißt die Zahl?
b) Das Sechsfache einer Zahl ist um 9 größer als ihr Quadrat. Wie heißt die Zahl?

7 a) Ein Rechteck hat einen Flächeninhalt von 200 cm². Seine Seiten unterscheiden sich um 17 cm. Wie lang sind die Rechteckseiten?

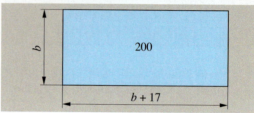

b) Ein rechteckiges Grundstück ist 1476 m² groß. Eine Grundstücksseite ist um 5 m länger als die andere. Wie lang sind die Seiten?

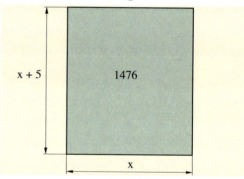

8 Verlängert man die Seite a des Quadrates um 4 cm, so vergrößert sich die Fläche auf das Neunfache. Wie lang ist die Seite a?

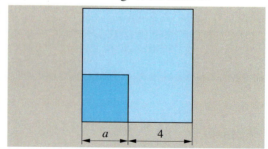

9 Die Lösungen von $x^2 + px + q = 0$ sind $x_1 = -\frac{p}{2} + \sqrt{\left(\frac{p}{2}\right)^2 + -q}$ und $x_2 = -\frac{p}{2} - \sqrt{\left(\frac{p}{2}\right)^2 + -q}$. Beweisen Sie durch Ausrechnen, dass $x_1 + x_2 = -p$ und $x_1 \cdot x_2 = q$.

Logarithmus und Exponentialfunktion

Der Logarithmus – der Exponent wird gesucht

Die Lösung ist $x = 5$, denn $2^5 = 32$.
Als Lösung der Gleichung $2^x = 32$ ist ein Exponent gesucht; dieser Exponent heißt der **Logarithmus von 32 zur Basis 2**. Man schreibt dafür kurz:

$x = \log_2 32$ und liest: „x ist der Logarithmus von 32 zur Basis 2".
Also: $5 = \log_2 32$, denn $2^5 = 32$.

Entsprechendes gilt auch für den Logarithmus mit anderen Basen.

Beispiele

1. $\log_2 8 = 3$, denn $2^3 = 8$
2. $\log_3 27 = 3$, denn $3^3 = 27$
3. $\log_2 1024 = 10$, denn $2^{10} = 1024$
4. $\log_3 \frac{1}{3} = -1$, denn $3^{-1} = \frac{1}{3}$

> Mit $\log_b a$ bezeichnet man den Exponenten, mit dem man b potenzieren muss, um a zu erhalten. Man liest dafür: Logarithmus von a zur Basis b.
> Also: $x = \log_b a$ heißt, dass x die Lösung der Gleichung $b^x = a$ ist.

Beispiele

1. $2^x = 128$
Gesucht: Exponent x, also $\log_2 128$
Lösung: Man berechnet Potenzen von 2 und findet: $128 = 2^7$
Also: $\log_2 128 = 7$

2. $5^x = 125$
Gesucht: $\log_5 125$
Lösung: Man berechnet Potenzen von 5 und findet: $125 = 5^3$
Also: $\log_5 125 = 3$

Prüfen Sie die Beispiele.

Logarithmen zur Basis 10 nennt man **Zehnerlogarithmen**. Statt $\log_{10} a$ schreibt man kurz **lg** a oder **log** a. Zehnerlogarithmen bestimmt man mit dem Taschenrechner. Dort heißt die Taste meistens $\boxed{\log}$. So berechnet man log 7 mit dem TR:

7 $\boxed{\log}$ $\boxed{=}$ $\boxed{}$

Beispiel

1. lg 100 000:
100 000 $\boxed{\log}$ $\boxed{5}$

Also: lg 100 000 = 5
(denn $10^5 = 100\,000$)

2. lg 55:
55 $\boxed{\log}$ $\boxed{1{,}74...}$

Also: lg 55 = 1,74…
(d. h. $10^{1,74\,…} = 55$)

Übungen

1 Bestimmen Sie x.
a) $2^x = 256$ e) $3^x = 81$
b) $3^x = 1$ f) $10^x = 1000$
c) $7^x = 49$ g) $10^x = 0{,}0001$
d) $12^x = 144$ h) $2^x = \frac{1}{64}$

2 Schreiben Sie als Logarithmus.
Beispiel: $6^3 = 216$
$\log_6 216 = 3$
a) $5^3 = 125$ c) $0{,}1^3 = 0{,}001$
b) $(\frac{1}{2})^4 = \frac{1}{16}$ d) $0{,}5^3 = 0{,}125$

3 Schreiben Sie wie im Beispiel.
Beispiel: $\log_3 729 = 6$
$3^6 = 729$
a) $\log_3 81 = 4$ c) $\log_2 0{,}125 = -3$
b) $\log_{10} 10 = 1$ d) $\log_{16} 4 = 0{,}5$

4 Berechnen Sie ohne Taschenrechner wie im Beispiel.
Beispiel: $\log_4 64 = 3$, denn $4^3 = 64$
a) $\log_5 125$ e) $\log_5 625$
b) $\log_5 \frac{1}{125}$ f) $\log_3 3$
c) $\log_{11} 11$ g) $\log_6 6$
d) $\log_3 \frac{1}{81}$ h) $\log_5 \frac{1}{25}$

5 Berechnen Sie.
a) $\log_6 6$ d) $\log_6 \frac{1}{216}$
b) $\log_6 36$ e) $\log_8 64$
c) $\log_6 \frac{1}{6}$ f) $\log_8 8$

6 Berechnen Sie die Zehnerlogarithmen ohne Taschenrechner.
a) lg 10   f) lg 10 000
b) lg 1000   g) lg 10^6
c) lg 0,1   h) lg 10^7
d) lg 0,001   i) lg $\sqrt{1000}$
e) lg $\frac{1}{100}$ j) lg $\sqrt{100\,000}$

7 Berechnen Sie die Zehnerlogarithmen näherungsweise mit dem Taschenrechner.
a) lg 20   f) lg 1,5
b) lg 4   g) lg 25
c) lg 24   h) lg 0,0005
d) lg 8   i) lg 0,5
e) lg 3   j) lg 0,05

8 Lösen Sie näherungsweise mit dem Taschenrechner mit Probe wie im Beispiel.
Beispiel: $10^x = 8$
8 $\boxed{\log}$ $\boxed{0{,}903089987}$ $\boxed{M}$

Probe:
10 $\boxed{x^y}$ $\boxed{MR}$ $\boxed{=}$ $\boxed{8}$

a) $10^x = 9$ f) $10^x = 0{,}4$
b) $10^x = 13$ g) $10^x = 200$
c) $10^x = 1{,}5$ h) $10^x = 81$
d) $10^x = 7{,}4$ i) $10^x = 1304$
e) $10^x = 0{,}5$ j) $10^x = 24\,000$

9 Formen Sie in eine Gleichung mit Potenzen um. Prüfen Sie: Sind die Gleichungen wahr?
a) $\log_b b = 1$ c) $\log_b 1 = 0$
b) lg 10 = 1   d) lg 1 = 0

Logarithmus und Exponentialfunktion

Exponentialfunktion (exponentielles Wachstum)

Wachstumsprozesse

Ein Naherholungsgebiet soll erweitert werden. Der 750 m² große See wird mit Baggern jede Woche um etwa 500 m² vergrößert (lineares Wachstum). Da der See auch für die Trinkwasserversorgung genutzt wird, wird auch die Wasserqualität regelmäßig untersucht. Besonders beobachtet wird dabei eine sich sehr schnell vermehrende Algenart. Die davon bedeckte Fläche verdoppelt sich in jeder Woche (exponentielles Wachstum). Zu Beginn der Arbeiten war sie etwa 1 m² groß. Ein Arbeiter behauptet: „Bald ist der gesamte See grün!"

Vergrößerung der Wasserfläche durch den Bagger (lineares Wachstum):

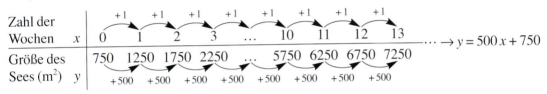

Ausbreitung der Algenfläche (exponentielles Wachstum):

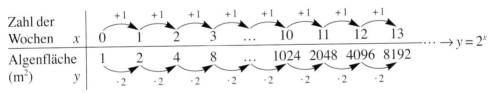

Der Graph von $y = 500x + 750$ ist eine Gerade, er steigt gleichmäßig an. Man sagt: Die Fläche des Sees **wächst linear**.

Der Graph von $y = 2^x$ steigt zunächst sehr langsam, dann aber sehr schnell an. Wird der Wert x um 1 vergrößert, dann vergrößert sich der y-Wert um den Faktor 2. Man nennt diesen Faktor den **Wachstumsfaktor** der Funktion. Man sagt: Die Algenfläche **wächst exponentiell**, denn x steht im Exponenten.

Funktionen mit $f(x) = a^x$ nennt man **Exponentialfunktionen**.

Am Schaubild erkennt man: Ohne Gegenmaßnahmen wird der See nach 13 Wochen vollständig von Algen bedeckt sein. Exponentialfunktionen wachsen sehr schnell an.

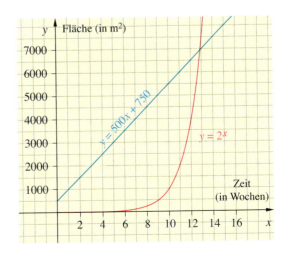

280 Quadratische Funktionen, Gleichungen und Exponentialfunktionen

Wir merken uns:

> **Lineares Wachstum** heißt:
> In gleichen Zeiträumen nehmen die Werte um den gleichen Summanden zu. Als Funktionsgraph erhält man eine **Gerade** g mit der Gleichung: $y = mx + b$.
>
> **Exponentielles Wachstum** heißt:
> In gleichen Zeiträumen werden die Werte mit dem gleichen Faktor a **vervielfacht**. Der Faktor a heißt **Wachstumsfaktor**, die Funktion $f(x) = a^x$ heißt Exponentialfunktion. Als Funktionsgraph erhält man die **Kurve** mit $y = a^x$.

Übungen

1 Seetang ist eine sehr schnell wachsende Art der Rotalge.

In speziellen Meeresbecken wird Seetang in 30 m Tiefe gezüchtet und das Wachstum beobachtet.
Zu Beginn der Beobachtung hat eine Alge eine Höhe von 1 cm. Jede Woche verdreifacht sich ihre Höhe.
a) Stellen Sie eine Wertetabelle für das Wachstum der Alge auf. Nennen Sie Wachstumsfaktor und Funktionsgleichung.
b) Zeichnen Sie den Graph der Funktion.
c) Nach wie vielen Wochen erreicht die Alge die Wasseroberfläche?

2 Marcus bittet seinen Vater um einen Zuschuss zu seinem neuen Moped. Sein Vater macht ihm einen merkwürdigen Vorschlag: „Du kannst wählen zwischen zwei Angeboten. Angebot A: Du erhältst sofort 15 €. Dann wird der Betrag täglich um 5 € erhöht. Die Zahlung endet nach 14 Tagen. Angebot B: Du erhältst 1 Cent sofort. Dann wird der Betrag täglich verdreifacht. Die Zahlung endet bereits nach 10 Tagen."
a) Für welches Angebot sollte er sich entscheiden? Legen Sie dazu für jedes Angebot eine Wertetabelle an, geben Sie die Funktionen an und zeichnen Sie die Graphen.
b) Begründen Sie: Beim Angebot A liegt lineares Wachstum vor, beim Angebot B exponentielles Wachstum.

3 a) Übertragen Sie die Graphen der Wachstumsfunktion $y = 2^x$ und der quadratischen Funktion $y = x^2$
b) Vergleichen Sie beide Funktionen.

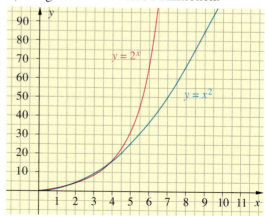

Logarithmus und Exponentialfunktion

1. Bevölkerungswachstum

Im Jahre 1996 hatten die Länder Lateinamerikas etwa 480 Mio. Einwohner. In den folgenden Jahren nahm die Bevölkerung jährlich um rund 1,7 % zu. Wie groß war die Bevölkerungszahl 2004?

Eine Zunahme um 1,7 % bedeutet: Die Bevölkerungszahl beträgt im folgenden Jahr 101,7 % vom Vorjahr. Man sagt, die Bevölkerung wächst mit einem Faktor 1,017. Den Wachstumsfaktor berechnen wir aus:

$1 + \frac{1,7}{100} = 1,017$; Allgemein $1 + p$.

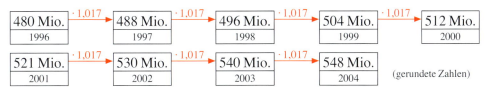

Die Bevölkerung von 2004 kann man in einem Schritt so berechnen:

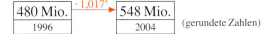

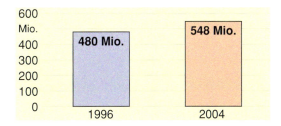

Im Jahre 2004 lebten rund 548 Mio. Einwohner in Lateinamerika.

Nach x Jahren ist der Wachstumsfaktor $1,017^x$

Wachstumsfaktor: $f(x) = 1,017^x$ (x in Jahren)

Eine Bevölkerungs**abnahme** um beispielsweise 2 % pro Jahr ergibt einen Wachstumsfaktor, der kleiner ist als 1, so zum Beispiel $1 + (\frac{-2}{100}) = 0,98$.

Wachstumsfaktor: $f(x) = 0,98^x$ (x in Jahren)

Übungen

1 Rechnen Sie das Beispiel mit 1,017 als konstantem Faktor auf dem TR. Setzen Sie die Berechnung bis 2010 fort.

2 2003 hatte Europa etwa 727 Mio. Einwohner. Man schätzt die durchschnittliche jährliche Wachstumsrate auf −0,2 %. Berechnen Sie die Einwohnerzahl Europas für das Jahr 2020.

3 Im Jahre 2004 lebten etwa 6,4 Mrd. Menschen auf der Erde. Jährliche Wachstumsrate etwa 1,28 %. Welcher Weltbevölkerung im Jahr 2010 entspräche das?

4 Die Schätzungen über das Wachstum der Weltbevölkerung bis zum Jahr 2010 schwanken zwischen 1,12 % und 1,3 %. Berechnen Sie mit der Angabe aus Aufgabe 3 die voraussichtliche Weltbevölkerung für das Jahr 2010 mit beiden Wachstumsraten.

2. Kapitalwachstum

Daniela legt 2000 € bei einer Sparkasse für fünf Jahre bei einem Zinssatz von 7 % fest. Die Zinsen werden jeweils am Jahresende zum Guthaben hinzugerechnet. Nach einem Jahr beträgt das Kapital 107 % des Anfangskapitals. Man sagt, es ist auf das 1,07fache gewachsen (Wachstumsfaktor). Damit kann man das Kapital schrittweise berechnen:

2000 € →·1,07→ 2140 € →·1,07→ 2289,80 € →·1,07→ 2450,09 € →·1,07→ 2621,59 € →·1,07→ 2805,10 €
K_1 (nach 1 Jahr), K_2 (nach 2 Jahren), K_3 (nach 3 Jahren), K_4 (nach 4 Jahren), K_5 (nach 5 Jahren)

Das Kapital nach fünf Jahren kann man in einem Schritt so berechnen:

$$K_5 = K_0 \cdot \left(1 + \frac{7}{100}\right)^5 = K_0 \cdot 1{,}07^5 \underset{TR}{=} 2805{,}10\ €$$

Sie erhält nach 5 Jahren 2805,10 €

Allgemein berechnet man das Kapital nach n Jahren mit Zinseszins so:

$$K_n = K_0 \cdot (1 + p)^n$$

K_0 Anfangskapital p Zinssatz
K_n Endkapital n Zeit in Jahren

Beispiel

Frau Manz legt bei einer Bank 5000 € zu einem Zinssatz von 8 % fest an. Nach wie vielen Jahren hat sich ihr Kapital durch Verzinsung verdoppelt?

Gegeben: Anfangskapital $K_0 = 5000\ €$; Endkapital $K_n = 10\,000\ €$;
Zinssatz $p = 8\ \%$

Gesucht: Anzahl n der Jahre

Rechnung: Man setzt in die Formel die gegebenen Größen ein.

$K_n = K_0 \cdot (1 + p)^n$
$10\,000 = 5000 \cdot (1 + \frac{8}{100})^n$ | : 5000
Also: $(1{,}08)^n = 2$

Die Anzahl n der Jahre berechnet man mit dem Taschenrechner und trägt sie in die Tabelle ein (mit $n = 1{,}08$ als konstantem Faktor: 1,08 [×][×][=] 1.1664 [=] usw.):

Zahl der Jahre	$n = 1$	$n = 2$	$n = 3$	...	$n = 8$	$n = 9$
Faktor	$(1 + \frac{8}{100})$	$(1 + \frac{8}{100})^2$	$(1 + \frac{8}{100})^3$	...	$(1 + \frac{8}{100})^8$	$(1 + \frac{8}{100})^9$
	1,08	1,1664	1,2597	...	1,8509	1,999 ≈ 2

Nach etwa 9 Jahren hat sich das Kapital von Frau Manz verdoppelt.

Probe: $K_9 = 5000 \cdot (1 + \frac{8}{100})^9$
$= 9995{,}02\ €$

Logarithmus und Exponentialfunktion

Da die Berechnung von Verdoppelungszeiten aufwendig und kompliziert ist, rechnet man meist mit dieser **Faustregel**.

> Faustregel Verdoppelungszeit:
> $n \approx \dfrac{70}{100\,p}$ p Zinssatz
> n Zahl der Jahre

Beispiel

1. Ein Kapital wird mit 8 % verzinst. Nach wie vielen Jahren hat es sich verdoppelt?

$p = 8\,\%.$ $n = \dfrac{70}{8}$

          $n \approx 8{,}75$ Das Kapital hat sich nach etwa 9 Jahren verdoppelt.

2. Ein Kapital wird mit 6 % verzinst. Nach wie vielen Jahren hat es sich verdoppelt?

Faustregel: $100\,p \cdot n \approx 70.$
              $6 \cdot n \approx 70.$ $n = \dfrac{70}{6} = 11{,}67$

Das Kapital hat sich nach etwa 12 Jahren verdoppelt.

Weisen Sie das Ergebnis auf dem TR mit 1,06 als konstantem Faktor nach.

Übungen

1 a) Wie hoch ist das Endkapital?

Anfangs-kapital	Zinssatz	Zinszeit	End-kapital
150 €	7 %	21 Jahre	621,08 €
3400 €	8 %	10 Jahre	
3600 €	6 %	9 Jahre	
4600 €	9 %	15 Jahre	
12 500 €	8,5 %	21 Jahre	
484,50 €	$4\tfrac{1}{2}\,\%$	7 Jahre	
1480 €	12,5 %	25 Jahre	

b) Bestimmen Sie mit der Faustregel jeweils die Verdoppelungszeiten. Kontrollieren Sie mit dem Taschenrechner nach der Formel.

2 Herr Sommer hat bei der Geburt seiner Tochter 5000 € zu einem Zinssatz von 6,5 % angelegt. Das Geld wird nach Vollendung des 18. Lebensjahrs mit Zinseszinsen ausgezahlt.
a) Welcher Betrag wird dann ausgezahlt? Wie hoch sind die Zinseszinsen?
b) Nach welcher Zeit hat sich das Kapital verdoppelt? Rechnen Sie mit der Faustregel.

3 Viele Sparer kaufen bei der Landesbank Pfandbriefe. Dafür wurde bei einer Laufzeit von zehn Jahren ein Zinssatz von 8 Prozent festgelegt. Berechnen Sie auf wie viel Euro Pfandbriefe mit dem Anfangswert von 1000 € in jedem Jahr anwachsen. Welchen Betrag erhält man nach 10 Jahren?

3. Radioaktiver Zerfall

Am 26. 4. 86 hatte sich im ukrainischen Kernkraftwerk Tschernobyl bei Kiew ein schwerer Reaktorunfall ereignet. Das Kühlsystem des Reaktors fiel aus. Die Brennelemente im Reaktor heizten sich immer mehr auf, die Temperaturen stiegen so stark an, dass die Brennelemente einschließlich des Kernbrennstoffs schmolzen. Die Folgen waren katastrophal. Der Reaktor explodierte. Mit den Flammen und den aufsteigenden Rauchwolken wurden große Mengen radioaktiver Stoffe in die Luft getragen. Eine unsichtbare „radioaktive Wolke" erreichte mit dem Wind weite Teile Europas. Auch bei uns stieg die Radioaktivität in der Luft und später im Boden an.

Ursache radioaktiver Strahlung sind Umwandlungs- oder Zerfallsprozesse des radioaktiven Stoffs. Dabei verringert sich ständig die Menge dieses radioaktiven Stoffs. Den Zeitraum, in der die Hälfte des radioaktiven Stoffs zerfallen ist, d. h. nach dem nur noch die Hälfte vorhanden ist, nennt man **Halbwertszeit**. Jeder radioaktive Stoff hat eine für ihn typische Halbwertszeit.
Ist die Halbwertszeit eines Stoffs bekannt, dann kann man berechnen, wie viel Gramm des Stoffs nach Ablauf einer gewissen Zeitspanne noch vorhanden ist.
Beim Zerfall der Stoffe entstehen gefährliche Strahlungen.

Beispiel

1. Da der radioaktive Stoff Radium eine Halbwertszeit von 1620 Jahren besitzt, ist von 48 g Radium nach 1620 Jahren die Hälfte zerfallen, es sind nur noch 24 g vorhanden. Zu berechnen ist, wie viel Gramm von 48 g Radium nach 6480 Jahren vorhanden sind.

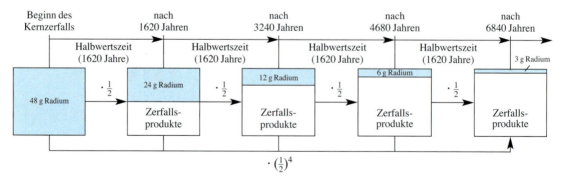

Man erhält das Ergebnis durch fortlaufende Multiplikation mit $\frac{1}{2}$. Statt fortlaufend zu multiplizieren, kann man auch potenzieren:

$$48 \cdot \left(\frac{1}{2}\right)^4 = \frac{48}{2^4} = \frac{48}{16} = 3$$

Von der Ausgangsmenge 48 g Radium sind nach 6480 Jahren noch 3 g vorhanden.

Mit dem Taschenrechner: 0.5 ×× 48 = 24 = 12 = 6 = 3.

Logarithmus und Exponentialfunktion

2. Jod-131 ist ein radioaktiver Stoff, der schnell zerfällt. Die Halbwertszeit beträgt 9 Tage. Wie viel Gramm Jod-131 sind von 28 g noch nach 45 Tagen vorhanden?

Man rechnet mit einer Tabelle:

Zeit in Tagen	Menge in g
0	28
9	14
18	7
27	3,5
36	1,75
45	0,875

Den radioaktiven Zerfall kann man in einer Zerfallskurve veranschaulichen:

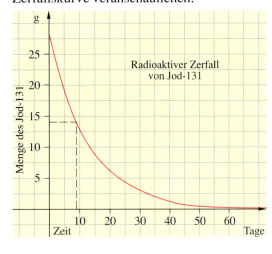

Berechnung in einem Schritt:
$$28 \cdot 2^{-5} = \frac{28}{2^5} = \frac{28}{32} = 0{,}875$$

Mit dem TR rechnet man mit 2 als konstantem Divisor:

Nach 45 Tagen sind von 28 g Jod-131 nur noch 0,875 g vorhanden.

Übungen

1 Strontium-90 hat eine Halbwertszeit von etwa 20 Jahren.
a) Stellen Sie eine Tabelle auf, aus der man den radioaktiven Zerfall von 10 g Strontium-90 ablesen kann. Wie viel g Strontium-90 ist nach 100 Jahren vorhanden?
b) Zeichnen Sie die Zerfallskurve für Strontium-90.

2 Uran-238 hat die unvorstellbar lange Halbwertszeit von $4{,}5 \cdot 10^9$ Jahren.
a) Schreiben Sie die Halbwertszeit von Uran-238 ohne Zehnerpotenzen.
b) Nach wie vielen Jahren sind von 1 Gramm Uran-238 noch 0,25 g vorhanden?

Vorsicht! Radioaktiv!

3 Die Abbildung zeigt die Zerfallskurven von Cäsium-124 (blau) und Radon (grün). Lesen Sie die Halbwertszeiten ab.

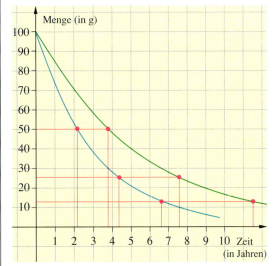

Wie viel g Cäsium-124 (Radon) sind von 50 g noch nach 10 Jahren vorhanden?

INFO
Probleme sehen
Probleme darstellen
Probleme lösen

Wachstumsprozesse

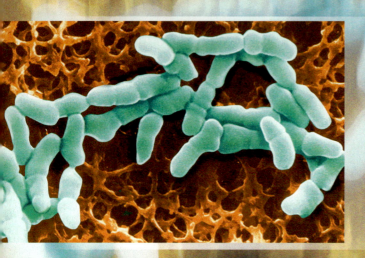

Manche Bakterien sind Erreger von Infektionskrankheiten (Typhus, Diphterie, Tuberkulose). Doch andere erfüllen nützliche Aufgaben. Z. B. sind Milchsäurebakterien bei der Käse- und Jogurtherstellung nötig. Bei anderen Bakterien dienen Stoffwechselleistungen dazu, organische Substanzen abzubauen, z. B. bei Humusbildung.

Aus einem Bakterium kann in kurzer Zeit eine ganze Kolonie entstehen. Wie die Anzahl wächst kann man modellhaft erfassen.

> **Lineares Wachstum** heißt:
> In gleichen Zeitspannen nehmen die Werte um den gleichen Summanden zu. Man erhält als Schaubild eine **Gerade**.

1. In den Höhlen der Kalkgebirge bilden sich aus den Kalkablagerungen des Tropfwassers Steinsäulen (Stalaktiten und Stalagmiten). Man geht von einem Wachstum von 1 mm in 10 Jahren aus. An der gleichbleibenden Steigung des nebenstehenden Schaubildes erkennt man, dass dieses Wachstum linear ist.

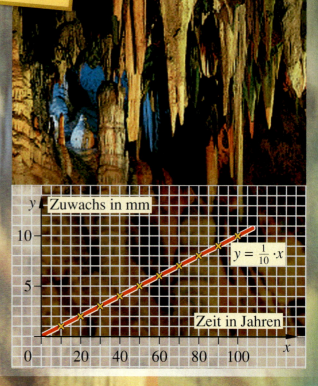

$y = \frac{1}{10} \cdot x$

Exponentielles Wachstum heißt:
In gleichen Zeitspannen werden die Werte mit dem gleichen Faktor q multipliziert.
Der Faktor q heißt **Wachstumsfaktor**.

2. Ein Natursee, der auch zur Trinkwasserversorgung genutzt wird, macht dem zuständigen Wasserwirtschaftsamt große Sorgen: Eine Algenart vermehrt sich zu schnell. Als man auf die Algen aufmerksam geworden war, hatten sie eine Fläche von 10 m² bedeckt. Man beobachtet, dass die Algen sich pro Woche um 40 % vermehren. Die Fläche wächst also in dieser Zeitspanne auf 140 % an. Man kann auch sagen, dass sie pro Woche um das 1,4fache wächst.

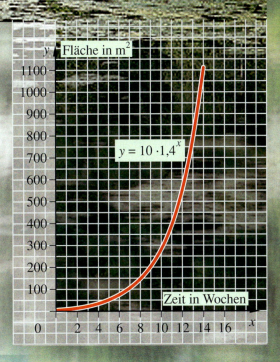

3. In der Regel hängen Wachstumsprozesse von vielen Faktoren ab. Sie lassen sich vielfach nicht in ein bestimmtes mathematisches Modell einordnen. Die Grafik rechts zeigt verschiedene Diagramme, die unterschiedliche Entwicklungen aufzeigen.
Solche Kurven kann man schnell mit der Tabellenkalkulation aufstellen.

Geometrie II

Volumen (Rauminhalt)

Das Volumen von Säulen (Prismen)

1. Der Rauminhalt einer Packung Milch wird überprüft (a = 6,2 cm; b = 10 cm; h = 16,2 cm).

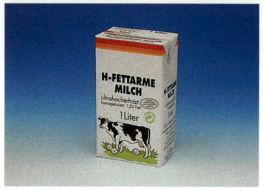
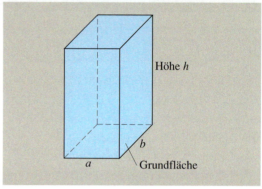

Man rechnet mit der Formel für das Volumen von Quadern: $V = a \cdot b \cdot h$. Man berechnet zunächst die Grundfläche $a \cdot b$ und dann das Volumen.

Berechnung der Grundfläche G:

Rechteck: $G = a \cdot b$
$G = 6,2 \cdot 10$ cm^2
$G = 62$ cm^2

Berechung des Volumens V:

$V = G \cdot h$
$V = 62 \cdot 16,2$ cm^3
$V = 1004,4$ cm$^3 \approx 1000$ cm^3

In der Packung sind rund 1000 cm^3 Milch, das ist 1 Liter.

2. Wir berechnen das Volumen der abgebildeten Säule. Die Grundfläche der Säule ist ein Dreieck mit der Grundseite 5 cm und der Höhe 3,6 cm. Die Säule ist 8,5 cm hoch.

Grundfläche: $G = \dfrac{g \cdot h_1}{2}$ $G = \dfrac{5 \cdot 3,6}{2}$ cm^2
$G = 9$ cm^2

Volumen: $V = G \cdot h$ $V = 9 \cdot 8,5$ cm^3
$V = 76,5$ cm^3

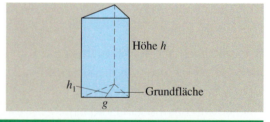

Der Rauminhalt der Säule ist 76,5 cm^3.

Für das Volumen von Säulen gilt:

Volumen = Grundfläche · Höhe
V = G · h

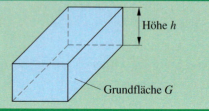

Für die Mehrzahl von Volumen sagt man auch Volumina.

Volumen (Rauminhalt) — 289

Übungen

1 Berechnen Sie das Volumen der Quader mit folgende Kantenlängen.
a) $a = 7$ cm b) $a = 85$ cm c) $a = 2{,}7$ dm
   $b = 3$ cm $b = 15$ cm $b = 9{,}3$ cm
   $h = 4$ cm $h = 9$ dm $h = 85$ mm

2 Berechnen Sie das Volumen der Würfel mit folgenden Kantenlängen.
a) $a = 4$ m   c) $a = 3{,}5$ dm   e) $a = 5{,}2$ m
b) $a = 5{,}5$ cm   d) $a = 16$ mm   f) $a = 3{,}4$ cm

3 Berechnen Sie das Volumen der Säulen.

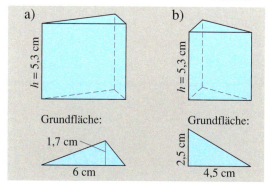

4 Eine Säule hat eine quadratische Grundfläche. Die Kantenlänge der Grundfläche beträgt 9,5 cm. Die Höhe der Säule ist 14 cm. Berechnen Sie das Volumen der Säule.

5 Ein Spielwürfel hat ein Volumen von 512 cm³.
Schätzen Sie zuerst die Kantenlänge des Würfels und überprüfen Sie die Schätzung durch Berechnung.

6 Die Grundfläche einer Säule ist ein Dreieck, dessen Grundseite 15 cm und dessen Höhe 7,2 cm ist.
Die Höhe der Säule ist 17 cm.
Berechnen Sie das Volumen.

7 Eine Säule aus Glas hat als Grund- und Deckfläche ein gleichschenklig-rechtwinkliges Dreieck. Die Schenkel des rechten Winkels sind 2,5 cm lang. Die Säule ist 4 cm hoch.
Berechnen Sie Oberfläche und Volumen.

8 Zerlegen Sie das Werkstück in Quader. Berechnen Sie das Volumen des Werkstücks, indem Sie das Volumen der einzelnen Quader addieren (Maße in cm).

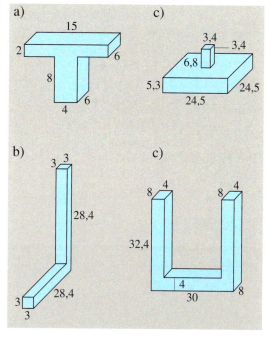

9 Ein Schwimmbecken hat die folgenden Maße: Länge 50 m, Breite 15 m, Tiefe 1,80 m.
a) Wie hoch steht das Wasser, wenn 480 m³ Wasser in dem Becken sind?
b) Wie viel Wasser muss noch eingefüllt werden, um das Becken bis zum Rand zu füllen?

10 Berechnen Sie den Rauminhalt des Körpers. (Maße in dm)

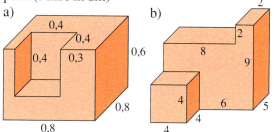

Das Volumen von Zylindern

Ein Versuch soll zeigen, ob der Rauminhalt von Zylindern (Säule mit einem Kreis als Grundfläche) ebenfalls nach der Formel $V = G \cdot h$ berechnet werden kann.

An einem zylinderförmigen Messbecher misst man die Höhe des Eichstrichs für 1 l (= 1000 cm³) und den Durchmesser:
Durchmesser: $d = 10{,}3$ cm, also $r = 5{,}15$ cm.
Höhe des Eichstrichs: $h = 12$ cm.

Grundfläche: $G = \pi r^2$
$G = 3{,}14 \cdot 5{,}15^2$ cm²
$G \approx 83{,}3$ cm²

Rauminhalt: $V = G \cdot h$
$V = 83{,}3 \cdot 12$ cm³
$V \approx 1000$ cm³

Die Rechnung mit der Formel stimmt mit der Volumenangabe überein.

Für einen Zylinder mit dem Radius r und der Höhe h gilt:

$$V = \pi \cdot r^2 \cdot h \quad \text{bzw.} \quad V = \tfrac{\pi}{4} \cdot d^2 \cdot h$$

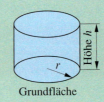

Volumen V des Zylinders:

$$V = G \cdot h$$

oder

$$V = \pi \cdot r^2 \cdot h = \tfrac{\pi}{4} \cdot d^2 \cdot h$$

Beispiel

Trinkwasser wird vor der Abgabe an die Verbraucher in große zylindrische Wasserspeicher gepumpt. Wir bestimmen den Rauminhalt dieses zylindrischen Speichers:
Die Behälterhöhe beträgt 31 m, der Behälterdurchmesser 26 m.

Gegeben: $d = 26$ m
$h = 31$ m

Gesucht: Rauminhalt V

$$V = \frac{\pi}{4} \cdot d^2 \cdot h$$

Rechnung: $V = \dfrac{3{,}14 \cdot 26^2 \cdot 31}{4}$ m³

$\underset{\text{TR}}{=} 16\,450{,}46$ m³

Der Wasserspeicher hat einen Rauminhalt von rund 16 450 m³.

Volumen (Rauminhalt)

Übungen

1 Berechnen Sie die Rauminhalte der Kreiszylinder im Heft.

a)
Radius r	Höhe h	Rauminhalt V
2 m	3 cm	
3 dm	1,5 dm	
48 mm	120 mm	
0,4 m	0,7 m	

b)
Durchmesser d	Höhe h	Rauminhalt V
6 m	7 m	
48 mm	50 mm	
2 cm	70 cm	
4,5 dm	0,9 dm	

2 Ordnen Sie die folgenden Kreiszylinder
a) nach ihrem Volumen,
b) nach ihrer Oberfläche.

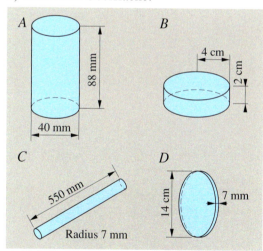

3 Berechnen Sie die Rauminhalte der Kreiszylinder.

	Grundfläche G	Höhe h
a)	70 cm²	8 cm
b)	0,75 dm²	1,2 dm
c)	7,4 cm²	12 mm
d)	28,4 dm²	0,07 m
e)	37 900 cm²	2,8 dm
f)	4,9 m²	130 cm

4 Berechnen Sie die Rauminhalte. Wenn notwendig, zeichnen Sie die Grundfläche und messen die benötigten Längen.

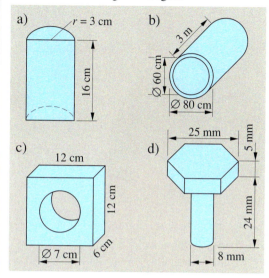

5 Im Wald sind 100 Rundhölzer gestapelt. Jedes Rundholz hat 10 cm Durchmesser und ist 1 m lang.
a) Wie viel Holz und wie viel Luft enthält der Stapel, wenn er 1 m³ Volumen hat?
b) Wie ändert sich das Verhältnis Holz – Luft, wenn 25 Rundhölzer mit 20 cm Durchmesser gestapelt sind?
c) Welche Änderung ergibt sich bei einem Stapel mit 400 Rundhölzern, wenn jedes Rundholz 5 cm Durchmesser hat?

d) Die Dichte von Buchenholz ist 0,7 $\frac{g}{cm^3}$. Welches Gewicht hat jeder Holzstapel?
e) Die Dichte von Tannenholz ist 0,5 $\frac{g}{cm^3}$. Welches Gewicht hat jeder Holzstapel?

Das Volumen von Pyramiden

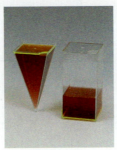

Das Pyramidenmodell und das Prismenmodell haben die *gleiche Grundfläche G* und die *gleiche Höhe h*. Beim Umfüllen mit Wasser stellt man fest, wie oft der Rauminhalt der Pyramide in den Rauminhalt des Prismas passt.

Es ergibt sich: Drei Pyramiden voll Wasser füllen das Prisma.
Der Rauminhalt des Prismas ist $G \cdot h$. Also:

> Für den Rauminhalt V der Pyramide gilt:
> $$V = \frac{1}{3} \cdot G \cdot h$$

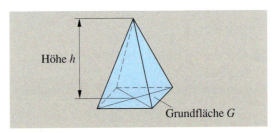

Beispiel

Wir berechnen den Rauminhalt des Kirchturmdachs.

Gegeben: $h = 7$ m; $G = 81$ m^2

Gesucht: V Formel: $V = \frac{1}{3} \cdot G \cdot h$

Rechnung: $V = \frac{1}{3} \cdot 81 \cdot 7 = 189$

Der umbaute Raum (der Rauminhalt) des Turmdachs ist 189 m^3.

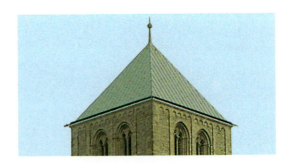

Übungen

1 Fertigen Sie aus Pappe eine Pyramide mit beliebiger Grundfläche und Höhe sowie ein Prisma mit den gleichen Maßen an. Prüfen Sie mit Sand, wie oft der Inhalt der Pyramide in das hohle Prisma passt.

2 Wie könnte man durch Wiegen den Rauminhalt einer Pyramide mit dem Rauminhalt eines zugehörigen Prismas vergleichen?

3 Aus einem Würfel wird zunächst eine Dreieckssäule und dann eine Pyramide geschnitten.
Begründen Sie: Der Rauminhalt der Pyramide ist kleiner als die Hälfte des Rauminhalts des Würfels.

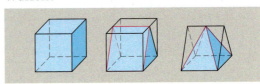

Volumen (Rauminhalt)

4 Bauen Sie das Kantenmodell eines Würfels. Verbinden Sie alle gegenüberliegenden Ecken durch Fäden. Es entstehen sechs rauminhaltsgleiche quadratische Pyramiden. Versuchen Sie, die Formel für den Rauminhalt dieser Pyramide zu begründen.

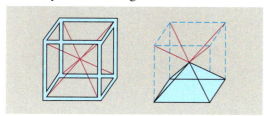

5 Berechnen Sie den Rauminhalt der Pyramiden mit folgenden Grundflächen. Die Höhe beträgt jeweils 9 cm.

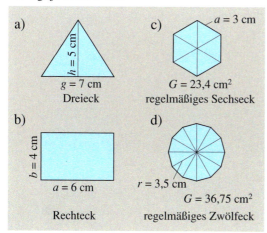

a) Dreieck, $h = 5$ cm, $g = 7$ cm
b) Rechteck, $b = 4$ cm, $a = 6$ cm
c) regelmäßiges Sechseck, $a = 3$ cm, $G = 23{,}4$ cm^2
d) regelmäßiges Zwölfeck, $r = 3{,}5$ cm, $G = 36{,}75$ cm^2

6 Ein Zelt hat die Form einer quadratischen Pyramide. Der Umfang des Zelts beträgt am Boden 12,80 m; die Zelthöhe ist 1,80 m. Berechnen Sie den Rauminhalt des Zeltinnenraums.

7 Wie viel Luft ist in folgenden Zelten, die alle 1,80 m hoch sind?

8 Die Cheopspyramide in Ägypten hat eine quadratische Grundfläche. Zur Zeit ihrer Fertigstellung (2500 v. Chr.) hatte die Pyramide eine Grundkantenlänge von 230,3 m und eine Höhe von 146,6 m.
a) Berechnen Sie deren Rauminhalt.
b) Durch Verwitterung und Abtragung hat die Pyramide heute noch eine Grundkantenlänge von 227 m und eine Höhe von 137 m. Berechnen Sie den Rauminhalt der heutigen Pyramide und vergleichen Sie.

9 Übertragen Sie die Tabelle und berechnen Sie für quadratische Pyramiden:

Grundkante g	Höhe h	Rauminhalt V
96 cm	15 cm	
1,6 m	2,4 m	
3,2 m		19,456 m^2
240 mm		2880 cm^3
0,36 m	0,98 m	

10 Eine rechteckige Sandsteinpyramide ist 2,3 m lang, 1,7 m breit und 2,7 m hoch. Wie schwer ist die Pyramide, wenn 1 dm^3 Sandstein 2,6 kg wiegt?

11 Eine quadratische Pyramide hat eine Grundkante von 17 cm und den Rauminhalt von 1734 cm^3. Wie hoch ist sie?

12 Eine aus Pappe gebastelte Pyramide mit quadratischer Grundfläche ist 15 cm lang und 25 cm hoch.
a) Welchen Rauminhalt hat sie?
b) Vergleichen Sie die Rauminhalte beim Verdoppeln (Verdreifachen) der Grundkanten.
c) Vergleichen Sie die Rauminhalte, wenn man die Höhe verdoppelt (verdreifacht).

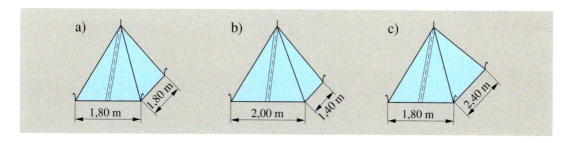

a) 1,80 m; 1,80 m
b) 2,00 m; 1,40 m
c) 1,80 m; 2,40 m

Das Volumen von Kegeln

Das Kegelmodell und das Zylindermodell haben die gleiche Grundfläche $G = \pi r^2$ und die *gleiche Höhe h*. Man misst durch Umfüllen von Wasser, wie oft der Rauminhalt des Kegels in den Rauminhalt des Zylinders passt.

Man stellt fest: Drei Kegel voll Wasser füllen den Zylinder.
Das Volumen des Zylinders ist $G \cdot h = \pi \cdot r^2 \cdot h$. Daraus ergibt sich:

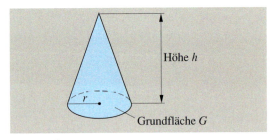

Für das Volumen V des Kegels gilt:
$$V = \frac{1}{3} \cdot G \cdot h$$
wobei $G = \pi r^2$ ist.

Merksatz: Für den Rauminhalt *spitzer* Körper gilt: $V = \frac{1}{3} \cdot G \cdot h$

Beispiel

Wir berechnen das Volumen des Kelchglases.

Gegeben: $r = 3$ cm, $h = 9$ cm

Gesucht: V Formel: $V = \frac{1}{3} \cdot G \cdot h$. $G = \pi r^2$

Rechnung: $G = 3{,}14 \cdot 3^2$ $G = 28{,}26$

$V = \frac{1}{3} \cdot 28{,}26 \cdot 9$ $V = 84{,}78$

Das Kelchglas hat ein Volumen von 84,78 cm³, das sind rund 85 cm³.

Übungen

1 Berechnen Sie das Volumen der Kegel.

Radius r	2,45 m	14 cm	5,4 dm	5,2 cm	12,5 dm	3,8 cm	3,2 m
Höhe h	7,8 m	25 cm	8 dm	15 cm	16,2 dm	10 cm	7,2 m
Rauminhalt V	≈ 49 m³						

Vermischte Übungen

1 Berechnen Sie das Volumen der quadratischen Pyramide.
a) $a = 3$ cm, $h_{\text{Körper}} = 4{,}5$ cm
b) $a = 5$ dm, $h_{\text{Körper}} = 2{,}4$ dm
c) $a = 6{,}3$ m, $h_{\text{Körper}} = 5{,}4$ m
d) $a = 0{,}5$ m, $h_{\text{Körper}} = 0{,}8$ m

2 Berechnen Sie das Volumen des Kegels.
a) $r = 2{,}3$ cm, $h_{\text{Körper}} = 4{,}8$ cm
b) $r = 4{,}8$ cm, $h_{\text{Körper}} = 2{,}3$ cm
c) $r = 12{,}5$ dm, $h_{\text{Körper}} = 3{,}4$ dm
d) $r = 2{,}8$ m, $h_{\text{Körper}} = 4{,}4$ m

3 Quadratische Pyramide: Übertragen Sie die Tabelle in Ihr Heft und füllen Sie aus.

	a	$h_{\text{Körper}}$	V
a)	5,6 cm	9,3 cm	
b)		5,4 dm	62,658 dm³
c)	7,7 m		237,16 m³
d)		0,8 m	0,096 m³

4 Übertragen Sie die Tabelle in Ihr Heft und berechnen Sie die fehlenden Angaben für die Kegel.

	Radius r	Höhe $h_{\text{Körper}}$	Volumen V
a)	5 cm	12 cm	
b)		9,5 dm	34,5 dm³
c)	4,5 cm		70,4 cm³

5 Auf einem Bauplatz liegt ein Schüttkegel Sand. Er hat einen Umfang von 32 m und eine Höhe von 8 m. Berechnen Sie das Volumen des Schüttkegels.

6 Ein „Zuckerhut" hat unten einen Umfang von 24,5 cm. Seine Mantellinie ist 16,7 cm lang.
a) Berechnen Sie den Radius r und dann mit dem Satz des Pythagoras die Höhe.
b) Wie schwer ist der „Zuckerhut"? (Dichte: 0,97 $\frac{g}{cm^3}$.)

7 Diese beiden Körper sind aus verschiedenen bekannten Körpern zusammengesetzt.

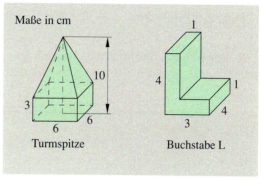

Maße in cm
Turmspitze   Buchstabe L

a) Aus welchen zwei Körpern setzt sich jeder Körper im Bild zusammen?
b) Berechnen Sie das Volumen des Gesamtkörpers.

8 Berechnen Sie für das Zelt:
a) Wie viel m³ Luft ist im Zelt?
b) Wie viel m² Stoff wurden zur Herstellung für das Zelt mit Boden benötigt?

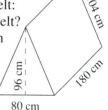

9 Für einen Kaminofen wird ein Ofenrohr von 1,80 m Länge und 13 cm Durchmesser benötigt. Wie viel m² Blech werden ungefähr zur Herstellung benötigt?

10 Ein 20 m langer Gartenschlauch hat im Inneren einen Durchmesser von $1\frac{1}{2}$ Zoll (1 Zoll = 2,54 cm).
a) Berechnen Sie den Querschnitt des Schlauchs.
b) Wie viel Wasser fasst der Gartenschlauch?

11 Ein Pkw hat einen Motor mit vier Zylindern. Jeder Zylinder hat eine Querschnittsfläche von 48 cm². Der Kolbenhub beträgt 8,5 cm. Wie viel Kubikzentimeter Hubraum hat der Motor?

Schrägbilder und Projektionen

Schrägbilder

Das **Schrägbild** eines Körpers veranschaulicht seine **räumliche Form**. Seine Maße werden dabei teilweise verkürzt dargestellt. Es gibt dafür verschiedene Möglichkeiten.

Der Körper steht vor der Zeichenebene.
1. Die Strecken parallel zur Zeichenebene, werden in wahrer Länge gezeichnet.
2. Die Strecken, die in Wirklichkeit senkrecht zur Zeichenebene verlaufen, werden schräg und „nach hinten" verkürzt gezeichnet. Wir verkürzen diese Strecken stets auf die Hälfte und tragen sie bei der Pyramide im Winkel $\alpha = 45°$, beim Kegel im Winkel $\alpha = 90°$ an.
3. Alle anderen Strecken können durch Verbindung der Punkte gezeichnet werden.

Quader (Würfel) quadratische Pyramide — Zylinder Kegel

blau: wahre Länge
rot: halbe Länge
schwarz: Verbindungslinien

Beispiele

1. Zu zeichnen ist das Schrägbild eines Quaders mit $a = 2{,}5$ cm, $b = 2{,}2$ cm und $c = 1{,}2$ cm.

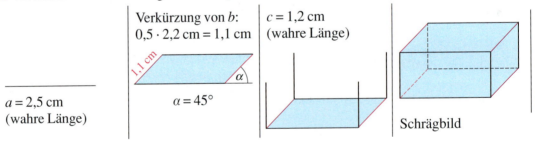

2. Zu zeichnen ist das Schrägbild eines Zylinders mit dem Durchmesser $d = 2$ cm und der Höhe $h = 3$ cm. (Als Grund- und Deckfläche wird die **Ellipse** skizziert.)

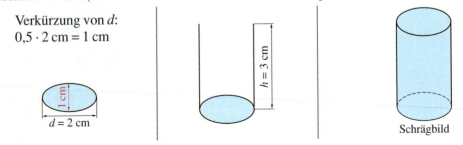

Schrägbilder und Projektionen 297

Übungen

1 Zeichnen Sie das Schrägbild eines Würfels mit der Kantenlänge $a = 6$ cm.

2 Zeichnen Sie das Schrägbild eines Quaders mit
a) $a = 7$ cm; $b = 5$ cm; $c = 4$ cm,
b) $a = 5$ cm; $b = 4$ cm; $c = 7$ cm,
c) $a = 4$ cm; $b = 7$ cm; $c = 5$ cm.

3 Ein Quader wird wie in den Abbildungen durch Schnitte in Teilkörper zerlegt, zeichnen Sie die Teilkörper (Maße in cm).

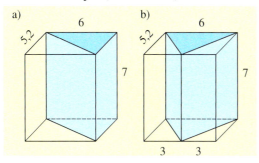

4 Zeichnen Sie das Schrägbild eines Würfels, dem ein zweiter, kleinerer Würfel auf die vordere linke Ecke aufgesetzt wurde. Die Kantenlänge des größeren Würfels ist $a = 6$ cm. Die Kantenlänge des kleineren Würfels ist $a = 4$ cm.

5 Zeichnen Sie die Zylinder ab.
(Zeichnen Sie die Grundfläche freihändig.)

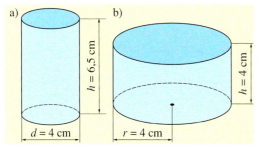

6 Zeichnen Sie die Zylinder.
a) $d = 5$ cm; $h = 7$ cm
b) $d = 3,6$ cm; $h = 2,8$ cm
c) $r = 2,1$ cm; $h = 6,4$ cm
d) $r = 3$ cm; $h = 5,3$ cm

7 a) Beschreiben Sie, wie das Schrägbild der quadratischen Pyramide entstanden ist.

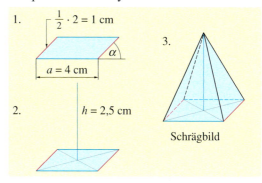

b) Zeichnen Sie das Schrägbild der Pyramide in Ihr Heft.
c) Beschreiben Sie, wie das Schrägbild eines Kegels entsteht.

8 Zeichnen Sie das Schrägbild
a) einer quadratischen Pyramide mit $a = 6$ cm und $h = 7$ cm;
b) eines Kegels mit $r = 3,6$ cm und $h = 8$ cm.
(Zeichnen Sie die Grundfläche freihändig.)

9 Zeichnen Sie das Schrägbild einer Pyramide. Die Grundfläche der Pyramide ist ein Rechteck mit $a = 4,5$ cm und $b = 6$ cm. Die Höhe der Pyramide ist $h = 4,8$ cm.

10 Zeichnen Sie das Schrägbild eines Kegels mit dem Durchmesser $d = 7,2$ cm und der Höhe $h = 4,5$ cm.
(Zeichnen Sie die Grundfläche freihändig.)

11 Zeichnen Sie das Schrägbild dieser Doppelpyramide. Alle Kanten sind 5 cm lang. Die Gesamthöhe ist etwa 7 cm.

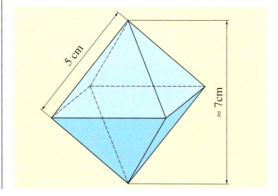

Senkrechte Eintafelprojektion

Bei der **senkrechten Eintafelprojektion** wird ein Körper senkrecht auf eine Zeichenebene projiziert (Projektionsebene). Diese Abbildung ist eine senkrechte Parallelprojektion, denn die Punkte des Körpers werden durch zueinander parallele Strahlen abgebildet, die senkrecht auf die Zeichenebene treffen.

Das Bild eines Körpers heißt Vorderansicht (Aufriss), wenn man den Körper „*von vorn*" projiziert. Die Zeichenebene steht dann *hinter* dem Körper.

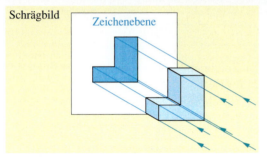 

Das Bild eines Körpers heißt Draufsicht (Grundriss), wenn man den Körper „*von oben*" projiziert. Die Zeichenebene liegt dann *unter* dem Körper. Im Grundriss werden auch Kanten dargestellt, die nicht Kanten der Grundfläche des Körpers sind (siehe Pfeile).

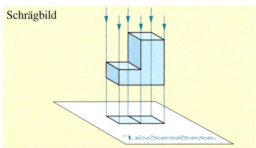 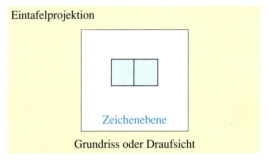

Das Bild eines Körpers heißt Seitenansicht (Seitenriss), wenn man den Körper „*von der Seite*" projiziert. (Wenn nichts anderes angegeben ist, projiziert man immer von links.) Die Zeichenebene steht dann *neben* dem Körper.

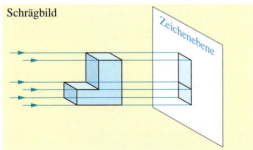 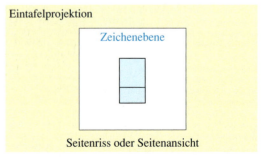

In der Metalltechnik werden die Begriffe Vorderansicht, Draufsicht und Seitenansicht verwendet, in der Bautechnik dafür Aufriss, Grundriss und Seitenriss. Wir werden auf den nächsten Seiten jeweils beide Begriffe verwenden.

Schrägbilder und Projektionen

299

Für die senkrechte Eintafelprojektion gilt:

1. Gerade Linien werden auf geraden Linien abgebildet.
2. Gerade Linien, die senkrecht zur Zeichenebene verlaufen, werden als Punkte abgebildet.
3. Strecken, die parallel zur Zeichenebene verlaufen, werden in wahrer Länge abgebildet. Winkel, deren Schenkel parallel zur Zeichenebene liegen, werden in wahrer Größe abgebildet.
4. Parallel zur Zeichenebene liegende Flächen werden in wahrer Form und Größe abgebildet.

Verschiedene Körper können den gleichen Grundriss, Aufriss oder Seitenriss haben. Zum Beispiel haben die folgenden Körper den gleichen Grundriss (Draufsicht).

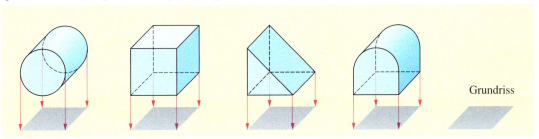

Übungen

1 Zeichnen Sie die Grundrisse folgender Körper (Maße in cm).

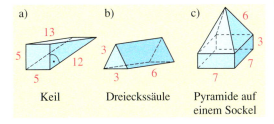

a) Keil b) Dreieckssäule c) Pyramide auf einem Sockel

2 Zeichnen Sie von den Körpern aus Aufgabe 1 a bis 1 c die
a) Aufrisse,
b) Seitenrisse (von links).

3 Zeichnen Sie Vorderansicht, Draufsicht und Seitenansicht eines Quaders mit
a) $a = 5$ cm, $b = 2$ cm und $c = 8$ cm
b) $a = 4$ cm, $b = 4$ cm und $c = 2,5$ cm

4 Wie ändert sich die Seitenansicht eines Würfels mit $a = 5$ cm, der vor der Zeichenebene um 10 cm (50 cm; 80 cm) nach links verschoben, aber dabei nicht verdreht wird?

5 Ein Würfel wird von der Projektionsebene, wie in der Zeichnung angedeutet, um eine Achse gedreht.
Wie ändert sich der Aufriss des Würfels? Skizzieren Sie. Zeichnen Sie den größten und den kleinsten Aufriss.

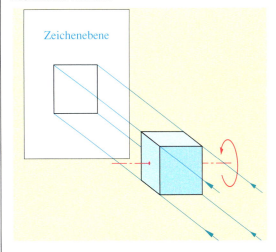

6 Welcher Grundriss gehört zu einem Würfel, der so auf einer Ecke auf der Zeichenebene steht, dass sich die gegenüberliegende Ecke senkrecht darüber befindet? Skizzieren Sie zunächst ein Schrägbild.

Mehrtafelprojektion

Um die Form eines Körpers vollständig zu beschreiben, kommt man in der Regel mit der Eintafelprojektion nicht aus. Man zeichnet dann mehrere Parallelprojektionen gleichzeitig. So entsteht eine **Mehrtafelprojektion**.

Dabei stehen die Projektionsebenen immer senkrecht aufeinander. Die zueinander parallelen Projektionsstrahlen fallen aus drei Richtungen ein: von oben, von vorn und von der Seite.

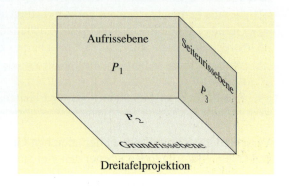
Dreitafelprojektion

Beispiel

Beim Zeichnen einer Dreitafelprojektion denkt man sich die Grundrissebene und die Seitenrissebene ausgeklappt, so wie es in der folgenden Zeichnung im letzten Bild dargestellt ist.

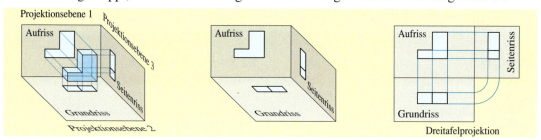

Zeichnet man nur *zwei* Projektionsebenen (Grundriss und Aufriss *oder* Grundriss und Seitenriss *oder* Aufriss und Seitenriss), so spricht man von einer **Zweitafelprojektion**. Zeichnet man mit *drei* senkrecht aufeinander stehenden Projektionsebenen, entsteht eine **Dreitafelprojektion**.

Übungen

1 Zeichnen Sie Dreitafelprojektionen der Körper (Maße in cm).

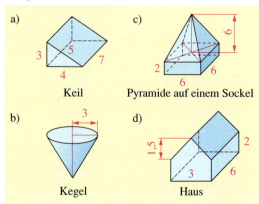

2 Zeichnen Sie Dreitafelprojektionen einer quadratischen Pyramide ($a = 4{,}5$ cm, $h = 3{,}5$ cm), einer Kugel ($r = 2{,}6$ cm) und einer regelmäßigen Dreiecksäule ($a = 3{,}6$ cm, $h = 6{,}3$ cm).

3 Zeichnen Sie im Maßstab 1 : 100 für das dargestellte Zelt:
a) eine Abwicklung (mit Boden),
b) eine Dreitafelprojektion.

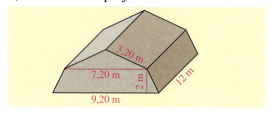

Stümpfe und Kugeln

Pyramidenstumpf und Kegelstumpf

1. Abwicklungen (Netze) von Stümpfen

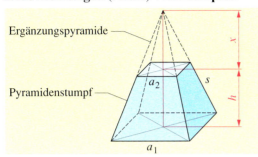

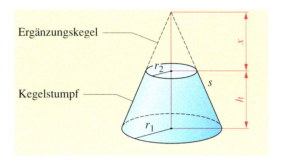

Führt man einen Schnitt durch eine Pyramide parallel zur Grundfläche, so entstehen ein **Pyramidenstumpf** und die zugehörige **Ergänzungspyramide**.
Die Abwicklung eines Pyramidenstumpfs ist leicht zu zeichnen, da alle Kanten geradlinig verlaufen.

Führt man einen Schnitt durch einen Kegel parallel zur Grundfläche, so entstehen ein **Kegelstumpf** und der zugehörige **Ergänzungskegel**.
Die Abwicklung eines Kegelstumpfs ist mit einfachen Mitteln nicht zu zeichnen.

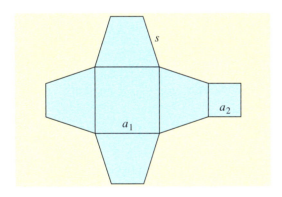

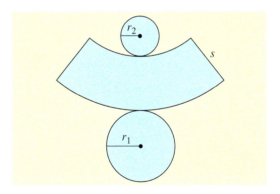

Übungen

1 Zeichnen Sie die Abwicklung eines quadratischen Pyramidenstumpfs wie im Bild.
a) $a_1 = 4$ cm, $a_2 = 3$ cm, $s = 2$ cm
b) $a_1 = 2,6$ cm, $a_2 = 2,1$ cm, $s = 4$ cm
c) $a_1 = 3,5$ cm, $a_2 = 2,8$ cm, $s = 3,1$ cm

2 Zeichnen Sie mit den Maßen aus Aufgabe 1 die Netze so, dass jede Seitenfläche am kleineren Quadrat (Deckfläche) angrenzt.

3 a) Stellen Sie einen quadratischen Pyramidenstumpf her mit einer Bodenplatte aus Pappe ($a_1 = 5,5$ cm), 8 Streichhölzern und etwas Knetmasse zum Verbinden.
b) Zeichnen Sie die Abwicklung dieses Pyramidenstumpfs in Ihr Heft.

4 Zeichnen Sie die Abwicklungen aus den Aufgaben 1 a und 2 b mit Klebefalzen auf Zeichenkarton. Schneiden Sie diese aus und stellen Sie daraus Pyramidenstümpfe her.

2. Schrägbild eines Pyramidenstumpfs

Es soll das Schrägbild eines quadratischen Pyramidenstumpfs mit den Maßen $a_1 = 2{,}6$ cm, $a_2 = 2$ cm, $h = 2{,}5$ cm gezeichnet werden.

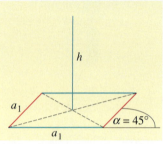 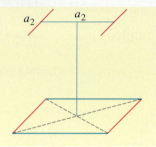 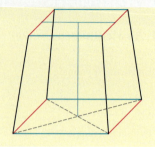

Wir beginnen mit dem Schrägbild der Grundfläche und zeichnen die Höhe ein.

An die Spitze von h zeichnen wir a_2 parallel zu a_1 (blau). Durch die Endpunkte a_2 zeichnen wir anschließend a_2 parallel zu a_1 (rot).

Durch Verbinden erhalten wir jetzt den fertigen Pyramidenstumpf.

Blaue Linien sind in *wahrer* Länge gezeichnet.
Rote Linien sind in *halber* Länge gezeichnet.
Schwarze Linien sind Verbindungslinien.

Übungen

1 Zeichnen Sie das Schrägbild eines quadratischen Pyramidenstumpfs mit
a) $a_1 = 3$ cm, $a_2 = 2$ cm, $h = 2{,}5$ cm;
b) $a_1 = 5$ cm, $a_2 = 4$ cm, $h = 3$ cm;
c) $a_1 = 4{,}8$ cm, $a_2 = 3{,}6$ cm, $h = 4{,}2$ cm;
d) $a_1 = 40$ mm, $a_2 = 48$ mm, $h = 52$ mm;

2 Zeichnen Sie das Schrägbild eines quadratischen Pyramidenstumpfs mit
a) $a_1 = 5{,}4$ cm, $a_2 = 1{,}8$ cm, $h = 4{,}8$ cm.
b) $a_1 = 36$ mm, $a_2 = 24$ mm, $h = 36$ mm.
c) $a_1 = 4{,}2$ cm, $a_2 = 3{,}6$ cm, $h = 0{,}5$ cm.

3 Zeichnen Sie das Schrägbild eines Pyramidenstumpfs mit rechteckiger Grundfläche.
a) $a_1 = 4{,}8$ cm, $b_1 = 4{,}4$ cm, $a_2 = 3{,}6$ cm, $b_2 = 3{,}3$ cm, $h = 5{,}2$ cm
b) $a_1 = 5{,}1$ cm, $b_1 = 3{,}6$ cm, $a_2 = 1{,}7$ cm, $b_2 = 1{,}2$ cm, $h = 4{,}5$ cm
c) $a_1 = 3{,}2$ cm, $b_1 = 6{,}4$ cm, $a_2 = 1{,}6$ cm, $b_2 = 3{,}2$ cm, $h = 3{,}2$ cm
d) Beschreiben Sie, wie die Konstruktion durchgeführt werden muss.

4 Zeichnen Sie zunächst das Schrägbild einer quadratischen Pyramide mit den Maßen $a = 5{,}2$ cm, $h = 8{,}2$ cm. Konstruieren Sie dann auf halber Höhe einen Schnitt, sodass ein Pyramidenstumpf mit Ergänzungspyramide entsteht.
Begründen Sie, warum $a_2 = \frac{1}{2} a_1$ ist.
Tipp: Strahlensatz

5 Grund- und Deckfläche des Kegelstumpfs zeichnet man im Schrägbild **als Ellipsen**.
Dabei wird der Durchmesser des Kreises „nach hinten" im Winkel von **90°** halbiert und die Ellipse skizziert.

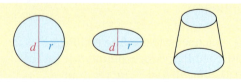

Skizzieren Sie das Schrägbild eines Kegelstumpfs mit den Maßen
a) $r_1 = 4$ cm, $r_2 = 3$ cm, $h = 2{,}8$ cm;
b) $r_1 = 4{,}8$ cm, $r_2 = 3$ cm, $h = 3$ cm.
c) $r_1 = 3{,}4$ cm, $r_2 = 2{,}4$ cm, $s = 4{,}2$ cm.
d) $r_1 = 4$ cm, $r_2 = 3$ cm, $s = 5$ cm.

Stümpfe und Kugeln   303

3. Oberfläche von Stümpfen

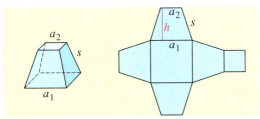 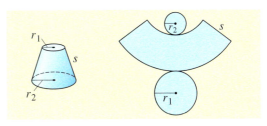

Die Oberfläche des Pyramidenstumpfs setzt sich aus den Einzelflächen der Abwicklung zusammen.
Grund- und Deckfläche sind Quadrate:

$$G = a_1^2 \qquad D = a_2^2$$

Für die Trapeze der Mantelfläche muss h_s berechnet werden:

$$h_s = \sqrt{s^2 - \frac{(a_1 - a_2)^2}{4}}$$

Die Mantelfläche ergibt sich dann aus:

$$M = 2 \cdot (a_1 + a_2) \cdot h_s$$

Für einen quadratischen Pyramidenstumpf ergäbe sich:

$$O = G + D + M$$

Die Oberfläche des Kegelstumpfs setzt sich aus den Einzelflächen der Abwicklung zusammen.
Grund- und Deckfläche sind Kreisflächen:

$$G = r_1^2 \cdot \pi \qquad D = r_2^2 \cdot \pi$$

Die Mantelfläche können wir mithilfe der Formel:

$$M = \pi s \cdot (r_1 + r_2)$$

berechnen.
Für einen Kegelstumpf ergäbe sich:

$$O = G + D + M$$

Übungen

1 Berechnen Sie die Oberfläche eines quadratischen Pyramidenstumpfs.
a) $a_1 = 5{,}8$ cm; $a_2 = 2{,}8$ cm; $s = 2{,}5$ cm
b) $a_1 = 4{,}4$ cm; $a_2 = 2{,}4$ cm; $s = 2{,}6$ cm
c) $a_1 = 6{,}8$ cm; $a_2 = 1{,}8$ cm; $s = 6{,}5$ cm
d) $a_1 = 36$ mm; $a_2 = 24$ mm; $s = 20$ mm
e) $a_1 = 4{,}8$ cm; $a_2 = 3$ cm; $s = 4{,}2$ cm

2 Der Sockel eines Denkmals soll an den Seiten mit Mosaik verziert werden.
Wie groß ist die zu verzierende Fläche?
a) Der Sockel hat die Form eines quadratischen Pyramidenstumpfs.
$a_1 = 1{,}80$ m; $a_2 = 1{,}40$ m; $s = 52$ cm
b) Der Sockel hat die Form eines rechteckigen Pyramidenstumpfs.
$a_1 = 144$ cm; $a_2 = 72$ cm; $s = 85$ cm;
$b_1 = 52$ cm; $b_2 = 26$ cm

3 Berechnen Sie die Oberfläche der Kegelstümpfe.
a) $r_1 = 25$ cm; $r_2 = 18$ cm; $s = 45$ cm
b) $r_1 = 4{,}5$ cm; $r_2 = 3{,}5$ cm; $s = 5{,}5$ cm
c) $r_1 = 9{,}8$ cm; $r_2 = 8$ cm; $s = 1{,}3$ dm

4 a) Berechnen Sie den Filzverbrauch für den Fes ($r_1 = 7{,}5$ cm, $r_2 = 10$ cm, $s = 12$ cm).

b) Wie viel Blech benötigt man zur Herstellung der „Flüstertüte"?
($r_1 = 3$ cm, $r_2 = 12$ cm, $s = 60$ cm)

4. Volumen von Stümpfen

Markus fragt sich, ob er diesen Betonsockel hochreißen kann.

Sind die Flächeninhalte von Grund- und Deckfläche eines Pyramidenstumpfs G_1 und G_2, so gilt für das Volumen:

$$V = \frac{1}{3} h \cdot (G_1 + \sqrt{G_1 \cdot G_2} + G_2)$$

Man spricht oft vom 10-l-Eimer. Wie viel Liter passen wirklich hinein?

Wenn das Volumen einer Kegelstumpfs berechnet werden muss, verwendet man die folgende Formel:

$$V = \frac{1}{3} \pi h \cdot (r_1^2 + r_1 \cdot r_2 + r_2^2)$$

Beispiele

1. Die Maße des Betonssockels von der Form eines quadratischen Pyramidenstumpfs seien $a_1 = 32$ cm; $a_2 = 15$ cm; $h = 29$ cm. 1 cm³ Beton wiegt 2,5 g.

$V = \frac{1}{3} \cdot 29 \cdot (32^2 + 32 \cdot 15 + 15^2)$

$V \approx 16\,714$ cm³

Mit einem Volumen von etwa 16 700 cm³ wiegt der Betonsockel fast 41 800 g. Das sind etwa 41,8 Kilogramm Beton.

2. Die Maße von Franks Eimer sind: $r_1 = 13$ cm; $r_2 = 10,5$ cm; $h = 27,5$ cm. Eingesetzt in die Formel ergibt sich ($\pi = 3{,}14$):

$V = \frac{1}{3} \cdot 3{,}14 \cdot 27{,}5 \cdot (13^2 + 13 \cdot 10{,}5 + 10{,}5^2)$

$V \approx 11\,967$ cm³

In diesen Eimer passen fast 12 000 cm³ Wasser. Das sind etwa 12 dm³, also 12 Liter Wasser, wenn der Eimer bis zum Rand gefüllt ist.

Übungen

1 Berechnen Sie das Volumen eines quadratischen Pyramidenstumpfs.
a) $G_1 = 4$ cm²; $G_2 = 6{,}25$ cm²; $h = 3{,}2$ cm
b) $a_1 = 1{,}5$ m; $a_2 = 1{,}2$ m; $h = 8$ m
c) $G_1 = 256$ mm²; $a_2 = 2{,}6$ cm; $h = 0{,}4$ dm
d) $a_1 = 3{,}60$ m; $a_2 = 2{,}40$ m; $h = 1{,}60$ m

2 Wie hoch ist der Pyramidenstumpf?
a) $V = 10{,}9$ cm³; $a_1 = 3{,}5$ cm; $a_2 = 2{,}5$ cm
b) $V = 13\,716$ m³; $a_1 = 14$ m; $a_2 = 12$ m
c) $V = 190$ cm³; $G_1 = 8$ cm²; $G_2 = 18$ cm²
d) $V = 16{,}125$ m³; $G_1 = 16$ m²; $G_2 = 12{,}25$ m²

3 Berechnen Sie das Volumen eines Kegelstumpfs mit den Maßen (Rechnen Sie mit $\pi = 3{,}14$)
a) $r_1 = 5$ cm; $r_2 = 3$ cm; $h = 4$ cm;
b) $r_1 = 2{,}4$ m; $r_2 = 2{,}3$ m; $h = 4{,}7$ m;
c) $r_1 = 1{,}83$ m; $r_2 = 44$ cm; $h = 6{,}3$ dm;
d) $r_1 = 0{,}47$ dm; $r_2 = 22$ mm; $h = 3{,}5$ cm.

4 Wie hoch ist der Kegelstumpf? (Rechnen Sie mit $\pi = 3{,}14$)
a) $V = 174{,}27$ cm³; $r_1 = 4$ cm; $r_2 = 3$ cm
b) $V = 21{,}8$ m³; $r_1 = 3{,}5$ m; $r_2 = 2{,}5$ m
c) $V = 0{,}19154$ dm³; $r_1 = 5$ cm; $r_2 = 4$ cm
d) $V = 357{,}96$ m³; $r_1 = 9$ m; $r_2 = 6$ m

5. Anwendungen

Übungen

1 Ein Fabrikschornstein aus Stahlbeton ist 15 m hoch. Er hat die Form eines quadratischen Pyramidenstumpfs. Der Fuß des Schornsteins ist 167 cm breit, die Kopfbreite beträgt 127 cm. Die Wandstärke des Schornsteins ist 13,5 cm.
Wie viel Kubikmeter Stahlbeton sind in diesem Schornstein verarbeitet worden?

2 Eine Schokoladenpackung hat die Form eines sehr flachen, quadratischen Pyramidenstumpfs, der 1 cm hoch ist. 17,5 cm und 15,1 cm sind seine Breitenmaße.
a) Berechnen Sie den Inhalt eines solchen Körpers.
b) Die Schachtel enthält 300 g Schokolade. 1 cm³ Schokolade wiegt etwa 1,25 g. Welchen Anteil besitzt die Schokolade am Gesamtvolumen?

3 In einem Steinbruch in Ägypten wurde der „unvollendete Obelisk" gefunden. Er zählt zu den längsten seiner Art mit 41,75 m Länge. Die Kantenlänge der unteren quadratischen Grundfläche beträgt 4,20 m. Die Kante der Grundfläche der aufgesetzten Pyramide beträgt 3,10 m, ihre Höhe ist 5,2 m.
1 m³ Stein wiegt 2,3 t.

a) Berechnen Sie das Volumen, das dieser Obelisk besitzt.
b) Welche Masse hat der Stein?
c) Oftmals wurden solche Obeliske vergoldet. Wie groß ist die zu vergoldende Oberfläche?

4 Bei einem Eimer sind die Innendurchmesser am Boden 20 cm, oberen am Rand 26 cm. Er ist 26 cm hoch.
a) Fasst der Eimer 10 l?
b) Wie viel Blech wird etwa verarbeitet?

5 Ein Lautstärke-Dämpfer für eine Tuba hat die Form eines Kegelstumpfs. Der Dämpfer ist 40 cm lang, er hat oben einen Durchmesser von 25 cm und unten hat er etwa 14 cm Durchmesser.
a) Welches Volumen hat der Gesamtkörper?
b) Weil der Dämpfer abgenutzt ist, ein neuer aber fast 140 € kostet, will jemand ihn mit Stoff überziehen. Wie viel Stoff würde er dafür benötigen?

6 Ein kegelstumpfförmiger Messbecher hat in 15 cm Höhe den Eichstrich für 1 Liter. Kann der Durchmesser an dieser Stelle 9 cm betragen? Begründen Sie.

7 Der Vorratsbehälter eines Wasserturmes hat die Form eines Kegelstumpfs mit aufgesetztem Kreiszylinder. Das Kegelstumpfteil hat einen unteren Innendurchmesser von 4 m und einen oberen Innendurchmesser von 3,60 m, das Kreiszylinderteil hat einen Innendurchmesser von 7,50 m und ist 3,50 m hoch. Insgesamt ist der Vorratsbehälter 6 m hoch.

a) Wie viel Kubikmeter Wasser passen in den Vorratsbehälter?
b) Wir gehen davon aus, dass die Behälterstärke 15 cm beträgt. Wie viel kostet ein neuer Außenanstrich, wenn 1 m² insgesamt 11,50 € kosten würde?

Der Rauminhalt der Kugel

Eine Halbkugel voll Wasser wird in einen hohlen Kegel geschüttet. Der Kegel hat den gleichen Radius r wie die Halbkugel und seine Höhe ist doppelt so groß ($h = 2 \cdot r$). Man stellt fest, dass beide Körper denselben Rauminhalt haben.

Der Rauminhalt des Kegels beträgt: $\frac{1}{3}\pi \cdot r^2 \cdot h = \frac{1}{3}\pi \cdot r^2 \cdot 2 \cdot r = \frac{2}{3}\pi \cdot r^3$, also $V = \frac{2}{3}\pi r^3$

Die Halbkugel hat dann ebenfalls den Rauminhalt $\frac{2}{3}\pi \cdot r^3$. Der Rauminhalt V der *ganzen* Kugel ist demnach *doppelt* so groß:

$$V = 2 \cdot \frac{2}{3}\pi \cdot r^3, \quad \text{also} \quad \boxed{V = \frac{4}{3}\pi \cdot r^3}$$

Wenn man $r = \frac{d}{2}$ einsetzt, erhält man

$$V = 2 \cdot \frac{2}{3}\pi \cdot \frac{d^3}{8}, \quad \text{also} \quad \boxed{V = \frac{\pi}{6} \cdot d^3}$$

Für den Rauminhalt V der Kugel gilt:

$$V = \tfrac{4}{3}\pi \cdot r^3 \quad \text{oder} \quad V = \tfrac{\pi}{6} d^3$$
$$V \approx \tfrac{1}{2} d^3$$

Beispiel

Wir berechnen den Rauminhalt einer Billardkugel mit dem Durchmesser $d = 57{,}2$ mm.

Gegeben: $r = 28{,}6$ mm

Gesucht: V

Formel: $V = \frac{4}{3} \cdot \pi \cdot r^3$

Lösung: $V = \frac{4}{3} \cdot \pi \cdot 28{,}6^3 \approx 97\,991$

Antwort: Der Rauminhalt der Billardkugel beträgt $97\,991$ mm^3, das sind fast 100 cm^3.

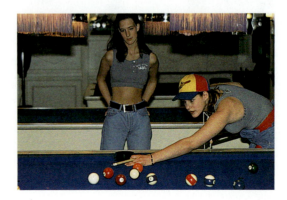

Stümpfe und Kugeln   307

Übungen

1 Berechnen Sie den Rauminhalt folgender Kugeln.
a) $r = 7$ cm   c) $r = 14$ dm   e) $d = 3{,}2$ km
b) $r = 380$ mm   d) $d = 5$ m   f) $d = 52{,}5$ m

2 Eine Kunststoffkugel hat einen Radius $r = 17{,}3$ cm. Berechnen Sie den Rauminhalt.

3 Berechnen Sie das Volumen einer Kugel mit $d = 88$ mm.

4 Berechnen Sie den Rauminhalt der Kugel. Verwenden Sie den Taschenrechner und runden Sie sinnvoll.
a) $r = 12{,}5$ cm   d) $r = 5$ mm   g) $d = 1{,}25$ m
b) $r = 15{,}9$ m   e) $r = 75{,}4$ cm   h) $d = 3{,}5$ cm
c) $r = 18$ dm   f) $d = 25$ mm   i) $d = 6{,}75$ m

5 Das kugelförmige Ausdehnungsgefäß einer Heizungsanlage hat 50 cm Durchmesser. Wie viel Liter Wasser fasst das Gefäß?

6 Eine Weihnachtsbaumkugel mit dem Durchmesser $d = 8$ cm passt genau in eine würfelförmige Schachtel.
a) Berechnen Sie den Rauminhalt der Weihnachtsbaumkugel.
b) Berechnen Sie den Rauminhalt der würfelförmigen Schachtel.

7 a) Eine Eisenkugel hat 12 cm Durchmesser. Berechnen Sie ihren Rauminhalt. Wie schwer ist die Kugel, wenn 1 cm³ Eisen 7,85 g wiegt? Schätzen Sie zuerst.
b) Eine Kugel aus Kork hat den gleichen Durchmesser. Berechnen Sie das Gewicht der Korkkugel (1 cm³ Kork wiegt 0,2 g). Vergleichen Sie das Gewicht der Eisenkugel mit dem der Korkkugel.

8 Eine Korkkugel hat 100 cm Radius. Kann man eine solche Kugel tragen? Schätzen Sie zunächst, rechnen Sie dann (1 cm³ Kork wiegt 0,25 g).

9 Welches Volumen haben diese Bälle? Basketball $d = 24$ cm; Fußball $d = 23{,}5$ cm; Handball $d = 17{,}8$ cm; Tennisball $d = 6{,}5$ cm

10 Ein kleiner Planet unseres Sonnensystems ist der Merkur ($d = 4800$ km), der größte ist Jupiter mit einem Durchmesser von 143 600 km. Wie oft würde der Merkur in den Jupiter passen?

11 Eine Kugel, die innen hohl ist, hat einen äußeren Radius von 28,7 cm und einen inneren Radius von 22,7 cm. Wie groß ist das Volumen der Wandung?
Hinweis: Berechnen Sie das Volumen der Kugelschale als Differenz beider Kugeln.

12 Eine große halbkugelförmige Metallschüssel aus der Küche hat an ihrem oberen Rand einen Umfang von 9,42 dm.
a) Berechnen Sie Durchmesser und Radius.
b) Berechnen Sie das Volumen der Schüssel.

13 Ordnen Sie die Körper nach der Größe ihres Volumens.
a) Kugel mit $d = 24$ cm
b) Zylinder mit $d = 24$ cm, $h = 24$ cm
c) Kegel mit $d = 24$ cm, $h = 48$ cm

Kugelabschnitt

Schneidet man von einer Kugel einen Teil ab, so erhält man einen **Kugelabschnitt (Kugelkappe)**.

Den Rauminhalt der Kugelkappe berechnet man aus dem Kugelradius r und der Höhe h des Abschnitts:

$$V = \frac{1}{3}\pi h^2 \cdot (3r - h)$$

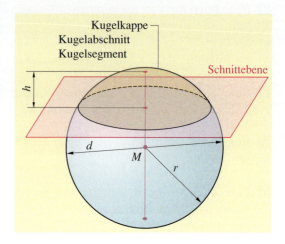

Beispiel

Wir berechnen das Volumen des Kugelabschnitts mit $r = 10$ cm und $h = 4$ cm.

$V = \frac{1}{3}\pi h^2 (3r - h)$

$V = \frac{1}{3}\pi 4^2 (3 \cdot 10 - 4)\,\text{cm}^3 = \frac{16}{3} \cdot 3{,}14 \cdot 26\,\text{cm}^3$

$V \underset{\text{TR}}{=} 435{,}41\,\text{cm}^3$

Das Volumen der Kugelkappe beträgt rund 435 cm³.

Übungen

1 Berechnen Sie das Volumen des Kugelabschnitts.
a) $r = 8$ cm; $h = 3$ cm c) $h = r$
b) $r = 20$ cm; $h = 1$ cm d) $2h = r$

2 Von einer Kugel mit dem Radius 6 cm wird eine 4 cm hohe Kappe abgeschnitten.
Wie groß ist ihr Volumen?
Wie groß ist das Volumen des Restkörpers?

3 Eine Eisenkugel mit einem Durchmesser von 19 cm soll in 2 Teile zerlegt werden. Der Schnitt geht 1 cm am Mittelpunkt vorbei. Wie groß sind beide Teile? Wie viel wiegen beide Teile? (1 cm³ Eisen wiegt 7,85 g)

4 Ein Kugelabschnitt hat eine Höhe von 6 cm und ein Volumen von 5000 cm³. Berechnen Sie den Durchmesser d der dazugehörigen Kugel.

5 Eine Schale hat die Form eines Kugelabschnitts. Sie hat eine Innenhöhe von 6 cm und kann 2 l Wasser aufnehmen. Berechnen Sie den Durchmesser der Innenkugel.

6 Zwei Kugeln, deren Radien 15 mm bzw. 27 mm betragen, werden so weit eben geschliffen, dass sie einander an einer Fläche von 23 mm Durchmesser berühren.
a) Wie viel Volumen wird von jeder Kugel abgeschliffen?
b) Welches Volumen hat der neue Körper?

Kugelausschnitt

In der Zeichnung ist der Kugel ein **Ausschnitt** ausgefräst worden. Für das Volumen des **Kugelausschnitts** gilt die Formel:

$$V = \frac{2}{3}\pi r^2 h$$

$V_{\text{Ausschnitt}} = V_{\text{Abschnitt}} + V_{\text{Kegel}}$

Das Volumen des Ausschnitts kann auch aus dem Kugelradius r und dem Kappendurchmesser s berechnet werden, wenn man zuerst h aus s berechnet.

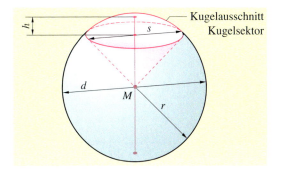

Beispiel

Wir berechnen das Volumen des Kugelausschnitts für den Kugelradius $r = 12{,}5$ cm und den Durchmesser $s = 20$ cm der Kugelkappe.

Nach der Zeichnung ergibt sich durch Anwendung des Satzes des Pythagoras:

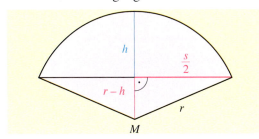

Die Höhe h wird ermittelt:

$(r-h)^2 + \left(\frac{s}{2}\right)^2 = r^2$

$(12{,}5 - h)^2 + 10^2 = 12{,}5^2$
$(h - 12{,}5)^2 + 100 = 156{,}25$
$(h - 12{,}5)^2 \quad\quad = 56{,}25$
$h_1 - 12{,}5 = 7{,}5 \quad \text{oder} \quad h_2 - 12{,}5 = -7{,}5$
$h_1 \quad\quad = 20 \quad \text{oder} \quad h_2 \quad\quad = 5$

Nur $h_2 = 5$ liefert eine Lösung, da sonst $r - h$ negativ wäre.
Für das Volumen V ergibt sich

$V = \frac{2}{3}\pi r^2 h$

$V = \frac{2}{3}\pi (12{,}5)^2 \cdot 5$

$V \underset{\text{TR}}{=} 1636{,}25$ cm³.   Das Volumen des Kugelausschnitts beträgt etwa 1636 cm³.

Übungen

1 Welches Volumen hat der Kugelausschnitt.
a) $r = 6$ cm; $h = 4$ cm   c) $r = h$
b) $r = 5$ cm; $h = 2$ cm   d) $2h = r$

1 Ein Kugelausschnitt hat einen zugehörigen Kugelabschnitt mit der Höhe $h = 1{,}2$ cm. Der Kugelradius ist $r = 3{,}5$ cm. Welches Volumen hat der Kugelausschnitt?

3 Das Volumen des Kugelausschnitts ist $\frac{1}{3}$ des Volumens der ganzen Kugel ($r = 5$ cm). Wie groß sind Höhe und Rauminhalt des Kugelabschnitts?

4 Von einer Kugel ($d = 64$ cm) aus Stahl soll ein Kugelausschnitt herausgedreht werden. Die Kugel wird dadurch um 25 % leichter. Berechnen Sie den Durchmesser s der Ausdrehung an der Oberfläche der Kugel.

Vermischte Übungen

1 Berechnen Sie mit dem Taschenrechner auf 4 geltende Ziffern genau:

	Formel	gegeben	gesucht
a)	$A = (r_1^2 - r_2^2)\pi$	$r_1 = 6{,}0$ cm, $r_2 = 4{,}8$ cm	$A =$
b)	$M = 2(a_1 + a_2)h_s$	$a_1 = 3{,}8$ cm, $a_2 = 4{,}3$ cm $h_s = 6{,}2$ cm	$M =$
c)	$M = \pi s(r_1 + r_2)$	$s = 5{,}2$ cm $r_1 = 3{,}4$ cm, $r_2 = 2{,}8$ cm	$M =$
d)	$V = \dfrac{4}{3}\pi r^3$	$r = 6{,}2$ cm	$V =$
e)	$V = \dfrac{1}{3}\pi h^2(3r - h)$	$r = 5{,}8$ cm $h = 2{,}1$ cm	$V =$
f)	$M = \pi h(4r - h)$	$r = 5{,}6$ cm $h = 2{,}4$ cm	$M =$
g)	$V = \dfrac{1}{3}\pi h(r_1^2 + r_1 r_2 + r_2^2)$	$h = 9{,}9$ cm $r_1 = 6{,}5$ cm, $r_2 = 3{,}5$ cm	$V =$
h)	$h_s = \sqrt{s^2 - \dfrac{(a_1 - a_2)^2}{4}}$	$s = 12{,}1$ cm $a_1 = 9{,}3$ cm, $a_2 = 5{,}8$ cm	$h_s =$

2 Berechnen Sie mit dem Taschenrechner auf 4 geltende Ziffern genau:

	Formel	gegeben	gesucht
a)	$r_1 = \sqrt{\dfrac{A}{\pi} + r_2^2}$	$A = 52{,}2$ cm² $r_2 = 2{,}9$ cm	$r_1 =$
b)	$a_2 = \dfrac{M}{2h_s} - a_1$	$M = 500$ cm² $h_s = 15{,}2$ cm $a_1 = 7{,}4$ cm	$a_2 =$
c)	$r_2 = \dfrac{M}{\pi s} - r_1$	$M = 600$ cm² $s = 16{,}2$ cm $r_1 = 5{,}6$ cm	$r_2 =$
d)	$r = \sqrt[3]{\dfrac{3V}{4\pi}}$	$V = 2016$ cm³	$r =$
e)	$r = \dfrac{1}{3}\left(\dfrac{3V}{\pi h^2} + h\right)$	$V = 850$ cm³ $h = 6{,}2$ cm	$r =$
f)	$r = \dfrac{1}{4}\left(\dfrac{M}{\pi h} + h\right)$	$M = 450$ cm² $h = 6{,}2$ cm	$r =$
g)	$h = \dfrac{3V}{\pi(r_1^2 + r_1 r_2 + r_2^2)}$	$V = 980$ cm³ $r_1 = 8{,}2$ cm, $r_2 = 4{,}2$ cm	$h =$
h)	$h = \dfrac{3V}{a^2}$	$V = 1035$ cm³ $a = 12{,}3$ cm	$h =$

3 Erklären Sie, wozu die obigen Formeln verwendet werden.

Beweisen in der Geometrie

Beweise

Wir kennen bereits mehrere mathematische **Sätze**. Zum Beispiel kennen wir den Satz von der Winkelsumme im Dreieck, die stets 180° ist oder den Satz des Pythagoras, den Satz des Vieta und andere.
Sätze muss man in der Mathematik **beweisen**, d. h. man muss sie auf bekannte oder sehr einfache Tatsachen zurückführen.

Der Satz, dass Wechselwinkel gleich sind,

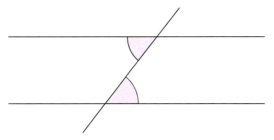

ist viel leichter einzusehen als der Satz, dass die Summe der 3 Winkel immer 180° ist:

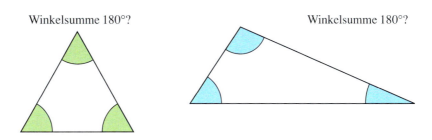

Wir werden den Satz von der Winkelsumme im Dreieck daher *beweisen*. Wir werden ihn logisch, aber auch mit Zeichnen, auf den einfacheren Satz von den Wechselwinkeln zurückführen.
Wir werden dann noch andere Sätze beweisen.
Den Satz des Pythagoras hatten wir schon auf S. 153 behandelt.

Wenn man einen Satz beweisen will, gibt man zuerst die **Voraussetzungen** an, die für eine Zeichnung oder für einen Teil des Satzes gelten.
Dann schreibt man noch einmal den Satz als **Behauptung** auf und danach führt man den **Beweis**.
Solange ein Satz nicht bewiesen ist, ist er nur eine Behauptung.

Die Mathematik besitzt deshalb einen sehr hohen Wahrheitsgehalt, weil man ihre Aussagen *beweisen* kann, d. h. auf sehr einfach Aussagen zurückführen kann.

Die Winkelsumme im Dreieck

Von einem Beweis verlangt man in der Mathematik, ihn Schritt für Schritt zu führen und **jeden Schritt** genau **zu begründen**.

Wir beweisen den Satz von der Winkelsumme im Dreieck.

In jedem Dreieck beträgt die Winkelsumme 180°.

$$\alpha + \beta + \gamma = 180°$$

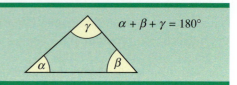

Vorgehensweise:

Wir zeichnen ein beliebiges Dreieck mit den Winkeln α, β, γ als Beweisfigur. Dann zeichnen wir durch den Punkt C die Parallele g zur Strecke $\overline{AB}$. Die entstehenden Winkel nennen wir α' und β'.

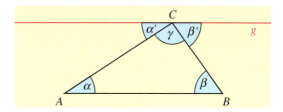

Voraussetzung: $g \parallel \overline{AB}$
Behauptung: $\alpha + \beta + \gamma = 180°$
Beweis: $\alpha = \alpha'$ (Wechselwinkel an parallelen Geraden)
           $\beta = \beta'$ (Wechselwinkel an parallelen Geraden)
           $\alpha' + \beta' + \gamma = 180°$ (gestreckter Winkel)
           $\alpha + \beta + \gamma = 180°$ (Einsetzen $\alpha = \alpha'$; $\beta = \beta'$)

Das war zu beweisen.

Übungen

1 Warum kann man kein Dreieck mit zwei rechten Winkeln zeichnen?

2 Wie groß ist jeder Winkel in einem gleichseitigen Dreieck. Begründen Sie, ohne nachzumessen.

3 Berechnen Sie in den gleichschenkligen Dreiecken alle Winkel.

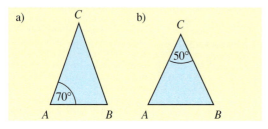

4 Beweisen Sie: In jedem Viereck beträgt die Winkelsumme 360°. (Zerlegen Sie das Viereck durch eine Diagonale in zwei Dreiecke.)

5 Beweisen Sie den Satz über die Winkelsumme im Dreieck auch an dieser Beweisfigur. (Gehen Sie von der Winkelsumme im Rechteck aus.)

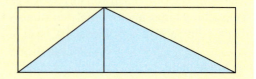

6 Beweisen Sie für $n = 4, 5, 6, 10, 12$: In einem Vieleck mit n Ecken beträgt die Winkelsumme $(n - 2) \cdot 180°$. (Zerlegen Sie die Vielecke in Dreiecke.)

Beweisen in der Geometrie

Der Satz des Thales

Der Satz des Thales geht auf den griechischen Philosophen und Mathematiker Thales von Milet (um 600 v. Chr.) zurück. Es ist ein sehr wichtiger Satz der Mathematik.

Wir werden zum Beweis den (einfacheren) Satz verwenden, dass in jedem gleichschenkligen Dreieck die „Basiswinkel" gleich sind:

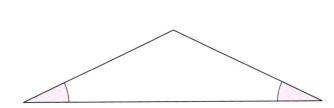

Satz des Thales:

Jeder Umfangswinkel über dem Durchmesser eines Halbkreises ist stets 90°.

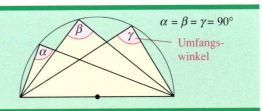

Wir beweisen den Satz:

Vorgehensweise:

Wir zeichnen als Beweisfigur einen Halbkreis mit dem Mittelpunkt M und ein beliebiges „Thalesdreieck" ABC. Dann verbinden wir C mit M und bezeichnen die Winkel mit $\alpha, \beta, \gamma_1, \gamma_2$.

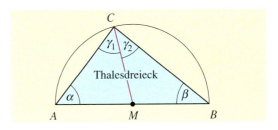

Voraussetzung: $\overline{AM} = \overline{BM} = \overline{CM} = r$
Behauptung: $\gamma_1 + \gamma_2 = 90°$
Beweis:
$\alpha = \gamma_1$ (Basiswinkel im gleichschenkligen Dreieck AMC)
$\beta = \gamma_2$ (Basiswinkel im gleichschenkligen Dreieck BCM)
$\alpha + \beta + \gamma_1 + \gamma_2 = 180°$ (Winkelsumme im Dreieck)
$\gamma_1 + \gamma_2 + \gamma_1 + \gamma_2 = 180°$ (Einsetzen)
$2\gamma_1 + 2\gamma_2 = 180°$ (Zusammenfassen)
$\gamma_1 + \gamma_2 = 90°$ (Division durch 2)

Das war zu beweisen.

Übungen

1 Beweisen Sie den Thales-Satz für diese Beweisfigur. Formulieren Sie auch die Behauptung.

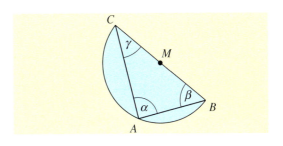

Der Kathetensatz des Euklid

Auf den griechischen Mathematiker Euklid (4. Jahrhundert v. Chr.) gehen zahlreiche **Beweise** in der Geometrie zurück. Euklids bekanntester Satz ist der **Kathetensatz**.

Der Kathetensatz des Euklid sagt aus:

> **Kathetensatz:**
>
> Im rechtwinkligen Dreieck ist das Quadrat über einer Kathete genauso groß wie das Rechteck aus der Hypotenuse und dem anliegenden Hypotenusenabschnitt.
>
> Es gilt: $b^2 = c \cdot q$

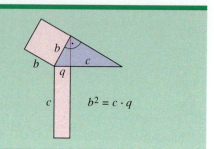

Wir führen den Beweis anders als Euklid und benutzen dabei die Ähnlichkeit von Dreiecken. Der Beweis wird dann kürzer.

Beweis des Kathetensatzes:

Wir betrachten das Dreieck ABC mit einem rechten Winkel bei Punkt C und dem Winkel α bei Punkt A. Wir zeichnen die Hypotenusenhöhe ein.

1. Im Dreieck ADC liegt bei Punkt D ein rechter Winkel und bei Punkt A der Winkel α.

2. Im Dreieck ABC liegt bei Punkt C ein rechter Winkel und bei Punkt A der Winkel α.

3. Die beiden Dreiecke ABC und ADC stimmen also in zwei Winkeln überein. Daher sind sie ähnlich.

4. In ähnlichen Dreiecken sind die Verhältnisse entsprechender Seiten gleich. Daher gilt für die Quotienten aus der kürzeren Kathete und der Hypotenuse in den Dreiecken ABC und ADC:

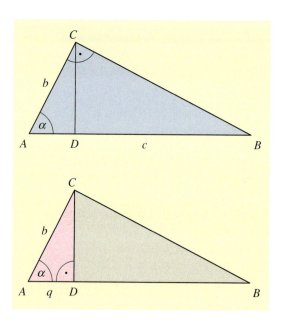

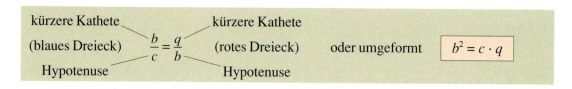

Das war zu beweisen.

Der Satz des Euklid ist ein Teil des Satzes vom Pythagoras. Erklären Sie.

Beweisen in der Geometrie

Übungen

1 Schreiben Sie den Beweis des Kathetensatzes mit eigenen Worten auf.

2 Tragen Sie den Beweis des Kathetensatzes vor, indem Sie die folgende Beweisfigur verwenden.

$$a^2 = c \cdot p$$

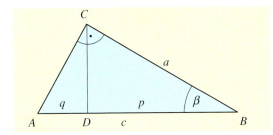

3 Mit dem Kathetensatz kann man ein Rechteck in ein flächengleiches Quadrat umwandeln. Wie geht man dabei vor?

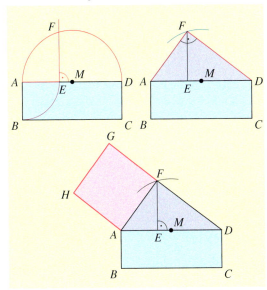

4 Verwandeln Sie zeichnerisch ein Rechteck mit den Seitenlängen 6 cm und 3 cm in ein flächengleiches Quadrat.

5 Verwandeln Sie zeichnerisch ein Rechteck mit den Seitenlängen 10 cm und 2 cm in ein flächengleiches Quadrat. Geben Sie die Seitenlänge des Quadrats an.

6 Ähnlich wie den Kathetensatz kann man auch den **Höhensatz** beweisen.

Er besagt:
In jedem rechtwinkligen Dreieck gilt für die Hypotenusenhöhe h und für die beiden Hypotenusenabschnitte p und q:

$$h^2 = p \cdot q$$

Beweisen Sie den Höhensatz mithilfe von ähnlichen Dreiecken.

Hinweis: Zeigen Sie zunächst, dass die Dreiecke ADC und DBC ähnlich sind ($\alpha = \alpha'$, weil $90° - \alpha = \gamma'$ und $90° - \alpha' = \gamma'$). Betrachten Sie die Steckenverhältnisse der beiden Katheten in jedem Dreieck.

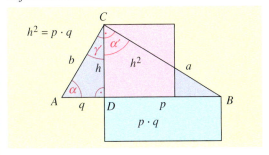

7 Schreiben Sie den Beweis des Höhensatzes mit eigenen Worten auf.

8 Verwandeln Sie das Rechteck in ein flächengleiches Quadrat.

Hinweis: Wenden Sie den Höhensatz an. Beachten Sie, dass die Hypotenuse dann die Länge von p + q hat. Konstruieren Sie mit dem Satz des Thales.
a) p = 6 cm; q = 7 cm.
b) p = 8 cm; q = 2 cm.

9 Die Seite c eines rechtwinkligen Dreiecks ($\gamma = 90°$) setzt sich aus den Teilstrecken q = 5 cm und p = 7 cm zusammen. Berechnen Sie die Fläche der Quadrate über der Seite a und der Seite b.

Hinweis: Zeichnen Sie zunächst eine Planfigur und tragen Sie die beiden bekannten Größen ein. Wenden Sie dann den Kathetensatz an.

Sekanten und Tangenten

Linien am Kreis

Wir betrachten spezielle Begriffe, die sich beim Schnitt von Kreis und Gerade ergeben.

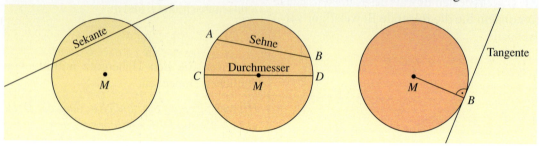

Die **Sekante** ist eine Gerade, die die Kreislinien in **zwei** Punkten schneidet. Die **Sehne** ist eine Strecke zwischen zwei Punkten auf der Kreislinie.

Der Durchmesser ist eine besondere Sehne, und zwar diejenige, die durch den Mittelpunkt M des Kreises verläuft.

Die **Tangente** ist eine Gerade, die den Kreis in einem Punkt B berührt. Die steht senkrecht auf dem Radius $\overline{MB}$.

Übungen

1 Zeichnen Sie einen Kreis und auf der Kreislinie einen Punkt A. Auf welcher Geraden durch A liegen Sekante, Sehne, Durchmesser und Radius gleichzeitig?

2 Gibt es eine Sehne und einen Durchmesser, die gleich lang sind?

3 Kann eine Sekante Durchmesser eines Kreises sein?

4 Welcher Unterschied besteht zwischen Sehne und Durchmesser einerseits, Tangente und Sekante andererseits?

5 Zeichnen Sie eine Tangente, indem Sie auf der Kreislinie eines Kreises den Punkt P festlegen, diesen mit dem Mittelpunkt M des Kreises verbinden und auf diesem Radius in P die Senkrechte errichten.

6 Zeichnen Sie einen Kreis und drei Radien, die Winkel von 120° einschließen. Zeichnen Sie die Tangenten in den drei Kreispunkten. Was für ein besonderes Dreieck ist entstanden?

7 Zeichnen Sie in einen Kreis zwei verschiedene Sehnen. Konstruieren Sie auf jede Sehne die Mittelsenkrechte.
Was stellen Sie fest?

8 Die zusammenhängenden Strecken sollen Sehnen eines Kreises werden.

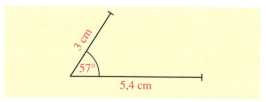

Zeichnen Sie die Sehnen ab und finden Sie den Kreis dazu. Wie lang ist dessen Radius? (Verwenden Sie Aufgabe 7.)

Sekanten und Tangenten 317

Konstruktionen von Tangenten

Wenn man von einem Punkt außerhalb eines Kreises an den Kreis eine Tangente zeichnen soll, muss man den Satz des Thales anwenden.

So geht man vor:

1. Gegeben ist der Kreis und ein Punkt außerhalb des Kreises.

2. Man zeichnet die Verbindung MP und halbiert sie. Halbierungspunkt ist H.

3. Man zeichnet um H den „Thaleskreis" mit der Strecke $\overline{MH} = \overline{HP}$ als Radius. Er schneidet den anderen Kreis in B.

4. Der Punkt B ist der Berührungspunkt der Tangente, denn bei B steht die Gerade durch P und B senkrecht auf dem Radius.

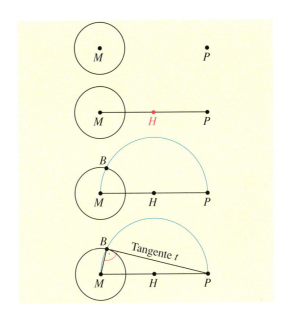

Warum steht die Gerade durch P und B senkrecht auf dem Radius?

Übungen

1 Zeichnen Sie einen Kreis mit dem Radius 3 cm und einen Punkt P mit 8 cm Abstand vom Mittelpunkt.
a) Konstruieren Sie mit Zirkel und Lineal eine Tangente von P aus an den Kreis.
b) Wie lang ist das Tangentenstück zwischen P und dem Berührungspunkt mit dem Kreis?
c) Wie viele Tangenten an den Kreis gibt es, die durch P gehen?

2 Ein Punkt A soll 10,5 cm vom Mittelpunkt M eines Kreises (Radius 4 cm) entfernt sein. Zeichnen Sie die beiden Tangenten von A aus an den Kreis.

3 Zeichnen Sie an einen Kreis zwei zueinander parallele Tangenten.

4 Konstruieren Sie diese Figur:

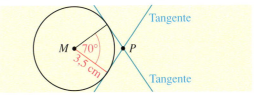

Wie weit ist von P von M entfernt?

5 Zeichnen Sie einen Winkel von 55° und mehrere Kreise, die die Schenkel des Winkels berühren.

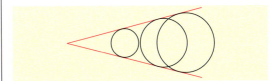

Tipp: Winkelhalbierende

Trigonometrie

Die Höhe eines Sendemastes soll berechnet werden. Dazu kann man auf der Erde eine Standlinie vom Fußpunkt F des Mastes bis zu einem Endpunkt E von 12 m Länge abmessen. Außerdem kann man von E aus den Winkel α zur Spitze S des Mastes anvisieren. Hier 75,3°.

Aus der Standlinie 12 m und dem Winkel $\alpha = 75,3°$ kann man das im Maßstab 1 : 300 verkleinerte Modell wie hier als rechtwinkliges Dreieck EFS mit dem Geodreieck konstruieren und die Höhe $H = 15,25$ cm nachmessen.

Umgerechnet für den Maßstab 1 : 300 ergibt das eine wahre Höhe von 45,74 m.

$H = 45,74$ m.

Statt zu konstruieren kann man die Höhe H aus l und α auch *berechnen*. Das geht schneller und wird genauer. Dazu braucht man die **Trigonometrie** (griech.: Dreiwinkelmessung im Dreieck). Die trigonometrischen Funktionen Sinus, Kosinus und Tangens findet man auch auf dem Taschenrechner als

| sin | cos | tan |

Der Sinus eines Winkels

Wir betrachten ein rechtwinkliges Dreieck mit $\alpha = 33°$.
An dem Winkel α liegt die **Ankathete a**. Dem Winkel α gegenüber liegt die **Gegenkathete g**. Dem rechten Winkel gegenüber liegt die **Hypotenuse h**.
Alle rechtwinkligen Dreiecke mit demselben Winkel α sind ähnlich, denn sie stimmen in allen drei Winkeln überein.
Der Quotient entsprechender Seiten ist dann für alle diese ähnlichen Dreiecke gleich.

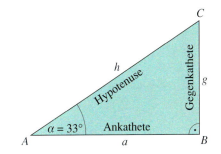

Dreieck	α	g	h	$g : h$
I	33°	1,3 cm	2,4 cm	0,54
II	33°	1,9 cm	3,5 cm	0,54
III	33°	2,5 cm	4,6 cm	0,54

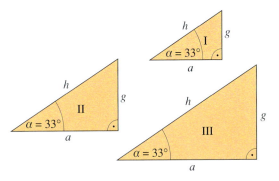

Der Quotient $\frac{g}{h}$ ist hier stets 0,54.

Der Quotient aus Gegenkathete und Hypotenuse heißt **Sinus α** (abgekürzt: sin α). Er hängt nur vom **Winkel** α ab, nicht aber von der **Größe** des Dreiecks. Der Sinus hat keine Benennung.

Wir sehen: $\sin 33° = 0{,}54$.

> In einem rechtwinkligen Dreieck bezeichnet man mit **Sinus α** den Quotienten aus der Gegenkathete von α und der Hypotenuse.
>
> $$\sin \alpha = \frac{\text{Gegenkathete}}{\text{Hypotenuse}}$$
>
>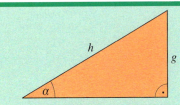
>
> $\sin \alpha = \frac{g}{h}$

Beispiel

Wir berechnen $\sin 57°$.

1. Wir zeichnen ein rechtwinkliges Dreieck mit $\alpha = 57°$.
2. Wir messen die Längen der Gegenkathete g und der Hypotenuse h. (z. B. $g = 5{,}2$ cm; $h = 6{,}2$ cm)
3. Wir dividieren: $\frac{g}{h} = \frac{5{,}2}{6{,}2} = 0{,}84$.
4. Wir erhalten $\sin 57° = 0{,}84$.

Mit dem Taschenrechner erhält man die Sinuswerte durch die Taste $\boxed{\sin}$. Wir erhalten sin 57° durch die Tastenfolge

57 $\boxed{\sin}$ $\boxed{=}$ $\boxed{0.83867...}$ oder $\boxed{\sin}$ 57 $\boxed{=}$ $\boxed{0.83867...}$.

Wir arbeiten mit 4 Stellen hinter dem Komma, also sin 57° = 0,8387.

Übungen

1 Wie heißt im Dreieck ABC
a) die Gegenkathete von α?
b) die Hypotenuse?
c) die Ankathete von β?
d) die Gegenkathete von β?
e) die Ankathete von α?

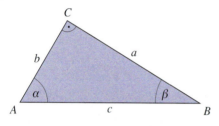

2 Berechnen Sie für die rechtwinkligen Dreiecke sin α aus dem Längenverhältnis.

α	Gegenkathete	Hypotenuse	sin α
30°	4 cm	8 cm	
45°	6,4 cm	9 cm	

3 Zeichnen Sie ein rechtwinkliges Dreieck mit $\gamma = 90°$, $c = 8$ cm, $a = 4$ cm. Messen Sie den Winkel α und berechnen Sie sin α.

 4 Verwenden Sie den Taschenrechner. Füllen Sie die Tabelle im Heft aus.

a)
α	sin α
10°	
20°	
45°	
60°	
75°	

b)
α	sin α
0°	
90°	
31°	
32°	
33°	

5 Begründen Sie, warum der Sinuswert eines Winkels zwischen 0° und 90° immer kleiner als 1 ist. Verwenden Sie Zeichnungen

Wenn der Sinuswert eines Winkels bekannt ist, z.B. sin α = 0,7547, dann berechnen wir daraus den *Winkel* α mit dem Taschenrechner durch die Tastenfolge

0,7547 $\boxed{\text{2nd}}$ $\boxed{\sin}$ $\boxed{=}$ $\boxed{48.999...}$

oder

$\boxed{\text{SHIFT}}$ $\boxed{\sin}$ 0,7547 $\boxed{=}$ $\boxed{48.999...}$

Für sin α = 0,7547 ist $\alpha \approx 49°$.

6 Füllen Sie im Heft die Tabelle aus. Geben Sie α bis auf eine Stelle nach dem Komma an.

a)
sin α	α
0,7169	
0,9272	
0,6561	
0,6157	

b)
sin α	α
0,9883	
0	
1	
0,4040	

7
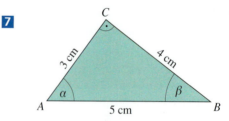

Berechnen Sie die Winkel α und β.

Aus dem Winkel α und der Hypotenuse h können wir die Länge der Gegenkathete g berechnen.

$g = h \cdot \sin \alpha$

Für $\alpha = 37°$ und $h = 51$ cm gilt:
sin 37° = $\frac{g}{51}$, d.h. $g = 51 \cdot \sin 37° = 30,7$
Die Seite g ist 30,7 cm lang.

8 Berechnen Sie die Gegenkathete g
a) aus $\alpha = 79°$ und $h = 18$ cm.
b) aus $\alpha = 31,2°$ und $h = 8,9$ dm.

Trigonometrie **321**

Der Kosinus eines Winkels

Wir betrachten wieder ein rechtwinkliges Dreieck mit $\alpha = 33°$. An dem Winkel α liegt die Ankathete a.

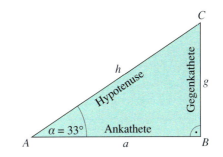

Wir messen für 3 Beispiele mit demselben Winkel $\alpha = 33°$ die Länge der Ankathete a und die Länge der Hypotenuse h.
Wir erhalten für die drei ähnlichen Dreiecke folgende Tabelle.

Dreieck	α	a	h	$\frac{a}{h}$
I	33°	2,0 cm	2,4 cm	0,83
II	33°	2,9 cm	3,5 cm	0,83
III	33°	3,8 cm	4,6 cm	0,83

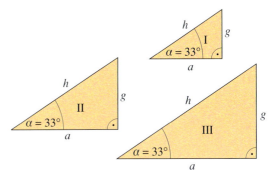

Der Quotient $\frac{a}{h}$ ist stets 0,83.

Der Quotient aus Ankathete und Hypotenuse heißt **Kosinus α** (abgekürzt: cos α). Der Kosinus hängt nur vom **Winkel** α im rechtwinkligen Dreieck ab, nicht aber von der **Größe** des Dreiecks. Der Kosinus hat keine Benennung.

Wir sehen: $\cos 33° = 0{,}83$.

In einem rechtwinkligen Dreieck bezeichnet man als **Kosinus α** den Quotienten aus der Ankathete von α und der Hypotenuse.

$$\cos \alpha = \frac{\text{Ankathete}}{\text{Hypotenuse}}$$

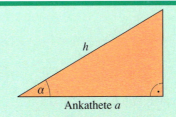

$$\cos \alpha = \frac{a}{h}$$

Beispiel

Wir berechnen den Kosinus von 42° in einem rechtwinkligen Dreieck.

Wir runden auf 4 Nachkommastellen.

Zeichnung

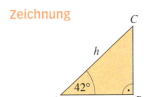

Messung
$a = 3{,}1$ cm
$h = 4{,}2$ cm

Rechnung
$\cos \alpha = \frac{a}{h}$
$\cos 42° = \frac{3{,}1}{4{,}2}$
$\cos 42° = 0{,}7381$

Antwort: Der Kosinus von 42° ist 0,74.

Übungen

1 Zeichnen Sie rechtwinklige Dreiecke mit dem Winkel α. Übertragen Sie die Tabelle in Ihr Heft. Messen Sie a und h. Berechnen Sie daraus $\cos α$.

α	a	h	cos α
20°			
45°			
65°			

2 Bestimmen Sie für das Dreieck.

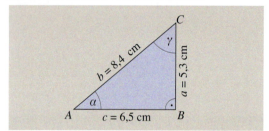

a) $\cos α$ b) $\cos γ$ c) $\sin α$ d) $\sin γ$

Kosinuswerte erhält man mit dem Taschenrechner durch die Taste $\boxed{\cos}$.
Den Kosinus von 40° berechnet man so:

40 $\boxed{\cos}$ $\boxed{=}$ $\boxed{0.76604...}$ bzw.
$\boxed{\cos}$ 40 $\boxed{=}$ $\boxed{0.76604...}$

Wenn der Kosinus eines Winkels bekannt ist, so erhält man den *Winkel α* durch die Tasten
$\boxed{\text{2nd}}$ $\boxed{\cos}$ bzw. $\boxed{\text{SHIFT}}$ $\boxed{\cos}$

Aus $\cos α = 0{,}9063$ erhält man α durch
0,9063 $\boxed{\text{2nd}}$ $\boxed{\cos}$ $\boxed{=}$ $\boxed{25.001...}$ bzw.
$\boxed{\text{SHIFT}}$ $\boxed{\cos}$ 0,9063 $\boxed{=}$ $\boxed{25.001...}$
Der Winkel α ist 25°.

---

3 Füllen Sie im Heft aus.

α	cos α
13,6°	
	0,8453
75,4°	

α	cos α
	0,6334
0°	
	0,1599

4 Zeichnen Sie jeweils ein rechtwinkliges Dreieck. Messen Sie und berechnen Sie auf 2 Stellen hinter dem Komma.
a) $\cos 20°$ b) $\cos 45°$ c) $\cos 78°$

5 In rechtwinkligen Dreiecken lassen sich fehlende Seitenlängen und Winkel berechnen. Übertragen und ergänzen Sie. (Maße in cm)

a)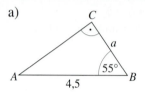

$\cos 55° = \frac{a}{4{,}5}$
$a = 4{,}5 \cdot \cos 55°$
$a = \blacksquare$

b)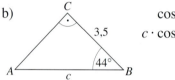

$\cos 44° = \frac{3{,}5}{c}$
$c \cdot \cos 44° = 3{,}5$
$c = \frac{3{,}5}{\cos 44°}$
$c = \blacksquare$

c)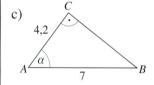

$\cos α = \frac{4{,}2}{7}$
$\cos α = 0{,}6$
$α = \blacksquare$

6 a) In einem rechtwinkligen Dreieck ist α = 35° und die Hypotenuse 7 cm lang. Berechnen Sie die Länge der fehlenden Seiten.
b) In einem rechtwinkligen Dreieck ist β = 78°. Die Ankathete von β ist 17 cm lang. Berechnen Sie die Länge der fehlenden Seiten.

7 In einem rechtwinkligen Dreieck ist die Hypotenuse 8,3 cm und eine Kathete 6,7 cm lang. Berechnen Sie die Winkel und die Länge der zweiten Kathete.

8 Berechnen Sie im Dreieck *ABC* die fehlenden Winkel. Runden Sie auf ganze Zahlen.

	α	β	γ	a	b	c
a)		90°		5,6 cm	17,1 cm	16,2 cm
b)			90°	8,8 dm	19,8 dm	21,7 dm
c)	90°			4,9 cm	2,6 cm	4,2 cm
d)				5 cm	3 cm	4 cm
e)				6 m	8 m	10 m

Trigonometrie _____ **323**

Der Tangens eines Winkels

Im rechtwinkligen Dreieck mit α = 33° betrachten wir jetzt den Quotienten aus **Gegenkathete** und **Ankathete** des Winkels α.

Wir erhalten:

g	a	$\frac{g}{a}$
2,8 cm	4,3 cm	0,65

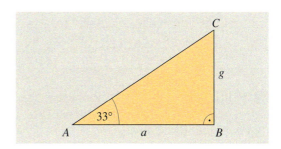

Den Wert $\frac{g}{a}$ = 0,65 erhalten wir für *alle* rechtwinkligen Dreiecke mit α = 33°. Der Quotient $\frac{g}{a}$ hängt nicht von der Größe, sondern nur vom Winkel α des Dreiecks ab. Den Quotienten $\frac{g}{a}$ eines rechtwinkligen Dreiecks nennt man den **Tangens α** (abgekürzt: tan α).
Wir sehen: tan 33° = 0,65.

> In einem rechtwinkligen Dreieck bezeichnet man mit **Tangens α** den Quotienten aus der Gegenkathete und der Ankathete von α.
>
> $$\tan \alpha = \frac{\text{Gegenkathete}}{\text{Ankathete}}$$
>
> $\tan \alpha = \frac{g}{a}$

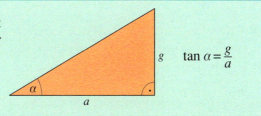

Mit dem Taschenrechner erhalten wir den Tangens von α durch die Taste $\boxed{\tan}$. tan 75° berechnen wir so:

$$75 \boxed{\tan} \boxed{=} \boxed{3.73205...} \quad \text{oder} \quad \boxed{\tan} 75 \boxed{=} \boxed{3.73205...}.$$

Wenn der Tangens eines Winkels bekannt ist, etwa tan α = 1,4826, so erhalten wir den Winkel α mit der Taste $\boxed{\text{2nd}}\boxed{\tan}$ bzw. $\boxed{\text{SHIFT}}\boxed{\tan}$. Für tan α = 1,4826 errechnen wir

$$\boxed{\text{SHIFT}}\boxed{\tan} 1{,}4826 \boxed{=} \boxed{56.00...} \quad \text{bzw.} \quad 1{,}4826 \boxed{\text{2nd}}\boxed{\tan}\boxed{=}\boxed{56.00...}$$

Der Winkel α ist 56°, wenn tan α = 1,4826 ist.

Übungen

1 Zeichnen Sie ein Dreieck aus γ = 90°, α = 70° und b = 2 cm. Messen Sie die Seitenlänge a und berechnen Sie dann tan 70°.

2 Füllen Sie im Heft aus.

a)
α	tan α
35°	
	0,3889

b)

c)

3 Berechnen Sie im Heft.

	Gegenkathete	Ankathete	tan β	β
a)	4,6 cm	8 cm		
b)	5 cm	5 cm		
c)		17,5 dm	0,7536	
d)	32,40 m			25,5°
e)	156,56 m			83,7°
f)		4,5 km	1,7321	
g)	14 dm			75°

4 Berechnen Sie für die rechtwinkligen Dreiecke tan α.

α	Gegenkathete	Ankathete	tan α
30°	4,7 cm	8 cm	
45°	5 cm	5 cm	

5 Füllen Sie durch genaues Zeichnen, Messen und Berechnen diese Wertetabelle in Ihrem Heft vollständig aus.

α	20°	25°	40°	50°	60°	70°	80°
sin α							
cos α							
tan α							

6 *Warum* gilt tan 45° = 1?

7 Füllen Sie (Taschenrechner) die Tabelle in Ihrem Heft aus und vergleichen Sie direkt mit dem Sinuswert.

sin 0°	sin 30°	sin 45°	sin 60°	sin 90°
$\frac{1}{2}\cdot\sqrt{0}$	$\frac{1}{2}\cdot\sqrt{1}$	$\frac{1}{2}\cdot\sqrt{2}$	$\frac{1}{2}\cdot\sqrt{3}$	$\frac{1}{2}\cdot\sqrt{4}$
	0,5			

8 a) Man kann tan α aus sin α und cos α bestimmen. Erläutern Sie.

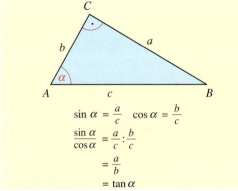

b) Es ist sin 30° = 0,5 und cos 30° = 0,866. Berechnen Sie daraus tan 30°.

9 Berechnen Sie tan 38° und tan 67°, wenn gegeben ist:
sin 38° = 0,6157   cos 38° = 0,7880
sin 67° = 0,9205   cos 67° = 0,3907

10 Bestimmen Sie die Werte.
a) tan 59°   d) tan 13°
b) tan 36,7°   e) tan 48,8°
c) tan 22,9°   f) tan 0,8°

11 Ermitteln Sie den Winkel α.
a) tan α = 0,8734   d) tan α = 26,03
b) tan α = 1,7748   e) tan α = 0,0857
c) tan α = 4,331   f) tan α = 0,8

12 In einem rechtwinkligen Dreieck ist α = 75°, die Gegenkathete ist 9 cm lang. Wie lang ist die Ankathete von α? Wie lang ist die Hypotenuse?

13 In einem rechtwinkligen Dreieck ist die Gegenkathete eines Winkels 5 cm lang, die Ankathete ist 8,5 cm lang. Wie groß ist der Winkel?

14 Fertigen Sie eine Wertetabelle an (0° bis 90°). Zeichnen Sie die Graphen in ein Koordinatensystem.
a) y = tan α   b) y = $\frac{1}{3}$ tan α

15 Zeigen Sie an diesen Figuren

 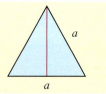

dass
a) tan 45° = 1
b) tan 60° = $\sqrt{3}$
c) tan 30° = $\frac{1}{3}\cdot\sqrt{3}$
d) sin 60° = $\frac{1}{2}\sqrt{3}$
e) sin 30° = $\frac{1}{2}$
f) cos 60° = $\frac{1}{2}$
g) cos 30° = $\frac{1}{2}\sqrt{3}$

16 Berechnen Sie vom Dreieck *ABC* alle Seiten, alle Winkel und den Flächeninhalt.

17 Zeigen Sie:
$(\sin α)^2 + (\cos α)^2 = 1$
Tipp: Satz von Phytagoras

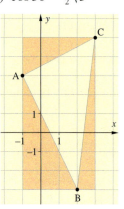

Trigonometrie

Vermischte Aufgaben

1 Berechnen Sie die Seite a in einem Dreieck. Gegeben sind die Winkel $\beta = 30°$, $\gamma = 90°$ und die Seite $c = 83$ cm. Runden Sie sinnvoll.

2 Wie lang ist die Seite c?

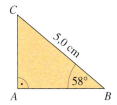

3 Berechnen Sie den Winkel α in einem Dreieck mit dem Winkel $\beta = 90°$ und den Seitenlängen $b = 8,3$ cm und $a = 3,0$ cm.

4 Berechnen Sie die Seite c und den Winkel β.

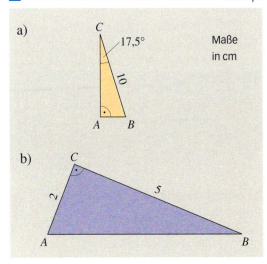

5 In einem Dreieck ABC sind der Winkel $\beta = 90°$ und die Seiten $a = 4,75$ cm, $c = 5,00$ cm bekannt.
a) Berechnen Sie die fehlenden Winkel α und γ. Runden Sie sinnvoll.
b) Berechnen Sie die Seite b zunächst trigonometrisch und dann mit dem Satz des Pythagoras.

6 Berechnen Sie die fehlenden Winkel und die Seitenlänge von a.

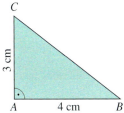

7 Füllen Sie im Heft die Tabelle aus. Denken Sie auch an den Satz von der Winkelsumme im Dreieck!

	Dreieck I	Dreieck II	Dreieck III
a		3,4 cm	
b			20 dm
c	15 cm		
α	90°		45°
β		52°	45°
γ	65°	90°	

8 In einem gleichschenkligen Dreieck ist $a = b = 3,5$ cm und $\alpha = 50°$. Wie lang ist die Seite c?

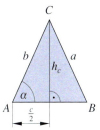

(*Hinweis:*
Die Höhe h_c zerlegt das Dreieck in zwei rechtwinklige Dreiecke.)

9 Ein Quadrat hat die Seitenlänge $a = 5,8$ cm. Wie lang ist die Diagonale d?

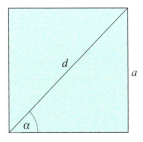

a) Wie groß ist der Winkel α?
b) Berechnen Sie d (Satz des Pythagoras).
b) Berechnen Sie d trigonometrisch.

10 Ein Dreieck ABC hat die Seiten 5,4 cm, 7,2 cm und 9,0 cm.
a) Warum muss es rechtwinklig sein?
b) An welchem Eckpunkt liegt der rechte Winkel?
c) Berechnen Sie die fehlenden Winkel.

Anwendungen

Beispiel

Die Spitze einer Tanne wird vom Boden aus unter einem Winkel von 35° anvisiert. Die Entfernung vom Fußpunkt der Tanne beträgt 24,7 m. Wie hoch ist die Tanne?

Zunächst fertigen wir eine Skizze an.

Gegeben: Ankathete $a = 24{,}7$ m, Winkel $\alpha = 35°$

Gesucht: Gegenkathete g

Formel: $\tan \alpha = \frac{g}{a}$

Lösung: $\tan 35° = \frac{g}{24{,}7}$ $\quad | \cdot 24{,}7$

$24{,}7 \cdot \tan 35° = g$

$g = 17{,}3$

Antwort: Die Tanne ist 17,3 m hoch.

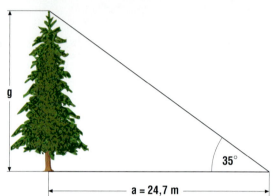

Übungen

1 Eine 6 m lange Leiter wird an eine Wand gestellt. Am Erdboden ist sie 1,5 m von der Wand entfernt. Zeichnen Sie eine Skizze.
a) Wie hoch reicht die Leiter an der Wand?
b) Aus Sicherheitsgründen soll der Anstellwinkel zwischen Leiter und Erdboden zwischen 70° und 80° liegen. Ist das erfüllt?

2 Ein Freiballon schwebt in 129 m Höhe. Der Ballonfahrer sieht ein Haus unter einem Winkel von 15° zur Waagerechten. Wie weit ist er von dem Haus entfernt?

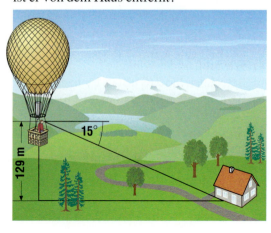

! Eine Steigung von 8 % bedeutet im Straßenbau, dass für den Steigungswinkel α gilt: $\tan \alpha = \frac{8}{100} = 0{,}08$
$\alpha = 4{,}6°$

3 Berechnen Sie die Steigungswinkel für folgende Passstraßen:
a) Brennerpass 12 %
b) Tauernpass 15 %
c) Seisenberg-Klamm 23 %

4 Vom Querschnitt eines Lärmschutzwalles sind die angegebenen Maße bekannt.
a) Berechnen Sie die Sockelbreite.
b) Berechnen Sie den Flächeninhalt des Querschnitts.
c) Wie viel Kubikmeter Erde braucht man für 100 m Lärmschutzwall?

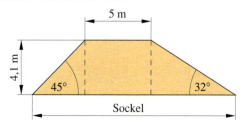

Trigonometrie

5 Ein Drachen steigt an einer 43,50 m langen Schnur. Die Schnur ist straff gespannt und bildet mit dem Erdboden einen Winkel von 51°. Wie hoch steht der Drachen?

6 Von einer Raute sind die Seitenlänge $a = 16{,}4$ cm und der Winkel $\alpha = 52°$ gegeben. Berechnen Sie die Längen der beiden Diagonalen. (Fertigen Sie zunächst eine Skizze an.)

7 Berechnen Sie die Höhe des Baumes.

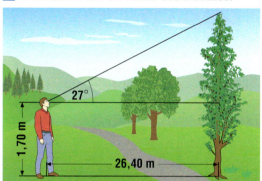

8 Eine Stehleiter hat bei einem Öffnungswinkel von 26° unten eine Spreizweite von 3,20 m. Wie lang ist die Leiter und welche Höhe hat sie? Fertigen Sie eine Skizze an!

9 Ein Rechteck hat die Seiten $a = 7{,}7$ cm und $b = 5{,}0$ cm. Berechnen Sie die Länge der Diagonale und den Winkel zwischen der Diagonale und der Seite a.

10 Ein Segelflieger kennt die Entfernung zweier Dörfer voneinander; sie beträgt 3,8 km. Als er sich genau über einem der Dörfer befindet, sieht er das andere unter einem Winkel von 23°.
In welcher Höhe fliegt er?

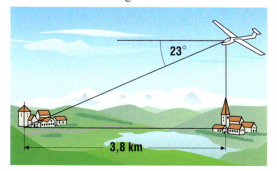

11 Peter ist 1,85 m groß. Er wirft einen Schatten von 3,10 m Länge. Unter welchem Winkel ist die Sonne zu sehen?

12 Ein Haus hat die in der Zeichnung angegebenen Maße. Wie hoch wäre das Haus bei einer Dachneigung von
a) $\alpha = 33°$, b) $\alpha = 45°$, c) $\alpha = 60°$?

13 Ein Uhrpendel von $l = 1{,}20$ m Länge schlägt nach jeder Seite um 10° aus. Wie hoch wird es dabei gehoben?
Hinweis: Berechnen Sie zuerst a.

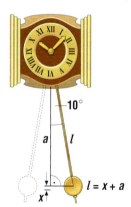

14 a) In einem Dreieck ist $a = 13{,}7$ cm und $\gamma = 53°$. Berechnen Sie die Höhe, die durch den Punkt B verläuft.
b) Die Seite b dieses Dreiecks ist 19,8 cm lang. Berechnen Sie den Flächeninhalt des Dreiecks.

15 Berechnen Sie den Öffnungswinkel α des Filters.

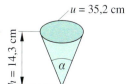

3 Der „Schiefe Turm von Pisa" ist 47 m hoch und weicht um 5,5° von der Senkrechten zur Erdoberfläche ab. Wie weit reicht die Oberkante des Turms über den Fußpunkt hinaus?

4 Ein Dachboden ist über eine 3 m lange Bodentreppe erreichbar. Die Höhe vom Fußboden zum Dachboden beträgt 2,7 m.
Die Treppe ist gut zu begehen, wenn der Winkel der Treppe mit dem Fußboden höchstens einen Winkel von 65° bildet. Erfüllt die Bodentreppe diese Bedingungen?

5 Zugkräfte. Zieht jemand einen Wagen mit einer Kraft K, so wirkt in waagerechter Richtung die Kraft $K \cdot \cos \alpha$, wenn die Kraft K mit der Waagerechten den Winkel α einschließt.
Ein beladener Wagen wird mit einer Kraft von 350 N (Newton) gezogen. Die Zugrichtung verläuft 34° gegen die Waagerechte.
Mit welcher Kraft wird der Wagen in der Waagerechten vorwärts bewegt?

6 Hangabtrieb. Ein Körper mit der Gewichtskraft G, der auf der schiefen Ebene mit dem Neigungswinkel α liegt, hat den Hangabtrieb $G \cdot \sin \alpha$. Der Hangabtrieb ist die Kraft in Richtung der schiefen Ebene.

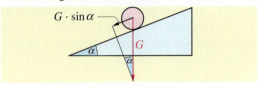

Ein Klavier wiegt 250 kg, die Gewichtskraft ist dann 2500 N. Das Klavier soll auf einen Möbelwagen gerollt werden. Ein Arbeiter kann im Durchschnitt höchstens mit einer Kraft von 600 N schieben. Welchen Winkel muss man der schiefen Ebene geben, wenn zwei Arbeiter das Klavier auf den Wagen rollen sollen? Wie lang muss die schiefe Ebene sein?

7 Kräfte am Keil. Auf einen Keil wirkt eine Kraft von 850 N. Fertigen Sie eine Tabelle für S und W an für die Keilwinkel α von 10°, 20°, ..., 80°, 90°. Je kleiner α ist, um so größer sind die Kräfte S und W. Warum kann man aber α nicht *beliebig* klein machen?

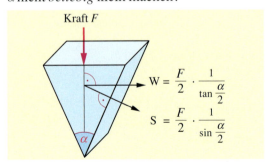

Die Sinus- und Kosinusfunktion für Winkel über 90°

Die Sinus- und die Kosiniusfunktion lassen sich auch für Winkel *über* 90° definieren. Das ist zum Beispiel notwendig, wenn wir fehlende Stücke in *beliebigen* Dreiecken berechnen wollen. Wir untersuchen zunächst die Sinus- und Kosinusfunktion für Winkel zwischen 0° und 90° am Einheitskreis. Der **Einheitskreis** ist ein Kreis mit dem Radius 1.

Wir betrachten das Dreieck OAP_0 und zeichnen den Winkel α ein. Weil die Hypotenuse (= Radius) 1 ist, sind $\sin \alpha$ und $\cos \alpha$ als Streckenlängen auf der y-Achse bzw. auf der x-Achse direkt ablesbar,

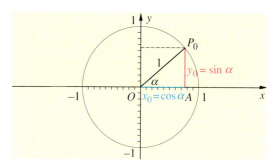

denn $\sin \alpha = \dfrac{y_0}{1} = y_0$

und $\cos \alpha = \dfrac{x_0}{1} = x_0$

> Für Winkel zwischen 0° und 90° gilt am Einheitskreis:
> $\sin \alpha$ ist die y-Koordinate von P_0
> $\cos \alpha$ ist die x-Koordinate von P_0

Diese Regel übertragen wir auf Winkel über 90°.

Beispiel

1. $0° \leq \alpha \leq 90°$ (bekannter Fall)

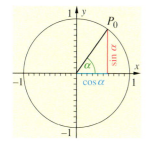

Beispiel: $\alpha = 55°$

Wir lesen ab:

$\sin \alpha = \sin 55°$
$\approx 0{,}82$

$\cos \alpha = \cos 55°$
$\approx 0{,}57$

2. $90° \leq \alpha \leq 180°$

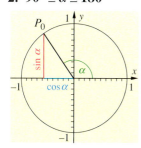

Beispiel: $\alpha = 125°$

Wir lesen ab:

$\sin \alpha = \sin 125°$
$\approx 0{,}82$

$\cos \alpha = \cos 125°$
$\approx -0{,}57$

3. $180° \leq \alpha \leq 270°$

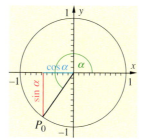

Beispiel: $\alpha = 235°$

Wir lesen ab:

$\sin \alpha = \sin 235°$
$\approx -0{,}82$

$\cos \alpha = \cos 235°$
$\approx -0{,}57$

4. $270° \leq \alpha \leq 360°$

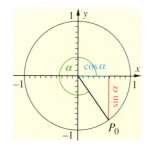

Beispiel: $\alpha = 305°$

Wir lesen ab:

$\sin \alpha = \sin 305°$
$\approx -0{,}82$

$\cos \alpha = \cos 305°$
$\approx 0{,}57$

Es gilt:
sin (180° − α) = sin α   sin (180° + α) = − sin α   sin (360° − α) = − sin α
cos (180° − α) = − cos α   cos (180° + α) = − cos α   cos (360° − α) = cos α

Übungen

1 Bestimmen Sie mit einer Skizze die Vorzeichen der Sinus- und Kosinuswerte folgender Winkel.
a) 95°   c) 189°   e) 285°
b) 163° d) 237°   f) 290°

2 Zeichnen Sie auf Millimeterpapier einen Kreis mit dem Radius 5 cm. Bestimmen Sie durch Messen und Rechnung Näherungswerte für die gegebenen Daten:
a) sin 74°   g) sin 326°   m) sin 399°
b) cos 57°   h) cos 310°   n) cos 499°
c) sin 130°   i) sin 185°   o) sin 621°
d) cos 200°   j) cos 259°   p) cos 605°
e) sin 285°   k) sin 278°   q) sin 760°
f) cos 70°   l) cos 364°   r) cos 843°

5 a) Lesen Sie am Einheitskreis den Sinus und Kosinus folgender Winkel ab. Ergänzen Sie die Tabelle im Heft.

α	sin α	cos α
45°		
90°		
135°		
180°		
225°		
270°		
315°		
360°		

b) Vergleichen Sie die Sinuswerte (Kosinuswerte) miteinander. Was fällt auf? Begründen Sie am Einheitskreis.

Am Einheitskreis können wir die Sinus- und Kosinuswerte für *alle* Winkel ermitteln. Es ergeben sich die nebenstehenden Graphen der Sinus- und Kosinusfunktion, die wir mithilfe von Wertetabellen zeichnen können.
Die beiden Funktionen sind *periodische* Funktionen, weil sie sich immer nach derselben Periode wiederholen: nach 360°, nach 2 · 360° = 720°, nach 3 · 360° = 1080° usw. beginnt die „Wellenlinie" von neuem. Man sagt, diese Funktionen haben die Periode 360°.

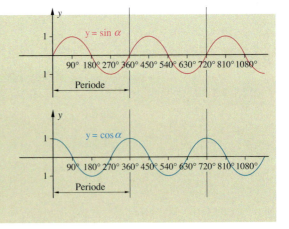

Übungen

3 Überprüfen Sie mit dem Taschenrechner die in den obigen Übungen ermittelten Werte.

4 Berechnen Sie.
a) 14,7 · cos 198°   c) cos 183° · sin 478°
b) 7,6 · sin 280°   d) sin 810° · cos 720°

6 Zeichnen Sie mithilfe einer Wertetabelle den Graph der Funktion in ein Koordinatensystem.
a) y = sin α für 0° ≤ α ≤ 720°
b) y = cos α für 0° ≤ α ≤ 720°
c) y = sin 2 · α für 0° ≤ α ≤ 360°
d) y = cos 3 · α für 0° ≤ α ≤ 240°
Wie groß sind die Perioden in c) und d)?

Der Sinussatz

Oft sind Aufgaben mit *nicht-rechtwinkligen* Dreiecken zu lösen. Um zu berechnen, wie weit ein Schiff vom Leuchtturm entfernt ist, braucht man nur eine Strecke und zwei Winkel auf dem Land zu messen. Die Entfernung des Schiffs vom Leuchtturm kann dann mithilfe des **Sinussatzes** berechnet werden.

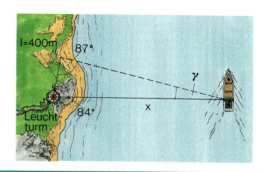

Der **Sinussatz** besagt:

In jedem Dreieck gilt für zwei Seiten und die diesen Seiten gegenüberliegenden Winkel stets: $\quad \dfrac{a}{b} = \dfrac{\sin \alpha}{\sin \beta} \qquad \dfrac{a}{c} = \dfrac{\sin \alpha}{\sin \gamma} \qquad \dfrac{b}{c} = \dfrac{\sin \beta}{\sin \gamma}$

Sind drei der vier Größen einer Gleichung bekannt, dann können wir die vierte Größe berechnen, indem wir die Gleichung umformen.

Beispiel

Es soll die Entfernung x des Schiffs vom Leuchtturm aus der Zeichnung berechnet werden.
Lösung: Zunächst können wir den Winkel γ, der der Seite l gegenüberliegt, berechnen.

$$\text{Es ist:} \quad \gamma = 180° - 87° - 84° = 9°$$

$$\text{Nach dem Sinussatz gilt dann:} \quad \dfrac{x}{400} = \dfrac{\sin 87°}{\sin 9°}$$

$$\text{Oder umgeformt:} \quad x = 400 \cdot \dfrac{\sin 87°}{\sin 9°}$$

$$x \underset{TR}{=} 2554$$

Das Schiff ist vom Leuchtturm rund 2600 m entfernt.

Der Beweis des Sinussatzes

Wir beweisen den Sinussatz für die Gleichung: $\quad \dfrac{a}{b} = \dfrac{\sin \alpha}{\sin \beta}$

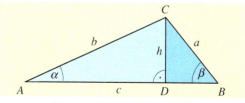

Dazu betrachten wir das Dreieck ABC mit der Höhe h. Die Höhe h trifft die Seite c in Punkt D.

1. In dem rechtwinkligen Dreieck ADC gilt: $\quad \sin \alpha = \dfrac{h}{b} \quad \text{oder} \quad h = b \cdot \sin \alpha \qquad (1)$

2. In dem rechtwinkligen Dreieck BCD gilt: $\quad \sin \beta = \dfrac{h}{a} \quad \text{oder} \quad h = a \cdot \sin \beta \qquad (2)$

3. Aus (1) und (2) folgt durch Gleichsetzen: $\quad b \cdot \sin \alpha = a \cdot \sin \beta \quad \text{oder} \quad \dfrac{a}{b} = \dfrac{\sin \alpha}{\sin \beta}$

Das war zu zeigen.

Übungen

1 Berechnen Sie die fehlenden Seiten und Winkel im Dreieck ABC. Zeichnen Sie eine Skizze
a) $a = 7{,}8$ cm; $c = 9{,}6$ cm; $\gamma = 68°$
b) $b = 2{,}4$ m; $\alpha = 43°$; $\beta = 64°$
(Tipp: Satz von der Winkelsumme im Dreieck)
c) $\beta = 51°$; $c = 83$ mm; $b = 9{,}4$ cm
d) $\alpha = 64°$; $\gamma = 57°$; $c = 2$ dm
e) $a = 1{,}13$ m; $c = 2{,}08$ m; $\gamma = 85°$
f) $b = 62{,}76$ cm; $\alpha = 65°$; $\gamma = 48°$

2 In einem Parallelogramm kennt man die Länge der Diagonalen $d = 18$ cm, den Winkel $\alpha = 64°$ und den Winkel $\beta = 42°$.

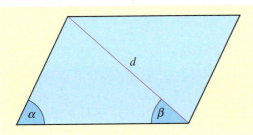

a) Berechnen Sie die Längen aller Seiten und den Umfang.
b) Berechnen Sie Höhe und Flächeninhalt.

3 Die Höhe eines Bergs wird bestimmt, indem man eine waagerechte Standlinie abmisst und die Erhebungswinkel bestimmt (siehe Zeichnung).

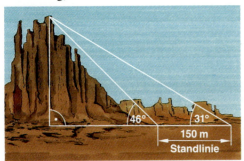

a) Welcher Höhenunterschied besteht zwischen der Standlinie und der Bergspitze?
b) Wie hoch ist der Berg, wenn die Standlinie 360 m über dem Meeresspiegel liegt?
c) Wie weit ist die Standlinie vom Fußpunkt des Berges entfernt?

4 Berechnen Sie den Flächeninhalt des gleichschenkligen Trapezes (s. Zeichnung).

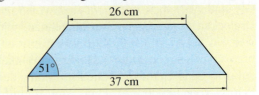

Hinweis: Benutzen Sie geeignete Hilfslinien.

5 a) Warum kann man mithilfe des Sinussatzes nach der gegebenen Zeichnung weder die fehlende Seite noch die fehlenden Winkel berechnen?
b) Können Sie mithilfe des Sinussatzes die Winkel berechnen, wenn Sie die Längen aller drei Seiten kennen?

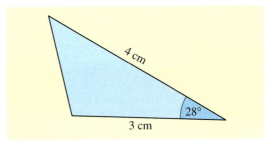

6 Beweisen Sie auch den Sinussatz in der Form: $\dfrac{b}{c} = \dfrac{\sin \beta}{\sin \gamma}$ und $\dfrac{a}{c} = \dfrac{\sin \alpha}{\sin \gamma}$

7 Führen Sie den Beweis des Sinussatzes, dass $\dfrac{a}{b} = \dfrac{\sin \alpha}{\sin \gamma}$ ist, auch für das hier gezeichnete stumpfwinklige Dreieck durch.

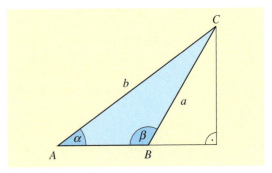

Hinweis:
Verlängern Sie die Strecke $\overline{AB}$ und zeichnen Sie die Höhe von C aus ein.
Verwenden Sie $\sin(180° - \beta) = \sin \beta$.

Der Kosinussatz

Ein Landmesser kann den Abstand x der beiden Messstangen nicht mit dem Sinussatz bestimmen, denn in dem Dreieck sind nur zwei Seiten und der *eingeschlossene* Winkel bekannt.

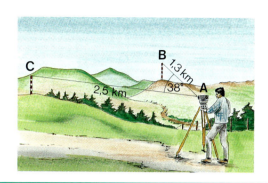

Der Landmesser berechnet die gesuchte Entfernung mit dem **Kosinussatz**.

Der **Kosinussatz** besagt:

> In jedem Dreieck gilt für die dem Winkel γ gegenüberliegende Seite c stets:
> $$c^2 = a^2 + b^2 - 2ab \cdot \cos\gamma \quad \text{oder} \quad c = \sqrt{a^2 + b^2 - 2ab \cdot \cos\gamma}$$
> Entsprechend gilt: $b^2 = a^2 + c^2 - 2ac \cdot \cos\beta$ bzw. $a^2 = b^2 + c^2 - 2bc \cdot \cos\alpha$

Beispiel

Der Landvermesser berechnet den Abstand x der beiden Messstangen aus den Angaben der Zeichnung. Nach dem Kosinussatz gilt:

$x = \sqrt{2{,}5^2 + 1{,}3^2 - 2 \cdot 2{,}5 \cdot 1{,}3 \cdot \cos 38°}$; $x = \sqrt{2{,}818} = 1{,}7$

Die Messstangen B und C sind 1,7 km voneinander entfernt

Berechnung mit dem TR:

$(\; 2.5 \;x^2\; +\; 1.3\; x^2\; -\; 2 \times 2.5 \times 1.3 \times 38\; \cos\;)\; \boxed{}\; =\; \boxed{1.6786}$

Übungen

1 Berechnen Sie die dritte Dreiecksseite.
a) $a = 17$ cm; $b = 2{,}5$ cm; $\gamma = 62°$
b) $b = 214$ dm; $c = 6{,}05$ dm; $\alpha = 89°$
c) $a = 27$ m; $c = 38$ m; $\beta = 124°$
d) $a = 4{,}2$ dm; $b = 12$ cm; $\gamma = 61°$

2 Berechnen Sie die Schnittwinkel der Diagonalen des Rechtecks.

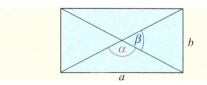

a) $a = 16$ mm
   $b = 9$ mm
b) $a = 1{,}2$ cm
   $b = 8{,}4$ cm

3 Überlegen Sie, wie man auch ohne den Kosinussatz eine Lösung für die Aufgabe 2 findet.

4 Bestimmen Sie die Länge der Diagonale.

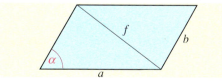

a) $a = 3{,}9$ cm; $b = 2{,}1$ cm; $\alpha = 47°$
b) $a = 4{,}5$ cm; $b = 5{,}6$ cm; $\alpha = 87°$

5 Berechnen Sie für ein Dreieck mit den Maßen $a = 5{,}92$ m, $b = 4{,}31$ m und $c = 6{,}38$ m die Winkel, die Höhen, den Umfang und den Flächeninhalt.

Beweis des Kosinussatzes

Wir beweisen die Gleichung:

$c^2 = a^2 + b^2 - 2\,a\,b \cdot \cos \gamma$

Dazu betrachten wir das Dreieck ABC mit der Höhe h. Die Höhe h teilt die Seite b in die beiden Abschnitte p und q.

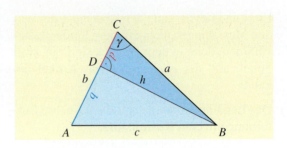

Im rechtwinkligen Dreieck ABD gilt nach dem Satz des Pythagoras:

$c^2 = q^2 + h^2$ (1)

Nach der Zeichnung ist $b = p + q$.

Also ist: $q = b - p$

Einsetzen in (1) ergibt: $c^2 = (b - p)^2 + h^2$

Auflösen der Klammer ergibt: $c^2 = b^2 - 2\,b\,p + p^2 + h^2$ (2)

In dem rechtwinkligen Dreieck BCD gilt nach dem Satz des Pythagoras: $a^2 = p^2 + h^2$

Einsetzen von a^2 für $p^2 + h^2$ in (2) ergibt: $c^2 = b^2 - 2\,b\,p + a^2$

Oder: $c^2 = a^2 + b^2 - 2\,b\,p$ (3)

In dem rechtwinkligen Dreieck BCD gilt für γ: $\cos \gamma = \dfrac{p}{a}$

Oder umgeformt: $p = a \cdot \cos \gamma$

Einsetzen in (3) ergibt: $c^2 = a^2 + b^2 - 2\,b\,a \cdot \cos \gamma$

Also: $c^2 = a^2 + b^2 - 2\,a\,b \cdot \cos \gamma$

Übungen

1 Beweisen Sie den Kosinussatz für
a) $a^2 = b^2 + c^2 - 2\,b\,c \cdot \cos \alpha$,
b) $b^2 = a^2 + c^2 - 2\,a\,c \cdot \cos \beta$.

2 Beweisen Sie den Kosinussatz für Winkel γ, die größer als 90° sind. Verwenden Sie $\cos(180° - \gamma) = -\cos \gamma$.

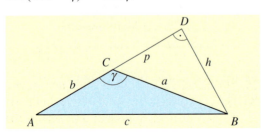

3 Der Kosinussatz wurde umgestellt:

$$\cos \alpha = \frac{b^2 + c^2 - a^2}{2\,b\,c}$$

Damit kann man die Winkel eines Dreiecks aus den drei Seiten berechnen. Leiten Sie die Formel auch für $\cos \beta$ und $\cos \gamma$ her.

4 Berechnen Sie die Winkel der Dreiecke mithilfe der Gleichungen, die sich aus Aufgabe 3 ergeben.
a) $a = 7$ cm
   $b = 9$ cm
   $c = 11$ cm
b) $a = 84$ cm
   $b = 67$ cm
   $u = 243$ cm

5 Zeigen Sie, dass der Satz des Pythagoras ein Spezialfall des Kosinussatzes ist.

Trigonometrie   335

Flächeninhalte von Dreiecken aus Seiten und Winkeln

Wenn von einem Dreieck eine Seite g und die dazugehörende Höhe h gegeben sind, berechnet man den Flächeninhalt mit der Formel: $\quad A = \tfrac{1}{2} \cdot g \cdot h$

Wenn von einem Dreieck die Seiten a, b und der eingeschlossene Winkel γ gegeben sind, berechnet man den Flächeninhalt mit der Formel: $\quad A = \tfrac{1}{2} \cdot a \cdot b \cdot \sin \gamma$

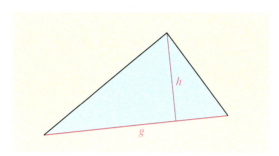
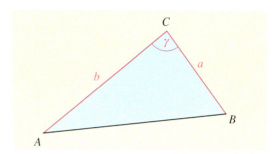

Für den Flächeninhalt von Dreiecken gelten die Formeln:

$$A = \frac{1}{2} \cdot a \cdot b \cdot \sin \gamma \qquad A = \frac{1}{2} \cdot a \cdot c \cdot \sin \beta \qquad A = \frac{1}{2} \cdot b \cdot c \cdot \sin \alpha$$

Man kann damit den Flächeninhalt berechnen, wenn zwei Seiten und der eingeschlossene Winkel bekannt sind. (Vgl. Aufgabe 3)

Beispiel

Gegeben: $a = 7$ cm; $b = 6$ cm; $\gamma = 125°$
Gesucht: A
Lösung: $A = \tfrac{1}{2} \cdot 6 \cdot 7 \cdot \sin 125°$
          $A \underset{\text{TR}}{=} 17{,}20$

Der Flächeninhalt beträgt ungefähr $17{,}20 \text{ cm}^2$.

Übungen

1 Berechnen Sie den Flächeninhalt.

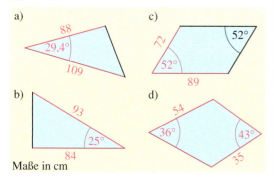

Maße in cm

2 Berechnen Sie alle Seiten, alle Winkel und den Flächeninhalt. Erläutern Sie zunächst Ihr Vorgehen. (Maße in cm)

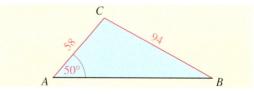

3 Beweisen Sie die Flächeninhaltsformeln. (Gehen sie von $A = \tfrac{1}{2} g \cdot h$ aus. Berechnen Sie die Höhe mit dem Sinussatz und setzen Sie diese in die Gleichung ein.)

Vermischte Übungen

1 Der Umfang der Trichteröffnung ist aus den angegebenen Maßen zu ermitteln.

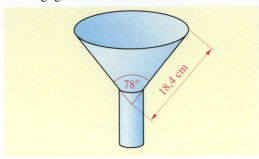

2 Alina und Dana haben aus Versehen den Winkel bei Punkt C für einen rechten Winkel gehalten und die Strecke s nach dem Satz des Pythagoras berechnet. Der Winkel ist aber 92° groß.
a) Um wie viel unterscheidet sich Alinas und Danas Ergebnis vom richtigen Wert?
b) Wie viel Prozent vom genauen Wert beträgt der Fehler?

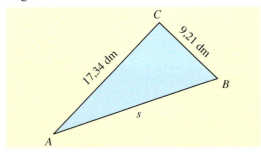

3 Die Zeichnung zeigt die Schemadarstellung eines Kanalnetzes, das gebaut werden soll. Wie viel Meter Rohrleitung müssen verlegt werden?

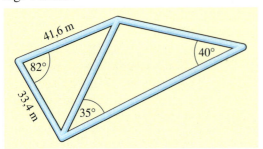

4 a) Unter welchem Winkel schneiden sich die Raumdiagonalen im Würfel, wenn die Kantenlänge $a = 1$ dm ($a = 7$ cm) beträgt? Vergleichen Sie die Ergebnisse.
b) Berechnen Sie die Schnittwinkel für eine beliebige Kantenlänge a.
Hinweis: Berechnen Sie zuerst die Längen der Diagonalen.

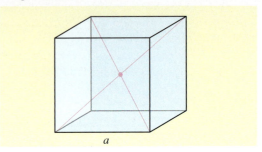

5 Berechnen Sie die eingezeichneten Neigungswinkel von Kanten bzw. Seitenflächen der quadratischen Pyramide.
Hinweis: Nutzen Sie die Schnittebenendarstellung der Zeichnung.

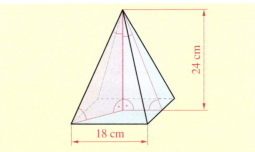

6 Berechnen Sie den Umfang u des abgebildeten regelmäßigen Fünfecks.
(Rechnen Sie nach der Nummerierung in der Zeichnung.)

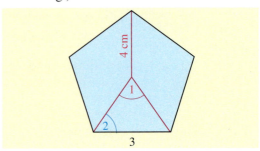

Trainingsseite Prozent- und Zinsrechnung

1 Ein gebrauchtes Fahrrad wurde für 192 € verkauft. Das waren 60 % des Neuwertes. Wie hoch war der Neuwert?

2 Bei einer Klassenarbeit waren 12 % der Arbeiten sehr gut, 20 % gut; 28 % befriedigend; 30 % ausreichend und 10 % mangelhaft.
a) Stellen Sie die prozentualen Anteile in einem Streifenschaubild dar. (2 % ≙ 1 mm)

b) Stellen Sie die prozentualen Anteile in einem Kreisschaubild dar. (1 % ≙ 3,6°)

3 Schreiben Sie als Promille
a) 6 %   g) 12,5 %
b) 15 %   h) 0,3 %
c) 28 %   i) 0,04 %
d) 4,3 %   j) 6,3 %
e) 0,4 %   k) 8,1 %
f) 2,1 %   l) 3,14 %

4 Erklären Sie: 1 Promille ist $\frac{1}{10}$ Prozent.

5 Herr Popp hat sich für den Bau eines Eigenheims 180 000 € geliehen. Dafür muss er 6,8 % Zinsen zahlen.
Wie viel Euro sind im ersten Jahr an Zinsen aufzubringen?

6 Familie Sandner hat für eine neue Heizung einen Kredit über 25 000 € aufgenommen. Sie zahlen dafür an die Bank 8,7 % Zinsen.
Wie viel ist im ersten Jahr an Zinsen zu bezahlen?

7 Erklären Sie diese Begriffe:
Darlehen, Hypothek, Hypothekenzinsen, Jahreszinsen, Kapital, Kredit, Restschuld, Zinssatz, Zinsen.

8 2750 € sind nach einem Jahr mit den Zinsen auf 2857,25 € angewachsen. Wie hoch ist der Zinssatz?

9 Elke legt zu Jahresbeginn ein Guthaben über 2400 € an. Nach einem Jahr hebt sie den gesamten Betrag und die Zinsen ab. Sie erhält 2500,80 €. Wie viel betragen die Zinsen? Wie hoch ist der Zinssatz?

10 Für ein Guthaben von 7500 €, das Frau Lange langfristig angelegt hat, bekommt sie 412,50 € Jahreszinsen. Welchen Zinssatz erhält sie?

11 Erklären Sie die Begriffe Zinseszinsen, Monatszinsen und Tageszinsen. Verwenden Sie beim Erklären auch Beispiele.

12 Ein Kapital von 7350,– € bleibt 4 Jahre auf der Bank, ohne dass Zinsen weggenommen werden.
a) Auf welchen Betrag ist das Kapital dann angewachsen?
b) Wie groß sind die Gesamtzinsen?
c) Wie groß wären die Zinsen, wenn sie am Ende jedes Jahres abgehoben würden?

13 6500,– € werden zu 4,5 % ausgeliehen. Wie groß sind die Zinsen
a) nach 5 Monaten
b) nach 7,5 Monaten
c) nach 14 Monaten
d) nach 70 Tagen
e) nach 254 Tagen
f) nach 420 Tagen

14 a) Wie hoch wächst ein Kapital von 71 500,– € mit Zins und Zinseszinsen nach 1 Jahr, nach 2, 3, 4, 5, 7, 10, 15 Jahren an, wenn es mit 3,6 % verzinst wird?
b) Wie hoch sind jeweils die Zinseszinsen?
c) Wie hoch wären die einfachen Zinsen (ohne Zinseszinsen)?

Trainingsseite Geometrie: Flächeninhalte

1 Füllen Sie die Tabellen in Ihren Heft aus.

a)
m²	dm²	cm²	mm²
0,35			
	1,82		
		40,5	
			35 872

b)
km²	ha	a	m²
1,12			
	80,3		
		1200	
			1500

2 Berechnen Sie den Flächeninhalt der Rechtecke mit den gegebenen Seitenlängen.
a) $a = 3$ cm $b = 4$ cm
b) $a = 4,5$ cm $b = 5,5$ cm
c) $a = 0,3$ dm $b = 22$ dm
d) $a = 2,1$ km $b = 0,8$ km

3 Wie lang ist die zweite Seite der Rechtecke mit den angegebenen Maßen?
a) $A = 18$ m² $a = 3$ m
b) $A = 125$ cm² $a =$ cm
c) $A = 4,2$ dm² $a = 3,5$ dm
d) $A = 1058$ mm² $a = 23$ mm

4 Berechnen Sie den Flächeninhalt durch Subtraktion (Maße in cm).

a)   b)   c)

5 In dem gleichschenkligen Trapez $ABCD$ haben die parallelen Seiten $\overline{AB} = 9,4$ cm und $\overline{CD} = 4,6$ cm einen Abstand von 4,5 cm.
a) Berechnen Sie den Flächeninhalt.
b) Zeichnen Sie eines der möglichen Trapeze. Entnehmen Sie die notwendigen Maße der Zeichnung und geben Sie den Umfang des Trapezes an.

6 Die Seite eines Quadrates ist 18,7 cm lang. Geben Sie den Flächeninhalt in der nächstgrößeren Maßeinheit an.

7 Übertragen Sie die Fläche ins Heft. Berechnen Sie den Flächeninhalt.

a) 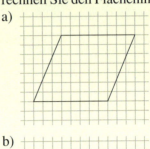 Entnehmen Sie die notwendigen Maße der Zeichnung.

b)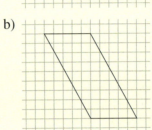

8 Berechnen Sie den Flächeninhalt und den Umfang des gleichschenkligen Dreiecks mit $c = 8$ cm und $a = b = 7,1$ cm. Bestimmen Sie die fehlende Höhe aus einer Zeichnung.

9 Entsprechend der Skizze muss von einem rechteckigen Grundstück ein dreieckiges Teilstück abgegeben werden.

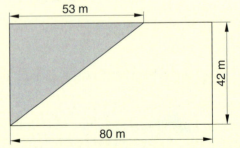

Der Besitzer bekommt für jeden Quadratmeter Fläche eine Entschädigung von 153 €. Das verbliebene Grundstück verpachtet der Besitzer ein Jahr lang für 3,10 € pro Ar. Berechnen Sie die einmalige Entschädigung und die Jahrespacht.

Trainingsseite Geometrie: Kreisumfang und -inhalt

1 Berechnen Sie die fehlenden Größen der Kreise; r, d, u, A, wenn gegeben ist
a) $r = 5$ cm
b) $d = 46$ mm
c) $u = 62,6$ dm
d) $A = 113,07$ m^2
e) $r = 7,5$ cm
f) $d = 9,6$ cm
g) $u = 9,42$ m
h) $A = 50,24$ dm^2

2 Für Werbezwecke wird ein kreisrundes Schild mit 1,2 m Durchmesser angefertigt.
a) Wie viel m Randstreifen sind zum Umkleben nötig?
b) Wie groß ist die Fläche, die für die Werbung genutzt werden kann?

3 Der Boden einer Zirkusmanege hat eine kreisrunde Fläche von 7 m Durchmesser. Er soll mit Sand bestreut werden. Man rechnet mit 6 kg Sand je Quadratmeter.
a) Wie viel Sand wird benötigt?
b) Welchen Umfang hat die Manege?

4 Aus einem quadratischen Papier von 9 cm Seitenlänge soll ein möglichst großer Kreis ausgeschnitten werden.
a) Welchen Radius hat solch ein Kreis?
b) Wie groß ist der Flächeninhalt des Kreises?
c) Wie groß ist der Flächeninhalt des Verschnitts?

5 Berechnen Sie den Flächeninhalt der Figur.

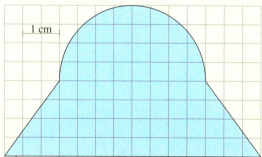

Erklären Sie, in welche einfachen Figuren Sie die vorgegebene Figur zerlegen und welche Formeln Sie anwenden.
Es gibt verschiedene Möglichkeiten.

6 Welches Quadrat hat jeweils annähernd denselben Flächeninhalt wie einer der durch die Radien r_1, r_2, r_3 (messen!) gegebenen Kreise?

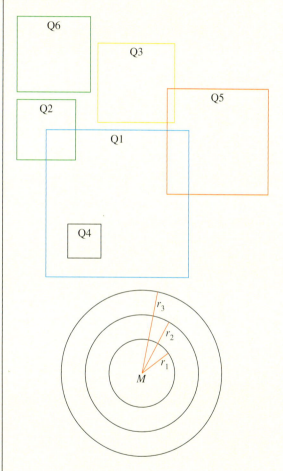

7 a) Berechnen Sie die Radien r_1, r_2, r_3 und r_4 der Kreise, die die Umfänge u_1, u_2, u_3 und u_4 haben.
Messen Sie zuvor die Strecken u_1, u_2, u_3, u_4 aus.

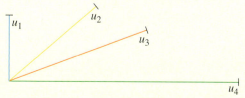

b) Welche Flächeninhalte haben die Kreise mit den Umfängen u_1, u_2, u_3, u_4?

Trainingsseite Geometrie: Dreieckskonstruktionen

1 Konstruieren Sie die Dreiecke.
a) $a = 5{,}5$ cm, $b = 4$ cm, $c = 3{,}5$ cm. Messen Sie β.
b) $a = 3$ cm, $b = 6$ cm, $c = 5$ cm. Messen Sie γ.
c) $a = 6{,}3$ cm, $b = 5{,}2$ cm, $c = 8$ cm. Messen Sie α.

2 Konstruieren Sie ein gleichschenkliges Dreieck mit $a = b = 4$ cm und $c = 6$ cm.

3 Zeichnen Sie die Dreiecke:
a) $c = 5$ cm, $b = 4$ cm, $\alpha = 49°$.
Messen Sie die Seite a.
b) $c = 5$ cm, $a = 3{,}5$ cm, $\beta = 100°$.
Messen Sie die Seite b.

4 Zeichnen Sie das Dreieck mit $a = 7$ cm, $b = 8$ cm, $\gamma = 75°$.

Messen Sie c, α und β.

5 Konstruieren Sie rechtwinklige Dreiecke:
a) $a = 5$ cm, $c = 6$ cm, $\beta = 90°$. Messen Sie b.
b) $a = 3{,}5$ cm, $c = 7{,}2$ cm, $\gamma = 90°$. Messen sie b.

6 Konstruieren Sie die folgenden Dreiecke, messen Sie eine Grundseite und die dazugehörende Höhe und berechnen Sie den Flächeninhalt.
a) $c = 6$ cm, $\alpha = 15°$, $\beta = 75°$
b) $a = 3{,}4$ cm, $\gamma = 100°$, $\beta = 30°$
c) $b = 2{,}8$ cm, $\alpha = 55°$, $\gamma = 45°$

7 Zeichnen Sie diese Figur, die aus 2 Quadraten und 4 Dreiecken besteht mit $a = 4$ cm, $b = 3$ cm.

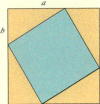

Wie groß ist das innere Quadrat, wie groß ist das äußere Quadrat?

8 Ein Drachen wird an einer 50 m langen Schnur vom Wind gehalten. Die Schnur ist stramm gespannt und bildet mit dem Erdboden einen Winkel von 53°. Wie hoch steht der Drachen?

9 Damit eine Stufenleiter sicher steht, darf der Winkel α nicht größer als 70° sein. Fertigen Sie eine maßstäbliche Zeichnung an und messen Sie wie hoch eine 5 m lange Leiter reicht.

10

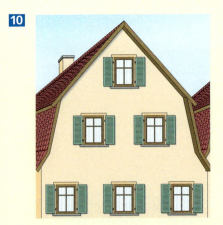

Der Dachgiebel besteht aus zwei aufeinander gesetzten Trapezen mit einem darauf gesetzten gleichschenkligen Dreieck.
Das untere Trapez ist unten 7 m und oben 6 m lang. Die Winkel an der Grundseite betragen 64°.
Das obere Trapez hat eine Höhe von 1,80 m.
Das Dreieck hat eine Grundseite von 5 m, die Schenkel sind 3,5 m lang. Wie hoch ist der gesamte Dachgiebel? (Zeichnung 1 m ≙ 1 cm)

Trainingsseite Geometrie: Satz des Pythagoras

1 Ein rechtwinkliges Dreieck mit dem rechten Winkel bei Eckpunkt C hat die Seitenlängen $a = 2,5$ cm und $b = 6,0$ cm.
Wie lang ist die Seite c? Zeichnen Sie zuerst eine Skizze.

2 Die Hypotenuse eines rechtwinkligen Dreiecks ist 8,5 cm lang, eine Kathete ist 5,1 cm lang. Wie lang ist die andere Kathtete?

3 Überprüfen Sie, ob die folgenden Dreiecke rechtwinklig sind.
a) $a = 5$ cm; $b = 9$ cm und $c = 12$ cm
b) $a = 12$ cm; $b = 5$ cm und $c = 13$ cm
c) $a = 16,9$ dm; $b = 15,6$ dm und $c = 6,5$ dm

4 Schätzen Sie zunächst, welches Rechteck die längere Diagonale von A nach C hat. Rechnen Sie dann und vergleichen Sie.
Rechteck I:

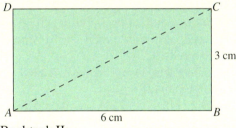

Rechteck II:

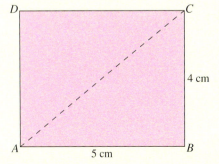

5 Zeichnen Sie ein gleichseitiges Dreieck mit der Seitenlänge 6 cm.
a) Zeichnen Sie eine Höhe h ein.
b) Berechnen Sie die Länge von h.
c) Wie groß ist der Flächeninhalt des Dreiecks?

6 a) Beweisen Sie, daß das folgende Dreieck rechtwinklig ist. Wo liegt der rechte Winkel? (Maße in cm)

b) Ist das Dreieck, das daraus entsteht, wenn man jede Seite der drei Seiten um 5 cm verlängert ebenfalls rechtwinklig?
c) Ist das Dreieck rechtwinklig, das aus dem Dreieck in a) entsteht, wenn man jede Seite 5-mal so lang macht?
d) Ist das Dreieck in a) rechtwinklig, wenn man jede Seitenlänge halbiert?
e) Im Dreieck in a) wird jede Seite um 1 cm verkleinert. Entsteht ein rechtwinkliges Dreieck?

7 Welches ist die kleinste Anzahl von Streichhölzern, mit der man ein rechtwinkliges Dreieck legen kann? Probieren Sie.

8

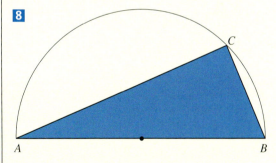

Der Radius des Halbkreises ist 8 cm. Die kürzeste Seite des blauen Dreiecks ist 6,8 cm lang. Wie lang sind die beiden anderen Seiten?

9 Wie kann man aus einer geschlossenen Schnur mit 24 Knoten (in gleichem Abstand) ein rechtwinkliges Dreieck legen?

Trainingsseite Lineare Gleichungen

1 Lösen Sie die Gleichung und machen Sie die Probe.
a) $2x - 8 = 4$
b) $x - 11 = 12$
c) $\frac{1}{5}x + 8 = 10$
d) $\frac{1}{2}x - \frac{3}{4} = \frac{5}{4}$

2 Wie groß ist die Kantenlänge eines Würfels wenn die Gesamtlänge aller Kanten 24 cm (30 cm) beträgt?

3 a) $6x - 0{,}5 = 8{,}5$
b) $x + \frac{1}{2} - \frac{1}{4} = 1$
c) $5x + 2x = 21$
d) $4 \cdot (x - 8) = 24$
e) $2 \cdot (x + 3) - 30 = 0$
f) $5 \cdot (6 + x) = 75$

4 a) $3 \cdot (2 + x) - x + 1 = 35$
b) $6 \cdot (\frac{1}{2} + x) = 39$
c) $8x + 3 \cdot (2x - 5) = -1$

5 An welcher Stelle wurde beim Auflösen der Gleichung ein Fehler gemacht? Zeigen Sie an der Probe, dass die hier angegebenen Lösungen falsch sein müssen. Wie heißt das richtige Ergebnis?
a) $2x - 8 = 4$ mit $x = 24$
b) $5x + 10 = 20$ mit $x = 6$
c) $3 \cdot (x + 4) = 2$ mit $x = 2$

6 Verwenden Sie ggf. den Taschenrechner und lösen Sie
a) $134x - 158 = 3726$
b) $1{,}04x + 2{,}63 = 5{,}8228$
c) $\frac{3}{4}x + \frac{4}{8} + \frac{1}{8} = 1$
d) $128 \cdot x - 69{,}4 = 20{,}2$

Lösungen: $0{,}5\,;\ 0{,}7\,;\ 3{,}07\,;\ 29$

7 a) $17(x - 3) + 2x = 44$
b) $14x - 8(x + 2) = 34 + x$
c) $x + 2x - 3x + 4x = 30 - x$

8 Von einem Rechteck sind der Flächeninhalt $A = 30$ cm² und eine Seitenlänge $a = 5$ cm gegeben. Berechnen Sie die Seitenlänge b und den Umfang u.

9 Von einem Rechteck sind der Umfang $u = 30$ cm und eine Seitenlänge $b = 8$ cm bekannt. Berechnen Sie die Seitenlänge a und den Flächeninhalt A.

10 Ein Rechteck hat die Seitenlänge $a = 4$ cm und $b = 3$ cm. Berechnen sie den Flächeninhalt A und den Umfang u.

11 Miro hat jetzt 320 € auf seinem Sparbuch. Davor hatte er nacheinander 30 €, 15 € und 80 € eingezahlt. Welchen Kontostand hatte Mirko zuvor?

12 Berechnen Sie x.
a) Das Dreifache einer Zahl x ist 45.
b) Die Summe der Zahlen x und 10 beträgt 30.
c) Die um 4 vergrößerte Zahl x wird verdoppelt. Man erhält 20.
d) Die Zahl x wird durch 3 geteilt, dann 8 addiert. Man erhält 20.
e) Das Doppelte einer Zahl x wird um 12 vermindert. Man erhält 16.

13 In einem Trapez mit gleich langen Schenkeln ist die Grundseite 4,8 cm lang, die Deckseite 3,6 cm.
Wie lang sind die Schenkel, wenn der Umfang 13,8 cm beträgt?

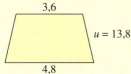

(Maße in cm)

14 Berechnen Sie den Flächeninhalt des Trapezes in Aufgabe 13.
Entwerfen Sie dafür zuerst einen Plan, wie Sie vorgehen wollen.

Trainingsseite Lineare Gleichungen

1 a) Addieren Sie zum Fünffachen einer Zahl die Zahl 7 und multiplizieren Sie die Summe mit 5. Man erhält als Ergebnis 110.
b) Dividieren Sie eine Zahl durch 5, addieren Sie 25 und multiplizieren Sie mit 3. Man erhält die Zahl 78.
c) Nehmen Sie das Fünffache einer Zahl und subtrahieren sie 25. Multiplizieren Sie das Ergebnis mit 4. Man erhält genauso viel wie das Dreifache der Zahl vermindert um 15.

2 Eine Taxifahrt kostet 1,30 € pro Kilometer. Hinzu kommt eine Grundgebühr von 1,80 €.
a) Geben Sie einen Rechenausdruck an, mit dem die Fahrtkosten allgemein berechnet werden können.
b) Was kostet die Fahrt bei 4 km (7 km, 9 km) gefahrener Strecke?
c) Wie viel km kann man für 34,30 € fahren?

3 Ein Rechteck hat 24 cm Umfang. Die eine Seite ist 3 cm länger als die andere. Welche Seitenlängen hat das Rechteck?

4 Ein Rechteck ist 3-mal so lang wie breit.
a) Schreiben Sie für den Umfang dieses Rechtecks eine Gleichung. Verwenden Sie dabei für die Breite die Variable x.
b) Welche Abmessungen hat ein solches Rechteck, wenn der Umfang 80 cm beträgt?

5 Ein rechteckiges Gartengrundstück wurde mit 60 m Maschendraht neu eingezäunt. Das Grundstück ist 4-mal so lang wie breit. Welche Abmessungen hat dieses Grundstück?

6 Ein quadratischer Tisch wird mit neuen Kanten umleimt. Das Umleimband hat eine Länge von 4 m. Nach dem Umleimen bleiben 80 cm übrig.
Welche Seitenlänge hat der Tisch?
Stellen Sie eine Gleichung auf und berechnen Sie. Verwenden Sie für die Länge des Quadrats die Variable a.

7 Ein Lkw-Fahrer fährt an drei Tagen zusammen 1289 km. Am ersten Tag fährt er doppelt so viel wie am zweiten Tag. Am dritten Tag fährt er 125 km mehr als am zweiten Tag. Wie lang waren die einzelnen Fahrstrecken?

8 Meike gab in drei Urlaubswochen 320 € aus. In der zweiten Woche gab sie 50 € mehr als in der ersten Woche aus. In der dritten Woche gab Sie 75 € weniger als in der ersten Woche aus. Wie viel Geld gab sie jede Woche aus?

9 Ein Topf wiegt mit Deckel 9 kg. Der Topf ist fünfmal so schwer wie der Deckel.
Wie viel wiegt der Topf und wie viel der Deckel?

10 Auf einer Drahtrolle sind 40 m Draht. Es werden drei Stücke abgeschnitten, das zweite Stück ist 1,50 m länger als das erste, das dritte ist 2,80 m kürzer als das erste.
Nennen Sie das erste Stück x. Berechnen Sie die Teilstücke, wenn als Rest 14,30 m Draht auf der Rolle bleiben.

11 Die Gesamtlänge aller Kanten des Quaders beträgt 78 cm. Berechnen Sie die Länge jeder Kante.

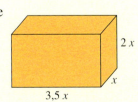

12 In einem Dreieck ist der Winkel β um 16° kleiner als der Winkel α. Der Winkel γ ist doppelt so groß wie der Winkel β. Bestimmen Sie die Größe der einzelnen Winkel. (Die Winkelsumme im Dreieck ist 180°.)

13 Ein großer Fisch von 54 kg wird in drei Teile zerlegt. Das Kopfende wiegt 10 kg, der Rumpf zweimal so viel wie Kopf- und Schwanzende zusammen. Wie viel wiegt jeder Teil?

Trainingsseite Lineare Funktionen

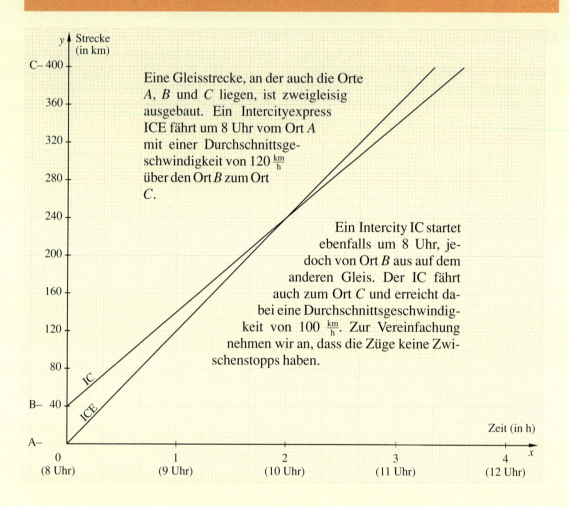

1 Beantworten Sie die folgenden Fragen mithilfe des Diagramms.
a) Wie weit sind die Orte A, B und C voneinander entfernt?
b) Um wie viel Uhr fährt der ICE durch den Bahnhof B?
c) Mit wie viel Minuten Zeitunterschied erreichen beide Züge den Bahnhof C?
d) Nach wie vielen Kilometern und um welche Uhrzeit überholt der ICE den IC?
e) Nach wie vielen Kilometern wird der IC vom ICE überholt?

2 a) Bestimmen Sie die Gleichungen der Geraden für den ICE und für den IC und berechnen Sie die Zeit der Begegnung und die Entfernung nach dem Start des ICE.
b) An den Ausgangswerten ändern wir die Entfernung des Ortes B vom Ort A auf 60 km. Welche Gleichung ergibt sich dadurch für den IC, und wann begegnen sich beide Züge in diesem Fall?

3 a) Mit welcher Geschwindigkeit braucht der ICE nur zu fahren, um annähernd gleichzeitig mit dem IC im Ort C einzutreffen?
b) Wie viel Kilometer müsste der Ort B vom Ort A entfernt sein, sodass ICE und IC annähernd gleichzeitig im Ort C eintreffen?

Trainingsseite Lineare Funktionen

Bei den ersten Olympischen Spielen der Neuzeit 1896 in Athen lief Spiridon Louis (Griechenland) die 42,195 km lange Marathonstrecke in 2:58:50. Diese Zeitangabe bedeutet 2 h 58 min 50 s. Bei den Olympischen Spielen im Jahr 2000 in Sydney legte Gezahgne Abera (Äthiopien) diese Strecke in 2:10:11 zurück.

1 a) Rechnen Sie beide Zeitangaben in Stunden um. Runden Sie auf die vierte Stelle hinter dem Komma.
b) Berechnen Sie die durchschnittliche Geschwindigkeit beider Läufer und geben Sie diese jeweils in $\frac{km}{h}$ und in $\frac{m}{s}$ an.

2 Wir nehmen an, Louis und Abera könnten heute gleichzeitig laufen und würden mit gleichmäßiger Geschwindigkeit ihre olympischen Zeiten erreichen.
a) Mit welchem Zeitunterschied würden die Läufer im Ziel eintreffen?
b) Wie viele Meter müsste der Zweitplatzierte noch laufen, wenn der Sieger bereits im Ziel eintrifft?

3 Übertragen Sie das Diagramm in Ihr Heft und ergänzen Sie die entsprechende Gerade und die Funktionsgleichung für Abera.
Lesen Sie aus dem Diagramm ab:
• Welchen Abstand voneinander haben die Läufer nach 30 min?
• Welchen Abstand voneinander haben die Läufer nach 2 h?
• Nach welcher Zeit sind Abera und Louis 1 km voneinander entfernt?
• Nach welcher Zeit sind Abera und Louis 8 km voneinander entfernt?

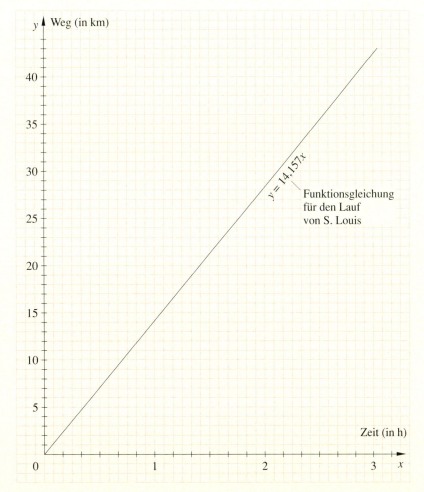

4 Wir nehmen an, dass die Marathonstrecke mit 42,195 km Länge kreisförmig angelegt wird. Für die annähernd kreisförmige Fläche der Stadt Sydney sind ca. 1675 km² angegeben (Stand: 2003). Könnte die Marathonstrecke theoretisch kreisförmig um Sydney angelegt werden?

Trainingsseite Quadratische Funktionen

1 Überprüfen Sie bei den folgenden Punkten, ob sie auf der Normalparabel mit der Gleichung $y = x^2$ liegen, indem Sie die Punkte im Koordinatensystem suchen und auch die rechnerische Prüfung durchführen.
$P_1 (2|4); P_2 (3|9); P_3 (4|16,5); P_4 (1,5|2,25);$
$P_5 (-1|-1); P_6 (2,5|6); P_7 (3|-9);$
$P_8 (-3,1|9,61); P_9 (-2,2|4,84); P_{10} (0|0)$

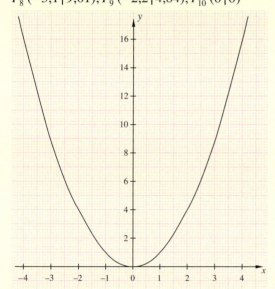

 2 Lösen Sie mit dem Taschenrechner und machen Sie die Probe.
a) $x^2 = 49$ d) $x^2 = 110,25$
b) $x^2 = 6,25$ e) $x^2 = 0,49$
c) $x^2 = 0$ f) $x^2 = 1,69$

3 Die Gleichung $y = x^2 + 1$ sagt aus, dass die Normalparabel mit der Gleichung $y = x^2$ um 1 Einheit nach oben verschoben wurde.
a) Welchen Scheitelpunkt hat die Parabel? Geben Sie drei weitere Punkte der Parabel an.
b) Die Parabel mit der Gleichung $y = x^2 + 1$ wird um drei Einheiten nach unten verschoben. Welche Gleichung hat diese Parabel? Geben Sie auch ihren Scheitelpunkt an.

4 Zeichnen Sie die Parabeln mit den Gleichungen $y = 2x^2$ und $y = -x^2 + 16$ in ein Koordinatensystem.

5 Die Punkte P, Q und R sollen auf der Parabel mit der Gleichung $y = -\frac{4}{3}x^2$ liegen. Bestimmen Sie die fehlenden Koordinaten der Punkte.
$P(-6|\square); Q(\square|-12); R(-3,6|\square)$

6 Die Normalparabel mit der Gleichung $y = x^2$ wird verschoben. Bestimmen Sie die Gleichung der neu gezeichneten Parabel.
a) Scheitelpunkt $(-2|-3)$
b) um 3 Einheiten nach rechts und um 2 Einheiten nach oben.
c) um 1 Einheit nach links und um 4 Einheiten nach oben.

7 Lösen Sie mit der Lösungsformel.
a) $x^2 - x - 6 = 0$
b) $x^2 - \frac{5}{6}x = -\frac{1}{6}$

8 Vergrößert man bei einem Quadrat die Seitenlängen um 3,5 cm, so erhält man für den Flächeninhalt 272,25 cm². Welche Seitenlänge hatte das Quadrat ursprünglich?

9 Wenn man eine Zahl x um 2 vergrößert, dann wird ihr Quadrat um 9 größer als das Quadrat der Zahl, die nur um 1 vergrößert wurde. Bestimmen Sie x.

10 Im freien Fall fällt ein schwerer Körper in x Sekunden $4,905 \cdot x^2$ Meter tief.
a) Zeichnen Sie den Funktionsgraphen für den freien Fall.
b) Wie tief fällt der Körper in 2,5 Sekunden?
c) Nach welcher Zeit hat der Körper eine Fallstrecke von 122,63 m zurückgelegt?
d) Wo liegt der Scheitelpunkt der Parabel, die den freien Fall darstellt?
e) Was sagen die Koordinaten des Scheitelpunkts aus?

11 Ein rechteckiger Bauplatz, dessen Länge das 0,75fache der Breite hat, besitzt einen Flächeninhalt von 243 m². Welche Maße hat der Platz?

Trainingsseite Quadratische Funktionen

1 Der Bremsweg y eines Autos mit guten Bremsen kann nach der Faustformel $y = a \cdot x^2$ berechnet werden. Der Bremsweg ist hier eine Strecke in Metern. Der Faktor a hängt vom Straßenzustand ab. Die Geschwindigkeit x, bei der das Auto gebremst wird, ist hier die Geschwindigkeit in $\frac{km}{h}$.

a) Im Diagramm ist der zugehörige Graph für eine schneebedeckte Straße dargestellt.
Bestimmen Sie anhand geeigneter Punkte des Graphen den Faktor a und berechnen Sie die Länge des Bremswegs, wenn das Auto mit 90 $\frac{km}{h}$ gefahren ist.
b) Bei trockenen Straßen wird der Faktor mit $a = 0,005$ angegeben. Stellen Sie eine Wertetabelle auf und zeichnen sie den Graphen in Ihr Heft.
c) Bestimmen Sie mit den Angaben und Ergebnissen der Aufgaben a) und b) das Verhältnis der entsprechenden Bremswege von schneebedeckter zu trockener Straße. Füllen Sie dazu zunächst die nebenstehende Tabelle in Ihrem Heft aus.
d) Erkundigen Sie sich nach dem Unterschied von Bremsweg und Anhalteweg.

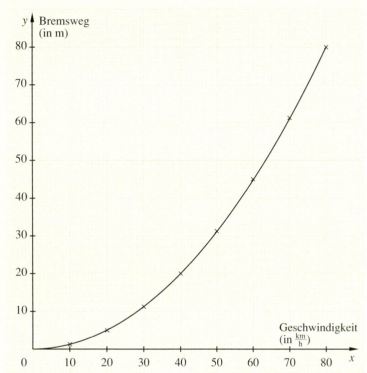

	x	20 $\frac{km}{h}$	40 $\frac{km}{h}$	60 $\frac{km}{h}$	80 $\frac{km}{h}$
schneebedeckt	$y = \square \cdot x^2$	□ m	□ m	□ m	□ m
trocken	$y = 0,005 \cdot x^2$	□ m	□ m	□ m	□ m

2 Eine Parabel, deren Achse die y-Achse ist, geht durch die Punkte (1|−1) und (2|5).
a) Wie heißt die Gleichung der Parabel?
b) Zeichnen Sie die Parabel nach einer Wertetabelle.

3 Ein Satz Winterreifen kostet komplett mit Reifenwechsel, Auswuchten und Montage im Angebot 199,90 €.
a) Der Wertverlust wird nach einem Winter bei einer Kilometerleistung von 15 000 km mit 40 % kalkuliert. Welchen Preis kann man für den Reifensatz nach dem Winter bei Verkauf vielleicht noch erzielen?
b) Herr Meier verkaufte die Winterreifen mit einem Wertverlust von 36 %. Welchen Preis erzielte er?

Trainingsseite Volumina (Geometrie II)

1 Berechnen Sie die Rauminhalte der Würfel mit der angegebenen Kantenlänge.
a) $a = 3$ m
b) $a = 11$ mm
c) $a = 4{,}8$ dm
d) $a = 7$ cm
e) $a = 1{,}3$ km
f) $a = 17{,}6$ cm

2 Berechnen Sie die Rauminhalte der Quader mit den angegebenen Kantenlängen.
a) $a = 3$ km $\quad b = 2$ km $\quad c = 1$ km
b) $a = 12$ m $\quad b = 9$ m $\quad c = 8$ m
c) $a = 0{,}4$ dm $\quad b = 0{,}6$ dm $\quad c = 0{,}2$ dm
d) $a = 4$ dm $\quad b = 55$ cm $\quad c = 0{,}6$ m

3 Schreiben Sie die Maßzahlen zuerst in der gleichen Einheit, dann berechnen Sie die Rauminhalte der Quader.
a) $a = 4$ km $\quad b = 600$ m $\quad c = 400$ m
b) $a = 1{,}5$ m $\quad b = 80$ cm $\quad c = 7$ dm
c) $a = 1{,}4$ dm $\quad b = 1{,}6$ cm $\quad c = 1{,}2$ mm
d) $a = 18$ m $\quad b = 16$ dm $\quad c = 14$ cm
e) $a = 0{,}8$ cm $\quad b = 0{,}6$ dm $\quad c = 10$ mm
f) $a = 106$ cm $\quad b = 80$ dm $\quad c = 8$ m

4 Wie lang sind die Kanten der Würfel?
a) $V = 8$ dm^3
b) $V = 125$ m^3
c) $V = 0{,}064$ m^3
d) $V = 0{,}001$ cm^3
e) $V = 27$ km^3
f) $V = 343$ cm^3
g) $V = 0{,}216$ dm^3
h) $V = 1000$ mm^3

5 Wie hoch sind die Quader mit den folgenden Maßen?
a) $V = 60$ km^3 $\quad a = 6$ km $\quad b = 2$ km
b) $V = 24$ cm^3 $\quad a = 4$ cm $\quad b = 3$ cm
c) $V = 1716$ dm^3 $\quad a = 12$ dm $\quad b = 13$ dm
d) $V = 672$ m^3 $\quad a = 42$ m $\quad b = 32$ cm
e) $V = 0{,}028$ m^3 $\quad a = 0{,}35$ m $\quad b = 4$ dm

6 Ein würfelförmiger Block mit Merkzetteln hat ein Volumen von 512 cm^3.
a) Wie viele Blätter erhält dieser Block, wenn jedes Blatt 0,1 mm dick ist?
b) Wie viele Blätter enthält ein 2 cm hoher Teil des Blocks?
c) Wie dick würde ein Stapel von 400 Blättern sein?

7

a) Hans und Vladimir stehen am Schwimmbecken. Sie schätzen, wie viel Kubikmeter Wasser hinein passen. Hans meint, es sind ungefähr 1000 m^3. Vladimir schätzt 3000 m^3. Wer liegt näher am richtigen Ergebnis?
Wie viel Liter müssen eingefüllt werden, wenn ein Rand von 10 cm freibleiben soll?
(1 dm^3 = 1 l)
b) Beckenwände und Boden sollen mit einem Kunstharzanstrich versehen werden. Wie viel m^2 sind das?
c) Das Schwimmbecken wird mit 2500 m^3 Wasser gefüllt.
Der Schwimmbadbetreiber zahlt an das Wasserwerk für 1 m^3 Wasser 2,30 €. Berechnen Sie den Betrag mit 7 % Mehrwertsteuer.
d) Jede Woche müssen 500 m^3 Wasser nachgefüllt werden, um die Wassermenge von 2500 m^3 zu halten.
Berechnen Sie den Bruchteil des nachzufüllenden Wassers. Geben Sie diesen Anteil auch in Prozent an.
Wie viel Kubikmeter Wasser müssen während einer Badesaison über 4,5 Monate nachgefüllt werden? (1 Monat entspricht hier 4 Wochen.)
e) Am Ende der Badesaison sind noch 2400 m^3 Wasser im Becken, die abgepumpt werden müssen. Eine Pumpe fördert 300 m^3 pro Stunde. Wie viele Stunden arbeitet sie?
Wie lange dauert das Abpumpen, wenn zwei dieser Pumpen eingesetzt werden?

8 a) Wenn x der Rauminhalt eines Würfels ist, dann ist seine Kantenlänge $y = \sqrt[3]{x}$. Zeichnen Sie den Graphen zu dieser Funktionsgleichung.
b) Wie groß ist die Kantenlänge eines Würfels mit dem Rauminhalt 2,5 cm^3?
c) Wie groß ist die Kantenlänge eines Würfels mit dem Rauminhalt 2500 m^3?

Trainingsseite Volumina (Geometrie II)

1 Eine Schiffsladung Abraum besteht aus fünf gefüllten Kammern. Jede Kammer hat die Form einer Trapezsäule mit dem skizzierten Querschnitt. Die Länge einer Kammer beträgt 8 m. Wie viel Abraum wird von dem Schiff transportiert?

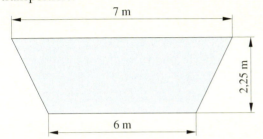

2 Bei zusammengesetzten Körpern müssen die Rauminhalte der Teilkörper addiert werden. (Maße in cm)
a) b) c)

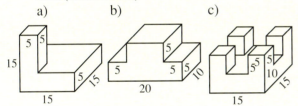

3 Manchmal ist es leichter, wenn man Lücken berechnet und subtrahiert. (Maße in cm)
a) b)
c) d)

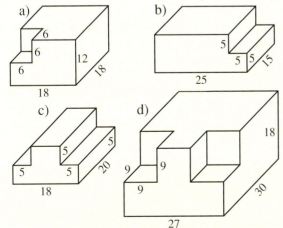

4 Wie groß ist die Kantenlänge eines Würfels, der denselben Rauminhalt hat wie ein Quader mit $a = 6{,}4$ cm, $b = 72$ mm, $c = 0{,}84$ dm?

5 Für einen Garten wurden 6 Gartensteine aus Beton gegossen. Die Maße sind in der Skizze gegeben. Wurden dazu mehr als zwei Kubikmeter Beton verarbeitet?

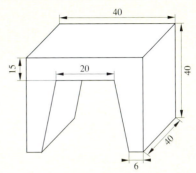

6 Aus einem massiven Stahlzylinder ($d = 10$ cm, $h_{Körper} = 18$ cm) soll durch Drehen ein kegelförmiges Werkstück mit gleicher Grundfläche und gleicher Höhe hergestellt werden. (Maße in cm)
a) Berechnen Sie das Volumen des Kegels.
b) Wie schwer ist dieses Werkstück, wenn 1 cm³ Stahl 7,85 g wiegt?

7 Berechnen Sie die fehlenden Werte.
$r = 2{,}5$ cm
$O = 69{,}9$ cm²
$s = ?$
$h_{Körper} = ?$
$V = ?$

8 Der kugelförmige Erdgasdruckbehälter der Stadtwerke hat innen 30 m Durchmesser.
a) Wie viel m³ Gas können eingefüllt werden?
b) Für einen neuen Innenanstrich wird Farbe verwendet, bei der laut Angabe pro Quadratmeter Fläche 1500 g Farbe benötigt werden. Wie viel Kilogramm Farbe werden für den Innenanstrich mindestens benötigt?

9 Eine Kugel hat eine Oberfläche von 2463 cm². Wie groß ist ihr Durchmesser?

Trainingsseite Trigonometrie

1 Berechnen Sie in den rechtwinkligen Dreiecken die fehlenden Angaben. (Daten in cm)

a)
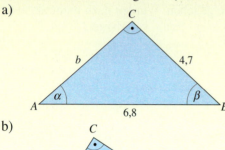

b)
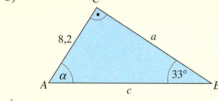

c)
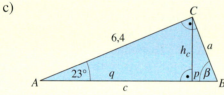

d)
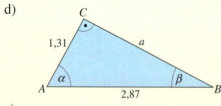

e)
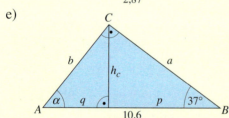

2 Vervollständigen Sie im Heft die Tabelle für ein rechtwinkliges Dreieck mit $\gamma = 90°$.

	a	b	c	α	β
a)	6,3 cm				22°
b)		5,5 cm	7,8 cm		
c)	3,5 cm	2,9 cm			
d)		4,5 cm			56°
e)			9,9 dm	41°	

3 In einem rechtwinkligen Dreieck ($\gamma = 90°$) ist $a = 6,8$ cm und $\alpha = 62°$. Berechnen Sie die Längen von b und c.

4 Berechnen Sie die mit x bezeichneten Stücke eines rechtwinkligen Dreiecks.

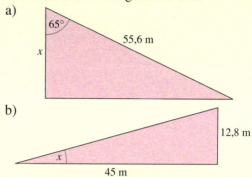

5 Für den Bau einer Straße wird eine 30 m lange Rampe aus Kies aufgeschüttet. Sie überwindet 6 m Höhenunterschied. Der Querschnitt der Rampe ist ein rechtwinkliges Dreieck.
a) Berechnen Sie den Steigungswinkel.
b) Berechnen Sie den Materialbedarf an Kies, für diese Rampe, wenn sie 5 m breit ist.

6 Die Spitze einer Tanne wird unter einem Winkel von 27° anvisiert. Die Entfernung vom Fußpunkt der Tanne beträgt 15 m. Berechnen Sie die Höhe der Tanne.

7 Ein Kegel hat an der Spitze einen Öffnungswinkel von 50°. Der Radius beträgt 85 cm. Berechnen Sie die Körperhöhe und das Volumen des Kegels.

8
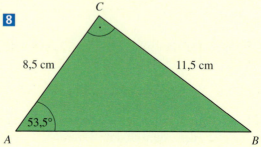

Berechnen Sie die Seite c mit dem Satz des Pythagoras und mit Hilfe des Winkels α.

Trainingsseite Trigonometrie

1 In einem Kreis mit dem Radius 1,22 cm wird ein regelmäßiges Sechseck gezeichnet.

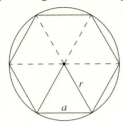

a) Wie lang ist die Seite a eines Teildreiecks, wie groß der Umfang des Sechsecks?
b) Wie groß sind für diesen Kreis die Seite a und der Umfang, wenn man ein regelmäßiges 7-Eck einzeichnet?
c) Füllen Sie für diesen Kreis die Tabelle der Seitenlänge a und des Umfang u des regelmäßigen n-Ecks aus. ($r = 1{,}22$ cm)
Arbeiten Sie im Heft!

n	a	u
3		
4		
5		
8		
9		
10		
100		

2 Wie lang ist die Seite c?

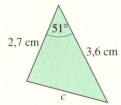

3 Unter welchem Winkel schneiden sich die Diagonalen in diesem Rechteck?
(Maße in cm)

4 Zeigen Sie für die Winkel $\alpha = 20°$ und $\beta = 30°$,
a) dass **nicht** gilt
$\sin(\alpha + \beta) = \sin\alpha + \sin\beta$
b) dass gilt
$\sin(\alpha + \beta) = \sin\alpha \cdot \cos\beta + \cos\alpha \cdot \sin\beta$
c) zeigen sie a) und b) auch für die Winkel $\alpha = 51°, \beta = 13°$.

5 Ein Turm steht im Wasser. Um seine Höhe zu bestimmen wird außerhalb des Sees eine Standlinie $a = 12$ m abgesteckt und die Erhebungswinkel zur Turmspitze gemessen.
Zeigen Sie, dass und warum die Turmhöhe h mit der Gleichung
$$h = 12 \cdot \frac{\sin 40°}{\sin 22°} \cdot \sin 62°$$
berechnet werden kann.

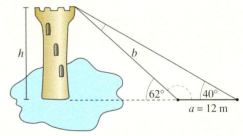

Wie hoch ist der Turm?

6 Zeichnen Sie auf Millimeterpapier mit einer Wertetabelle neben die Kurve für $y = \sin\alpha$ die Kurve für
a) $\sin 2\alpha$ c) $\sin\frac{1}{2}\alpha$ e) $3 \cdot \sin\alpha$
b) $\sin 3\alpha$ d) $2 \cdot \sin\alpha$ f) $\frac{1}{2} \cdot \sin\alpha$
Vergleichen Sie die Kurven.

7 Zeichnen Sie wie in Aufgabe 6 neben die Kurve für $y = \cos\alpha$ die Kurven für
a) $\cos 2\alpha$ c) $\cos\frac{1}{2}\alpha$ e) $3 \cdot \cos\alpha$
b) $\cos 3\alpha$ d) $2 \cdot \cos\alpha$ f) $\frac{1}{2} \cdot \cos\alpha$
Vergleichen Sie die Kurven.

8 Zeichnen Sie wie in Aufgabe 6 neben die Kurve für $y = \tan\alpha$, die Kurve für $y = 2\tan\alpha$.

Lösungen zu den Trainingsseiten

337

1 320 €

2

	12 %	20 %	28 %	30 %	10 %
a)	6 mm	10 mm	14 mm	15 mm	5 mm
b)	43,2°	72°	100,8°	108°	36°

3 a) 60 ‰ d) 43 ‰ g) 125 ‰ j) 63 ‰
b) 150 ‰ e) 4 ‰ h) 3 ‰ k) 81 ‰
c) 280 ‰ f) 21 ‰ i) 0,4 ‰ l) 31,4 ‰

4 1 Promille = $\frac{1}{1000} = \frac{1}{10} \cdot \frac{1}{100} = \frac{1}{10}$ Prozent

5 12 240 €   **6** 2175 €   **7** Definitionen

8 3,9 %   **9** 100,80 €   Zinssatz 4,2 %

10 5,5 %   **11** Definitionen

12 a) 8336,93 € b) 986,93 € c) 940,80 €

13 a) 121,88 € c) 341,25 € e) 206,38 €
b) 182,13 € d) 56,88 € f) 341,25 €

14 a)

Nach Jahren	1	2	3
Kapital in €	74 074,–	76 740,66	79 503,33

Nach Jahren	4	5	7
Kapital in €	82 365,45	85 330,60	91 585,–

Nach Jahren	10	15
Kapital in €	101 836,53	121 535,28

b) nach 15 Jahren: Zinseszinsen 11 425,28 €
c) Zinsen 38 610 €

338

1 a)

m²	dm²	cm²	mm²
0,35	35	3500	350 000
0,0182	1,82	182	18 200
0,00405	0,405	40,5	4050
0,035872	3,5872	358,72	35 872

b)

km²	ha	a	m²
1,12	112	11 200	1 120 000
0,803	80,3	8030	803 000
0,12	12	1200	120 000
0,0015	0,15	15	1500

2 a) 12 cm² c) 6,60 dm²
b) 24,75 cm² d) 1,68 km²

3 a) 6 m b) 25 cm c) 1,2 dm d) 46 mm

4 a) 108 cm² b) 108 cm² c) 80 cm²

5 a) $A = 31,5$ cm² b) $u = 24,2$ cm
Schenkellänge 5,1 cm

6 3,37903 dm²   **7** a) 56 Kästchen
b) 45 Kästchen

8 $A = 23,6$ cm² (bei $h = 5,9$ cm), $u = 22,2$ cm,

9 Entschädigung: 170 289 €
Jahrespacht: 69,66 €

1 a) $d = 10$ cm; $u = 314$ cm (mit $\pi = 3,14$);
$A = 78,5$ cm² (mit $\pi = 3,14$)
b) $r = 23$ mm, $u = 72,22$ mm;
$A = 1661,06$ mm² $\approx 16,61$ cm²
c) $r = 10$ dm; $d = 20$ dm; $A = 314$ dm²
d) $r = 6$ m; $d = 12$ m; $u = 37,68$ m
e) $d = 15$ cm; $u = 47,1$ cm; $A = 176,6$ cm²
f) $r = 4,8$ cm; $u = 30,1$ cm; $A = 72,3$ cm²
g) $r = 1,5$ m; $d = 3$ m; $A = 7,07$ m²
h) $r = 4$ dm; $d = 8$ dm; $u = 25,1$ dm

339

2 a) 3,8 m b) 1,1304 m²   **3** a) 230,74 kg
b) 21,98 m

4 a) 63,59 cm² b) 17,41 cm²

5

Halbkreis	6,28 cm²
Trapez	11,0 cm²
Gesamtfigur	17,28 cm²

6 $k_{r_1} \approx Q_2, k_{r_2} \approx Q_5, k_{r_3} \approx Q_1$

7

u (cm)	1,75	3,2	4,5	6,2
r (cm)	0,28	0,51	0,72	1,0

($\pi = 3,14$)

1 a) $\beta = 46,5°$ b) $\gamma = 56,3°$ c) $d = 51,9°$

340

3 a) $a = 3,8$ cm b) $b = 6,6$ cm

4 $c = 9,2$ cm; $\alpha = 57,1°, \beta = 47,9°$

5 a) $b = 7,8$ cm b) $b = 6,3$ cm

6 a) $A = 4,64$ cm² c) $A = 2,3$ cm²
b) $A = 3,74$ cm²

7 $A_{\text{äußeres } Q} = 49$ cm²;   **8** 39,93 m ≈ 40 m
$A_{\text{inneres Quadrat}} = 25$ cm²

9 Leiter bis $h = 4,7$ m   **10** Dachgiebel $h = 5,3$ m

Training _____ **353**

Lösungen zu den Trainingsseiten

341 **1** $c = 6,5$ cm   **2** 6,8 cm

3 a) nicht rechtwinklig   c) rechtwinklig
b) rechtwinklig

4 Diagonale I ≈ 6,7 cm, Diagonale II ≈ 6,4 cm,
Diagonale I ist länger

5 a) Zeichnung   c) $A = 15,6$ cm^2
b) $h ≈ 5,2$ cm

6 a) rechtwinklig, weil $8^2 + 6^2 = 10^2$
b) nicht rechtwinklig, weil $13^2 + 11^2 \neq 15^2$
c) rechtwinklig, weil $40^2 + 30^2 = 50^2$
d) rechtwinklig, weil $4^2 + 3^2 = 5^2$
e) nicht rechtwinklig, weil $7^2 + 5^2 \neq 9^2$

7 12 Hölzer, $a = 3$, $b = 4$, $c = 5$

8 $c = 16$ cm, $b = 14,48$ cm

9 $a = 6$ Abschnitte, $b = 8$ Abschnitte, $c = 10$ Abschnitte

342 **1** a) $x = 6$ c) $x = 10$
b) $x = 23$ d) $x = 4$

2 $x = 2$ cm ($x = 2,5$ cm)

3 a) $x = \frac{3}{2}$ c) $x = 3$ e) $x = 12$
b) $x = \frac{3}{4}$ d) $x = 14$ f) $x = 9$

4 a) $x = 14$ b) $x = 4\frac{1}{2}$ c) $x = 1$

5 Individuelle Lösungen
richtige Lösungen
a) $x = 6$ b) $x = 2$ c) $x = -3\frac{1}{3}$

6 Selbstkontrolle bei Aufgaben angegeben.

7 a) $x = 5$ b) $x = 10$ c) $x = 6$

8 $b = 6$ cm, $u = 22$ cm   **9** $a = 7$ cm, $A = 56$ cm^2

10 $A = 12$ cm^2, $u = 14$ cm   **11** 195,– €

12 a) $x = 15$ c) $x = 6$ e) $x = 14$
b) $x = 20$ d) $x = 36$

13 $s_1 = s_2 = 2,7$ cm

14 $h = 2,63$ cm, $m = 4,2$ cm, $A = 11,0$ cm^2

1 a) $x = 3$ b) $x = 5$ c) $x = 5$ **343**

2 a) $K = 1,30 \cdot x + 1,80$ (x: gefahrene km,
K: Kosten in €)
b) 5,20 € (40,90 €, 13,50 €)
c) 25 km

3 $a = 4,5$ cm $b = 7,5$ cm

4 a) $u = 8x$ ($x =$ Länge des Rechtecks)
b) Breite 10 cm, Länge = 30 cm

5 Breite 6 m, Länge 24 m

6 Kantenlänge Tisch $x = 0,80$ m
Gleichung $4x = 4$ m – 0,8 m

7 1. Tag 582 km, 2. Tag 291 km, 3. Tag 416 km.

8 1. Tag 115 €, 2. Tag 165 €, 3. Tag 40 €.

9 Deckel 1,5 kg, Topf 7,5 kg.

10 1. Stück 9 m, 2. Stück 10,50 m,
3. Stück 6,20 m.

11 21 cm, 6 cm, 12 cm.

12 $\alpha = 57°$, $\beta = 41°$, $\gamma = 82°$ (Summe 180°!)

13 Kopf 10 kg, Schwanz 8 kg (x), Rumpf 36 kg.

1 a) $\overline{AB} = 40$ km; $\overline{BC} = 360$ km; $\overline{AC} = 400$ km   **344**
b) 8 : 20 Uhr
c) 16 min
d) nach 240 km um 10 : 00 Uhr
e) nach 200 km

2 a) ICE: $y = 120 \cdot x$,   IC: $y = 100x + 40$; Treffzeit: nach 2 h, Treffpunkt: 240 km von Startpunkt
ICE, 200 km von Startpunkt IC.
b) Gleichung für ICE: $y = 120x$;
Gleichung für IC: $y = 100x + 40$;
Zugbegegnung nach 2 h um 10 : 00 Uhr.

3 a) ICE-Geschwindigkeit ca. 111 $\frac{km}{h}$
b) Fahrzeit für beide Züge gleich, $\overline{AB} ≈ 67$ km

Lösungen zu den Trainingsseiten

345 **1** a) Louis $\approx 2{,}9806$ h, Abera $\approx 2{,}1697$ h
b) Louis $\approx 3{,}93 \frac{m}{s}$, Abera $\approx 5{,}40 \frac{m}{s}$

2 a) Abera trifft als Erster ein, Louis 48 min 39 s
danach. b) Louis müsste noch $\approx 11{,}48$ km laufen.

3 Geradengleichung für Abera $y = 19{,}447\,x$.
Abstand nach 30 min: 2,645 km
Abstand nach 2 h: 10,580 km.
Zeitabstand für 1 km: 0,189 h
Zeitabstand nach 8 km: 1,512 h

4 Radius des Marathonkreises ca. 6,7 km. Radius
der Stadtfläche ca. 23,1 km. Da der Radius der
Stadtfläche größer ist als die Laufstrecke, könnte
die Marathonstrecke **nicht** als Kreis um die Stadt
gelegt werden.

346 **1** Auf der Parabel liegen P_1, P_2, P_4, P_8, P_9, P_{10}.
Nicht auf der Parabel liegen P_3, P_5, P_6, P_7.

2 a) $x_1 = 7; x_2 = -7$ d) $x_1 = 10{,}5; x_2 = -10{,}5$
b) $x_1 = 2{,}5; x_2 = -2{,}5$ e) $x_1 = 0{,}7; x_2 = -0{,}7$
c) $x = 0$ f) $x_1 = 1{,}3; x_2 = -1{,}3$

3 a) Scheitelpunkt $(0,1)$; 3 Punkte individuell.
b) $y = x^2 - 2$, Scheitelpunkt $(0, -2)$

4 Zeichnungen individuell. Scheitelpunkte $(0, 0)$
und $(0, 16)$. 1. Parabel nach oben offen, 2. Parabel
nach unten offen.

5 $P(-6 \mid -27)$, $Q_1(4 \mid -12)$, $Q_2(-4 \mid -12)$,
$R(-3{,}6 \mid -9{,}72)$

6 a) $y = (x + 2)^2 - 3$ b) $y = (x - 3)^2 + 2$
c) $y = (x + 1)^2 + 4$

7 a) $x = 3$ b) $x = \frac{1}{2}$

8 13 cm   **9** Zahl heißt 9

10 a) Zeichnung, b) $\approx 30{,}7$ m, c) nach ca. 5 Sekunden, d) $(0, 0)$, e) nach 0 Sekunden fällt der Körper 0 Meter.

347 **1** a) Z.B. für $x = 40$ wird $y = 20$ (Zeichnung).
Also wird $y = a \cdot x^2$ zu $20 = a \cdot 40^2$ und $a = 0{,}0125$.
Die Parabelgleichung ist $y = 0{,}0125\,x^2$. Bei $90\,\frac{km}{h}$
$(x = 90)$ wird $y = 0{,}0125 \cdot 90^2$ m $= 101{,}25$ m.
Bremsweg ~ 101 m.

b) $y = 0{,}005 \cdot x^2$ bei Regen:

x in $\frac{km}{h}$	10	20	30	40	50	60	70	80	90
y in m	0,5	2	4,5	8	12,5	18	24,5	32	40,5

c) Bremsweg:

	Geschwindigkeit x	20 $\frac{km}{h}$	40 $\frac{km}{h}$	60 $\frac{km}{h}$	80 $\frac{km}{h}$
schneebedeckt	$y = 0{,}0125\,x^2$	5 m	20 m	45 m	80 m
trocken	$y = 0{,}005\,x^2$	2 m	8 m	18 m	32 m

d) Anhalteweg = Weg für Reaktionszeit + Bremsweg

2 a) $y = a \cdot x^2 + b$.
Aus $\left.\begin{array}{l} -1 = a \cdot 1^2 + b \\ 5 = a \cdot 2^2 + b \end{array}\right\}$ folgt $a = 2$, $b = -3$.
Also: $y = 2\,x^2 - 3$.
b) Wertetabelle

x	-2	-1	0	1	2	3	4
y	5	-1	-3	-1	5	15	29

+ Zeichnung

3 a) vielleicht noch 119,94 €
b) erzielt wurden 127,94 €

348 **1** a) 27 m^3 b) 1331 mm$^3 = 1{,}331$ cm^3
c) $110{,}592$ dm^3 d) 343 cm^3
e) $2{,}197$ km^3 f) $5451{,}776$ cm$^3 = 5{,}451\ldots$ cm^3

2 a) 6 km^3 b) 864 m^3 c) $0{,}048$ dm^3

3 a) $0{,}96$ km^3 b) $0{,}84$ m^3
c) $0{,}002688$ dm$^3 = 2{,}688$ cm^3 d) $4{,}032$ m^3
e) 4800 mm$^3 = 4{,}8$ cm^3 f) $67{,}84$ m^3

4 a) 2 dm   d) $0{,}1$ m   g) $0{,}6$ dm
b) 5 m   e) 3 km   h) 10 mm
c) $0{,}4$ m   f) 7 cm

5 a) $h = 5$ km   c) $h = 11$ dm
b) $h = 2$ cm   d) $h = 0{,}5$ m

6 a) $h = 80$ mm, Block enthält 800 Zettel
b) 200 Blätter,   c) 4 cm

7 a) $V = 2200$ m^3 (freien Rand beachten!). Vladimir hat besser geschätzt.
b) 1378 m^2 sind zu streichen
c) $6152{,}50$ €
d) $\frac{1}{5}$ bzw. 20 % müssen wöchentlich nachgefüllt
werden. 9000 m^3 pro Saison.
e) 1 Pumpe arbeitet 8 h, 2 Pumpen arbeiten 4 h.

8 a) Zeichnung   b) $\approx 1{,}26$ cm

Training _____ **355**

Lösungen zu den Trainingsseiten

349 **1** 117 m³ Abraum

2 a) 1375 cm³   b) 1500 cm³   c) 1625 cm³

3 a) 8672 cm³   c) 2600 cm³
b) 3375 cm³   d) 13 122 cm³

4 7,288 cm

5 $V = 40\,000$ cm³ $\cdot$ 6 = 240 000 cm³ = 240 dm³
= 0,24 m³

6 a) $V = 471,293$ cm³ $\approx 0,5$ dm³   b) 3,7 kg

7 $s = 6,4$ cm, $h_{Körper} = 5,9$ cm, $V = 38,61$ cm³

8 a) 14 130 cm³ Gas
b) 2826 $\cdot$ 1500 = 4 239 000. 4 239 000 g = 4239 kg
($\approx$ 4,240 t) $\pi = 3,14$

9 $d = 28$ cm ($\pi = 3,14$)

350 **1** a) $b = 4,9$ cm (Pyth.); $\alpha = 44°$; $\beta = 46°$
b) $\alpha = 57°$; $a = 126$ cm; $c = 150$ cm
c) $\beta = 67°$; $a = 2,7$ cm; $h_c = 2,5$ cm; $q = 1,0$ cm;
$c = 6,9$ cm
d) $a = 2,55$ cm, $\alpha = 62,8°$, $\beta = 27,2°$
e) $\alpha = 53°$, $a = 8,5$ cm, $b = 6,3$ cm (Pyth.),
$p = 6,7$ cm, $q = 3,9$ cm, $h_c = 5,1$ cm

2

	a	b	c	α	β
a)	6,3 cm	15,6 cm	16,8 cm	22°	68°
b)	5,5 cm	5,5 cm	7,8 cm	45°	45°
c)	3,5 cm	2,9 cm	4,5 cm	50,4°	30,6°
d)	3,0 cm	4,5 cm	5,4 cm	34°	56°
e)	6,5 dm	7,5 dm	9,9 dm	41°	49°

3 $b = 3,6$ cm, $c = 7,7$ cm

4 a) $x = 23,5$ cm   b) $x = 15,9°$

5 a) $\alpha = 11,5°$ b) $V = 442,5$ m³   **6** $h = 7,6$ cm

7 $h_{Kegel} = 182$ cm;
$V_{Kegel} = 1\,376\,314$ cm³ $= 1,376...$ m³ ($\pi = 3,14$)

8 a) $c = 14,3$ cm
b) $\alpha = 53,53°$, $c = 14,3$ cm

1 a) $a = 1,22$ cm, $u = 7,32$ cm
b) $a = 1,66$ cm, $u = 7,41$ cm
c) $n = 3,$ $a = 2,11$ cm, $u = 6,34$ cm
$n = 4,$ $a = 1,73$ cm, $u = 6,9$ cm
$n = 5,$ $a = 1,43$ cm, $u = 7,17$ cm
$n = 8,$ $a = 0,93$ cm, $u = 7,47$ cm
$n = 9,$ $a = 0,83$ cm, $u = 7,51$ cm
$n = 10,$ $a = 0,75$ cm, $u = 7,54$ cm
$n = 100,$ $a = 0,08$ cm, $u = 7,66$ cm

2 $c = 2,83$ cm   **3** Schnittwinkel $\approx 74°$

4 a) $\sin 50° = 0,766 \neq \sin 20° + \sin 30° = 0,342 + 0,5$
b) $0,766 = \sin 20° \cdot \cos 30° + \cos 30° \cdot \sin 20° =$
$0,342 \cdot 0,866 + 0,94 \cdot 0,5$
c) $\sin 64° = 0,899 \neq \sin 51° + \sin 13° = 0,777 + 0,225$
$0,899 = \sin 51° \cdot \cos 13° + \cos 51° \cdot \sin 13° =$
$0,777 \cdot 0,974 + 0,629 \cdot 0,225$

5 $b = a \cdot \frac{\sin 40°}{\sin 22°} = 12$ m $\frac{\sin 40°}{\sin 22°} = 20,59$ m
$h = b \cdot \sin 62° = 18,18$ m

6 a) b) Frequenz wird höher
c) Frequenz wird niedriger
d) e) Amplitude wird höher
f) Amplitude wird flacher

7 analog **6**

Lösungen zu den Seiten 246/247

1 In einem Jahr 10 950 Haare, in 12 Jahren
131 400 Haare
2 In einem Jahr 39 420 000-mal, in 80 Jahren
3 153 600 000-mal
3 a) 252 288 000 Liter Blut   b) ca. 200 000 km
4 0,79 Stunden = 47 Minuten 24 Sekunden
5 40 000 000 m = 40 000 km
6 18 947 668 177 995 426 462 773 730
7 a) In einer Stunde ca. 875-mal
b) In 80 Jahren ca. 613 200 000-mal
8 a) Täglich ca. 1440 l Blut
b) In 80 Jahren ca. 42 048 000 l Blut
9 Zuerst Tast-Information, dann Wärme, zuletzt
Schmerz
10 a) 2 Millionen Schweißdrüsen
b) 370 pro Quadratzentimeter
c) für Hitze: 30 000 Sensoren;
für Kälte: 250 000;
für Tast-Empfindungen: 500 000;
für Stiche: 3 500 000

Stichwörterverzeichnis

A

Abbildung 157
Abschreibung, lineare 2193
absoluter Vergleich 53
absolutes Glied 226
Abstand 137
Abwicklung 301
Achsenspiegelung 158
Achsensymmetrie 158
Additionsmethode 241
ähnlich 168, 172, 174
Ähnlichkeit 168
Ähnlichkeitsabbildung 168
Ankathete 319
antiproportional 20
antiproportionale
 Zuordnung 20
Assoziativgesetz 28
Aufriss 298
ausklammern 51
ausmultiplizieren 51
Aussage 184
Aussageform 184

B

Basis 40, 277
Basiswinkel 123, 313
Behauptung 311
Bevölkerungswachstum 281
Beweis 153, 311, 331, 334
Bild, schräges 166
Bildfigur 158, 160, 162
Bildmenge 216
binomische Formeln 208
Blockdiagramm 64
Bruchgleichung 198, 269
Bruchteile 8
Bruchungleichung 215
Bruchzahlen 30
Bruttogehalt 70

C

Centi 44
cos 321

D

deckungsgleich 157
Definitionsbereich 198
Definitionsmenge 216
Deka 44
Dezi 44
Dezimalbruch 10
Diagramm 64
DIN 112
Dimetrie 182
Diskriminante 267
Drachen 147
Draufsicht 298
Drehpunkt 152, 160
Drehsymmetrie 160
drehsymmetrisch 160
Drehung 160
Drehwinkel 160
Dreieck 123
Dreieck, Flächeninhalt 97
Dreieck, rechtwinkliges 150
Dreieck, Umfang 97
Dreiecke, ähnliche 174
Dreipass 135
Dreitafelprojektion 300
dritte binomische Formel 208
dritte Wurzel 261
Durchmesser 105, 296

E

Einheitskreis 329
Einkommen 70
Einsetzungsmethode 239
Eintafelprojektion,
 senkrechte 298
Ellipse 302
Ergänzungskegel 301
Ergänzungspyramide 301
erste binomische Formel 208
erster Strahlensatz 178
erweitern 9
Erweiterung des ersten
 Strahlensatzes 178
Euklid 314
Euklid, Kathetensatz des 314
Exponent 40
Exponentialfunktion 280

**exponentiell 279
exponentielles Wachstum 93,
 280, 286

F

Faustregel Verdoppelungszeit
 283
Flächenformeln 99
Fluchtpunkt 182
Formel 203
Formel, umstellen 205
Formeln, binomische 208
freier Fall 248
fünfte Wurzel 261
Funktion 218
Funktion, lineare 221
Funktion, periodische 330
Funktion, quadratische 248
Funktionsgleichung 219
Funktionsterm 219

G

ganze Zahlen 29
Gegenkathete 319
Gegenzahl 30
Gegenzahlregel 32
gemischt-quadratische
 Gleichung 267, 270
Gerade, fallende 225
Gerade, steigende 225
Geradengleichung 221, 228,
 230
Giga 44
gleichschenklig 123, 146
gleichseitig 123
Gleichsetzungsmethode 237
Gleichung 184
Gleichung, gemischt-
 quadratische 267, 270
Gleichung, quadratische 265
Gleichung, reinquadratische
 266
Gleichungssystem 233
Gleichungssystem, lineares
 233
Glied, absolutes 226
Graph 249

Grundkonstruktion 116
Grundmenge 184
Grundriss 298
Grundwert 55, 60
Grundwert, vermehrter 62
Grundwert, verminderter 62
Grundzahl 40

H
Haben-Zinsen 76
Halbieren einer Strecke 116
Halbieren eines Winkels 118
Halbwertzeit 284
Hangabtrieb 328
Haus der Vierecke 149
Hekto 44
Hochzahl 40
Höhe 137
Höhensatz 315
Höhenschnittpunkt 137
höhere Wurzel 261
Horizontallinie 182
Hypotenuse 150, 319
Hypothek 78

I
Inkreis 135
Intervall 263
Intervallschachtelung 263
irrationale Zahl 263
Isometrie 182

J
Jahreszinsen 77, 83

K
Kapital 76, 81
Kapitalwachstum 282
Kathete 150
Kathetensatz 314
Kavalierperspektive 182
Kegel, Grundfläche 294
Kegel, Rauminhalt 294
Kegel, Volumen 294
Kegelstumpf 301
Kegelstumpf, Oberfläche 303
Kegelstumpf, Volumen 300
Keil, Kräfte am 328
Kilo 44
Kip-Formel 85
Kirchensteuer 70

Koeffizient 275
Kommutativgesetz 28
kongruent 157
Kongruenzabbildung 157
Konstruktion 128, 130, 132
Konstruktionsbeschreibung
  128, 130, 132
Konstruktionsprotokoll 128,
  130, 132
konzentrisch 108
Kosinus 321
Kosinusfunktion 329
Kosinussatz 333
Kreis, Flächeninhalt 105
Kreis, Umfang 105
Kreisausschnitt 107
Kreisbogen 107
Kreisdiagramm 65
Kreisformeln 105
Kreisring 108
Kugel 306
Kugel, Rauminhalt 306
Kugel, Volumen 306
Kugelabschnitt 308
Kugelausschnitt 309
Kugelkappe 308
Kugelsektor 309
kürzen 9

L
Leerstelle 184
lg 278
lineare Abschreibung 219
lineare Funktion 221
lineares Gleichungssystem 233
lineares Wachstum 280, 286
Linien, spezielle 134
Linienarten 112
log 278
Logarithmus 277
Lohnsteuer 70
Lösungsmenge 184, 233, 235
Lot 117

M
Maßstab 176
Maßlinie 112
Maßpfeil 112
Maurerdreieck 152
Mega 44
Mehrtafelprojektion 300

messen 7
Mikro 44
Milli 44
Mittellinie 142
Mittelparallele 134
Mittelpunktslinie 107
Mittelsenkrechte 116, 134
Monatszinsen 83

N
Nano 44
natürliche Zahlen 29
Nebenwinkel 119
negative Steigung 225
negative Zahlen 29
Nettogehalt 70
Netz 301
Normalparabel 249
Nullprodukt, Satz vom 207

O
Oberfläche von Stümpfen 303
Originalfigur 158, 160, 162

P
Parabel 248
Parallele 118
Parallelogramm 141
Parallelogramm, Flächeninhalt
  96
Parallelogramm, Umfang 96
Periode 330
periodische Funktion 330
perspektivisch zeichnen 182
Pfeilbild 13
Pico 44
Planfigur 128, 130, 132
Platzhalter 48
positive Steigung 225
Potenz 40
Potenzgesetze 41
Prisma, Grundfläche 288
Prisma, Volumen 288
produktgleich 21
Projektionsebene 298
Promille 72
proportional 16
proportionale Zuordnung 16
Prozent 53
Prozentsatz 55, 56
Prozentwert 55, 58

Prozentzahl 10
Punktprobe 225
Punktspiegelung 162
Punktsymmetrie 162
Pyramide, Rauminhalt 292
Pyramide, Volumen 292
Pyramidenstumpf 301
Pyramidenstumpf, Oberfläche 303
Pyramidenstumpf, Schrägbild 300
Pyramidenstumpf, Volumen 300
Pythagoras, Satz des 151

Q

Quadrat 145
Quadrat, Flächeninhalt 95
Quadrat, Umfang 95
quadratische Funktion 248
quadratische Gleichung 265
Quadratwurzel 257, 259

R

Rabatt 63
Radikand 257
radioaktiver Zerfall 284
Radius 105
radizieren 257
rationale Zahlen 29
Raumfahrt 51
Rauminhalt 288, 304, 306
Raumsonde 51
Raute 143
Rechenausdruck 48
Rechteck 144
Rechteck, Flächeninhalt 95
Rechteck, Umfang 95
rechtwinklig 123, 146
rechtwinkliges Dreieck 150
reelle Zahlen 263
regelmäßiges Vieleck 102
reinquadratische Gleichung 266
relativer Vergleich 53

S

Satellit 51
Satz 311
Satz des Pythagoras 151
Satz des Thales 313

Satz vom Nullprodukt 207
Satz von Vieta 275
Säule, Grundfläche 288
Säule, Volumen 288
Säulendiagramm 64
Scheitelform 254
Scheitelpunkt 249
Scheitelpunktform 254
Scheitelwinkel 119
Schrägbild 296, 302
Schwerpunkt 136
Sehne 316
Seitenansicht 298
Seitenhalbierende 136
Seitenriss 298
Sekante 316
Sektor 107
Senkrechte 117
senkrechte Eintafelprojektion 298
sin 319
Sinus 319
Sinusfunktion 329
Sinussatz 331
Skonto 63
Solidaritätszuschlag 70
Soll-Zinsen 76
Sonnensystem 51
Sozialversicherung 70
Spiegelachse 146, 158
Spiegelpunkt 162
Spiegelung 158, 162
spitzwinklig 123
SSS(Grundkonstruktion) 128
Steigung 223, 326
Steigung, negative 225
Steigung, positiv 225
Steigungsdreieck 223
Steuern 70
Strahlensatz, erster 178
Strahlensatz, zweiter 180
Strahlensatzfigur 178
Streckung, zentrische 168, 170
Streckungsfaktor 168
Streckungszentrum 168
Strichpunktlinie 112
Stufenwinkel 120
Stumpf 301
Stumpf, Oberfläche 303
Stumpf, Volumen 304
stumpfwinklig 123

SWS(Grundkonstruktion) 130
Symmetrie 158, 160, 162, 164
Symmetrieachse 158
Symmetriepunkt 162
symmetrisch 157

T

Tabelle 64
Tabellenkalkulation 89
Tageszinsen 83
tan 323
Tangens 323
Tangente 316
Tangente, Konstruktion 317
Taschenrechner 25
Term 48, 168
Thales von Milet 313
Thales, Satz des 313
Thalesdreieck 313
Thaleskreis 313
Trapez 146
Trapez, Flächeninhalt 98
Trapez, gleichschenkliges 146
Trapez, rechtwinkliges 146
Trapez, Umfang 98
Trigonometrie 318

U

Umfangsformeln 99
Umfangswinkel 313
Umkreis 134
Umstellen von Formeln 205
Ungleichung 211
Universum 51
Urbildmenge 216
Ursprungsgerade 227

V

Variable 48
Verbindungsgesetz 28
Vergleich, absoluter 53
Vergleich, relativer 53
vergrößern 168
Vergrößerung 170
verkleinern 168
Verkleinerung 170
vermehrter Grundwert 62
verminderter Grundwert 62
Verschiebung 157, 252
Vertauschungsgesetz 28

Stichwortverzeichnis

Vieleck 104, 164
Vieleck, regelmäßiges 104
Viereck 140
Viereck, allgemeines 148
Vierecke, Haus der 149
vierte Wurzel 261
Vieta, Satz von 275
Volllinie 112
Volumen 288, 304, 306
Voraussetzung 311
Vorderansicht 298

W

Wachstum, exponentielles 93, 280, 286
Wachstum, lineares 280, 286
Wachstumsfaktor 93, 280, 286
Wachstumsfunktion 281
Wachstumsprozesse 286
Wachstumsrate 93
Wechselwinkel 120
Wertemenge 216
Wertetabelle 216

Winkelhalbierende 135
Winkelmaße 127
WSW (Grundkonstruktion) 132
Wurzel 257
Wurzel, dritte 261
Wurzel, fünfte 261
Wurzel, höhere 261
Wurzel, vierte 261
wurzelziehen 257

Z

Zahlen, ganze 29
Zahlen, irrationale 263
Zahlen, natürliche 29
Zahlen, negative 29
Zahlen, rationale 29, 30
Zahlen, reelle 263, 264
Zahlengerade 29
Zahlengleichung 184
Zahlenstrahl 29
Zehnerlogarithmus 278
Zehnerpotenz 42

zeichnen, perpektivisch 182
Zelle 89
zentrische Streckung 168, 170
Zerfall, radioaktiver 284
Zinsen 76, 77
Zinseszinsen 87
Zinsfaktor 87
Zinsformel 85
Zinsrechnung 76
Zinssatz 76, 79
Zuordnung 13, 216
Zuordnung, antiproportionale 20
Zuordnung, proportionale 16
Zuordnungspfeil 219
Zuordnungstabelle 13
Zweitafelprojektion 300
zweite binomische Formel 208
zweiter Strahlensatz 180
Zylinder, Grundfläche 290
Zylinder, Rauminhalt 290
Zylinder, Volumen 290

Bildnachweis

Titelfoto: Bilderbox Erwin Wodicka
Akg-images, Berlin: 21/2 (Kolumbus), 182, 183/2
Arbeitsgemeinschaft Pflasterklinker e.V., Bonn: 102/2
Archiv Gelsenwasser AG, Gelsenkirchen: 290/3
Baustoffwerke EHL AG, Kraft: 103
Berten, Anima Hamburg: 14, 119
Berten, Christoph Berlin: 13/1, 122/1
Bewag AG Unternehmensarchiv, Berlin:221/1
Bielefeld Marketing GmbH, Bielefeld: 15/3
Das Luftbildarchiv, Kasseburg: 62/1
Deutsche Bahn AG, Berlin:213, 232/2
Deutsche Drucker Verlagsgesellschaft, Ostfildern: 20
Deutsche Lufthansa AG, Köln: 69/3, 245/2
dpa/picture-alliance, Frankfurt: 17/2, 139/3, 318
  (Pogunt), 328/1
Dr. Vehrenberg KG, Düsseldorf: 43/3
Eichholz Carin, Krfeld (Grafik): 42, 43/1, 111/2
Fauna Verlag, Karlsfeld: 280/1
Gaab Günter, Burgberg: 53, 55
Gebauer-Dieterle, Berlin: 102, 103
Gerst, Empfingen: 21/1(Schiff)
Greenpeace, Hamburg: 39/2
Hamel Matthias, Berlin: 58, 292/1-4, 294/1-4, 306/1,
  306/3, 307/2, 307/3
Henning, Jörg, Berlin (Illustration): 19, 61/2, 63, 68/1,
  68/4, 73/2, 105/2, 120/2, 128/1, 130/1, 132/1, 155/1,
  185/2, 189, 319/3
Herbers Roland, Hagen: 274/1
Hollatz Bärbel, Wismar: 109/3
IMA, Hannover: 18
Internationales Bildarchiv Horst von Irmer, München:
  305/1
Keystone Pressedienst, Hamburg: 284
Kiefer, Helga; Düsseldorf (Grafik): 328/2/3; 331/1
Krensel, Hameln: 105/1
Kunst- und Ausstellungshalle der Bundesrepublik
  Deutschland, Bonn: 52/3
Kurverwaltung, Bad Iburg: 15/1
Kurverwaltung, Oberstdorf: 39/1
Landesbildstelle Baden, Karlsruhe: 236
Linn Siegfried, Essen: 195/2
Lufthansa AG, Köln: 69/3, 245/2
M.C.Escher's „Waterfall", Cordon Art, Baarn(NL):
  183/1
Mauritius, Berlin: 68/2(Rosenfeld), 76/1(Matthias),
  79 (McCarthy), 83 (Matthias), 208 (AGE),

243 (Fischer), 286/1 (Thonig), 287 (Thonig)
Merges-Verlag, Heidelberg: 24
Nitschke, Ekkehard Berlin: 13/2, 156/5
Nowak-Dahms, München: 60
Okapia KG, Frankfurt: 279, 280/2
Otto Werner, Oberhausen: 166 (Turm)
picture-alliance/CMI/Picture 24: 135/3 (Rössler)
Pressefoto Paul Glaser, Berlin: 71
Profil Fotografie Marek Lange: 7/1, 112/1, 116/1
Reents Silke, Berlin: 26
Röben Tonbaustoffe GmbH, Zetel 102/2
Schacht Jens, Düsseldorf: 16, 72/2, 73/1, 84, 87, 107/2,
  121
Schierz; Berlin: 22/1, 22/2
Schneider Bernd, Erkrath: 157, 159/2, 266, 277
Sengebusch Ulrich, Geseke (Zeichnung): 17/1, 54,
  57/1, 64, 107/1, 108/1, 108/2, 109/4, 120/1, 126,
  152/2, 166, 167
Siemens AG, München: 62/2
Stadt Münster: 292/5
Studio ad hoc, Berlin: 289/3
Stürtz, Würzburg (Zeichnung): 30/2, 40, 49/2, 50, 52/1,
  65, 76/2
Superbild, Berlin: 93 (B.S.I.P.), 286/2
Superbild, Grünwald: 139/1
Texas Instruments, Freising: 25, 210
Type art satz & grafik, Dortmund: 15/2
VEAG Vereinigte Energiewerke AG, Hohenwarte: 261
Verkehrsmuseum Bahn-Post, Nürnberg: 111/3
Verlagsarchiv: 43/2, 107/4, 110, 122/2, 123, 139/2,
  139/4, 139/5, 161/1, 161/3, 288/1, 307/1
Vogel Norbert, Berlin 233/1
Volkswagen AG, Wolfsburg: 295/3
Wagener Angelika, Berlin: 70
Wildermuth Werner, Dachau (Grafik): 30/1, 46, 47,
  49/1, 52/2, 56, 66/3, 67, 68/5, 69/1, 72/1, 74, 75, 77, 91,
  94, 99, 105/3, 106, 108/3, 129, 131, 133, 154/1, 156/3,
  176, 185/1, 187, 188, 204/3, 204/5, 223, 246, 247,
  286, 287, 326/1, 326/2, 327/1-4, 340/3, 340/4

Wilkes Rainer, Essen: 281
Wirtz Peter, Dormagen: 46, 65/3, 81, 245/1
Woscyzna, Rheinbreitbach: 22/3, 45, 109/1, 147, 161/2,
  201, 244
Zentralverband Deutsches Baugewerbe, Berlin: 102/1
Zörner Gerald, Berlin: 57/1

Gehen Sie online!

Es gibt viele interessante Mathematikseiten von verschiedensten Anbietern im Internet.

Nutzen Sie dieses Portal.

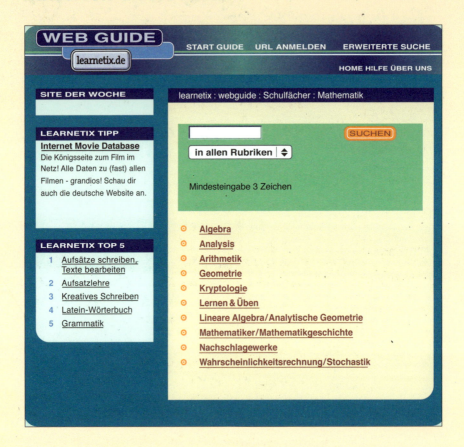

Sie finden dieses Portal unter:

www.mathe-interaktiv.de/webguide